新世纪土木工程系列规划教材

土木工程测量

第②版

张凤兰　郭丰伦　范效来　编著

机械工业出版社

本书根据高等学校土木工程专业"测量学"课程教学大纲及国家最新测量规范编写，并结合工程实例介绍工程测量的基本理论和最新方法。其内容包括：绪论、高程测量、角度测量、距离测量与直线定向、测量误差的基本理论、小区域常规平面控制测量、大比例尺地形图测绘、大比例尺地形图的应用、施工测量的基本工作、建筑工程施工测量、线路工程测量和 3S 技术简介等。本书具有较宽的专业适应面，既有较完整的理论，又注重工程实用性，并力求反映当前测量学科的最新技术。

本书可作为高等学校土木建筑类各专业的通用教材，也可用作自学考试和电大、函大教学参考书，并可供土木建筑类工程技术人员参考。

图书在版编目（CIP）数据

土木工程测量/张凤兰，郭丰伦，范效来编著. —2 版. —北京：机械工业出版社，2017.7（2023.9重印）

新世纪土木工程系列规划教材

ISBN 978-7-111-57210-7

Ⅰ. ①土…　Ⅱ. ①张…②郭…③范…　Ⅲ. ①土木工程-工程测量-高等学校-教材　Ⅳ. ①TU198

中国版本图书馆 CIP 数据核字（2017）第 146447 号

机械工业出版社（北京市百万庄大街 22 号　邮政编码 100037）
策划编辑：马军平　责任编辑：马军平　责任校对：樊钟英
封面设计：张　静　责任印制：常天培
北京机工印刷厂有限公司印刷
2023 年 9 月第 2 版第 3 次印刷
184mm×260mm · 19.25 印张 · 471 千字
标准书号：ISBN 978-7-111-57210-7
定价：48.00 元

前　言

　　本书是按照高等学校土木工程专业"测量学"课程教学大纲的要求，在总结编者多年教学实践经验的基础上编写的。本书可作为高等学校土木工程、水利工程、道路与桥梁、环境工程、城市规划、建筑学、房产测量、农业与林业等有关专业的通用教材，也可供有关工程技术人员学习参考之用。

　　在编写过程中，以测量学的基本知识、基础理论和基本概念为重点，体现以基本技术和方法为主要内容的专业基础课特点。根据教学实际情况，对教材体系做了一些变动。主要变动有高程控制测量的内容归并到水准测量中，统称为高程测量；第6章只介绍了平面控制测量的内容。随着现代测绘技术的普及，本书加强了测绘新技术的内容学习，主要有电子水准仪、全站仪的使用，卫星定位系统，数字地形图的成图方法和使用等，尤其是全面详细介绍了全站仪的使用。

　　本书由张凤兰、郭丰伦、范效来编著，张凤兰主编并全书统稿。第1、2、3章和第11章由山东大学张凤兰编写；第5、6、7、8章由山东理工大学郭丰伦编写；第4、9、10、12章由青岛农业大学范效来编写。

　　在编写过程中，参考了许多专家、学者的一些书籍和文献资料，在此表示由衷的感谢。

　　由于编者水平有限，书中可能存在不妥之处，敬请广大读者批评指正。

编　者

目 录

绪　　论 第1章

■本章提要

　　主要讲述土木工程测量学的任务，测量基准面，常用的大地坐标系、天文地理坐标系的区别，高斯平面直角坐标系和独立平面直角坐标系的建立方法以及与数学坐标系的区别，确定地面点位的原理、方法，以及测量工作的组织原则等内容。

■教学要求

　　熟悉土木工程测量学的任务，掌握测量的基准面与基准线，常用的大地坐标系、天文地理坐标系、高斯平面直角坐标系和独立平面直角坐标系的建立方法以及与数学坐标系的区别；掌握测量所用的高程系统；了解用水平面代替大地水准面的限度，熟练掌握确定地面点位的原理、方法以及测量工作的组织原则。

1.1　土木工程测量的任务及其在工程建设中的作用

　　测量学是研究地球的形状和大小，确定地面（包含空中、地表、地下和海洋等）物体的空间位置，并对这些空间位置信息进行处理、储存、管理的科学。测量的内容包括测定和测设两部分。测定是指使用测量仪器和工具，通过测量和计算，得到一系列测量数据，或把地球表面的地形缩绘成地形图，供经济建设、规划设计、科学研究和国防建设使用。测设是指把在图纸上规划设计好的建筑物、构筑物的位置在地面上标定出来，作为施工的依据。

　　测量学按照研究对象和范围及采用技术的不同，又分为以下多个分支学科。

　　大地测量学——研究地球表面大范围区域的点位测定，整个地球的形状、大小及地球重力场测定的理论和方法的科学。它是测量学各分支学科的基础，其基本任务是建立地面控制网、重力网，为地形测图和各类工程施工测量提供控制基础。按技术方法，大地测量学又分为几何大地测量学、物理大地测量学和卫星大地测量学。

　　地形测量学——又称为普通测量学，它是测量地球表面小范围地形图时，不考虑地球曲率的影响，把地球局部表面视为平面所进行的测量工作。

　　工程测量学——研究工程建设和自然资源开发中，在规划、勘测设计、施工放样、竣工验收和安全使用各阶段中进行测量的理论和技术方法。

　　摄影测量学与遥感——研究利用摄影或遥感技术获取被测物体的影像信息，以确定物体的形状、大小和空间位置的理论和方法。由于获得像片的方式不同，摄影测量又分为地面摄影测量、水下摄影测量、航空摄影测量和航天遥感等。特别是遥感技术，其摄影方式和研究对象日趋多样，不仅有固体的、静态的对象，而且有液体、气体及随时间变化的动态对象，都可应用摄影测量方法进行研究。

海洋测量学——以海洋和陆地水域为研究对象，研究港口、码头、航道及水下地形测量的理论和方法。

地图制图学——研究各种模拟和数字地图的制作理论、原理、工艺技术和应用的学科。其研究内容主要包括地图编制、地图投影学、地图整饰、地图印刷等。地图是测绘工作的重要产品形式。现代地图制图学正向着制图自动化、电子地图制作及地理信息系统方向发展。

在信息社会中，测绘资料是重要的基础信息之一，测绘成果是信息产业的重要内容。测绘资料和测绘成果还是数字地球数据库的重要组成部分。国家级、地区级和全球性的空间数据基础设施是数字地球的一个核心。数字地球的数据不仅包括全球性的中、小比例尺的空间数据，还包括局部范围的大比例尺空间数据及元数据；不仅包括地球的各类多光谱、多时相、高分辨率的遥感卫星影像、航空影像、不同比例尺的专题图，还包括相应的以文本形式表现的有关可持续发展、农业、资源、环境、灾害、人口、全球变化、气候、生物、地理、生态系统、大气、水文、教育、人文和军事等不同类别的数据。测绘技术及成果的应用面很广，对国民经济建设、国防建设和科学研究有着重要作用。国民经济建设的发展总体规划，城市的建设与改造，工矿、企业的建设，公路、铁路修建，各种水利工程和输电线路的兴建，农业规划和管理，森林资源的保护和利用，地下矿产资源的勘探和开采等都需要测绘工作。在国防建设中，测绘技术不但对国防工程建设、作战战役部署和现代化诸兵种协同作战起着重要的保证作用，而且对现代化的武器装备，如远程导弹、空间武器、人造卫星和航天器的发射也起着重要作用。测绘技术对于空间技术、地壳变形、地震预报、地球动力学等方面的科学研究也是不可缺少的工具。

土木工程测量学属于工程测量学范畴，广泛用于建筑、管线、环境、道路、桥梁、水电等工程的勘测、设计、施工和管理各阶段。其主要任务是：

(1) 研究测绘地形图的理论和方法 地形图是工程建设勘察、规划、设计的依据。在工程勘察阶段，土木工程测量研究确定地球表面局部区域建筑物、构筑物、天然地物和地貌、地面高低起伏形态的空间三维坐标的原理和方法；研究局部区域地图投影理论，以及将测量资料按比例绘制成地形图或制作成电子地形图的原理和方法。在工程竣工阶段，土木工程测量的任务是测绘竣工图。

(2) 研究在地形图上进行规划、设计的基本原理和方法 在工程规划设计阶段，利用地形图的成图方法和原理，如图幅大小、坐标轴系、各类图示符号的性质等，在图上进行点、线、面的量测，并把量测到的数据转换为现场地面相应的测量数据，并且研究在地形图上进行土地平整，土方计算，道路、管线选线，房屋设计和区域规划的基本原理和方法。

(3) 研究建(构)筑物施工测设、建筑质量检验的技术和方法 施工测设是工程施工的依据。测设又称放样。在工程施工阶段，土木工程测量的任务是将规划设计在图纸上的建筑物、构筑物的平面位置和高程，通过测量定位、放线、安装和检查，准确地标定和放样在地面上，为施工提供正确位置。研究施工过程及大型金属结构物安装中的监测技术，以保证施工质量和安全。

(4) 对大型建(构)筑物的安全性进行位移和变形监测 在大型建(构)筑物施工过程中和竣工后，为确保工程建设和使用的安全，应对建(构)筑物进行位移、变形监测。

总之，测量工作贯穿于工程建设的整个过程。从事土木工程的技术人员必须掌握工程测量的基本知识和技能。土木工程测量是工程建设技术人员必修的一门技术基础课。学习本课程之后，要求掌握地形测量学和工程测量学的基本知识、基础理论；能熟练使用水准仪、经纬仪等测量仪器和工具；了解大比例尺地形图的测绘方法；培养正确应用地形图及有关测量资料的能力和进行一般工程施工测设的能力，能灵活使用所学的测量知识为专业工作服务。

1.2 确定地面点位的方法

测量工作中确定地面点的空间位置，通常是先选定基准面（球面或平面），然后将地面点投影到基准面上，在基准面上再建立坐标系，通过对地面点在基准面上的投影位置及地面点到基准面的铅垂距离的测量，得到地面点的坐标和高程。

1.2.1 测量的基准面

测量的工作对象主要是地球的自然表面，选定的基准面和建立的坐标系直接与地球的形状、大小有关。地球自然表面是很不规则的曲面，有高山、丘陵、平原、盆地和海洋、江河、湖泊等，一般可将地球看作是平均半径为6371km的球体。地球自然表面的海洋面积约占71%，陆地只占29%。因此，地球总的形状可视为由海水面包围着的球体。

人们设想将静止的海水面向整个陆地延伸而形成的一个封闭曲面称为水准面。地球表面任一质点都同时受到两个作用力：地球自转产生的惯性离心力和整个地球质量产生的引力，其合力称为重力。重力的作用线就是铅垂线。水准面是一个重力等位面，水准面上的各点处处与铅垂线垂直。与水准面相切的平面称为水平面。水准面有无限多个，其中与静止的平均海水面重合的重力等位面称为大地水准面。它所包围的地球形体称为大地体。平均海水面可通过在某处海洋面设立验潮站，观测一定时期内的海水面高低数值，并取平均值确定。大地水准面和铅垂线是测量外业工作所依据的基准面和基准线。

大地体非常接近一个两极扁平、赤道隆起的椭球。由于地球内部质量分布不均匀引起铅垂线方向变化，使大地水准面成为一个复杂而又不易用数学式表达的曲面，如图1-1a所示。为了便于正确地计算测量成果，准确地表示地面点的位置，测量上选用一个大小和形状接近大地体的旋转椭球体作为地球的参考形状和大小，如图1-1b所示。这个旋转椭球体称为参考椭球体，它是一个规则的曲面体。可以用数学公式表示为

$$\frac{X^2}{a^2}+\frac{Y^2}{a^2}+\frac{Z^2}{b^2}=1 \tag{1-1}$$

式中，a、b 为参考椭球体几何参数，a 为长半径，b 为短半径。

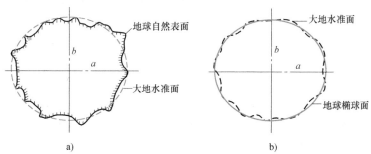

a)   b)

图 1-1 大地水准面与地球旋转椭球体面示意图

参考椭球体扁率α应满足下式

$$\alpha = \frac{a-b}{b} \tag{1-2}$$

几个世纪以来，许多学者分别测算出参考椭球体的参数值，表1-1为有代表性的测算成果。

表1-1 地球椭球体几何参数

椭球名称	年代	长半轴 a/m	扁率 α	备注
德兰布尔	1800	6375653	1:334.0	法国
白塞尔	1841	6377397.155	1:299.1528128	德国
克拉克	1880	6378249	1:293.459	英国
海福特	1909	6378388	1:297.0	美国
克拉索夫斯基	1940	6378245	1:298.3	苏联
1975大地测量参考系统	1975	6378140	1:298.257	IUGG第16届大会推荐值
1980大地测量参考系统	1979	6378137	1:298.257	IUGG第17届大会推荐值
WGS—84	1984	6378137	1:298.257223563	美国国防部制图局(DMA)

我国采用的参考椭球体几何参数有：

1）1954年北京坐标系，采用克拉索夫斯基参考椭球体参数。

2）1980年国家大地坐标系，采用国际大地测量协会与地球物理联合会（简称IUGG）在1975年推荐的IUGG—75地球椭球（见表1-1）。

由于地球椭球的扁率很小，因此当测区范围不大时，如果测量精度要求不高，可以近似地把地球当作圆球体，其半径采用地球半径平均值6371km。

1.2.2 测量坐标系

地面点的空间位置都对应一定的坐标系统。根据不同用途，在测量上常用的坐标系有空间直角坐标系、大地坐标系、天文地理坐标系、高斯投影平面直角坐标系、平面独立直角坐标系等。地面点位通常用三个量确定。在空间直角坐标系中用 X、Y、Z 表示。在大地坐标系和高斯投影平面直角坐标系中，前两个量为坐标，它表示地面点沿着基准线投影到基准面上后在对应坐标系统中的位置；第三个量是高程，表示地面点沿着基准线到基准面的距离。基准面是大地水准面或平面时，基准线是铅垂线；基准面是参考椭球体面时，基准线是法线。

1. 大地坐标系

大地地理坐标系简称为大地坐标系，以参考椭球体面为基准面，以法线为基准线。地面点在参考椭球体面上的投影位置，通常用大地经度 L、大地纬度 B、大地高 $H^{大}$ 表示地面点的空间位置。图1-2表示以 O 为球心的大地椭球体，N为北极，S为南极，NS为短轴。过中心 O、与短轴垂直并与椭球相交的平面为赤道面。P 为地面点。含有短轴的面为子午面。过 P 点沿法线 PK_P 投影到椭球体面上，得到 P' 点。NP'S是过 P 点子午面在椭球体面上投影的子午线。过格林尼治天文台子午线的为本初子午线。NP'S子午面与本初子午面所夹的两面

角 L_P 称为 P 点的大地经度。PK_P 线与赤道面的交角 B_P 称为 P 点的大地纬度。P 点沿法线到椭球体面的距离 PP' 称为 P 点的大地高 $H_P^{\star}$。

国际规定，过格林尼治天文台的子午面为零子午面，向东经度为正，向西为负，其值为 $0° \sim \pm180°$。纬度以赤道面为基准面，向北称为北纬，向南称为南纬，其值为 $0° \sim 90°$。椭球体面上的大地高为零，沿法线在椭球体面外为正，在椭球体面内为负。我国版图处于东经 $74° \sim 135°$，北纬 $3° \sim 54°$，如北京位于北纬 $39°54'$，东经 $116°28'$，用 $B = 39°54'\text{N}$，$L = 116°28'\text{E}$ 表示。

地面点位也可以用空间直角坐标系 (X, Y, Z) 表示，如图 1-3 所示。以球心 O 为坐标原点，ON 为 Z 轴方向，格林尼治子午线与赤道面交点与 O 的连线为 X 轴方向，过 O 点与 XOZ 面垂直，并与 X、Z 构成右手坐标系为 Y 轴方向，点 P 空间直角坐标为 (X_P, Y_P, Z_P)，它与大地坐标 L、B、$H^{\star}$ 之间可用公式转换，具体内容参考大地测量学的相关内容。

WGS—84 坐标系是全球定位系统（GPS）采用的坐标系，属地心空间直角坐标系。WGS—84 坐标系采用 1979 年国际大地测量与地球物理联合会第 17 届大会推荐的椭球参数，见表 1-1。WGS—84 坐标系的原点位于地球质心；Z 轴指向 BIH1984.0 定义的协议地球极（CTP）方向；X 轴指向 BIH1984.0 的零子午圈和 CTP 赤道的交点；Y 轴垂直于 X、Z 轴。X、Y、Z 轴构成右手直角坐标系。

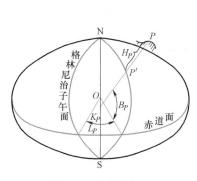

图 1-2　**大地坐标系**

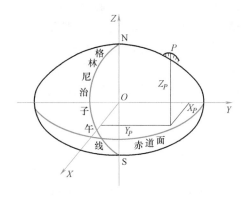

图 1-3　**空间直角坐标系**

2. 天文地理坐标系

用天文经度 λ 和天文纬度 Φ 确定地面投影点在大地水准面上位置的坐标，称为天文地理坐标。该坐标是以大地水准面和铅垂线为基准面和基准线，用天文测量的方法测定的球面坐标系。

天文地理坐标系与大地坐标系均是球面坐标，但选用的基准面和基准线不同，除天文纬度 Φ 是以过 P 点的铅垂线方向与赤道面的夹角来定义外，其他的定义均相同。地表面上某点的大地经度 L、大地纬度 B，可用天文观测方法测得该点的天文经度 λ 和天文纬度 Φ，再利用该点的法线与铅垂线方向的相对关系（称为垂线偏差）改算为大地经度 L、大地纬度 B。各地的天文经纬度与大地经纬度略有差异，如精度要求不高，其差异可忽略不计。

测定了天文经纬度的地面点，统称为天文点。

3. 高斯平面直角坐标系

大地坐标系常用于大地问题的解算，如研究地球的形状和大小，编制地图，火箭和卫星发射及军事方面的定位及运算。若将其直接用于工程建设规划、设计、施工等很不方便。因为赤道上 $1''$ 的经度差对应的地面距离约为 30m。测量计算最好在平面上进行，所以要将椭球面上的点、线及其方位按地图投影的方法归算到平面上，即采用地图投影理论绘制地形图，才能用于规划建设。

椭球体面是一个不可直接展开的曲面，故将椭球体面上的元素按一定条件投影到平面上，必然产生变形。测量上常以投影变形不影响工程要求为条件选择投影方法。地图投影的方法有等角投影、等面积投影和任意投影三种。

等角投影又称正形投影（或相似投影），它保证在椭球体面上的微分图形投影到平面后将保持相似，这是地形图的基本要求。正形投影有两个基本条件：①保角条件，即投影后角度大小不变；②长度变形固定，即长度投影后会变形，但是在一点上各个方向的微分线段变形比 m 是个常数 k，即

$$m = \frac{ds}{dS} = k$$

式中，ds 为投影后的长度；dS 为球面上的长度。

（1）高斯投影的概念 如图 1-4 所示，高斯投影是设想将一个横椭圆柱套在地球椭球体上，使椭圆柱的中心轴线位于赤道面内并且通过球心，椭球体南北极与椭圆柱相切，并使地球椭球体上某一子午线与椭圆柱面相切，此子午线称为中央子午线。在椭球体面上的图形与椭圆柱面上的图形保持等角的条件下，将椭球体面上的点、线投影到椭圆柱面上，然后将椭圆柱沿着通过南北极的母线切开并展成平面，即得到高斯投影平面。在此平面上：

1）中央子午线是直线，其长度不变形，离开中央子午线的其他子午线是凹向中央子午线的对称弧线。离开中央子午线越远，变形越大。

2）投影后赤道是一条直线，其长度不变形，离开赤道的纬线是凸向赤道的对称弧线。

3）赤道与中央子午线保持正交，成为其他经纬线投影后的对称轴。

（2）分带投影方法 高斯投影是正形投影，其方法可以将椭球面变成平面，但是离开中央子午线越远变形越大，这种变形将会影响测图和施工精度。为了对长度变形加以控制，测量中采用限制投影带宽度的方法，即将投影区域限制在靠近中央子午线的两侧狭长地带，这种方法称为分带投影。投影带宽度是以相邻两个子午线的经差来划分，有 6°带、3°带等不同投影方法。

6°带投影是从 0°子午线开始，自西向东，每隔经差 6°投影一次。这样将椭球分成 60 个带，带号 N 依次编为 1~60，如图 1-5、图 1-6 和图 1-7 所示。各带中央子午线经度可用下式计算

$$L_0^6 = 6N - 3 \tag{1-3}$$

已知某点大地经度 L，可按下式计算该点所属的带号

$$N = \frac{L}{6}(\text{的整数商}) + 1(\text{有余数时}) \tag{1-4}$$

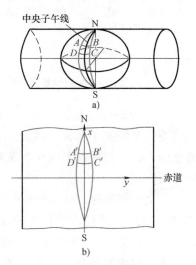

图 1-4 高斯投影方法

3°带是从东经 1°30′起，每隔经差 3°划分一带，共分为 120 带（见图 1-8），各带中央子午线经度为

$$L_0^3 = 3n \tag{1-5}$$

已知某点大地经度 L，可按下式计算该点所属 3°带的带号

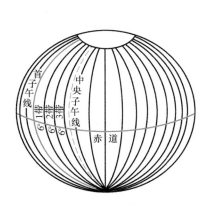

图 1-5　**分带投影方法**

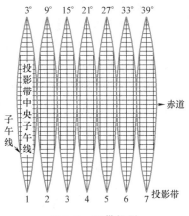

图 1-6　**6°带投影**

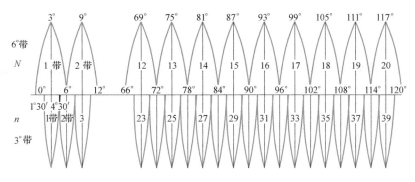

图 1-7　**3°和 6°带投影**

$$n = \frac{L-1.5}{3}（的整数商）+1（有余数时） \tag{1-6}$$

我国幅员辽阔，含有 11 个 6°带，即 13~23 带（中央子午线经度 75°~135°）；21 个 3°带，即 25~45 带，6°带和 3°带的带号没有重叠。北京位于 6°带的第 20 带，中央子午线经度为 117°。

（3）高斯平面直角坐标系的建立　根据高斯投影的特点，建立高斯平面直角坐标系：以赤道和中央子午线的交点为坐标原点，中央子午线方向为纵轴 x 轴，北方向为正；赤道投影线为横轴 y 轴，东方向为正。象限按顺时针方向 Ⅰ、Ⅱ、Ⅲ、Ⅳ 排列。我国位于北半球，x 坐标均为正值，而 y 坐标值有正有负。如图 1-8a 中，$y_A = +137680\text{m}$，$y_B = -274240\text{m}$。为避免横坐标出现负值，故规定把坐标纵轴向西平移 500km。

坐标纵轴西移后，$y_A = (500000 + 137680)\ \text{m} = 637680\text{m}$；$y_B = (500000 - 274240)\ \text{m} = 225760\text{m}$。为了区分某点位于哪一带中，在横坐标值前冠以带号。例如，A 点位于第 20 带内，则其横坐标 y_A 为 20637680m，其中 20 为 6°带的带号。

4. 独立平面直角坐标系

当测量区域（半径不大于 10km 的范围）较小时，大地水准面可看作平面，用测区中心点的切平面来代替曲面（见图 1-9），地面点在投影面上的位置就可以用平面直角坐标来确定。测量工作中采用的直角坐标系如图 1-10 所示，规定南北方向为纵轴，并记为 x 轴，x 轴向北为正，向南为负；以东西方向为横轴，并记为 y 轴，y 轴向东为正，向西为负，这是与数学坐标系不同的。为了直接使用数学公式进行测量计算，其象限按顺时针方向 I、II、III、IV 排列。原点 O 一般选在测区的西南角，使测区内各点的坐标均为正值。

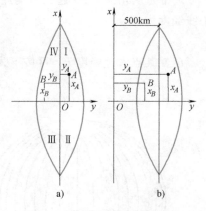

图 1-8　高斯平面直角坐标系

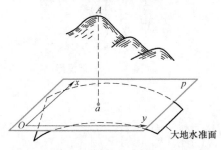

图 1-9　用水平面代替大地水准面

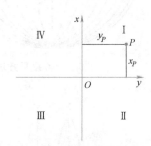

图 1-10　测量平面直角坐标系

5. 高程系统

地面点的高程是指地面点到某一高程基准面的垂直距离。高程基准面选择的不同，就有不同的高程系统。测量上常用的高程基准面有大地水准面和参考椭球体面。其相应的高程为海拔高和大地高。

海拔高：是以大地水准面为高程基准面，即地面上某点沿重力铅垂线方向到大地水准面的垂直距离，用 H 表示，如图 1-11 所示。

大地高：是以参考椭球体面为高程基准面，即地面上某点沿法线方向到椭球体面的垂直距离，用 $H^\text{大}$ 表示，如图 1-11 所示。

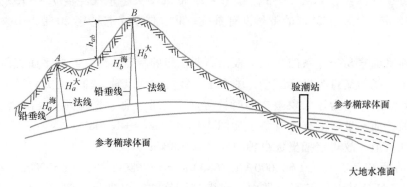

图 1-11　海拔高和大地高

海水面由于受潮汐、风浪的影响，是个动态曲面。所谓静止海水面是不存在的，常用平均海水面来代替，即在海边设立验潮站，进行长期潮汐观测，取海水面平均高度作为高程零点。新中国成立后，我国采用青岛验潮站 1949—1956 年观测资料求得的黄海平均海水面作为我国高程基准面，称为"1956 黄海高程系"。在青岛市观象山上建立水准原点，其高程为72.289m。后又将 1952—1979 年的验潮资料进行归算，推算青岛国家水准原点高程为72.260m，称为"1985 国家高程基准"。1988 年开始启用这个基准。

在局部地区特殊条件下，可以采用假定高程系统，即采用任意假定的水准面为高程起算面。地面上某点沿铅垂线到假定水准面的距离，称为相对高程，用 H' 表示。

地面上两点间的高程差称为高差，用 h 表示，如图 1-11 所示，A、B 两点高差为

$$h_{AB} = H_B - H_A = H'_B - H'_A \tag{1-7}$$

由于大地水准面不是光滑曲面，所以一点的大地高和海拔高是不同的。这个差值不是常数。两点之间的大地高差和海拔高差也是不相同的，但海拔高差和相对高差是相等的。

1.3 用水平面代替水准面的限度

在地球表面上进行土木工程测量时，在测区范围小，或者工程对测量精度要求较低时，为了简化投影计算，常将椭球体面视为球面，甚至将球面视为平面，直接将地面点沿铅垂线投影到水平面上，进行几何计算或绘图。但是，这样的替代是有限度的，即要求将椭球体面作为平面所产生的误差不能超过工程地形图和施工放样的精度要求。下面讨论用水平面代替水准面对测量工作（即对测量水平距离、水平角度和高差）产生的影响。

1.3.1 对距离测量的影响

如图 1-12 所示，A、B、C 是地面点，它们在大地水准面上的投影点是 a、b、c，用该区域中心点的切平面代替大地水准面后，地面点在水平面上的投影点是 a'（a）、b'、c'，现分析由此产生的影响。设 A、B 两点在大地水准面上的距离为 D，在水平面上的距离为 D'，两者之差 ΔD，即用水平面代替水准面产生的距离差异。在推导公式时，近似地将大地水准面视为半径为 R 的球面，故

$$\Delta D = D' - D = R(\tan\theta - \theta) \tag{1-8}$$

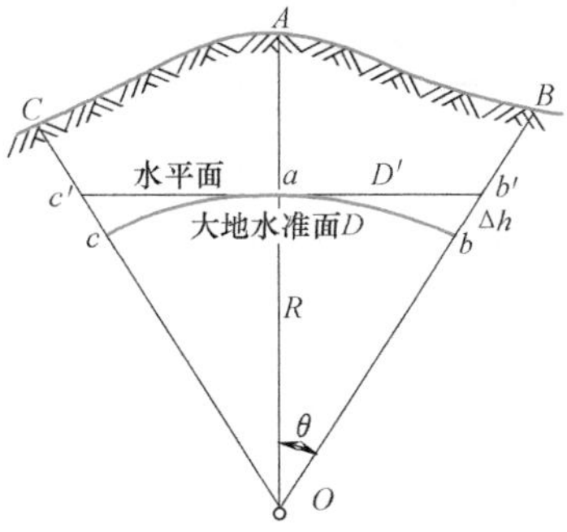

图 1-12　水平面代替水准面

在小范围测区 θ 角很小，$\tan\theta$ 可用级数展开，略去五次方项，则

$$\Delta D = R\left[\left(\theta + \frac{1}{3}\theta^3 + \cdots\right) - \theta\right] = R\frac{\theta^3}{3} \tag{1-9}$$

用 $\theta = D/R$ 代入上式，则

$$\Delta D = \frac{1}{3}\frac{D^3}{R^2}, \quad \frac{\Delta D}{D} = \frac{1}{3}\frac{D^2}{R^2} \tag{1-10}$$

取地球平均半径 $R = 6371\text{km}$，D 用不同距离代入，计算结果见表 1-2。

表 1-2　不同 D 值对应的 ΔD 及 $\Delta D/D$

D/km	1	10	15	20	25	50	100
ΔD/cm	0.00	0.82	2.77	6.57	12.83	102.6	821.2
$\Delta D/D$	—	1/120 万	1/54 万	1/30 万	1/19 万	1/4.9 万	1/1.2 万

由表 1-2 知，当两点相距 10km 时，用水平面代替水准面所产生的距离误差为 0.82cm，相对误差为 1/120 万，相当于精密测距的精度（1/100 万）。所以在 10km 为半径的测区内进行距离测量时，可以用水平面代替大地水准面，而不考虑地球曲率对距离的影响。

1.3.2　对水平角测量的影响

从球面三角测量中可知，球面上多边形内角之和比平面上多边形内角之和多一个球面角超 ε，如图 1-13 所示，其值可用多边形面积求得

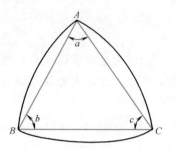

$$\varepsilon = \rho \frac{P}{R^2} \tag{1-11}$$

式中，P 为球面多边形面积；R 为地球半径；ρ 为一弧度相应的秒值，$\rho = 206265''$。

图 1-13　球面三角形和平面三角形角度差

以不同的球面多边形面积代入式（1-11），可求出球面角超，见表 1-3。

表 1-3　不同球面多边形面积对应的角超

P/km^2	10	50	100	300
$\varepsilon/''$	0.05	0.25	0.51	1.52

由表 1-3 知，当测区面积为 100km^2 时，用水平面代替大地水准面，对角度的最大影响角超仅为 0.51″，所以在这样的测区进行工程测量时可以不考虑地球曲率对水平角测量的影响。

1.3.3　对高差测量的影响

如图 1-12 所示，地面点 B 的高程应是铅垂距离 bB，用水平面代替水准面后，B 点的高程为 $b'B$，两者之差为 Δh，即为对高程的影响。由图得

$$\Delta h = bB - b'B = Ob' - Ob = R\sec\theta - R = R(\sec\theta - 1) \tag{1-12}$$

用级数展开，则 $\sec\theta = 1 + \dfrac{\theta^2}{2} + \dfrac{5}{24}\theta^4 + \cdots$，因 θ 值很小，仅取前两项代入式（1-12），且 $\theta = D/R$，故得

$$\Delta h = R\left(1 + \frac{\theta^2}{2} - 1\right) = \frac{D^2}{2R} \tag{1-13}$$

对于不同的距离，产生的高程误差见表 1-4。计算表明，地球曲率对高差影响较大，即使在不长的距离如 150m，也会产生 1.77mm 的高程误差。因此，就高程测量而言，即使距离很短，也应顾及地球曲率对高程的影响。

表 1-4　不同的距离产生的高程误差

D/m	10	50	100	150	200	500	1000	2000	5000
Δh/mm	0.0	0.2	0.8	1.77	3.14	19.6	78.5	314	1962

1.4　测量工作的基本内容及原则

1.4.1　测量工作的基本内容

测量工作的基本内容，概括而言包括两方面，即测定和测设。地球表面复杂多样的形态可分为地物和地貌两类。地面上人工或天然形成的固定物体称为地物，如房屋、道路、河流、湖泊等。地球表面上高低起伏的形态称为地貌，如山峰、河谷、台地、悬崖等。地物和地貌统称为地形。测定地物和地貌特征点的三维坐标，并用平面图形表示，称为地形图。测绘地形图的过程实际是在地物和地貌上选择一些有代表性的点进行测量，将测量点投影到平面上，然后用点、折线、曲线连接起来表示地物和地貌，如房屋是用房屋地面轮廓折线围成的图形表示。地貌形态虽然复杂，但仍可以将其看成是有许多不同坡度、不同方向的面组成。只要选择能表现地貌特征的点如坡度变化点、山顶、鞍部、坡脚等，测定其三维坐标，然后投影到平面上，再将同等高度的点用曲线连接起来，就可将地貌的形态表示出来，如图1-14a、b所示。这些能表现地物和地貌特征的点称为地形特征点。所以测量工作实际是测定这些特征点的三维坐标。

施工测量的实质是测设点位。通过测量，将在图纸上设计好的建（构）筑物的特征点的平面位置和高程标定在实地上，以指导施工。施工测量贯穿于整个施工过程中。

1.4.2　测量工作的主要技术方法

测量特征点的方法有多种，在工程测量中常用卫星定位和几何定位的方法。

a)

图 1-14　地形图测绘方法

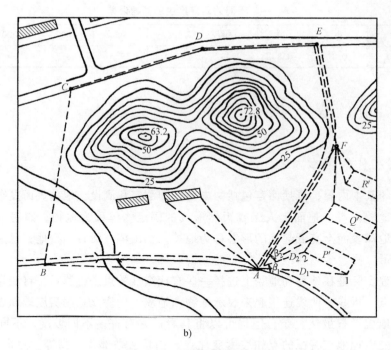

b)

图 1-14　地形图测绘方法（续）

利用卫星信号接收机，同时接收多颗定位卫星发射的信号进行定位，称为卫星定位（见图 1-15）。若在待测点 P 安置卫星接收机，在某时刻同时接收三颗卫星信号，测定卫星至接收机的距离 R_P^i。已知该时刻卫星空间三维坐标，即可用下式求出待测点的三维坐标

$$R_P^i = \sqrt{(x_P - x^i)^2 + (y_P - y^i)^2 + (z_P - z^i)^2} \qquad (1-14)$$

用卫星定位技术测定的点位坐标是空间三维坐标（空间直角坐标），经过高斯投影变成平面坐标。

在地形测量中，常用几何测量法。如地面上有三个点 A、B、C，其中 A 点坐标已知，待求点为 B、C，在水平面上的投影点分别为 a、b、c，如图 1-16 所示。测定 a、b 间平距 D_{ab}，及 x 纵坐标北方向与 ab 边的夹角 α_{ab}（称为方位角），即可求得 b 点平面坐标

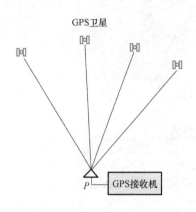

图 1-15　卫星定位原理

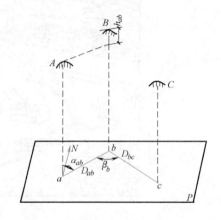

图 1-16　平面坐标几何测量方法

$$\begin{cases} x_b = x_a + D_{ab}\cos\alpha_{ab} \\ y_b = y_a + D_{ab}\sin\alpha_{ab} \end{cases} \tag{1-15}$$

若 A 点高程已知，只要测定 A、B 点高差 h_{AB}，即可求得 B 点高程

$$H_B = H_A + h_{AB} \tag{1-16}$$

若已知 A、B 点坐标，只要测定角 β_b 和距离 D_{bc}，即可确定 C 点位置。所以在常规测量中，水平距离测量、角度测量和高差测量是确定地面点位的基本工作。

1.4.3 测量工作的组织原则

当测区范围大时，仪器要经过多次迁移才能完成测量任务。为了使测量成果精度一致，减少累积误差，应先在测区内选择若干有控制意义的点（见图 1-12），用卫星定位技术或几何测量方法确定这些点的坐标（称为控制测量，所确定的点为控制点）。再以控制点坐标为依据，在控制点上安置仪器进行地物、地貌特征点测量（称为碎部测量）。控制点测量精度高，又经过统一的严密数据处理，在测量中起着控制误差积累的作用。有了控制点，就可以将大范围的测区工作进行分幅、分组测量。所以测量工作必须遵循两项原则，一是"先整体后局部""先控制后碎部"，即先做控制测量，再在控制点上进行碎部测量；二是测量中要严格进行检核工作，即对测量的每项成果必须检核，保证前一项工作无误，方可进行下一步工作，以保证成果的正确性，简称为"步步检核"。

上述测量方法和原则也适用于施工测量。施工放样是将设计图上的建筑物轴线和细部轴线测设在实地，作为施工的依据。为了保证放样的准确性、统一性，也应先做施工控制测量，然后在控制点上测设细部。

习 题

一、问答题

1. 测量平面直角坐标系是如何建立的？它与数学坐标系有何不同？绘图说明。

2. 什么叫水准面、水平面、大地水准面？

3. 地球的形状和大小是怎样确定的？

4. 绝对高程和相对高程是怎样定义的？两点之间相对高程之差与绝对高程之差是否相同？

5. 测量工作应遵循的原则是什么？

6. 测量工作的实质是什么？

二、计算题

1. 在半径为 $R = 50$m 的圆周上有一段 125m 的圆弧，其所对圆心角为多少弧度？用度分秒制表示时应为多少？

2. 有一小角度 $\alpha = 30''$，半径 $R = 124$m 时，其所对圆弧的弧长（算至毫米）为多少？

3. 地面某点的经度为东经 $102°12'$，试计算它所在 6°带的带号，以及该 6°带中央子午线的经度。

4. 地面上某点，测得其相对高程为 365.427m，若后来又测出假定水准面的绝对高程为 98.639m，试将该点的相对高程换算为绝对高程，并画一简图说明之。

5. 已知 $H_A = 36.759$m，$H_B = 48.386$m，求 h_{AB}。

6. 已知 $H_A = 43.637$m，$h_{AB} = -3.784$m，求 H_B。

高程测量 第2章

■本章提要

　　主要讲述水准测量原理、光学水准仪的结构和使用、水准测量外业观测方法以及数据记录要求，水准测量成果计算处理方法、水准测量误差及其消减方法，三角高程测量原理及测量计算等。

■教学要求

　　熟悉水准测量原理；熟练掌握光学水准仪的结构和使用，各等级水准测量观测方法及表格记录计算、水准测量成果计算处理；了解水准测量误差的来源，重点掌握误差的消除方法；掌握三角高程测量原理及公式应用。

　　测量地面点高程的工作称为高程测量。高程是确定地面点位置的一个要素，根据所使用仪器和施测方法的不同，高程测量分为水准测量、三角高程测量、GPS高程测量和气压高程测量。水准测量是高程测量中最基本的和精度最高、最常用的一种方法，在国家高程控制测量、工程勘察和施工测量中被广泛采用。本章重点介绍水准测量和三角高程测量方法。

2.1　水准测量原理

　　水准测量的原理是利用水准仪提供的水平视线，并借助水准尺来测定地面两点间的高差，从而由已知点的高程推算出未知点的高程。如图2-1所示，欲测定A、B两点间的高差h_{AB}，在A、B两点之间安置一台能提供水平视线的仪器——水准仪，在A、B两点上分别竖立有刻划的尺子——水准尺。根据水准仪的水平视线，在A点尺上读数，设为a；在B点尺上读数，设为b；则A、B两点间的高差为

$$h_{AB} = a - b \tag{2-1}$$

　　水准测量方向应由已知高程点开始向待测点方向行进。在图2-1中，A点为已知高程点，则A点尺上读数a称为后视读数；B点为欲求高程的点，则B点尺上读数b称为前视读数。高差等于后视读数减去前视读数。若$a > b$，则高差为正；反之，为负。

　　若已知A点的高程为H_A，则B点的高程为

$$H_B = H_A + h_{AB} = H_A + (a - b) \tag{2-2}$$

　　若仪器的视线高程H_i为已知点高程加上后视读数，

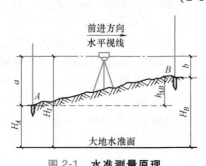

图2-1　水准测量原理

则有

$$\begin{cases} H_i = H_A + a \\ H_B = H_i - b \end{cases} \qquad (2\text{-}3)$$

式（2-2）是直接利用高差计算 B 点高程，称为高差法；式（2-3）是利用仪器视线高程 H_i 计算 B 点高程的，称为仪高法。在某些情况下，要根据一个后视点的高程同时测定多个前视点的高程，这时仪高法比高差法简便。

2.2 DS₃ 型水准仪和水准尺

水准测量所使用的仪器设备有水准仪、水准尺和尺垫。

水准仪有光学水准仪和电子（数字）水准仪。我国生产的光学水准仪按其精度可分为 DS_{05}、DS_1、DS_3、DS_{10} 等型号。D、S 分别为"大地测量"和"水准仪"汉语拼音的第一个字母；05、1、3 表示该仪器的精度。如 DS_3 型水准仪，表示使用该型号仪器进行水准测量时每千米往、返测高差中数的中误差（即其精度）可达到 $\pm 3mm$。工程建设中广泛使用 DS_3 型水准仪，因此，本节着重介绍该型水准仪。

2.2.1 光学水准仪的构造

根据水准测量的原理，水准仪的主要作用是提供一条水平视线，并能照准水准尺进行读数。因此，水准仪主要由望远镜、水准器及基座三部分构成。图 2-2 所示是我国生产的 DS_3 型微倾式水准仪。

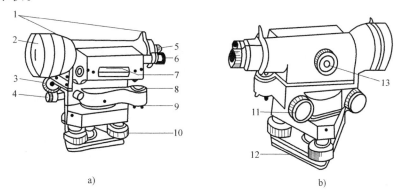

a)   b)

图 2-2　DS₃ 型微倾式水准仪

1—准星　2—物镜　3—微动螺旋　4—制动螺旋　5—目镜和目镜调焦螺旋

6—符合水准器放大镜　7—水准管　8—圆水准器　9—圆水准器校正螺钉

10—脚螺旋　11—微倾螺旋　12—三角形底板　13—物镜调焦螺旋（对光螺旋）

1. 望远镜

望远镜的作用是能使我们看清较远距离的目标，并提供一条照准目标的视线。

图 2-3 所示是 DS_3 型水准仪望远镜的构造，主要由物镜、目镜、调焦透镜、十字丝分划板等部件构成。物镜、目镜和调焦透镜多采用复合透镜组。透过目镜可看到十字丝分划板，它是一块直径约 1cm、厚度约 2mm 的圆形平板玻璃，上面刻有两条相互垂直的长细线，称为十字丝。竖直的一条称竖丝，中间横的一条称中丝（或横丝）。在中丝的上下还对称地刻

有两条与中丝平行的短横丝，称为视距丝，可用来测定距离。十字丝分划板通过压环安装在分划板座上，由固定螺钉固定在望远镜筒上。

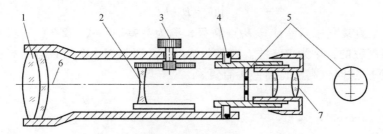

图 2-3 望远镜的构造

1—物镜 2—调焦透镜 3—对光螺旋 4—固定螺钉
5—十字丝分划板 6—视准轴 7—目镜

十字丝中央交点与物镜光心的连线称为视准轴。水准测量是在视准轴水平时，读取十字丝中丝在水准尺上的读数。

图 2-4 所示为望远镜的成像原理。目标 AB 经过物镜 1 后形成一个倒立缩小的实像 ab，移动调焦凹透镜 2，可使不同距离的目标均能成像在十字丝分划板平面上，再通过目镜 3，便可看清同时放大了的十字丝和倒立的目标影像 a_1b_1。由于望远镜结构不同，也有成正像的仪器。

从望远镜内看到的目标影像的视角 β 与人眼直接观察该目标的视角 α 之比，称为望远镜的放大率，即 $V=\beta/\alpha$。DS$_3$ 型水准仪望远镜的放大率一般为 28 倍。

2. 水准器

水准器是用来指示视准轴是否水平或仪器竖轴是否竖直的装置，有管水准器和圆水准器两种。

（1）管水准器 又称水准管，是一纵向内壁磨成圆弧形的玻璃管，管内装乙醇和乙醚的混合液，管子加热融封冷却后，在管内形成一个气泡（见图 2-5）。由于气泡较轻，故恒处于管内最高位置。水准管上一般刻有间隔为 2mm 的分划线，分划线的中点即水准管圆弧的中点 O，称为水准管零点。过零点作水准管圆弧的切线，称为水准管轴 LL。当水准管气泡中点与水准管零点重合时，称气泡居中。这时水准管轴 LL 处于水平位置；否则处于倾斜位置。水准管上每 2mm 弧长所对的圆心角 τ 称为水准管分划值，即气泡每移动一格时，水准管轴倾斜的角值。该值为

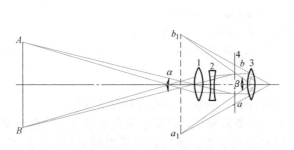

图 2-4 望远镜的成像原理

1—物镜 2—调焦凹透镜 3—目镜 4—十字丝分划板

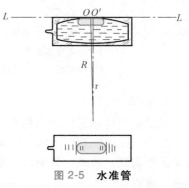

图 2-5 水准管

$$\tau = \frac{2}{R}\rho \tag{2-4}$$

式中，R 为水准管圆弧半径（mm），$\rho = 206265''$。

水准管分划值的大小反映了仪器置平精度的高低。水准管半径越大，分划值越小，其灵敏度越高。DS$_3$ 型水准管分划值为 $20''/2mm$。

为了提高调整水准管气泡居中的精度和速度，微倾式水准仪在水准管上方安装一组符合棱镜，如图 2-6a 所示。通过符合棱镜的反射作用，使气泡两端的像反映在望远镜旁的符合气泡观察窗中。若气泡两端的半像吻合，表示气泡居中，如图 2-6b 所示。若气泡的半像错开，则表示气泡不居中，如图 2-6c 所示。这时，应转动微倾螺旋使气泡的半像吻合。这种水准器称为符合水准器。采用符合水准器可使水准管气泡居中的精度提高一倍。

（2）圆水准器　如图 2-7 所示，圆水准器是一个圆柱形的玻璃盒子，其顶面内壁是球面，中央有一圆圈。圆圈的中心为圆水准器零点。通过零点的球面法线为圆水准器轴，当圆水准器气泡居中时，该轴处于竖直位置。当气泡不居中且气泡中心偏移零点 2mm 时轴线倾斜的角值，称为圆水准器的分划值。DS$_3$ 型水准仪圆水准器分划值一般为 $8'/2mm$。

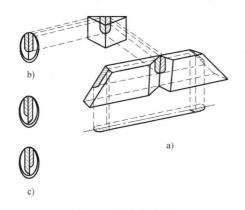

图 2-6　符合水准器

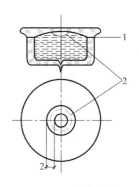

图 2-7　圆水准器

1—胶合面　2—气泡

3. 基座

基座主要由轴座、脚螺旋、底板和三角压板构成，其作用是支撑仪器的上部并用连接螺旋与三脚架连接，通过调节三个脚螺旋来整平圆水准器。

另外，为了控制照准部（望远镜和水准器统称照准部）在水平面内的转动，仪器设有水平制动和微动螺旋。拧紧水平制动螺旋后，照准部固定不动，转动水平微动螺旋可使照准部在水平面内作微小移动，以便精确瞄准目标。

2.2.2　水准尺和尺垫

水准尺是水准测量时使用的标尺，如图 2-8 所示。常用的水准尺有双面尺、塔尺和折尺，用不易变形且干燥的优质木材制成，也有用玻璃钢或铝合金制造的。

双面水准尺（见图 2-8b）多用于三、四等精度及以下的水准测量中。其长度有 2m 和 3m 两种。尺的两面均有刻划，一面为黑白相间，称为黑面（也称基本分划），尺底端起点为零；另一面为红白相间，称为红面（也称辅助分划），尺底端起点不为零，而是一常数 K。

双面尺一般成对使用，一根尺常数为 4.687，另一根尺常数为 4.787。两面的刻划均为 1cm，并在分米处注记。利用黑红面尺零点差可对水准测量读数进行检核。

塔尺（见图 2-8a）多用于等外水准测量和地形测量中，其长度一般有 3m 和 5m 两种，双面刻划，由两节或三节套接而成。尺的底部为零起点，尺面黑白格相间，每格宽 1cm，也有的为 0.5cm，分米处标有数字，大于 1m 的数字上加注红点或黑点，点的个数表示米数。使用时应注意接头处的数字衔接。

折尺主要用于矿山测量或其他地下测量，由两节构成，可对折，单面刻划，尺底端起点为零，最小分划一般为 1cm，尺长 3m 和 5m。

尺垫是在转点处放置水准尺用的，由三角形的铁块制成，上部中央有突起的半球，下方有三个支脚。使用时将支脚插入土中踩实，以防下沉，水准尺立于突起的半球顶部。

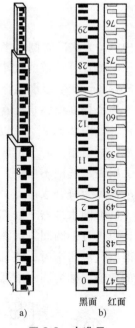

黑面　红面

a)　　　b)

图 2-8　水准尺

2.2.3　水准仪的使用

1. 安置水准仪

打开三脚架并使高度适中，目估使架头大致水平并安置在测站上，检查脚架腿是否安置稳固，脚架伸缩螺旋是否拧紧。然后打开仪器箱取出水准仪，用连接螺旋把水准仪安置在三脚架头上。安装时，应一手扶仪器，一手拧连接螺旋，以防仪器从架头滑落。

2. 粗略整平

粗平是用仪器脚螺旋将圆水准器气泡调整居中，使仪器竖轴大致铅直，视准轴粗略水平。具体做法是：先将脚架的两架腿固定，操纵另一架腿左右、前后缓缓移动，使圆水准气泡基本居中，再将此架腿固定，然后调节脚螺旋使气泡完全居中。调节脚螺旋的方法如图 2-9 所示。整平时，气泡移动方向与左手（右手）大拇指转动方向一致（相反），反复调节，使气泡完全居中。

3. 瞄准水准尺

先将望远镜对着明亮背景，转动目镜调焦螺旋使十字丝清晰。再松开制动螺旋，转动望远镜，用望远镜筒上部的准星大致瞄准水准尺后，拧紧制动螺旋。然后从望远镜中观察目标，调节物镜调焦螺旋（即对光螺旋）使水准尺成像清晰，再转动微动螺旋，使十字丝竖丝对准水准尺尺面中间，以便读数。

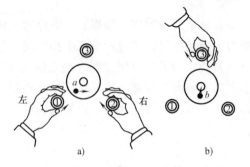

左　右

a)　　　b)

图 2-9　圆水准气泡整平

在物镜调焦后，当眼睛在目镜端上下微微移动时，若发现十字丝与目标成像有相对运动，这种现象称为视差，如图 2-10 所示。产生视差的原因是目标通过物镜所成的像和十字丝平面不重合。视差的存在会影响读数的准确性，必须加以消除。消除的方法是反复地进行目镜和物镜调焦。

4. 精平和读数

眼睛通过位于目镜左方的符合气泡观察窗看水准管气泡，右手转动微倾螺旋，使气泡两个半像完全吻合，即表示视准轴已精确水平。由于气泡移动有一个惯性，所以转动微倾螺旋的速度不能太快。只有符合气泡两端影像完全吻合而又稳定不动后气泡才居中。这时，即可读取十字丝中丝在水准尺上的读数。直接读出米、分米和厘米，估读出毫米数（见图 2-11）。

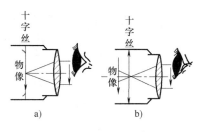

图 2-10　视差现象
a）没有视差现象　b）有视差现象

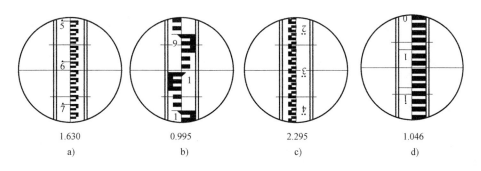

1.630	0.995	2.295	1.046
a)	b)	c)	d)

图 2-11　水准尺读数

2.3　精密水准仪和水准尺

精密水准仪主要用于国家一、二等水准测量和高精度的工程测量中，如建筑物沉降观测、大型桥梁施工的高程控制、大型精密设备安装等测量工作。

2.3.1　精密水准仪构造特点及读数原理

DS$_{05}$ 和 DS$_1$ 型水准仪属于精密水准仪，其构造与 DS$_3$ 型水准仪基本相同，主要区别是精密水准仪装有光学读数测微器，望远镜和水准器均套装在隔热罩内。此外，精密水准仪的水准管分划值较小，一般为 6″～10″/2mm；望远镜放大率较大，一般不小于 40 倍；望远镜的光学性能更好，仪器结构稳定，受温度变化影响较小等。

图 2-12 所示为我国生产的 DS$_1$ 型精密水准仪。图 2-13 所示为光学测微器的构造。在水准仪物镜前装有一可转动的平行玻璃板 P，其转动的轴线与视准轴垂直相交，平行玻璃板与测微分划尺之间用带有齿条的传动杆连接。当旋转测微螺旋时，传动杆推动平行玻璃板绕其轴 O 前后倾斜，视线通过平行玻璃板产生平行移动，移动的数值由测微分划尺读数反映出来。测微分划尺有 100 个分格，与水准尺上的一个分格（1cm 或 5mm）相对应，所以测微分划尺能直接读到 0.1mm（或 0.05mm），提高了读数精度。当平行玻璃板与视线正交时，视线将不受平行玻璃板的影响。如图 2-13 所示，水平视线对准 A，其读数为 148cm+a。为了精确读出 a 的值，需转动测微轮使平行玻璃板倾斜一个小角，视线经平行玻璃板的作用而上、下移动，准确对准水准尺上 148cm 分划后，再从读数显微镜中读取 a 值，从而得到水平视线的读数。

图 2-12 **精密水准仪**

1—目镜 2—读数显微镜 3—水准管 4—微倾螺旋

5—物镜 6—测微螺旋 7—微动螺旋 8—脚螺旋

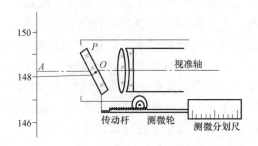

图 2-13 **光学测微器的构造与读数**

2.3.2 精密水准尺及读数方法

精密水准仪必须配有精密水准尺。精密水准尺一般都是在木质尺身的中间槽内，引张一根 3m 长的铟钢合金尺带，其下端固定在木标尺底部，上端连一弹簧，固定在木标尺顶部。在铟钢带上刻有两排相互错开的刻线，数字注记在木尺上，如图 2-14 所示。精密水准尺的分划值有 1cm 和 0.5cm 两种，而数字注记因生产厂家不同有很多形式。WildN3 水准仪的精密水准尺分划值为 1cm，如图 2-14a 所示，水准尺全长约 3.2m，铟钢合金带上有两排分划，右边一排的注记数字自 0cm 至 300cm，称为基本分划；左边一排的注记数字自 300cm 至 600cm，称为辅助分划。基本分划和辅助分划相差一常数 K（为 3.01550m），称为基辅差（K 值因厂家不同而异），用来检核读数。靖江 DS$_1$ 型水准仪和 Ni004 水准仪配套用的精密水准尺的分划值为 0.5cm，该尺只有基本分划而无辅助分划，如图 2-14b 所示。刻划间隔为 1cm，但两边刻划相互错开半格，即左右两相邻刻划实际间隔为 0.5cm，但尺面数字仍按 1cm 注记，因此，尺面值为实际长度的两倍。用此种水准尺测出的高差应除以 2，才得到实际的高差。这种尺右边注记的数字 0~5 表示米数，左边的数字注记为分米数。尺身还标有三角形标志，小三角形所指为半分米处，长三角形所指为分米的起始线。

精密水准仪的操作方法与 DS$_3$ 型水准仪基本相同，只是读数方法有些差异。读数时，用微倾螺旋调节符合气泡居中（气泡影像在目镜视场内左方），再转动测微轮，调整视线上、下移动，使十字丝的楔形丝精确夹住水准尺上一个整数分划线，如图 2-15a 所示，从望远镜内直接读出楔形丝夹住的读数为 1.97m，再在读数显微镜内读出厘米以下的读数为 1.54mm。水准尺全部读数为 1.97m+0.00154m = 1.97154m，而其实际读数是全读数除以 2，即 0.98577m。测量时，无须每次将读数除以 2，而是将由直接读数算出的高差除以 2，求出实际高差值。

图 2-15b 所示是基辅分划水准尺的读数图。楔形丝夹住的水准尺基本分划读数为 1.48m，测微尺读数为 6.50mm，全读数为 1.48650m。水准尺分划值为 1cm，故读数为实际值，无须除以 2。

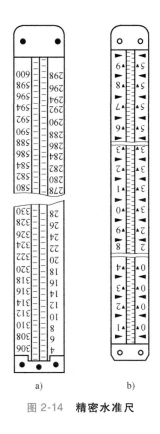

图 2-14　**精密水准尺**

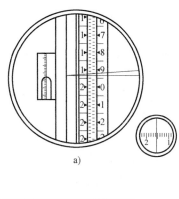

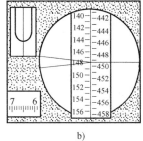

图 2-15　**精密水准尺的读数**

2.4　自动安平水准仪

自动安平水准仪是用设置在望远镜内的自动补偿器代替符合水准器和微倾螺旋，观测时，只用圆水准器进行粗略整平，便可通过中丝读到水平视线在水准尺上的读数。由于仪器不用调节水准管气泡居中，从而简化了操作，提高了观测速度。据统计，该仪器与普通水准仪比较能提高观测速度约 40%。

2.4.1　自动安平原理

如图 2-16 所示，视准轴水平时，十字丝交点在 B 处，读到水平视线的读数为 a_0。当视准轴倾斜了一个小角 α 时，十字丝交点从 B 移到 A 处，显然，$AB = f\alpha$（f 为物镜等效焦距），这时从 A 处读到的数 a 不是水平视线的读数。为了在视准轴倾斜

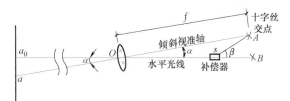

图 2-16　**自动安平原理**

时仍能在十字丝交点 A 处读得水平视线的读数 a_0，在光路中装置了一个光学补偿器，使读数为 a_0 的水平光线经过补偿器偏转 β 角后恰好通过倾斜视准轴的十字丝交点 A。这时，$AB = s\beta$（s 为补偿器到十字丝交点 A 的距离）。因此，补偿器必须满足条件

$$f\alpha = s\beta \tag{2-5}$$

21

这样，即使视准轴存在一定的倾斜（倾斜角限度为±10′），在十字丝交点 A 处也能读到水平视线的读数 a_0，达到了自动安平的目的。

2.4.2 自动安平补偿器

补偿器的种类很多，但一般都是采用悬吊光学棱镜组，借助重力作用达到视线自动补偿的目的。图 2-17 所示为 DSZ$_3$ 型自动安平水准仪的补偿结构。补偿器装在调焦透镜和十字丝分划板之间，其结构是将一个屋脊棱镜固定在望远镜筒上，在屋脊棱镜下方用交叉金属丝悬吊着两块直角棱镜。当望远镜有微小倾斜时，直角棱镜在重力作用下，与望远镜作相反的偏转。空气阻尼器的作用是使悬吊的两块直角棱镜迅速（在1~2s内）处于静止状态。

根据光线全反射的特性可知，在入射线方向不变的条件下，当反射面旋转 α 角时，反射线将从原来的行进方向偏转 2α 角，如图 2-18 所示。补偿器的补偿光路就是根据这一光学原理设计的。

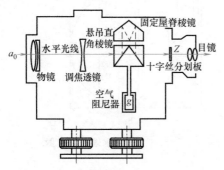

图 2-17 DSZ$_3$ 型自动安平水准仪

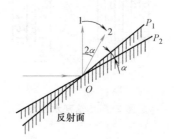

图 2-18 平面镜全反射原理

当仪器处于水平状态、视准轴水平时，水平光线与视准轴重合，不发生任何偏转。如图 2-17 所示，水平光线进入物镜后经第一个直角棱镜反射到屋脊棱镜，在屋脊棱镜内作三次反射，到达另一个直角棱镜，又被反射一次，最后水平光线通过十字丝交点 Z，这时可读到视线水平时的读数 a_0。

当望远镜倾斜了 α 角时（见图 2-19），屋脊棱镜也随之倾斜 α 角，两个直角棱镜在重力作用下，相对望远镜的倾斜沿反方向偏转 α 角。这时，经过物镜的水平光线经过第一个直角棱镜后产生 2α 的偏转，再经过屋脊棱镜，在屋脊棱镜内作三次反射，到达另一个直角棱镜后又产生 2α 的偏转，水平光线通过补偿器产生两次偏转的和为 β = 4α。要使通过补偿器偏转后的光线经过十字丝交点 Z，将 β = 4α 代入式（2-5）得

$$s = \frac{f}{4} \tag{2-6}$$

即将补偿器安置在距十字丝交点 Z 的 $f/4$ 处，可使水平视线的读数 a_0 正好落在十字丝交点上，从而达到自动安平的目的。

使用自动安平水准仪观测时，在安置好仪器、将圆水准器气泡居中后，即可照准水准尺，直接读出水准尺读数。

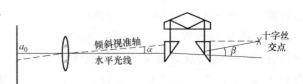

图 2-19 自动安平补偿器的补偿原理

2.5　电子水准仪简介

随着微电子技术和传感器工艺的发展，1990 年第一台电子水准仪在瑞士诞生，这标志着水准测量自动化成为现实。电子水准仪是一种集电子、光学、图像处理、计算机技术于一体的智能数字水准仪。它不仅可以完成光学水准仪所能进行的测量，还可利用内置应用软件进行高程连续计算、多次测量取平均值、断面计算、水准路线和水准网测量闭合差调整，实现测量数据的自动采集、储存、处理和传输等，具有速度快、精度高、作业强度小、内外业一体化等特点。电子水准仪的主要型号有瑞士徕卡的 DNA03、10 和德国蔡司的 DiNi12、12T、22 系列。下面对 DiNi12 的自动测量系统及其操作应用进行简要介绍。

2.5.1　DiNi12 数字水准仪简介

1. 主要特点和技术参数

DiNi12 与其他精密数字水准仪一样，采用了吊带式补偿方式，视距的读取及储存、处理、采集均实现了自动化，操作更加快捷、方便、直观，成果精度更加精确可靠。其采用了目前最先进的几何位置法量算系统，还有 8 种可选的测量模式和自动平差功能，使数据格式完全符合国家测量规范要求；灵活的 DOS 操作系统不但能方便地与计算机接轨，便于升级为中文桌面，而且更适应现代化工程观测发展的要求。

其主要技术参数：每千米高差中误差为 $\pm 0.3\text{mm}$；最小显示为 0.01mm；$\pm 15'$ 内自动补偿，安平精度为 $\pm 0.2''$；测距范围为 $1.5 \sim 100\text{m}$；测距精度为 $\pm 20\text{mm}$；可见光、可见测尺 30cm 范围即可测量。

2. 工作原理

DiNi12 装有一组 CCD 图像传感器，即光敏二极管矩阵电路和智能化微处理器（CPU），它们结合方便、灵活的 DOS 操作系统，配以条码铟钢尺与条码识别系统，实现全自动测量。其结构如图 2-20 所示。

工作原理：仪器照准并启动测量按键后，条码尺上的刻度分划图像，经过日光的反射，在望远镜中成像，并通过分光镜分成两束光，一束转射到目镜上供人眼监视，另一束转射到光敏二极管阵列（CCD）上，转射到 CCD 的视频信号被光敏二极管所感应，转化成电信号，经整形后进入模数转换系统（A/D），输出数字信号送入微处理器处理（并由其操作软件计算），处理后的电数字信号一路存入 PC 存储卡，一路输出到面板的液晶显示器，从而完成整个测量过程。

3. 几何位置法量算原理

DiNi12 采用几何位置法测量与计算。它利用中丝上、下两边各 15cm 的间距计算视距和视线高，如图 2-21 所示。图中 G_i 为某测量间距的下边界，G_{i+1} 为上边界，它们在 CCD 上的成像为 B_i 及 B_{i+1}。它们到光轴（中丝）的距离分别用 b_i 及 b_{i+1} 表示。由于 CCD 上像素的宽度是已知的，这两距离在 CCD 上所占像素的个数可以由 CCD 输出的信号得到，故可以算出 b_i 和 b_{i+1}，也就是说 b_i 和 b_{i+1} 是计算视线高的已知数。它们在光轴之上为负，在光轴之下为正。如果在标尺上看则相反。

设 g 为测量间距长（2cm），用第 i 个测量间距来测量时，物像比 A，即测量间距与该间

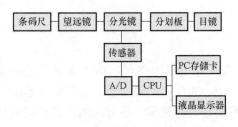

图 2-20　DiNi12 结构

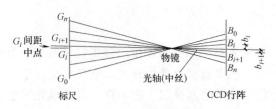

图 2-21　视距和视线高计算

距在 CCD 上成像之比，可由图 2-21 中的相似三角形求得

$$A_i = g/(b_{i+1} - b_i) \tag{2-7}$$

于是视线高度为

$$H_i = g(G_i + 1/2) - A(b_{i+1} + b_i)/2 \tag{2-8}$$

G_i 是第 i 测量间距从标尺底部数起的序号，可由所属码词判读出来，式（2-8）右边部分的几何意义已标注在图 2-21 中，即 $g(G_i + 1/2)$ 是标尺上第 i 个测量间距的中点到标尺底面的距离，$A(b_{i+1} + b_i)/2$ 是标尺第 i 个测量间距的中点到仪器光轴（电视准轴）的距离。

根据以上的符号规则，b_{i+1} 是正量，b_i 是负量。图 2-21 中 b_{i+1} 的绝对值小于 b_i 的绝对值，因此，式（2-8）中两项相加取负值。

为了提高测量精度，DiNi12 取 n 测量间距平均值来计算，也就是取标尺中丝上下各 15cm 的范围，15 个测量间距取平均值计算，于是物像比为

$$A_i = gn/(b_n - b_0) \tag{2-9}$$

式中，b_n 和 b_0 分别为 CCD 上 30cm 测量截距上下边界到光轴的距离。

视线高的计算公式为

$$H = \frac{1}{n} \sum_{i=1}^{n} g\left[\left(G_i + \frac{1}{2}\right) - \frac{1}{2}A(b_{i+1} + b_i)\right] \tag{2-10}$$

由式（2-9）算出物像比之后，可由式（2-10）计算视线高；同样，式（2-9）也可以用来计算视距，计算原理与用视距丝进行视距测量一样。不同的是，此固定基线是在标尺上，而传统视距测量的基线是分划板上的上下视距丝的间距。

上述视线高和计算视距的计算均由微处理器和相应软件完成，从而可以实现自动测量。

2.5.2　基本操作

1. 目录与文件的建立

目录的建立：打开电源后，按 EDIT 键和 PRJ 键，选择菜单 2（NEW　PROJECT）和 CREATE　DIRECTORY 输入目录名称。

文件的建立：按 EDIT 键和 PRJ 键，选择菜单 2（NEW　PROJECT）和 INPUT　PROJECT　NAME 菜单，输入文件名。

2. 参数设置

基本参数设置：激活主菜单 MENU，选择参数 4（SET　REC. PARAM）后再选择参数 1（RECORDING OF DADT）对各类参数进行设置或修改。

本次测量设置：按 LINE 键，选择线路水准测量，再选择测量方式（共 3 种，如果是新

的一次测量应按 NEW LINE，完成上次未结束测量按 CONTINUE LINE，使用已完成的测回按 CONT LINE），输入线号、选择测量模式（有 8 种供选择，一、二等可选择 aBFFB 模式，三等可选择 BFFB 模式，四等可选择 BBFF 模式），再输入引据水准点高程和有关引据水准点信息后开始观测。

3. 成果平差

每一测回结束后，如闭合差符合精度要求，应对成果进行平差处理。平差过程如下：按 MENU 键，选择 6（LINE ADJUSTMENT）后按点号、点代码、线编号、地址等任一方式选择需平差的测回。

2.6 水准测量方法和成果计算

2.6.1 高程控制测量

在测量工作中，为限制测量误差的传播和积累，保证必要的测量精度，必须遵循"从整体到局部、先控制后碎部"的原则，在全国范围内布设控制网，进行控制测量。控制测量分为平面控制测量和高程控制测量。平面控制测量确定控制点的平面坐标，高程控制测量确定控制点的高程，它们是两套独立的控制网，一般分开进行测量。本节主要介绍高程控制测量的方法。

高程控制测量的主要方法是水准测量，在山区或丘陵地区以及图根高程控制测量中可采用三角高程测量。国家高程控制网是用水准测量方法建立的，称为国家水准网。国家水准网采用由高级到低级、逐级控制、逐级加密的原则布设，按其精度分为四个等级。国家一、二等水准网采用精密水准测量方法建立，是研究地球形状和大小、海洋平均海水面变化的重要资料，同时根据周期观测的结果，可以研究地壳的垂直形变规律，是地震预报的重要数据。三、四等水准网是在一、二等水准网的基础上进行加密，并直接为地形测图和工程建设提供高程控制点。

1. 水准点

国家水准网是全国统一的高程系统，测绘部门在全国各地按一定的路线（即水准路线）埋设一些点（即高程控制点），并用水准测量方法测定这些点的高程，称为水准点（Bench Mark），记为 BM.。水准点是水准测量引测高程的依据。

水准点的位置应选在土质坚硬、便于长期保存和使用方便的地点。水准点按其精度分为不同的等级。国家水准点分为四个等级，即一、二、三、四等水准点，按国家规范要求埋设用混凝土或石料制成的永久性标石标志。地面水准点按一定规格埋设，在标石顶部设置用不锈钢或其他不易腐蚀的材料制成的半球形标志（图 2-22a 所示为二、三等水准点）；亦可按规格要求在永久性建筑物上埋设墙脚水准点（见图 2-22b）。等级水准点的高程，可在各地测量主管部门查取。

地形测量中的图根水准点和一些施工测量使用的水准点，常采用临时性标志，可用混凝土标石埋设（见图 2-22c），也可用木桩（见图 2-22d）或道钉打入地面，或利用埋石的平面控制点作为水准点，也可在地面上突出的坚硬岩石或房屋四周水泥面、台阶以及其他长期保留的物体等处用油漆做出标志。其绝对高程应从国家水准点引测；引测困难时，也可采用相对高程。

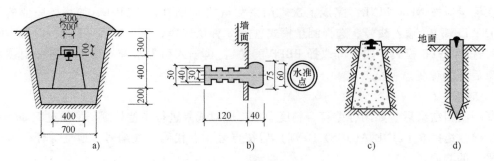

图 2-22 水准点标石埋设图

2. 水准路线形式

由水准点连成水准路线。根据施测的性质和测区情况，水准路线可布设成以下几种形式：

（1）闭合水准路线 如图 2-23a 所示，闭合水准路线是从一高级水准点 BM.A 出发，沿线测定其他各点高程，最后又闭合到 BM.A 的环形路线。

（2）附合水准路线 如图 2-23b 所示，附合水准路线是从一高级水准点 BM.A 出发，沿线测定其他各点高程，最后附合到另一高级水准点 BM.B 的路线。

（3）支水准路线 如图 2-23c 所示，支水准路线是从一已知水准点出发，沿线测定其他各点高程，其路线既不闭合又不附合，但必须是往返观测的路线。

（4）水准网 如图 2-23d 所示，水准网是由多条单一水准路线相互连接构成的网状路线，其中 BM.A 为高级水准点，B、C、D 和 E 为结点。

图 2-24 所示是国家水准网布设示意图。一等水准网是国家高程控制网的骨干。二等水准网布设于一等水准环内，是国家高程控制网的全面基础。三、四等水准网是国家高程控制网的进一步加密。在城市或其他需进行工程建设的地区，高程控制分为二、三、四等水准测量和图根水准测量等几个等级，它是城市大比例尺测图及工程测量的高程控制。应根据城市或工程建设的规模确定首级水准网的等级，然后再根据等级水准点测定图根点的高程。水准点间的距离，四等水准一般地区应为 1~3km，城市建筑区为 1~2km，工厂区宜小于 1km。一个测区及其周围至少应有 3 个水准点。

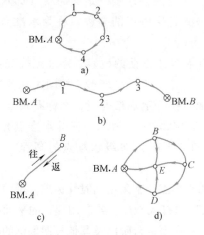

图 2-23 水准路线的布设形式

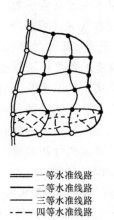

图 2-24 国家水准网示意图

2.6.2　水准测量方法

1. 等外（普通）水准测量方法

等外（普通）水准测量常用于一般工程的高程测量和地形图测绘时图根控制点高程测量（称为图根水准测量）。采用 DS$_3$ 型水准仪和双面尺或塔尺，使用前应对仪器和水准尺进行检验，采用单程观测，测量中应满足规范规定的技术要求，按选定的水准路线进行测量。当欲测的高程点距水准点较远或两点间高差很大时，安置一次仪器无法测出两点间高差，就需要连续多次安置仪器以测出两点的高差。如图 2-25 所示，水准点 A 的高程为 27.354m，现拟测定 B 点的高程，其观测步骤如下：

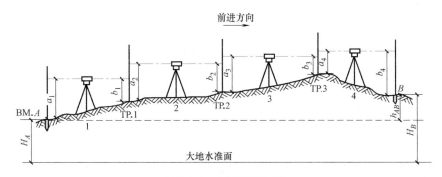

图 2-25　**水准测量施测**

在离 A 点适当距离处选择转点 TP.1，安放尺垫，在 A、TP.1 两点上分别竖立水准尺。在距 A 点和 TP.1 点大致等距处安置水准仪，瞄准后视点 A，精平后读得后视读数 a_1 为 1.467m，记入普通水准测量手簿（见表 2-1）。旋转望远镜，瞄准前视点 TP.1，精平后读得前视读数 b_1 为 1.124m，记入手簿。计算出 A、TP.1 两点高差为 +0.343m。此为一个测站上的观测工作。

表 2-1　**普通水准测量手簿**

日期_____　天气_____　测区_____　仪器_____　观测者_____　记录者_____

测站	点号	水准尺读数/m		高差/m		高程/m	备注
		后视	前视	+	−		
1	BM.A	1.467				27.354	已知
	TP.1		1.124	0.343			
2	TP.1	1.885					
	TP.2		1.674	0.211			
3	TP.2	1.869					
	TP.3		0.943	0.926			
4	TP.3	1.367					
	B		1.732		0.365	28.469	
计算检核	$\sum$	$\sum a$　6.588 −5.473 1.115	$\sum b$　5.473	1.480 −0.365 1.115	0.365	28.469 −27.354 1.115	

点 TP.1 的水准尺不动，将 A 点水准尺移立于点 TP.2 处，水准仪安置在 TP.1、TP.2 点之间等距处，用上述相同的方法测出 TP.1、TP.2 点的高差，依次测至终点 B。

每一测站可测得前、后视两点间的高差，即

$$h_1 = a_1 - b_1$$
$$h_2 = a_2 - b_2$$
$$\cdots$$
$$h_4 = a_4 - b_4$$

将各式相加，得

$$h_{AB} = \sum h = \sum a - \sum b$$

则 B 点的高程为

$$H_B = H_A + \sum h \tag{2-11}$$

在上述施测过程中，点 TP.1、TP.2、TP.3 是临时的立尺点，起传递高程的作用，称为转点（Turning Point），简记为 TP. 或 ZD.。转点无固定标志，无须算出高程。

2. 三、四等水准测量方法

工程测量中高程控制的方法可采用水准测量和电磁波测距三角高程。其路线布设及观测主要技术要求见表 2-2。

表 2-2　水准测量的主要技术要求

等级	每千米高差全中误差/mm	路线长度/km	水准仪的型号	水准尺	观测次数		往返较差附合或环线高差闭合差	
					与已知点联测	附合或环线	平地/mm	山地/mm
二	2	—	DS$_1$	因瓦	往返各一次	往返各一次	$\pm 4\sqrt{L}$	—
三	6	≤50	DS$_1$	因瓦	往返各一次	往一次	$\pm 12\sqrt{L}$	$\pm 4\sqrt{n}$
			DS$_3$	双面		往返各一次		
四	10	≤16	DS$_3$	双面	往返各一次	往一次	$\pm 20\sqrt{L}$	$\pm 6\sqrt{n}$
五	15	—	DS$_3$	单面	往返各一次	往一次	$\pm 30\sqrt{L}$	$\pm 9\sqrt{n}$
图根	—	—	DS$_3$	单面	往返各一次	往一次	$\pm 40\sqrt{L}$	$\pm 12\sqrt{n}$

注：1. 结点之间或结点与高级点之间，其路线的长度，不应大于表中规定的 0.7 倍。
　　2. L 为往返测段，附合或环线的水准路线长度（km）；n 为测站数。（各等级均可用电子水准仪观测）。

一、二、三、四等水准测量的观测方法基本相同。下面以三、四等水准测量为例说明等级水准测量的要求和施测方法。其测站观测的主要技术要求见表 2-3。测量时应使用精密水准尺或双面尺。

表 2-3　水准测量每测站观测的主要技术要求

等级	水准仪型号	前后视距不等差/m		K+黑−红/mm	红黑面所测高差之差/mm	视线标准长度/m	视线距地面最低高度/m
		d	累积差 $\sum d$				
二	DS$_1$	≤1	≤3	≤0.5	≤0.7	≤50	≥0.5
三	DS$_1$	≤3	≤6	≤1.0	≤1.5	≤100	≥0.3
	DS$_3$			≤2.0	≤3.0	≤75	
四	DS$_3$	≤5	≤10	≤3.0	≤5.0	≤100	≥0.2
五	DS$_3$	大致相等		—	—	—	—

注：1. 二等水准视线长度小于 20m 时，其视线高度不应低于 0.3m。
　　2. 三、四等水准采用变动仪器高度观测单面水准尺时，所测两次高差较差，应与黑面、红面所测高差之差的要求相同。

三、四等水准测量主要采用双面尺法观测，其一个测站的观测顺序为：

1）照准后视尺黑面，读取上、下、中丝读数（1）、（2）、（3）。

2）照准前视尺黑面，读取上、下、中丝读数（4）、（5）、（6）。

3）照准前视尺红面，读取中丝读数（7）。

4）照准后视尺红面，读取中丝读数（8）。（每次读数前，应使符合水准气泡居中）

这样的观测顺序简称为"后—前—前—后"。其优点是可以抵消水准仪下沉产生的误差。四等水准测量每站的观测顺序也可为"后—后—前—前"，即"黑—红—黑—红"。

每测站的计算、检核和限差：

（1）视距计算

后视距离（9）=［（1）-（2）］×100

前视距离（10）=［（4）-（5）］×100

前、后视距差（11）=（9）-（10）

前、后视距累积差本站（12）=前站（12）+本站（11）

限差要求见表 2-3。

（2）同一水准尺红、黑面中丝读数差的校核　同一水准尺红、黑面中丝读数之差，应等于该尺红、黑面的常数差 K（4.687 或 4.787），即

前尺（13）=（6）+K-（7）

后尺（14）=（3）+K-（8）

限差要求见表 2-3。

（3）黑、红面所测高差的计算与检核

黑面高差（15）=（3）-（6）

红面高差（16）=（8）-（7）

检核计算（17）=（14）-（13）=（15）-（16）±0.100

高差中数（18）=$\frac{1}{2}$｛（15）+［（16）±0.100］｝

限差要求见表 2-3。

上述各项记录、计算见表 2-4。观测时，应随测随算。若发现本测站某项限差超限，应立即重测，只有各项限差均检查无误后，方可移站。

在每测站检核的基础上，应进行每页总计算检核。各项校核内容如下：

校核计算　　　　　　$\sum(9)-\sum(10)=$末站（12）

$$\sum(18)=\frac{1}{2}[\sum(15)+\sum(16)±0.100]$$

$$\sum(15)=\sum(3)-\sum(6)$$

$$\sum(16)=\sum(8)-\sum(7)$$

$$\sum(9)-\sum(10)=本页末站（12）-前页末站（12）$$

测站数为偶数时　　$\sum(18)=\frac{1}{2}[\sum(15)+\sum(16)]$

测站数为奇数时　　$\sum(18)=\frac{1}{2}[\sum(15)+\sum(16)±0.100]$

表2-4 三（四）等水准观测记录

测段：<u>BM. *A* ~ *B*</u>　　　　日期：<u>2001 年 5 月 10 日</u>　　　　仪器：<u>苏光 25007</u>

开始：<u>8 时 35 分</u>　　　　天气：<u>晴/微风</u>　　　　观测者：<u>张宁</u>

结束：<u>9 时 47 分</u>　　　　成像：<u>清晰稳定</u>　　　　记录者：<u>王靖</u>

测站编号	点号	后尺 上丝／下丝 后视距/m ／ d	前尺 上丝／下丝 前视距/m ／ ∑d	方向及尺号	水准尺读数 黑面	水准尺读数 红面	黑红面读数差（K+黑−红）/mm	高差中数 /m	备注
		(1)	(4)	后	(3)	(8)	(14)		$K_1 = 4.687$
		(2)	(5)	前	(6)	(7)	(13)		
		(9)	(10)	后一前	(15)	(16)	(17)	(18)	$K_2 = 4.787$
		(11)	(12)						
1	BM. *A* ~ 转 1	1.875	1.328	后 1	1.760	6.447	0		
		1.646	1.093	前 2	1.209	5.997	−1		
		22.9	23.5	后一前	+0.551	+0.450	+1	+0.5505	
		−0.6	−0.6						
2	转 1 ~ 转 2	1.578	1.457	后 2	1.456	6.243	0		
		1.333	1.225	前 1	1.340	6.028	−1		
		24.5	23.2	后一前	+0.116	+0.215	+1	+0.1155	
		+1.3	+0.7						
3	转 2 ~ 转 3	0.888	1.979	后 1	0.734	5.421	0		
		0.580	1.670	前 2	1.825	6.611	+1		
		30.8	30.9	后一前	−1.091	−1.190	−1	−1.0905	
		−0.1	+0.6						
4	转 3 ~ 转 4	1.268	1.753	后 2	1.172	5.958	+1		
		1.074	1.547	前 1	1.650	6.337	0		
		19.4	20.6	后一前	−0.478	−0.379	+1	−0.4785	
		−1.2	−0.6						
5	转 4 ~ B	1.612	1.598	后 1	1.512	6.201	−2		
		1.415	1.395	前 2	1.496	6.284	−1		
		19.7	20.3	后一前	+0.016	−0.083	−1	+0.0165	
		−0.6	−1.2						
计算校核		∑(9) = 117.3m　∑(10) = 118.5m ∑(9)+∑(10) = 235.8m　末站(12) = −1.2 ∑(9)−∑(10) = −1.2			∑(3) = 6.634　∑(8) = 30.270　∑(18) = −0.8865 ∑(6) = 7.520　∑(7) = 31.257　$\frac{1}{2}[\sum(15)+\sum(16)\pm0.1]$ ∑(15) = −0.886　∑(16) = −0.987 = −0.8865					

　　等级水准测量必须进行测站检核。除上述双面尺法以外，若无双面尺，可采用变动仪高法，即在每一测站上测出两点高差后，改变仪器高度再测一次高差，若两次高差之差不超过允许值（如图根水准测量为 6mm），则取其平均值作为最后结果；若超过允许值，则需

重测。

测站检核能检查每一测站的观测数据是否存在错误。但有些误差，如在转站时转点的位置被移动，测站检核是查不出来的。此外，每一测站的高差误差如果出现符号一致性，随着测站数的增多，误差累积起来，就有可能使高差总和的误差累积过大。因此，还必须对水准测量进行成果检核。选择前面所述的合适的水准路线是进行水准测量成果检核的方法。由于水准路线中实测高差存在误差，不等于理论高差，两者的差值称为高差闭合差f_h，即

$$f_h = \sum h_{测} - \sum h_{理} \tag{2-12}$$

高差闭合差是各种因素产生的测量误差，因此整个水准路线测量完成后，高差闭合差的数值应该在允许值范围内，否则应检查原因，重新测量。水准测量各等级高差闭合差允许值见表 2-2。

2.6.3 水准测量的成果计算

水准测量外业观测工作结束后，要检查手簿，再算出高差闭合差，它是衡量水准测量精度的重要指标。当高差闭合差在允许值范围内时，再对闭合差进行调整，求出改正后的高差，最后计算各点的高程。

1. 高差闭合差的计算

对于闭合水准路线，式（2-12）中 $\sum h_{理} = 0$，则 $f_h = \sum h_{测}$；对于附合水准路线，其理论值 $\sum h_{理} = H_{终} - H_{始}$，则 $f_h = \sum h_{测} - (H_{终} - H_{始})$；对于支水准路线，$f_h = \sum h_{往} + \sum h_{返}$。

图 2-26 所示是根据水准测量手簿整理得到的附合水准路线观测数据，各测段高差和距离如图所示。BM.A、BM.B 点为已知高程水准点，1、2、3 点为待求高程的水准点。列表 2-5 进行高差闭合差的调整和高程计算。

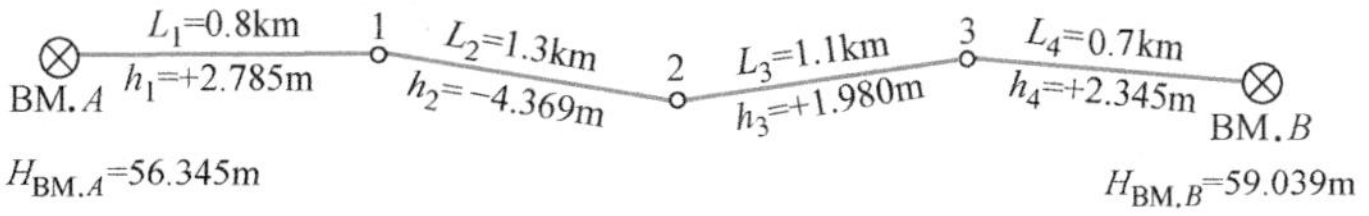

图 2-26 附合水准路线计算图

表 2-5 附合水准路线高程计算

测点	测段长度 L/km	实测高差 /m	高差改正数 /m	改正后的 高差/m	高程 /m	备　注
BM.A	0.8	+2.785	-0.010	+2.775	56.345	已知
1					59.120	
	1.3	-4.369	-0.016	-4.385		
2					54.735	
	1.1	+1.980	-0.013	+1.967		
3					56.702	
	0.7	+2.345	-0.008	+2.337		
BM.B					59.039	已知
$\sum$	3.9	+2.741	-0.047	+2.694		
辅助 计算						

辅助计算：
$f_h = \sum h_{测} - (H_{终} - H_{始}) = 2.741 - (59.039 - 56.345) = +0.047$m

$L = 3.9$km　$[f_{h允}] = \pm 40\sqrt{L} = \pm 79$mm

计算高差闭合差为

$$f_h = \sum h_{测} - (H_{终} - H_{始}) = 2.741\text{m} - (59.039 - 56.345)\text{m} = +0.047\text{m}$$

按平地及图根水准精度计算闭合差允许值为

$$f_{h允} = \pm 40\sqrt{L} = \pm 79\text{mm}$$

$|f_h| < |f_{h允}|$，符合图根水准测量技术要求。

2. 高差闭合差的调整

闭合差的调整是按与距离（测段长度）或与测站数成正比例反符号分配到各测段高差中。第 i 测段高差改正数按下式计算

$$V_i = -\frac{f_h}{L}L_i \quad 或 \quad V_i = -\frac{f_h}{n}n_i \tag{2-13}$$

式中，L 为路线总长；L_i 为第 i 段距离；n 为路线总测站数；n_i 为第 i 段测站数。

各测段改正数按式（2-13）算出后列入表 2-5 中。改正数的总和与高差闭合差大小相等符号相反。每测段实测高差加相应的改正数便得到改正后的高差。

3. 计算各点高程

由已知水准点 A 开始，用每测段改正后的高差，逐点算出各点高程，列入表 2-5 中。由计算得到的 B 点高程应与 B 点的已知高程相等，以此作为检核计算的依据。

2.7 微倾式水准仪的检验与校正

水准仪有以下主要轴线：视准轴、水准管轴、仪器竖轴和圆水准器轴（见图 2-27）。为保证水准仪能提供一条水平视线，各轴线之间应满足的几何条件是：①圆水准器轴平行仪器竖轴；②十字丝横丝垂直仪器竖轴；③水准管轴平行视准轴。

上述水准仪应满足的各项条件，在仪器出厂时已经过检验与校正而得到满足，但由于仪器在长期使用和运输过程中受到振动和碰撞等原因，各轴线之间的关系可能会发生变化，若不检验与校正，将会影响测量成果的质量。所以，水准测量作业前，应对水准仪进行检验，如不满足要求，应对仪器加以校正。

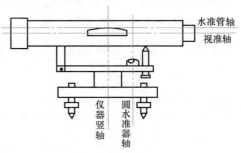

图 2-27　水准仪的主要轴线

2.7.1 圆水准器轴平行于仪器竖轴的检验与校正

1. 检验方法

检验原理如图 2-28 所示。安置仪器后用脚螺旋调节圆水准气泡居中。此时圆水准器轴 $L'L'$ 处于竖直位置。如果仪器竖轴 VV 与 $L'L'$ 不平行，且交角为 δ，那么竖轴 VV 与竖直位置的偏差也是 δ。当望远镜绕倾斜的竖轴旋转 $180°$ 后，仪器的竖轴位置并没有改变，而圆水准器转到了竖轴的另一侧，$L'L'$ 则与铅垂线的交角为 2δ。显然气泡不再居中，而偏离零点的弧长所对的圆心角为 2δ。

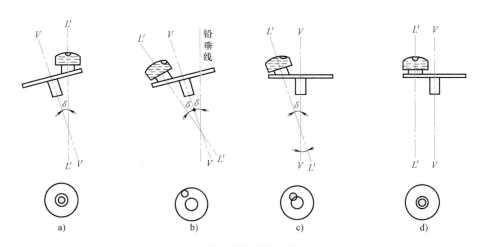

图 2-28　**圆水准器的检验校正原理**

2. 校正方法

若 $L'L'$ 不平行于 VV，则根据上述检验原理，校正时，用脚螺旋使气泡向零点方向移动偏离长度的一半，这时竖轴 VV 就处于铅垂位置，如图 2-28c 所示。然后再用校正针调整圆水准器下面的三个校正螺钉，使气泡居中。这时，圆水准器轴也处于铅垂位置，如图 2-28d 所示。

圆水准器校正时，一般要反复进行数次，直到仪器旋转到任何位置圆水准器气泡都居中为止。最后应注意拧紧固定螺钉。

2.7.2　十字丝横丝垂直于仪器竖轴的检验与校正

1. 检验方法

水准仪整平后，先用十字丝横丝的一端对准一个点状目标，如图 2-29a 中的 P 点，拧紧水平制动螺旋，然后用微动螺旋缓缓地移动望远镜。若 P 点始终在横丝上移动（见图 2-29b），说明此条件满足；若 P 点移动的轨迹离开了横丝（见图 2-29c、d），则条件不满足，需要校正。

2. 校正方法

校正方法因十字丝分划板装置的形式不同而异。若十字丝分划板的装置是固定在目镜筒内，目镜筒插入物镜筒后，再由三个固定螺钉与物镜筒进行连接，则校正时，用螺钉旋具放松三个固定螺钉，然后转动目镜筒，使横丝水平（见图 2-30），最后将三个固定螺钉拧紧。也有的采用卸下目镜处的外罩，用螺钉旋具松开分划板座的固定螺钉，拨正分划板座实现校正的方法。

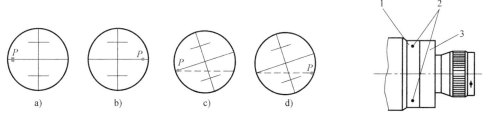

图 2-29　**十字丝的检验**

图 2-30　**十字丝的校正**

1—物镜筒　2—目镜筒固定螺钉　3—目镜筒

2.7.3 水准管轴平行于视准轴的检验与校正

1. 检验方法

如图 2-31 所示，在高差不大的地面上选择相距 80m 左右的 A、B 两点，打入木桩或放置尺垫。将水准仪安置在 A、B 两点的中点 I 处，用变仪高法或双面尺法测出 A、B 两点高差，两次高差之差小于 3mm 时，取其平均值 h_{AB} 作为最后结果。由于仪器距 A、B 两点等距离，从图 2-31 可看出，不论水准管轴是否平行视准轴，在 I 处测出的高差 h_{AB} 都是正确的高差。然后将仪器搬至距 A 点 2~3m 的 II 处，精平后，分别读取 A 尺和 B 尺的中丝读数 a' 和 b'。因仪器距 A 点很近，水准管轴不平行视准轴引起的读数误差可忽略不计，则可计算出仪器在 II 处时，B 点尺上水平视线的正确读数为

$$b_0' = a' - h_{AB} \tag{2-14}$$

实际测出的 b' 与计算得到的 b_0' 相等时，则表明水准管轴平行视准轴；否则两轴不平行，其夹角为

$$i = \frac{b' - b_0'}{D_{AB}} \cdot \rho \tag{2-15}$$

式中，$\rho = 206265''$。

DS_3 型水准仪的 i 角不得大于 $20''$，否则应对水准仪进行校正。

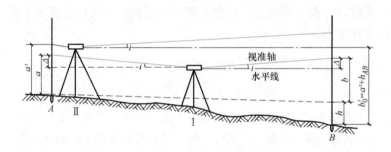

图 2-31　水准管轴平行于视准轴的检验

2. 校正方法

仪器仍在 II 处，调节微倾螺旋，使 B 尺上的中丝读数移到 b_0'，这时视准轴处于水平位置，但水准管气泡不居中（符合气泡不吻合）。用校正针拨动水准管一端的上、下两个校正螺钉，先松一个，再紧另一个，将水准管一端升高或降低，如图 2-32 所示，使符合气泡吻合。此项校正要反复进行，直到 i 角小于 $20''$ 为止，再拧紧上、下两个校正螺钉。

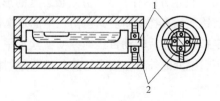

图 2-32　水准管轴的校正
1—水准管支座　2—校正螺钉

2.8　水准测量的误差来源及消减方法

水准测量的误差来源主要有三方面，即仪器误差、观测误差和外界条件影响。

2.8.1　仪器误差

1. 视准轴与水准管轴不平行的误差

水准仪经过校正后，不可能绝对满足水准管轴平行于视准轴的条件，因而使读数产生误差。此项误差与仪器至立尺点距离成正比。在测量中使前、后视距相等就可消除该项误差的影响。当使前、后视距相等困难时，也可采用相邻几个测站的前视距离之和等于后视距离之和的方法，这种方法称为距离补偿法。

2. 望远镜调焦时调焦透镜运行误差

物镜调焦时，调焦透镜应沿物镜主光轴方向运行，但仪器受振后或使用时间过长，则往往上下晃动，使目标影像偏移，影响正确读数。因此观测时应使前、后视距相等，以便同一测站上不做第二次调焦。这样可在计算中抵消该项误差的影响。

3. 水准尺误差

水准尺误差包括水准尺长度误差、刻划误差和零点差等。为了减弱这类误差对水准测量精度的影响，不同精度等级的水准测量对水准尺有不同的要求。精密水准测量应对水准尺进行检定并对读数进行尺长误差改正。零点差在成对使用水准尺时，可采取设置偶数站的方法来消除，也可在前、后视中使用同一根水准尺来消除。

2.8.2　观测误差

1. 水准管气泡居中误差

水准管气泡居中误差是指由于水准管内液体与管壁的黏滞作用和观测者眼睛分辨能力的限制，致使气泡没有严格居中引起的误差。根据实验，气泡居中误差主要与水准管分划值（τ）和观察气泡居中的方式有关。直接观察气泡的水准器，居中误差一般为"$\pm 0.15\tau$"；采用符合水准器时，气泡居中精度可提高一倍。故由气泡居中误差引起的读数误差为

$$m_\tau = \pm \frac{0.15\tau''}{2\rho} \cdot D \tag{2-16}$$

式中，D 为水准仪到水准尺的距离。

2. 视差

当目标影像与十字丝分划板面不重合时，随着人眼在目镜端的上下移动，水准尺上的读数发生变化。因此，水准测量时应随时注意消除视差。

3. 读数误差

在消除视差的前提下，读数误差主要是观测者在水准尺上估读毫米数的误差，与人眼分辨能力、望远镜放大率以及视线长度有关。通常按下式计算

$$m_v = \frac{60''}{V} \cdot \frac{D}{\rho} \tag{2-17}$$

式中，V 为望远镜放大率；$60''$ 为人眼能分辨的最小角度。

为保证估读数精度，各等级水准测量对仪器望远镜的放大率和最大视线长度都有相应规定。

4. 水准尺倾斜误差

水准尺倾斜会使读数增大，其误差大小与尺倾斜的角度和在尺上的读数大小有关。例

如，尺子倾斜3°，视线在尺上读数为2.0m时，会产生约3mm读数的误差。由于这项误差是系统性的，总使读数偏大，在高差计算中可抵消一部分影响，其余部分则有累积的可能。因此，读数时必须认真扶尺，尽可能保持尺上水准气泡居中，将尺竖直。

2.8.3 外界条件影响产生的误差

1. 仪器下沉

在观测过程中，若地面土质松软，仪器会随时间增长而产生下沉，使前视读数减小，从而引起高差误差。用双面尺法或变仪高法进行测站检核时，采用"后—前—前—后"的观测顺序，取平均值后可减小或消除其影响。

2. 尺垫下沉

仪器搬站时，如果转点上尺垫下沉，后视读数增大，则往测下坡时高差减小，返测上坡时高差增大。故取往返测高差的平均值，可消除尺垫下沉的影响。

此外，在设置测站或转点时，应注意选择坚实地面，并踏实脚架和尺垫，尽可能加快观测速度，缩短搬站时间。

3. 地球曲率差

如图2-33所示，高差测定时，水平视线在尺上的读数 b，理论上应改算为相应水准面在尺上截取的读数 b'。两数之差 c 称为地球曲率差（或改正数）。设 D 为仪器至标尺的距离，R 为地球半径，则改正数 $c = D^2/2R$。由此

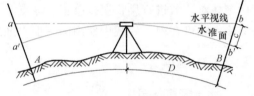

图2-33 **地球曲率差的影响**

可知，水准测量中，当前、后视等距时，通过高差计算可消除该误差对高差的影响。

4. 大气折光差

地面上空气密度不均匀，会使光线发生折射。因而水准测量中，实际的尺读数不是水平视线的读数，而是一向下弯曲视线的读数。两者之差称为大气折光差（或改正数），用 γ 表示。在稳定的气象条件下，大气折光差约为地球曲率差的1/7，即

$$\gamma = \frac{1}{7} \cdot c = 0.07 \cdot \frac{D^2}{R} \tag{2-18}$$

这项误差对高差的影响，也可采用前、后视等距的方法来消除。还应选择在通视良好、成像清晰的时间观测（一般认为在日出后或日落前两个小时为好）。此外，控制视线长度和要求视线离地面高度不小于0.3m等，也可减小大气折光差的影响。

地球曲率差和大气折光差是同时存在的，两者对读数的共同影响可用下式计算

$$f = c - \gamma = 0.43 \cdot \frac{D^2}{R} \tag{2-19}$$

5. 温度变化的影响

温度的变化会引起大气折光变化，造成水准尺影像在望远镜十字丝面内上、下跳动，难以读数。烈日直晒仪器会影响水准管气泡居中，造成测量误差。因此水准测量时，应撑伞保护仪器，选择有利的观测时间。

2.9 三角高程测量

当地面两点间地形起伏较大而不便于施测水准时，可应用三角高程测量的方法测定两点间的高差而求得高程。该法较水准测量精度低，常用于山区各种比例尺测图的高程控制。

2.9.1 三角高程测量原理

三角高程测量是根据测站与待测点两点间的水平距离和测站向目标点观测的竖直角来计算两点间的高差。

如图 2-34 所示，已知 A 点高程 H_A，欲求 B 点高程 H_B。将仪器安置在 A 点，用望远镜中丝照准 B 点目标顶端 M，测得竖直角 α，量取仪器高 i 和目标高 s。如果测得 AM 之间倾斜距离 D'，则高差 h_{AB} 为

$$h_{AB} = D'\sin\alpha + i - s \qquad (2\text{-}20)$$

如果两点间平距为 D，则 A、B 高差为

$$h_{AB} = D\tan\alpha + i - s \qquad (2\text{-}21)$$

B 点高程为

$$H_B = H_A + h_{AB}$$

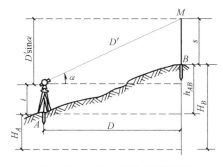

图 2-34　**三角高程的测量原理**

2.9.2 地球曲率和大气折光对高差的影响

上述公式是在假定地球表面为水平面（即把水准面当作水平面），观测视线是直线的条件下导出的。当地面上两点间的距离小于 300m 时是适用的。两点间距离大于 300m 时就要顾及地球曲率，加以曲率改正，称为球差改正。同时观测视线受大气垂直折光的影响成为一条向上凸起的弧线，必须加以大气垂直折光差改正，称为气差改正。以上两项改正合称为球气差改正，简称两差改正。

如图 2-35 所示，O 为地球中心，R 为地球曲率半径（$R = 6371\text{km}$），A、B 为地面上两点，D 为 A、B 两点间的水平距离，R' 为过仪器高 P 点的水准面曲率半径，PE 和 AF 分别为过 P 点和 A 点的水准面。实际观测竖直角 α 时，水平线交于 G 点，GE 就是地球曲率产生的高程误差，即球差，用符号 c 表示。由于大气折光的影响，来自目标 N 的光沿弧线 PN 进入仪器望远镜，而望远镜却位于弧线 PN 的切线 PM 上，MN 就是大气垂直折光带来的高程误差，即气差，用符号 γ 表示。

由于 A、B 两点间的水平距离 D 与曲率半径 R' 的比值很小，例如当 $D = 3\text{km}$ 时，其所对圆心角约为 $1.6'$，故可认为 PG 近似垂直于 OM，则

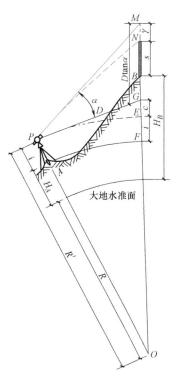

图 2-35　**三角高程及两差影响**

37

$$MG = D\tan\alpha$$

于是，A、B 两点高差为

$$h = D\tan\alpha + i - s + c - \gamma \tag{2-22}$$

令 $f = c - \gamma$，则

$$h = D\tan\alpha + i - s + f \tag{2-23}$$

从图 2-35 可知，$(R' + c)^2 = R'^2 + D^2$，即

$$c = \frac{D^2}{2R' + c}$$

c 与 R' 相比很小，可略去，并考虑到 R' 与 R 相差很小，故以 R 代替 R'，则上式为

$$c = \frac{D^2}{2R}$$

由式（2-19），将 $R = 6371\text{km}$ 代入其中，得两差改正为

$$f = 6.7D^2 \tag{2-24}$$

式中，水平距离 D 的单位为 km；f 的单位为 cm。

表 2-6 给出了 1km 内不同距离的两差改正数。

三角高程测量一般都采用对向观测，即由 A 点观测 B 点，再由 B 点观测 A 点，取对向观测所得高差绝对值的平均数可抵消两差的影响。

表 2-6　两差改正数

D/km	0.1	0.2	0.3	0.4	0.5	0.6	0.7	0.8	0.9	1.0
$f = 6.7D^2/\text{cm}$	0	0	1	1	2	2	3	4	6	7

2.9.3　三角高程测量的观测和计算

1. 三角高程控制测量及技术要求

《工程测量规范》规定，三角高程控制测量宜在平面控制点的基础上布设成三角高程网或高程导线。四等应起讫于不低于三等水准的高程点上，五等应起讫于不低于四等的高程点上。其边长均不应超过 1km；边数不应超过 6 条。当边长不超过 0.5km 或单纯作高程控制时，边数可增加一倍。

电磁波测距三角高程测量的主要技术要求，应符合表 2-7 的规定。

表 2-7　电磁波测距三角高程测量的主要技术要求

等　级	仪　器精度等级	中丝法测回数	指标差较差 /″	竖直角较差 /″	对向观测高差较差 /mm	附合或环形闭合差 /mm
四　等	2″级	3	≤7	≤7	$40\sqrt{D}$	$20\sqrt{\sum D}$
五　等	2″级	2	≤10	≤10	$60\sqrt{D}$	$30\sqrt{\sum D}$
图　根	6″级	2	≤25	≤25	$80\sqrt{D}$	$40\sqrt{\sum D}$
备注	水平距离 D 的单位采用 km。					

三角高程边长的测定，应采用不低于 Ⅱ 级精度的测距仪。四等应采用往返各一测回，五等应采用一测回。仪器高度、反射镜高度或觇牌高度，应在观测前后量测，四等应采用测杆

量测，取其值精确至 1mm，当较差不大于 2mm 时，取用平均值；五等量测，取其值精确至 1mm，当较差不大于 4mm 时，取用平均值。四等竖直角观测宜采用觇牌为照准目标。每照准一次，读数两次，两次读数较差不应大于 3″。当内业计算时，竖直角度的取值应精确至 0.1″；高程的取值应精确至 1mm。

2. 三角高程测量观测方法

1）安置经纬仪于测站上，量取仪器高 i 和目标高 s。

2）当中丝瞄准目标时，将竖盘水准管气泡居中，读取竖盘读数。必须以盘左、盘右进行观测。

3）竖直角观测测回数与限差应符合表 2-7 的规定。

4）用电磁波测距仪测量两点间的倾斜距离 D'，或水平距离 D。

3. 三角高程测量计算

三角高程测量往返测所得的高差之差（经两差改正后）应符合表 2-7 的规定。

若 $f_h < f_{h允}$，则将闭合差按与边长成正比配给各高差，再按调整后的高差推算各点的高程。

2.9.4　全站仪三角高程测量

使用全站仪依据三角高程测量的原理测定高程（Z 坐标）。由于它同时可测定竖直角和距离并直接给出高程，使用起来十分方便，从经济指标方面比较，是水准测量无法比拟的，因此已在工程建设中广泛采用。

1. 全站仪三角高程测量原理

（1）单向观测计算高差的公式　如图 2-36 所示，欲测 A、B 两点间的高差 h，将仪器置于 A 点，仪器高为 i。B 点安置反射棱镜高为 l。由图不难写出

$$h_{AB} = h' + c + i - r - l \qquad (2\text{-}25)$$

由于 A、B 两点间的距离与地球半径之比值很小，故可认为 $\angle PNM = 90°$。$\triangle PNM$ 中

$$h' = S\sin\alpha \qquad (2\text{-}26)$$

式中，α 为照准棱镜中心的竖直角；S 为 A、B 之间的斜距。

c 和 r 分别为地球曲率和大气折光的影响，则

$$c = \frac{D^2}{2R} = \frac{S^2}{2R}\cos^2\alpha \qquad (2\text{-}27)$$

$$r = \frac{D^2}{2R'} = \frac{S^2}{2R'}\cos^2\alpha \qquad (2\text{-}28)$$

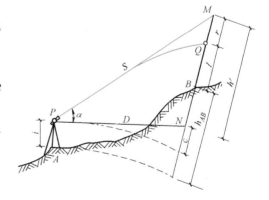

图 2-36　单向观测计算高差

式中，R 为地球半径；R' 为光程曲线 PQ 的曲率半径。

设 $K = R/R'$，称为大气折光系数，则

$$r = \frac{S^2}{2R/K}\cos^2\alpha = \frac{KS^2}{2R}\cos^2\alpha \qquad (2\text{-}29)$$

将式（2-26）、式（2-27）和式（2-29）代入式（2-25），有

$$h = S\sin\alpha + \frac{S^2}{2R}\cos^2\alpha - \frac{KS^2}{2R}\cos^2\alpha + i - l \tag{2-30}$$

$$= S\sin\alpha + \frac{1-K}{2R}S^2\cos^2\alpha + i - l$$

式（2-30）即单向观测计算高差的基本公式。

（2）对向观测计算高差的公式　对向观测就是将仪器置于 A 点观测 B 点测取高差，再将仪器置于 B 点观测 A 点测取高差，然后取两高差的中数作为观测结果。按照式（2-30），由 A 点观测 B 点的高差

$$h_{AB} = S_{AB}\sin\alpha_{AB} + \frac{1-K_{AB}}{2R}S_{AB}^2\cos^2\alpha_{AB} + i_A - l_B \tag{2-31}$$

由 B 点观测 A 点的高差

$$h_{BA} = S_{BA}\sin\alpha_{BA} + \frac{1-K_{BA}}{2R}S_{BA}^2\cos^2\alpha_{BA} + i_B - l_A \tag{2-32}$$

式中，S_{AB}、α_{AB} 和 S_{BA}、α_{BA} 分别为仪器在 A 点和 B 点所测的斜距和竖直角；i_A、l_A 和 i_B、l_B 分别为 A、B 点的仪器高和棱镜高度。

下面就式（2-31）和式（2-32）等号右端第二项进行分析。K_{AB} 和 K_{BA} 为由 A 向 B 观测和由 B 向 A 观测时的大气折光系数。如果观测是在相同的条件下进行的，特别是在同一时间进行对向观测，可以认为 $K_{AB} \approx K_{BA}$。又 $S_{AB}\cos\alpha_{AB}$ 和 $S_{BA}\cos\alpha_{BA}$ 为对向观测 A、B 两点间的平距，也近似相等，故

$$\frac{1-K_{AB}}{2R}S_{AB}^2\cos^2\alpha_{AB} \approx \frac{1-K_{BA}}{2R}S_{BA}^2\cos^2\alpha_{BA} \tag{2-33}$$

将式（2-31）与式（2-32）相减除以 2，得

$$\overline{h_{AB}} = \frac{1}{2}(S_{AB}\sin\alpha_{AB} - S_{BA}\sin\alpha_{BA}) + \frac{1}{2}(i_A + l_A) - \frac{1}{2}(i_B + l_B) \tag{2-34}$$

式（2-34）即是对向观测计算高差的基本公式。由此看来，对向观测可抵消地球曲率和大气折光的影响，因而精测均应采用对向观测。

2. 高程计算

由高程计算公式，已知 A 点（控制点）的高程，通过全站仪观测 A、B 两点的高差 h_{AB} 即可求得 B 点的高程，即

$$H_B = H_A + h_{AB}$$

在线路测量中，可以利用全站仪的对边测量功能，在一个控制点上，在测设中线桩的同时，测量各中线桩的高程、横断面上各点的高程以及该点离该横断面中心点的距离。由此可见，在用全站仪测设中线桩的同时进行纵、横断面测量。这样就大大减少了线路测量的外业工作量，为测量自动化和数字化提供了良好的条件。此项内容在后面的有关章节中还会详细论述。

―――― 习　　题 ――――

一、问答题

1. 何谓视准轴？何谓水准管轴？它们之间应满足什么关系？

2. 什么是水准管分划值？怎样衡量水准管的灵敏度？

3. 什么是视差？产生视差的原因是什么？如何消除视差？

4. 水准仪有哪些轴线？它们之间应满足什么条件？

5. 用双面尺进行四等水准测量时，如果红、黑面所测高差的正负出现不同，是什么原因？

6. 为什么使用双面水准尺能及时发现读尺的差错？

7. 用双面尺进行四等水准测量时，一个测站上的计算校核有哪几项？

8. 如何在一个测站上检查水准测量中的错误？经过测站检核以后，为什么还要进行路线检核？

9. 水准测量中，在测站上观测完后视读数，转动仪器瞄准前视尺时，圆气泡有少许偏移，此时能否重新转动脚螺旋使气泡居中，然后继续读前视读数？为什么？

10. 水准测量中，当前后视距相等时，主要消除哪些误差？

二、计算题

1. 用改变仪器高法观测一条水准路线，各测站的读数见表 2-8。完成下面水准测量手簿计算，并计算出 A、B 两点的高差。

表 2-8　测站读数

测 站	测点	水 准 尺 读 数		高差 /m	平均高差 /m	高程 /m	备 注
		后 视 a	前 视 b				
1	A	1.360					
		1.464					
	ZD_1	1.801	0.793				
		1.879	0.897				
2	ZD_2	1.223	0.859				
		1.126	0.935				
	ZD_3	1.798	1.860				
		1.612	1.765				
3	B		0.897				
			0.711				
	Σ						

2. 某附合水准路线观测数据如图 2-37 所示，试检验该水准测量成果是否合格，并调整闭合差，推算各点高程。（按四等精度填表计算）

$h_1 = 1.147\text{m}$；$h_2 = 2.478\text{m}$；$h_3 = -4.586\text{m}$；$h_4 = -1.256\text{m}$　（BM.0 = 25.038m，BM.4 = 22.863m）

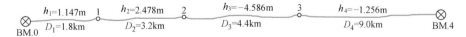

图 2-37　某附合水准路线观测数据

3. 某一施工区布设一条闭合水准路线，根据水准点 BM.0，观测 1、2 和 3 点，观测数据如图 2-38 所示，试计算各点高程。（按图根精度填表计算）

4. 计算表 2-9 所示的四等水准测量记录手簿。

5. 置水准仪于 A、B 的中点，用改变仪器高法两次测得 A、B 两点的尺读数，分别为 $a_1 = 1.438\text{m}$，$b_1 = 1.127\text{m}$，$a_2 = 1.656\text{m}$，$b_2 = 1.347\text{m}$；移仪器到 A 点附

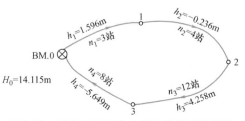

图 2-38　某施工区闭合水准路线观测数据图

近，测得 A、B 两点的尺读数为 $a_3 = 1.527\text{m}$，$b_3 = 1.245\text{m}$，试问视准轴是否平行于水准管轴？如不平行，视准轴是上倾还是下倾？如何校正？

表 2-9 四等水准测量记录手簿

测站编号	点号	后尺		前尺		方向及尺号	水准尺读数		$K+$黑$-$红$/\text{mm}$	平均高差$/\text{m}$	备注
			下丝		下丝						
			上丝		上丝						
		后视距		前视距			黑面	红面			
		视距差 d		累积差 $\sum d$							
1	水1 | ZD_1	1.571		0.739		后 B 前 A 后-前	1.384	6.171			
		1.197		0.363			0.551	5.239			
2	ZD_1 | ZD_2	2.121		2.196		后 A 前 B 后-前	1.934	6.621			$K_A = 4.687$ $K_B = 4.787$
		1.747		1.821			2.008	6.796			
3	ZD_2 | ZD_3	2.014		2.053		后 B 前 A 后-前	1.826	6.613			
		1.639		1.676			1.866	6.554			
校核											

6. 水准尺没有扶直，向后或向左倾斜了 $3°$、$5°$、$10°$，若尺上读数为 2.5m 时，产生的读数误差各有多大？

7. 水准测量时，水准管气泡偏离中心一格（设水准管分划值 $\tau = 30''$），若仪器距离水准尺 30m、50m 和 100m 时，产生的读数误差各有多大？

8. 测量建筑物的高度。设已测得从全站仪到建筑物的距离为 50.000m，瞄准建筑物顶部时，仰角为 $+24°30'$，瞄准建筑物底部时，俯角为 $-2°40'$，试计算建筑物的高度。

9. 根据表 2-10 计算三角高程测量的高差值。

表 2-10 三角高程测量计算

测站	A	B
目标	B	A
竖直角 α	$+5°30'$	$-5°18'$
水平距离 D/km	380.11	380.11
$\tan\alpha$		
$D\tan\alpha$		
仪器高 i/m	1.50	1.40
目标高 s/m	1.80	2.20
两差改正 f/cm		
高差 h/m		
平均高差$/\text{m}$		

■本章提要
　　本章主要讲述角度测量原理、光学经纬仪的构造和使用及检验校正、水平角和竖直角观测方法、角度测量的误差来源。
■教学要求
　　了解电子经纬仪的原理，熟练掌握光学经纬仪的结构和使用，掌握水平角、竖直角观测的方法与表格记录计算，了解角度观测的误差来源，掌握消除误差的方法。

　　在确定地面点位时，常常要进行角度测量。角度测量最常用的仪器是光学经纬仪或电子经纬仪（全站仪）。

　　角度测量包括水平角测量和竖直角测量。水平角测量用于求算点的平面位置，竖直角测量用于三角高程测量中测定高差或将倾斜距离改算成水平距离。

3.1 角度测量原理

3.1.1 水平角测量原理

　　水平角是指地面上一点到两个目标点的方向线垂直投影到水平面上的夹角，或者是过两条方向线的竖直面所夹的两面角。如图 3-1 所示，A、O、B 为地面上三点，过 OA、OB 直线的竖直面在水平面 P 上的交线 O_1a_1、O_1b_1 所夹的角 β，就是 OA 和 OB 之间的水平角。

　　为了测出水平角的大小，若在过 O 点的铅垂线上，水平地安置一个有刻度的圆盘（称为水平度盘），度盘中心在 O_2 点，过 OA、OB 竖直面与水平度盘交线在水平度盘上读数为 a、b，则 $\angle aO_2b$ 为所测得的水平角。一般水平度盘是顺时针刻划，则

$$\angle a_2O_2b_2 = b - a = \beta \qquad (3\text{-}1)$$

水平角取值范围为 $0° \sim 360°$。

3.1.2 竖直角测量原理

　　竖直角是指在同一竖直面内，某一倾斜方向线与

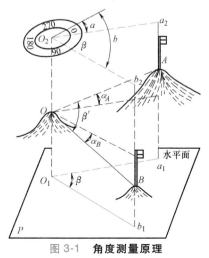

图 3-1　**角度测量原理**

水平线的夹角。测量上又称倾斜角或竖角，用 α 表示。竖角有仰角和俯角之分。夹角在水平线之上为"正"，即仰角，如图 3-1 中 α_A；在水平线之下为"负"，即俯角，如 α_B。竖直角值为 $0° \sim \pm 90°$。

在竖直面内，某一倾斜方向线与天顶方向（即铅垂线的反方向）的夹角，称为天顶距，用 Z 表示，其大小为 $0° \sim 180°$，没有负值。天顶距与竖直角的关系为

$$\alpha = 90° - Z \tag{3-2}$$

如果在过 O 点的铅垂面上，安置一个垂直圆盘，并令其中心过 O 点，这个盘称为竖直度盘。当竖直度盘与过 OA 直线的竖直面重合时，OA 方向与水平方向线 O_1a_1 的夹角为 α_A。竖直角与水平角一样，其角值也是度盘上两个方向的读数之差，不同的是，这两个方向必有一个是水平方向。任何类型的经纬仪，都在视线水平时，将竖盘读数设计为固定值 90° 或 270°。在竖直角测量时，只需读目标点一个方向值，便可算得竖直角。

根据上述测角原理，能同时完成水平角和竖直角测量的仪器称为经纬仪。经纬仪须有水平度盘和竖直度盘，且仪器中心应能安放在过测站点的铅垂线上，并能使之水平。为了瞄准不同方向，经纬仪的望远镜应能沿水平方向转动，也能高低俯仰，并且视准轴的旋转轨迹是一竖直面，这样才能使得在同一竖直面内高低不同的目标具有相同的水平度盘读数。

3.2 光学经纬仪

3.2.1 经纬仪概述

经纬仪按读数系统区分，可以分成光学和电子类经纬仪。国产光学经纬仪按不同测角精度又分成多种等级，如 DJ_{07}、DJ_1、DJ_2、DJ_6 等。其中 D、J 分别为"大地测量"和"经纬仪"的汉语拼音第一个字母，后面的数字代表该仪器的测量精度。如 DJ_{07} 和 DJ_6 分别表示水平方向一测回方向观测中误差不超过 $\pm 0.7''$ 和 $\pm 6''$。国外仪器可依其所能达到的精度，纳入相应级别（见本章附录 2）。在工程中常用的经纬仪有 DJ_2 和 DJ_6 等。不同厂家生产的经纬仪其构造略有区别，但基本原理一样。本章主要介绍 DJ_6 型光学经纬仪的构造和使用。

3.2.2 DJ_6 型光学经纬仪的构造

DJ_6 型光学经纬仪适用于各种比例尺的地形图测绘和工程施工放样。图 3-2 所示是北京光学仪器厂生产的 DJ_6 型光学经纬仪。

DJ_6 型光学经纬仪主要由基座、照准部、度盘三部分组成，如图 3-3 所示。

1. 基座

基座用于支承整个仪器，利用脚架上的中心螺旋使经纬仪紧固在三脚架上。基座上有三个脚螺旋，用于整平仪器。基座上固连一个竖轴轴套及轴座固定螺旋。该螺旋拧紧后，可将照准部固定在基座上，所以使用仪器时切勿随意松动此螺旋，以免照准部与基座分离而坠落。中心螺旋下有一个挂钩，当仪器需要用垂球对中时，用于悬挂垂球。

2. 照准部

照准部是指经纬仪上部的可转动部分，主要包括望远镜、水准器、照准部旋转轴、横轴、支架、光学读数装置及水平和竖直制动、微动装置等。经纬仪望远镜和水准器的构造及

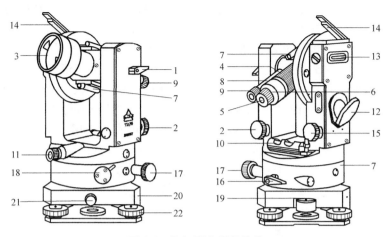

图 3-2 DJ₆ 型光学经纬仪

1—望远镜制动螺旋　2—望远镜微动螺旋　3—物镜　4—物镜调焦螺旋　5—目镜
6—目镜调焦螺旋　7—瞄准器　8—度盘读数显微镜　9—度盘读数显微镜调焦螺旋
10—照准部水准管　11—光学对中器　12—度盘照明反光镜　13—竖盘指标水准管
14—竖盘指标水准管观察反射镜　15—竖盘指标水准管微动螺旋　16—水平制动螺旋
17—水平微动螺旋　18—水平度盘变换手轮　19—基座圆水准器　20—基座
21—基座固定螺旋　22—脚螺旋

作用同水准仪。

照准部下部有个旋转轴，可插在水平度盘空心轴内，水平度盘空心轴插在基座竖轴轴套内。旋转轴几何中心线称为竖轴。照准部上部有支架。望远镜与横轴固连，安置在支架上。望远镜可以绕横轴在竖直面内上、下转动，又能随着支架绕竖轴做水平方向360°旋转。利用水平和望远镜（竖直）制动和微动螺旋，可以使望远镜固定在任一位置。望远镜边上设有光学读数显微镜，通过它可以读出水平和竖直度盘读数。另外光学对点器用于仪器对中。

3. 度盘

光学经纬仪有水平度盘和竖直度盘，它们都是由光学玻璃刻制而成。度盘全圆周刻划 0°～360°，最小间隔有 1°、30′、20′ 三种。水平度盘顺时针注记。在水平角测角过程中，水平度盘固定不动，不随照准部转动。为了改变水平度盘位置，仪器设有水平度盘转动装置，即水平度盘位置变换手轮，或称转盘手轮。使用时，将手轮护盖打开，转动手轮，此时水平度盘随着转动。待转到所需位置时，将手松开，旋上护盖，水平度盘位置即安置好。其读数装置多为分微尺测微器装置。

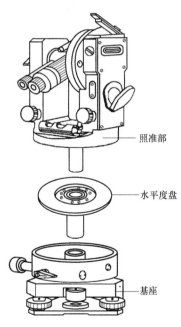

照准部

水平度盘

基座

图 3-3 经纬仪的结构

3.2.3 DJ₆ 型光学经纬仪的读数方法

DJ₆ 型光学经纬仪多采用分微尺测微器进行读数。图 3-4 所示为 DJ₆ 型光学经纬仪的光路图。外来光线经反光镜反射，经进光镜进入经纬仪内部，一部分光线经折光棱镜照到竖直度盘上。竖直度盘像经折光棱镜、显微物镜放大，再经过折射棱镜，到达刻有分微尺的读数窗，再通过转像棱镜，在读数显微镜内能看到竖直度盘分划及分微尺（见图3-5）。外来光线另一路经折射棱镜、聚光镜、折光棱镜到达水平度盘。水平度盘像经过显微镜组放大，经过折射棱镜，进入分微尺的读数窗。在读数显微镜内可以同时看到水平度盘分划及分微尺（见图3-5）。由于度盘分划间隔是1°，所以分微尺分划总宽度刚好等于度盘一格的宽度。分微尺有60个小格，一小格代表1′。光路中的显微物镜起放大作用。调节透镜组上下位置，可以保证分微尺上从0到60的全部分划间隔和度盘上一个分划的间隔相等。角度的整度值可从度盘上直接读出，不到1°的值在分微尺上读取。可估读到0.1′，即6″。图3-5中水平度盘的读数应是115°03′36″，竖直度盘读数是72°51′18″。

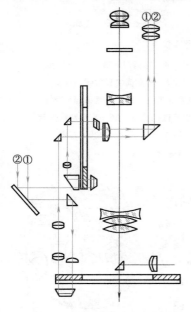

图 3-4　DJ$_6$型光学经纬仪光路图

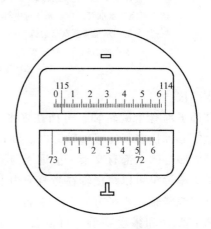

图 3-5　读数显微镜内度盘成像

3.2.4　DJ$_2$型光学经纬仪

DJ$_2$型光学经纬仪常用于三、四等三角测量，精密导线测量和工程测量。DJ$_2$型经纬仪的外形和主要部件的名称如图3-6所示。

DJ$_2$型光学经纬仪的观测精度高于DJ$_6$型光学经纬仪。在结构上，除望远镜的放大倍数较大、照准部水准管的灵敏度较高、度盘分划较小外，主要表现为读数设备和读数方法的不同。其有如下几个特点：

1）DJ$_6$型光学经纬仪采用单指标读数，受度盘偏心的影响。DJ$_2$型光学经纬仪采用对径分划符合读数法，相当于利用度盘上相差180°的两个指标读数并取其平均值，可消除度盘偏心差的影响。

2）DJ$_2$型光学经纬仪在读数显微镜中只能看到水平度盘或竖直度盘中的一个读数时，可通过换像手轮，选择所需要的度盘影像。

3）竖盘指标水准管采用符合水准器，提高了气泡居中的精度。

DJ$_2$ 型光学经纬仪通常采用对径分划线影像符合读数装置进行读数，可以消除度盘偏心差，提高读数精度。读数前，需转动测微轮，使度盘对径影像相对移动，直至上下分划线精确重合后，再读出读数，如图 3-7a、b 所示，读数时度盘读数由上窗中央或偏左的数字读出，上窗小框内的数字为整十分数；分数个位与小数从左边的小窗内读得。测微尺上刻有600 小格，每格为 1″，共计 10′，左边的数字为分，右边的数字为整 10 秒数，可估读至 0.1″。度盘上的读数加上测微尺上的读数即全部读数。图 3-7b 所示的读数应为：96°30′（度盘）+7′14.7″（测微尺）= 96°37′14.7″。

有些 DJ$_2$ 型光学经纬仪读数更为方便，不易出错。如图 3-7c 所示，上为度盘读数和整十分数，中间为度盘对径分划，下为测微尺，其读数为 60°17′22.0″。如图 3-7d 所示，水平度盘读数为 194°14′49.3″。

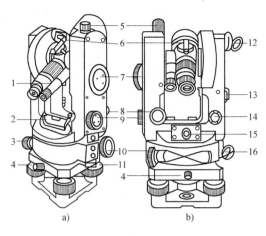

图 3-6　DJ$_2$ 型光学经纬仪外形和主要部件名称

1—读数显微镜　2—照准部水准管　3—水平制动螺旋
4—轴座固定螺旋　5—望远镜制动螺旋　6—瞄准器
7—测微轮　8—望远镜微动螺旋　9—换像手轮
10—水平微动螺旋　11—水平度盘变换手轮
12—竖盘照明反光镜　13—竖盘指标水准管
14—竖盘指标水准管微动螺旋　15—光学对中器
16—水平度盘照明反光镜

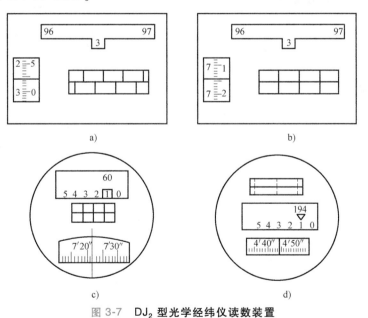

图 3-7　DJ$_2$ 型光学经纬仪读数装置

3.3　电子经纬仪简介

随着电子技术的发展，19 世纪 80 年代出现了能自动显示、自动记录和自动传输数据的电子经纬仪。这种仪器的出现标志着测角工作向自动化迈出了新的一步。

电子经纬仪与光学经纬仪相比，外形结构相似，但测角和读数系统有很大区别。电子经纬仪主要有以下三方面的特点：

1）采用电子测角系统，利用不同类型的扫描度盘（如编码度盘、光栅度盘）及其相应的测角原理，实现了测角的自动化和数字化，并可将测量结果自动显示和储存，减轻了劳动强度，提高了工作效率。

2）采用轴系补偿系统，在微处理器支持下，配以相关的专用软件，可对各轴系误差进行补偿或归算改正。

3）采用积木式结构，可与光电测距仪组合成全站型电子速测仪，配合适当的接口，可将电子手簿记录的数据输入计算机，实现数据处理和绘图自动化。

由于目前大部分电子经纬仪是采用光栅度盘测角系统和动态测角系统，现介绍这两种测角原理。

1. 光栅度盘测角原理

在光学玻璃上均匀地刻划出许多等间隔细线，即构成光栅。刻在直尺上用于直线测量，称为直线光栅；刻在圆盘上由圆心向外辐射的等角距光栅，称为径向光栅，用于角度测量，也称光栅度盘（见图3-8）。

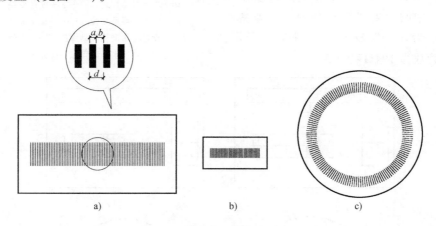

图 3-8　光栅

a）直线光栅　b）指示光栅　c）径向光栅

光栅的基本参数是刻划线的密度和栅距。密度为一毫米内刻划线的条数。栅距为相邻两栅的间距。光栅宽度为 a，缝隙宽度为 b，栅距为 $d=a+b$。

电子经纬仪是在光栅度盘的上、下对称位置分别安装光源和光电接收机。由于栅线不透光，而缝隙透光，则可将光栅度盘是否透光的信号变为电信号。当光栅度盘移动时，光电接收管就可对通过的光栅数进行计数，从而得到角度值，如图3-9a所示。这种靠累计计数而

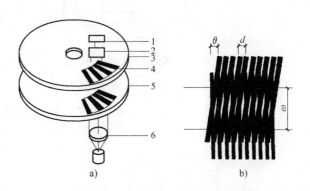

图 3-9　光栅度盘测角原理

1—光电转换器　2—接收二极管　3—指示光栅
4—光栅度盘　5—准直透镜　6—光源

无绝对刻度数的读数系统称为增量式读数系统。

由此可见,光栅度盘的栅距就相当于光学度盘的分划,栅距越小,则角度分划值越小,即测角精度越高。例如,在 80mm 直径的光栅度盘上,刻划有 12500 条细线(刻线密度为 50 条/mm),栅距分划值为 1′44″。要想再提高测角精度,必须对其做进一步的细分。然而,这样小的栅距,再细分实属不易。所以,在光栅盘测角系统中,采用莫尔干涉条纹技术来测微。

将两块密度相同的光栅重叠,并使它们的刻划线相互倾斜一个很小的角度,此时便会出现明暗相间的条纹,如图 3-9b 所示,该条纹称为莫尔条纹。

根据光学原理,莫尔条纹有如下特点:

1)两光栅之间的倾角越小,条纹间距 ω 越宽,则相邻明条纹或暗条纹之间的距离越大。

2)在垂直于光栅构成的平面方向上,条纹亮度按正弦规律周期性变化。

3)当光栅在垂直于刻线的方向上移动时,条纹顺着刻线方向移动。光栅在水平方向上相对移动一条刻线,莫尔条纹则上下移动一周期,如图 3-9b 所示,即移动一个纹距 ω。

4)纹距 ω 与栅距 d 满足如下关系

$$\omega = \frac{d}{\theta}\rho' \tag{3-3}$$

式中,$\rho' = 3438'$;θ 为两光栅(图 3-9b 中的指示光栅和光栅度盘)之间的倾角。

例如,当 $\theta = 20'$ 时,纹距 $\omega = 172d$,即纹距比栅距放大了 172 倍。这样,就可以对纹距进一步细分,以达到提高测角精度的目的。

使用光栅度盘的电子经纬仪,其指示光栅、发光管(电源)、光电转换器和接收二极管位置固定,而光栅度盘与经纬仪照准部一起转动。发光管发出的光信号通过莫尔条纹落到光电接收管上,度盘每转动一栅距(d),莫尔条纹就移动一个周期(ω)。所以,当望远镜从一个方向转动到另一个方向时,流过光电管光信号的周期数,就是两方向间的光栅数。由于仪器中两光栅之间的夹角是已知的,所以通过自动数据处理,即可算得并显示两方向间的夹角。为了提高测角精度和角度分辨率,仪器工作时,在每个周期内再均匀地填充 n 个脉冲信号,计数器对脉冲计数,则相当于光栅刻划线的条数又增加了 n 倍,即角度分辨率就提高了 n 倍。

为了判别测角时照准部旋转的方向,采用光栅度盘的电子经纬仪的电子线路中还必须有判向电路和可逆计数器。判向电路用于判别照准部旋转的方向,若顺时针旋转,则计数器累加;若逆时针旋转,则计数器累减。

2. 动态测角原理

动态测角的仪器度盘仍为玻璃圆环,测角时,由微型电动机带动而旋转。度盘分成 1024 个分划,每一分划由一对黑白条纹组成,白的透光,黑的不透光,相当于栅线和缝隙,其栅距设为 ϕ_0,如图 3-10 所示。光阑 L_S 固定在基座上,称固定光阑(也称光闸),相当于光学度盘的零分划。光阑 L_R 在度盘内侧,随照准部旋转,称活动光阑,相当于光学度盘的指标线。它们之间的夹角即要测的角度值。因此这种方法称为绝对式测角系统。两种光阑距度盘中心远近不同,照准部旋转以瞄准不同目标时,彼此互不影响。为消除度盘偏心差,同名光阑按对径位置设置,共 4 个(两对),图中只绘出两个。竖直度盘的固定光阑指向天顶方向。

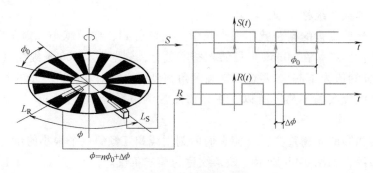

图 3-10　动态测角原理

光阑上装有发光二极管和光敏二极管，分别处于度盘上、下侧。发光二极管发射红外光线，通过光阑孔隙照到度盘上，当微型电动机带动度盘旋转时，因度盘上明暗条纹而形成透光量的不断变化，这些光信号被设置在度盘另一侧的光敏二极管接收，转换成正弦波的电信号输出，用以测角。

测量角度，首先要测出各方向的方向值，有了方向值，角度也就可以得到。方向值表现为 L_R 与 L_S 间的夹角 ϕ，如图 3-10 所示。

设一对明暗条纹（即一个分划）相应的角值即栅距为 ϕ_0，其值为

$$\phi_0 = \frac{360°}{1024} = 21.094' = 21'05''.625$$

由图 3-10 可知，角度 ϕ 为 n 个整周期 ϕ_0 和不足整周数的 $\Delta\phi$ 分划值之和。它们分别由粗测和精测求得，即

$$\phi = n\phi_0 + \Delta\phi \tag{3-4}$$

（1）粗测，求出 ϕ_0 的个数 n　为进行粗测，度盘上设有特殊标志（标志分划），每 90°一个，共 4 个。光阑对度盘扫描时，当某一标志被 L_R 或 L_S 中的一个首先识别后，脉冲计数器立即计数，当该标志到达另一光阑后，计数停止。由于脉冲波的频率是已知的，所以由脉冲数可以统计相应的时间 T_i。电动机的转速是已知的，其相应于转角 ϕ_0 所需的时间 T_0 也就知道。将 T_i/T_0 取整（即取其比值的整数部分，舍去小数部分）就得到 n_i，由于有 4 个标志，可得到 n_1、n_2、n_3、n_4 4 个数，经微处理机比较，如无差异可确定 n 值，从而得到 $n\phi_0$。由于 L_R、L_S 识别标志的先后不同，所测角可以是 ϕ，也可以是 $360°-\phi$，这可由角度处理器做出正确判断。

（2）精测，测算 $\Delta\phi$　如图 3-10 所示，当光阑对度盘扫描时，L_R、L_S 各自输出正弦波电信号 R 和 S，经过整形成方波，运用测相技术便可测出相位差 $\Delta\phi$。$\Delta\phi$ 的数值是采用在此相位差里填充脉冲数计算的，由脉冲数和已知的脉冲频率（约 172MHz）算得相应时间 ΔT。因度盘上有 1024 个分划（栅格），度盘转动一周即输出 1024 个周期的方波，那么对应于每一个分划均可得到一个 $\Delta\phi_i$。若设 ϕ_0 对应的周期为 T_0，$\Delta\phi_i$ 对应的时间为 ΔT_i，则有

$$\Delta\phi_i = \frac{\phi_0}{T_0}\Delta T_i \tag{3-5}$$

测量角度时，机内微处理器自动将整周度盘的 1024 个分划测得的 $\Delta\phi_i$ 值，取平均值作为最后结果，即

$$\Delta \phi = \frac{\sum \Delta \phi_i}{n} = \frac{\phi_0}{T_0} \frac{\sum \Delta T_i}{n} \qquad (3\text{-}6)$$

粗测和精测信号送角度处理器处理并衔接成完整的角度（方向）值，送中央处理器，然后由液晶显示器显示或记录于数据终端。

动态测角直接测得的是时间 T 和 ΔT，因此，微型电动机的转速要均匀、稳定，这是十分重要的。

3.4　水平角观测

3.4.1　经纬仪的使用

在进行角度测量时，应将经纬仪安置在测站（角顶点）上，再进行观测。经纬仪的使用包括对中、整平、瞄准、读数四个步骤。

1. 对中

对中的目的是使仪器的中心与测站点位于同一铅垂线上。

对中时，按观测者的身高调整好三脚架腿的长度，张开三脚架，使三个脚尖的着地点大致与测站点等距离，架头大致水平，架腿与地面约成 75°，安放在测站上。从箱中取出经纬仪，放到三脚架头上，一手握住经纬仪支架，一手将连接螺旋旋入基座底板（不必旋紧）。对中一般用光学对中器对中。

光学对中器是装在照准部的一个小望远镜，光路中装有直角棱镜，使通过仪器纵轴中心的光轴由铅垂方向折成水平方向，便于观察对中情况。光学对中的步骤如下：

1）使三脚架头大致水平，目估初步对中。

2）调节光学对中器调焦螺旋，使对中标志圈和测站标志点都清晰。

3）移动三脚架腿，使测站标志点的成像位于对中标志圈中心，然后将三脚架各腿踩实使之稳固。

4）伸缩三脚架的相应架腿，使基座上的圆水准气泡居中，再旋转脚螺旋，使水准管气泡居中。

5）检查对中情况，若偏移不大，可略松连接螺旋，使仪器在架头上平移，直至完全对中且水准管气泡居中后，旋紧连接螺旋。对中误差一般应小于 1mm。

2. 整平

整平的目的是使仪器竖轴铅垂，从而使水平度盘和横轴处于水平位置，竖直度盘位于竖直面内。操作步骤为：为不破坏对中，首先应伸缩三脚架腿，使基座上的圆水准气泡居中，然后转动照准部，使水准管与任意两个脚螺旋连线平行。双手相对转动这两个脚螺旋，使气泡居中（见图 3-11）。再将照准部旋转 90°，调整第三个脚螺旋使气泡居中。按上述方法反复操

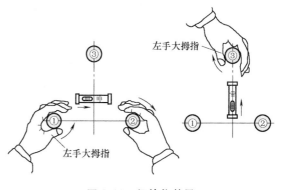

图 3-11　经纬仪整平

作，直到仪器旋至任何位置气泡均居中为止。气泡移动方向与左手大拇指移动方向一致。

整平后还应检查对中情况，如有变化，应重复对中、整平的步骤。

3. 瞄准

将望远镜对向明亮背景，调节目镜调焦螺旋，使十字丝成像清晰。然后转动照准部，用望远镜上的瞄准器先大致瞄准目标，旋紧照准部制动螺旋和望远镜制动螺旋。调节物镜调焦螺旋，使目标成像清晰并注意消除视差。最后用照准部微动螺旋和望远镜微动螺旋精确照准目标。观测水平角时，要用十字丝竖丝中央平分或夹准目标，并尽量瞄准目标底部；观测竖直角时，要用十字丝中丝切住目标的顶部。角度测量通常采用的目标有觇标、标杆、测钎、悬挂的垂球线等。

4. 读数

读数时要先调整反光镜位置，使从读数显微镜中看到的读数窗明亮，并调节读数显微镜目镜调焦螺旋，使指标线、刻划数字清晰，然后读数。

3.4.2 水平角观测方法

水平角测量主要有测回法和方向法两种。

1. 测回法

测回法常用于测量两个方向之间的单角，如图 3-12 所示。操作步骤如下：

1）在角顶 O 上安置经纬仪，对中、整平。将经纬仪安置成盘左位置（竖盘在望远镜的左侧，也称正镜）。转动照准部，用上述方法精确瞄准左方 A 目标，并用度盘变换手轮配置度盘起始读数后，读取水平度盘读数 a_L 记入记录手簿，见表 3-1。

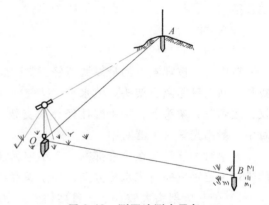

图 3-12 测回法测水平角

表 3-1 测回法水平角观测记录

日 期：2002 年 3 月 25 日　　　　天气：晴　　　　　　仪器：DJ₆-023

观测者：王 磊　　　　　　　　　　　　　　　　　记录：李 华

测站	目标	度盘读数		半测回角值	一测回角值	各测回平均角值	备注
		盘左	盘右				
		° ′ ″	° ′ ″	° ′ ″	° ′ ″	° ′ ″	
O	A	0 00 24	180 00 54				
	B	58 48 54	238 49 18				
	A	90 00 12	270 00 36				
	B	148 48 48	328 49 18				

2）松开水平和竖直制动螺旋，顺时针转动照准部，同法瞄准右方 B 目标，读取水平度盘读数 b_L 记入手簿。盘左所测水平角为 $\beta_L = b_L - a_L$，此为上半测回。

3）松开水平和竖直制动螺旋，倒转望远镜成盘右位置（竖盘在望远镜的右侧，也称倒镜）。先瞄准 B 点，逆时针转再瞄准 A 点，测得 $\beta_R = b_R - a_R$，称为下半测回。

上、下半测回合称一测回。一测回角值为

$$\beta = \frac{1}{2}(\beta_L + \beta_R) \tag{3-7}$$

测回法用盘左、盘右（即正、倒镜）观测，可以消除仪器某些系统误差对测角的影响，校核观测结果和提高观测成果精度。同一测回中，上、下半测回角值之差最大不得超过 $\pm 40''$。若超过此限差应重新观测。

当测角精度要求较高时，可以观测多个测回，取其平均值作为水平角测量的最后结果。为了减少度盘刻划不均匀误差，各测回应利用经纬仪上水平度盘变换手轮装置配置度盘。每个测回应按 $180°/n$ 的角度间隔变换水平度盘位置。如测三个测回，则分别设置成略大于 $0°$、$60°$ 和 $120°$。

2. 方向观测法

当一个测站上需测量的方向数多于两个时，应采用方向观测法。当方向数多于三个时，每半个测回都从一个选定的起始方向（称为零方向）开始观测，在依次观测所需的各个目标之后，再观测起始方向，称为归零。此法也称为全圆方向法或全圆测回法，现以图 3-13 为例加以说明。

1）首先安置经纬仪于 O 点，成盘左位置，将度盘设置成略大于 $0°$。选择一个明显目标为起始方向 A，读水平度盘读数，记入表 3-2。

表 3-2　方向观测法测角记录

日　期：2002 年 3 月 25 日　　　　天气：晴　　　　仪器：DJ₆-023
观测者：王　磊　　　　　　　　　　　　　　　记录：李　华

测站	目标	水平度盘读数 盘左	水平度盘读数 盘右	$2c$（左-右 $\pm 180°$）	平均方向值	归零方向值	各测回平均方向值	角值	备注
		° ′ ″	° ′ ″	″	° ′ ″	° ′ ″	° ′ ″	° ′ ″	
O	A	0 02 00	180 02 12	−12	(0 02 06) 0 02 06	0 00 00	0 00 00	52 31 38	
	B	52 33 42	232 33 42	0	52 33 42	52 31 36	52 31 38	38 47 45	
	C	91 21 24	271 21 30	−6	91 21 27	91 19 21	91 19 23	47 21 17	
	D	138 42 30	318 42 48	−18	138 42 39	138 40 33	138 40 40		
	A	0 02 00	180 02 12	−12	0 02 06				
O	A	90 01 18	270 01 30	−12	(90 01 20) 90 01 24	0 00 00			
	B	142 33 00	322 33 00	0	142 33 00	52 31 40			
	C	181 20 42	1 20 48	−6	181 20 45	91 19 25			
	D	228 42 00	48 42 12	−12	228 42 06	138 40 46			
	A	90 01 18	270 01 18	−6	90 01 15				

2）松开水平和竖直制动螺旋，顺时针方向依次瞄准 *B*、*C*、*D* 各点，分别读数、记录，记录顺序为从上至下。为了校核，应再次照准目标 *A* 读数。方向 *A* 两次读数差称为半测回归零差。对于 DJ_6 型经纬仪，归零差不应超过 $\pm18''$，否则说明观测过程中仪器度盘位置有变动，应重新观测。上述观测称为上半测回。

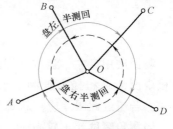

图 3-13 **方向法观测**

3）倒转望远镜成盘右位置，逆时针方向依次瞄准 *A*、*D*、*C*、*B*，最后回到 *A* 点，分别读数、记录，记录顺序为从下至上。该操作称为下半测回。如要提高测角精度，须观测多个测回。各测回仍按 $180°/n$ 的角度间隔变换水平度盘的起始位置。

3. 方向观测法成果计算

1）首先对同一方向盘左、盘右值求差，该值称为两倍视准误差 $2c$，即

$$2c = 盘左读数 - (盘右读数 \pm 180°)$$

通常，由同一台仪器测得的各等高目标的 $2c$ 值应为常数，若有变化，其值不应超过表 3-3 的规定。因此 $2c$ 的大小可作为衡量观测质量的标准之一。对于 DJ_2 型经纬仪，当竖直角小于 3° 时，$2c$ 变化值不应超过 $\pm18''$。对于 DJ_6 型经纬仪没有限差规定。

2）计算各方向的平均读数，公式为

$$各方向平均读数 = \frac{1}{2}\left[盘左读数 + (盘右读数 \pm 180°)\right]$$

由于存在归零读数，则起始方向有两个平均值。将这两个值再取平均，所得结果为起始方向的方向值（表 3-2 中加括号者）。

3）计算归零后的方向值。将各方向的平均读数减去括号内的起始方向平均值，即得各方向的归零后的方向值。同一方向各测回互差，其值不应超过表 3-3 的规定。对于 DJ_2 型经纬仪不应大于 $\pm9''$，DJ_6 型经纬仪不应大于 $\pm24''$。

4）计算各测回归零后方向值的平均值。

5）计算各目标间的水平角。

表 3-3 为《工程测量规范》中规定的技术要求，在水平角观测中，要及时进行检查，发现超限，应予重测。

表 3-3 **方向观测法技术要求**

等级	仪器精度等级	光学测微器两次重合读数差	半测回归零差	一测回内 $2c$ 互差	同一方向值各测回互差
四等及以上	1″级	1″	6″	9″	6″
	2″级	3″	8″	13″	9″
一级及以下	2″级	—	12″	18″	12″
	6″级	—	18″	—	24″

3.5 竖直角观测

3.5.1 竖盘结构

经纬仪竖盘包括竖直度盘、竖盘指标水准管和竖盘指标水准管微动螺旋，也有经纬仪的

竖盘利用重摆补偿原理，设计制成竖盘指标自动归零。竖直度盘固定在横轴一端，可随望远镜在竖直面内转动。分微尺的零刻划线是竖盘读数的指标线，可看成与竖盘指标水准管固连在一起，不随望远镜转动，当指标水准管气泡居中时，指标就处于正确位置。如果望远镜视线水平，竖盘读数应为 90°或 270°。当望远镜上下转动瞄准不同高度的目标时，竖盘随着转动，而指标线不动，因而可读得不同位置的竖盘读数，用以计算不同高度目标的竖直角（见图 3-14）。

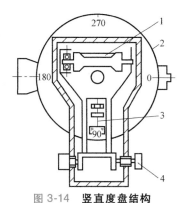

图 3-14 **竖直度盘结构**

1—竖盘指标水准管 2—竖盘
3—光具组光轴 4—竖盘指标水准
管微动螺旋

竖盘是由光学玻璃制成，其刻划有顺时针方向和逆时针方向两种，如图 3-15 所示。不同刻划的经纬仪其竖直角计算公式不同。如图 3-15 所示，当望远镜物镜抬高，竖盘读数增加时，竖直角为

$$\alpha = 读数 - 起始读数 = L - 90° \tag{3-8}$$

反之，如图 3-15a 所示，当物镜抬高，竖盘读数减小时，竖直角为

$$\alpha = 起始读数 - 读数 = 90° - L \tag{3-9}$$

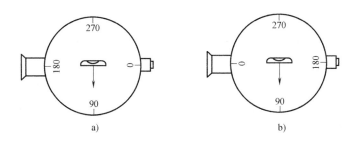

图 3-15 **不同刻划的竖直度盘**

a）顺时针刻划 b）逆时针刻划

3.5.2 竖直角观测和计算

1）仪器安置在测站点上，对中，整平。盘左位置瞄准目标点，使十字丝中横丝精确切准目标顶端。调节竖盘指标水准管微动螺旋，使竖盘指标水准管气泡居中，读数为 L。

2）用盘右位置再瞄准目标点，调节竖盘指标水准管，使气泡居中，读数为 R。

3）计算竖直角时，需首先判断竖直角计算公式，如图 3-16 所示

盘左位置 $\qquad\qquad\qquad\alpha_{\mathrm{L}} = 90° - L \qquad\qquad\qquad (3-10)$

盘右位置 $\qquad\qquad\qquad\alpha_{\mathrm{R}} = R - 270° \qquad\qquad\qquad (3-11)$

一测回角值为

$$\alpha = \frac{1}{2}(\alpha_{\mathrm{L}} + \alpha_{\mathrm{R}}) = \frac{1}{2}(R - L - 180°) \tag{3-12}$$

将各观测数据填入竖直角观测手簿（见表 3-4），利用上列各式逐项计算，得出一测回竖直角。为提高观测精度，可多测几测回。

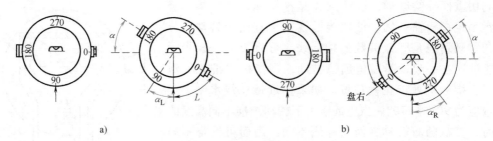

a) b)

图 3-16　竖直角测量计算公式判断

a）盘左　b）盘右

表 3-4　竖直角观测记录

日　期：2002 年 3 月 25 日　　　　天气：晴　　　　　仪器：DJ$_6$-023

观测者：王　磊　　　　　　　　　　　　　　　　　记录：李　华

测站	目标	竖盘位置	竖盘读数			半测回角值			一测回角值			指标差
			°	′	″	°	′	″	°	′	″	″
1	2	3	4			5			6			7
O	*M*	左	81	18	42	+8	41	18	+8	41	24	+6
		右	278	41	30	+8	41	30				
	N	左	124	03	30	−34	03	30	−34	03	18	+12
		右	235	56	54	−34	03	06				

3.5.3　竖盘指标差

上述竖直角的计算，是认为当望远镜视线水平，竖盘指标水准管气泡居中时，竖盘指标处于正确位置上，此时盘左始读数为 90°，盘右始读数为 270°。事实上，此条件常不满足，指标不恰好指在 90°或 270°，而与正确位置相差一个小角度 x，称为竖盘指标差。如图 3-17 所示，盘左时始读数为 90°+x，则正确的竖直角应为

$$\alpha = (90°+x) - L = \alpha_\mathrm{L} + x \tag{3-13}$$

同样，盘右时正确的竖直角应为

$$\alpha = R - (270°+x) = \alpha_\mathrm{R} - x \tag{3-14}$$

分别将上两式相加、相减并除以 2，得

$$\alpha = \frac{1}{2}(\alpha_\mathrm{L} + \alpha_\mathrm{R}) = \frac{1}{2}(R - L - 180°) \tag{3-15}$$

$$x = \frac{1}{2}(\alpha_\mathrm{R} - \alpha_\mathrm{L}) = \frac{1}{2}(R + L - 360°) \tag{3-16}$$

由上可知，在竖直角测量时，取盘左、盘右的平均值可以消除竖盘指标差的影响。

在通常情况下，同一测站上观测不同目标时，指标差的变动范围，对 DJ$_6$ 级经纬仪不应超过 25″。另外，在精度要求不高或不便纵向转动望远镜时，可先测定 x 值，以后只做正镜观测，再对所测竖直角加上指标差改正。

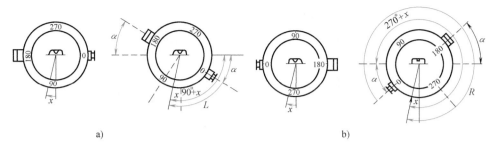

图 3-17 竖盘指标差

a）盘左 b）盘右

3.6 光学经纬仪的检验与校正

从测角原理可知，经纬仪有以下四个轴线（见图 3-18），即水准管轴（LL）、竖轴（VV）、望远镜视准轴（CC）、横轴（HH）。另外望远镜还有十字丝。这些轴应满足以下条件：

1）水准管轴垂直于竖轴（$LL \perp VV$）。

2）十字丝纵丝垂直于横轴。

3）横轴垂直于竖轴（$HH \perp VV$）。

4）望远镜视准轴垂直于横轴（$CC \perp HH$）。

由于仪器长期在野外使用，其轴线关系可能被破坏，从而产生测量误差。因此，《工程测量规范》要求，正式作业前应对经纬仪进行检验，必要时需对调节部件加以校正，使之满足要求。

DJ_6 型光学经纬仪应进行下述检验。

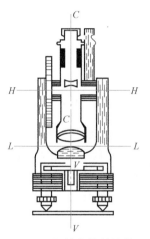

图 3-18 经纬仪的轴线关系

3.6.1 照准部水准管轴垂直于竖轴的检验与校正

检验的目的是使仪器满足照准部水准管轴垂直于仪器竖轴的几何条件，使仪器整平后，保证竖轴铅直，水平度盘保持水平。

1. 检验方法

将仪器大致整平。转动照准部，使水准管平行于任一对脚螺旋。调节两脚螺旋，使水准管气泡居中。将照准部旋转 180°，此时，若气泡仍然居中，则说明满足条件。若气泡偏离量超过一格，应进行校正。

2. 校正方法

如图 3-19a 所示，若水准管轴与竖轴不垂直，误差角为 α，则水准管轴水平时竖轴倾斜，竖轴与铅垂线夹角为 α。当照准部旋转 180°，如图 3-19b 所示，基座和竖轴位置不变，但气泡不居中，水准管轴与水平面夹角为 2α，这个夹角将反映在气泡偏离中心的格值。校正时，可用校正针调整水准管校正螺钉，使气泡退回偏移量的一半（即 α），如图 3-19c 所示，再调整脚螺旋使水准管气泡居中，如图 3-19d 所示。这时，水准管轴水平，竖轴处于竖直位置。这项工作要反复进行，直到满足要求。

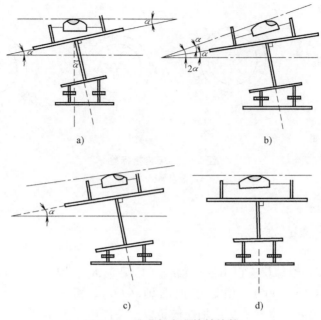

图 3-19　**照准部水准管轴检校**

3.6.2　十字丝竖丝垂直于横轴的检验与校正

1. 检验方法

检验目的是使十字丝竖丝铅直，保证精确瞄准目标。用十字丝中点精确瞄准远处一清晰目标点 *A*，然后锁紧望远镜制动螺旋。慢慢转动望远镜微动螺旋，使望远镜上、下移动。如 *A* 点沿竖丝移动，则满足条件，否则需校正（见图 3-20）。

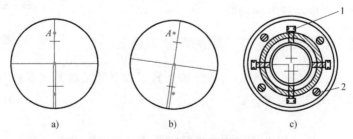

图 3-20　**十字丝竖丝检校**

1—十字丝校正螺钉　2—十字丝环固定螺钉

2. 校正方法

旋下目镜分划板护盖，松开四个固定螺钉（见图 3-20），慢慢转动十字丝分划板座，使竖丝竖直，然后做检验，待条件满足后再拧紧固定螺钉，旋上护盖。

3.6.3　视准轴垂直于横轴的检验与校正

1. 检验方法

检验目的是保证当横轴水平时，望远镜绕横轴旋转，其视准面应是与横轴正交的铅垂面，若视准轴与横轴不垂直，望远镜将扫出一个圆锥面，用该仪器测量同一铅垂面内不同高度的目标时，所测水平度盘读数不一样，产生测角误差。水平角测量时，对水平方向目标，正倒镜读数所求 c 即为这项误差。仪器检验常用四分之一法。如图 3-21 所示，在平坦地区选择相距 60~100m 的 A、B 两点，在其中点 O 安置经纬仪，A 点设标志，B 点横放一根刻有毫米分划的直尺。尺与 OB 垂直，并使 A 点、B 尺和仪器的高度大致相同。盘左位置瞄准 A 点，固定照准部，纵转望远镜，在 B 尺上读数为 B_1。然后用盘右位置照准 A 点，再纵转望远镜，在 B 尺上读数为 B_2。若 B_1 和 B_2 重合，表示视准轴垂直于横轴，否则条件不满足。$\angle B_1 O B_2 = 4c$，为 4 倍视准差。由此算得

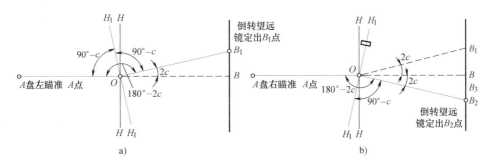

图 3-21　视准轴检验

a）盘左　b）盘右

$$c = \frac{B_1 B_2}{4D} \rho \tag{3-17}$$

式中，D 为 O 点到 B 尺之间的水平距离；$\rho = 206265''$。

对于 DJ_6 型光学经纬仪，当 $c > 60''$ 时必须校正。

2. 校正方法

在盘右位置，保持 B 尺不动，在 B 尺上定出 B_3 点，使 $B_2 B_3 = B_1 B_2 / 4$。用校正针拨动图 3-20 中左右两个十字丝校正螺钉，一松一紧，平移十字丝分划板，直到十字丝交点与 B_3 点重合，最后旋紧螺钉。

3.6.4　横轴垂直于竖轴的检验与校正

1. 检验方法

此项检验是保证当竖轴铅直时，横轴应水平；否则，视准轴绕横轴旋转轨迹不是铅垂面，而是一个倾斜面。检验时，在距墙 30m 处安置经纬仪，在盘左位置瞄准墙上一个明显高点 M（见图 3-22）。要求仰角大于 30°。固定照准部，将望远镜大致放平。在墙上标出十字丝中点所对位置 m_1。再用盘右瞄准 M 点，同法在墙上标出 m_2 点。m_1 与 m_2 重合，表示横轴垂直于竖轴。m_1 与 m_2 不重合，则条件不满足，仪器此项误差为 i，可用下式计算

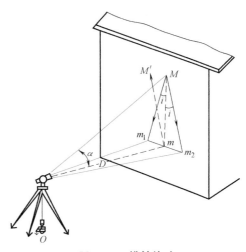

图 3-22　横轴检验

$$i = \frac{m_1 m_2}{2} \times \frac{\rho}{D} \cot\alpha \qquad (3-18)$$

式中，$\rho = 206265''$。

对于 DJ$_6$ 型光学经纬仪，若 $i>20''$ 则需校正。

2. 校正方法

用望远镜瞄准 m_1、m_2 直线的中点 m，固定照准部。然后抬高望远镜使十字丝交点移到 M' 点。由于 i 角的影响，M' 与 M 不重合。校正时应打开仪器支架护盖，调节横轴一端支架内的偏心环，使横轴一端升高或降低，直到十字丝交点对准 M 点。注意，由于经纬仪横轴密封在支架内，该项校正应由专业维修人员进行。

3.6.5 竖盘指标差及其检验与校正

1. 检验方法

安置仪器，用盘左、盘右两个镜位观测同一目标点，分别使竖盘指标水准管气泡居中，读取竖盘读数 L 和 R，按式（3-16）计算指标差 x。如超出 $\pm 1'$ 的范围，则需校正。

2. 校正方法

经纬仪不动，盘右位置仍照准原目标，转动竖盘指标水准管微动螺旋，使竖盘读数为正确值（$R-x$），此时气泡不再居中。再用校正针拨动竖盘水准管校正螺钉，使气泡居中。这项工作应反复进行，直至其值在规定范围之内。

3.6.6 光学对中器的检验与校正

此项检验校正的目的是使光学对中器的视准轴与仪器竖轴线重合。

1. 检验方法

先架好仪器，整平后在仪器正下方地面上安置一块白色纸板。将光学对中器分划圈中心投影到纸板上（见图 3-23a），并绘制标志点 A。然后将照准部旋转 $180°$，若光学对中器分划圈中心对准 B 点，表示该条件不满足，应校正。

2. 校正方法

仪器类型不同，校正部位也不同，有的仪器校正直角转向棱镜，有的则校正光学对中器分划板。图 3-23b 所示是位于照准部支架间圆形护盖下的校正螺钉。校正时，通过调节相应的校正螺钉 1 或 2，使分划圈中心左右或前后移动，对准 A、B 的中点。反复 1~2 次，直到

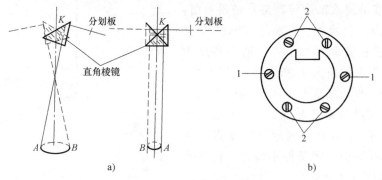

图 3-23 **光学对中器检校**

照准部转到任何位置，光学对中器分划圈中心始终对准 A 点为止。

3.7　角度测量误差分析及注意事项

3.7.1　角度测量误差分析

角度测量误差来源有仪器误差、观测误差和外界环境造成的误差。研究误差的目的是找出消除和减少这些误差的方法。

1. 仪器误差

仪器误差包括仪器校正之后的残余误差及仪器加工不完善引起的误差。

1）视准轴误差 c 是由视准轴不垂直于横轴引起的。由于盘左、盘右观测时该误差对水平角的影响符号相反，故水平角测量时，可采用盘左、盘右读数取平均的方法对其加以消除。

2）横轴误差 i 是由于支承横轴的支架有误差，造成横轴与竖轴不垂直。盘左、盘右观测时对水平角的影响符号相反，所以也可以采用盘左、盘右观测值取平均的方法加以消除。

3）竖轴倾斜误差是由于水准管轴不垂直于竖轴，即水准管气泡不居中引起的。这时，竖轴偏离竖直方向一个小角度，从而引起横轴倾斜及度盘倾斜，造成测角误差。这种误差与盘左、盘右观测无关，并且随望远镜瞄准不同方向而变化，不能用盘左、盘右观测取平均的方法消除。因此，测量前应严格检校仪器，观测时仔细整平，并始终保持照准部水准管气泡居中，气泡不可偏离一格。

4）度盘偏心差主要是由度盘加工及安装不完善使照准部旋转中心 O' 与水平度盘圆心 O 不重合引起的读数误差（见图 3-24）。当盘左瞄准 A 目标时，读数为 $\alpha'_左$，比正确读数 $\alpha_左$ 大 x，盘右读数为 $\alpha'_右$，比正确读数 $\alpha_右$ 小 x。对于单指标读数仪器，在盘左、盘右观测时，指标线在水平度盘上的读数具有对称性，而符号相反，因此，可用盘左、盘右读数取平均的方法予以消除。对于双指标读数仪器，采用对径分划符合读数可以消除这项误差的影响。

5）度盘刻划不均匀误差是由仪器加工不完善引起的。这项误差一般很小。在高精度测量时，为了提高测角精度，可利用度盘位置变换手轮在各测回间变换度盘位置，减小这项误差的影响。

6）竖盘指标差可以用盘左、盘右读数取平均的方法消除。

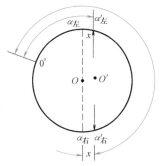

图 3-24　**度盘偏心差**

2. 观测误差

（1）对中误差　在测角时，若经纬仪对中有误差，将使仪器中心与测站点不在同一铅垂线上，造成测角误差。如图 3-25 所示，O 为测站点，A、B 为目标点，O' 为仪器中心在地面上的投影。OO' 为偏心距，用 e 表示，则对中误差引起的测角误差为

$$\beta = \beta' + (\varepsilon_1 + \varepsilon_2) \tag{3-19}$$

$$\varepsilon_1 \approx \frac{\rho}{D_1} e \sin\theta \tag{3-20}$$

$$\varepsilon_2 \approx \frac{\rho}{D_2} e \sin(\beta'-\theta) \tag{3-21}$$

$$\varepsilon = \varepsilon_1 + \varepsilon_2 = \rho e \left[\frac{\sin\theta}{D_1} + \frac{\sin(\beta'-\theta)}{D_2} \right] \tag{3-22}$$

式中，$\rho = 206265''$。

由式（3-20）可见，对中误差的影响 ε 与偏心距成正比，与边长成反比。当 $\beta' = 180°$，$\theta = 90°$ 时，ε 值最大。当 $e = 3\text{mm}$，$D_1 = D_2 = 60\text{m}$ 时，对中误差为

$$\varepsilon = \rho e \left[\frac{1}{D_1} + \frac{1}{D_2} \right] = 20.6''$$

这项误差不能通过观测方法消除，所以观测水平角时要仔细对中，在短边测量时更要严格对中。

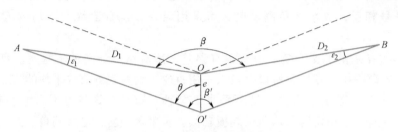

图 3-25　仪器对中误差

（2）目标偏心误差　目标偏心是由标杆倾斜引起的。如标杆倾斜，又没有瞄准底部，则产生目标偏心误差，如图 3-26 所示，A 为测站，B 为地面目标点，BB' 为标杆，杆长 l，垂直于视线方向的轴内倾角为 α。目标偏心距为

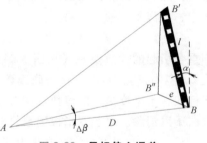

图 3-26　目标偏心误差

$$e = l\sin\alpha \tag{3-23}$$

目标偏心对观测方向的影响为

$$\Delta\beta = \frac{e}{D}\rho = \frac{l\sin\alpha}{D}\rho \tag{3-24}$$

由式（3-24）可见，目标偏心误差对水平方向影响与 e 成正比，与边长成反比。为了减少这项误差，测角时标杆应竖直，并尽可能瞄准其底部。

（3）照准误差　测角时由人眼通过望远镜瞄准目标产生的误差称为照准误差。影响照准误差的因素很多，如望远镜放大倍数、人眼分辨率、十字丝的粗细、标志形状和大小、目标影像亮度、颜色等，通常以人眼最小分辨视角（$60''$）和望远镜放大率 ν 来衡量仪器的照准精度，为

$$m_\nu = \pm\frac{60''}{\nu} \tag{3-25}$$

对于 DJ_6 型经纬仪，$\nu = 28$，$m_\nu = \pm2.2''$。

（4）读数误差　读数误差主要取决于仪器读数设备。对于采用分微尺读数系统的经纬仪，读数中误差为测微器最小分划值的 $1/10$，即 $6''$。

3. 外界条件的影响

角度观测是在一定外界条件下进行的。外界环境对测角精度有直接影响且比较复杂，一般难以由人力来控制。大风可以使仪器和标杆不稳定；雾气会使目标成像模糊；松软的土质会影响仪器的稳定；烈日暴晒可使三脚架发生扭转、水准管气泡偏移，影响仪器的整平；温度变化会引起视准轴位置变化；大气热辐射、大气折光变化致使视线产生偏折等。这些都会给角度测量带来误差。所以应选择有利的观测时间、微风多云，空气清晰度好，大气湍流不严重的条件下观测，尽量避免不利因素，使外界条件对角度观测的影响降到最低程度。

3.7.2　水平角观测注意事项

1）仪器安置的高度应合适，脚架应踩实，中心螺旋拧紧，观测时手不扶脚架，转动照准部及使用各种螺旋时，用力要轻。

2）若观测目标的高度相差较大，要特别注意仪器的整平。

3）对中要准确。测角精度要求越高，或边长越短，则对中要求越严格。

4）观测时要消除视差，尽量用十字丝交点照准目标底部或桩上小钉。

5）按观测顺序记录水平度盘读数，注意检查限差。发现错误，立即重测。

6）水准管气泡应在观测前调好，一测回过程中不允许再调，如气泡偏离中心超过两格时，应再次整平重测该测回。

──────────　习　　题　──────────

一、填空题

1. 测角常用的仪器是_____，它由_____、_____和_____三部分组成。

2. DJ_6 型光学经纬仪的读数系统是_____。

3. 在同一竖直面内不同高度的点在水平度盘上的读数_____。

4. 观测水平角时，盘左、盘右取平均值可消除_____、_____、_____误差；观测竖直角时，消除_____误差。

5. 光学经纬仪的主要轴线有_____，轴线之间应满足_____、_____、_____条件。

二、判断题（答案中正确的请在括号中打"√"；不正确的打"×"）

1. 光学经纬仪的主要轴线及其正确的几何关系有：

1）圆水准器轴应垂直于仪器竖轴；（　　）

2）望远镜视准轴应垂直于横轴；（　　）

3）竖盘指标水准管轴应垂直于横轴；（　　）

4）横轴应垂直于仪器竖轴；（　　）

5）照准部水准管轴应垂直于视准轴。（　　）

2. 用盘左盘右位置测角，可消除：

1）仪器度盘偏心的误差；（　　）

2）度盘刻划不均匀的误差；（　　）

3）仪器对中有偏心距的误差；（　　）

4）视准轴不垂直于水平轴的误差；（　　）

5）水平轴不垂直于竖轴的误差。（　　）

三、问答题

1. 什么叫水平角和竖直角？

2. 用经纬仪照准同一竖直面内不同高度的点，在水平度盘上的读数是否一样？若测站点与两目标点位于同一竖直面内，则其水平角值为多少？在一个测站上观测不在同一竖直面内的两个不同高度的点，试问两视线方向之间的夹角是不是水平角？

3. 观测水平角和竖直角时，度盘与指标的转动关系如何？

4. 度盘变换手轮的作用如何？观测水平角时，配置水平度盘读数如何操作？

5. 对中和整平的目的是什么？

6. 观测水平角和竖直角时，为何采用盘左、盘右观测？能否消除竖轴倾斜引起的误差？

7. 检验经纬仪的视准轴不垂直于横轴时，为什么瞄准的目标要求与仪器大致同高？而在检验横轴垂直于竖轴时，为什么瞄准的目标要选得高些？按本书所述方法，这两项检验的次序是否可以颠倒？

8. 某一经纬仪，竖盘指标差为+2′。如在盘左时，欲将望远镜视准轴置于水平，其操作步骤如何？

四、计算题

1. 计算完成表 3-5 所示测回法观测水平角的记录。

表 3-5　测回法观测水平角记录及计算

测站	竖盘位置	目标	水平度盘读数 ° ′ ″	半测回角值 ° ′ ″	一测回角值 ° ′ ″	各测回平均角值 ° ′ ″	备　注
O	左	1	00　00　06				
		2	78　48　54				
	右	1	180　00　36				
		2	258　49　06				
O	左	1	90　00　12				
		2	168　49　06				
	右	1	270　00　30				
		2	348　49　12				

2. 计算完成表 3-6 所示方向法观测水平角的记录。

表 3-6　方向法观测水平角的记录及计算

测站	测回数	目标	水平度盘读数 盘左 ° ′ ″	水平度盘读数 盘右 ° ′ ″	2*c* ″	平均读数 ° ′ ″	归零后方向值 ° ′ ″	各测回归零方向值的平均值 ° ′ ″	角值 ° ′ ″
O	1	*A*	00　02　36	180　02　36					
		B	70　23　36	250　23　42					
		C	228　19　24	48　19　30					
		D	254　17　54	74　17　54					
		A	00　02　30	180　02　36					
O	2	*A*	90　03　12	270　03　12					
		B	160　24　06	340　23　54					
		C	318　20　00	138　19　54					
		D	344　18　30	164　18　24					
		A	90　03　18	270　03　12					

3. 计算表 3-7 所示竖直角值。

表 3-7 **竖直角观测记录及计算**

测站	目标	竖盘位置	竖盘读数			竖 直 角			平均竖直角值			指标差	备 注
			°	′	″	°	′	″	°	′	″	″	
O	A	左	71	44	12								
		右	288	15	12								
O	B	左	114	02	42								
		右	245	56	30								

4. 如图 3-27 所示，C 点测站偏心 $e_1 = 5mm$；$D_1 = 120m$，$\theta_1 = 68°$；B 点照准点偏心 $e_2 = 10mm$，$D_2 = 150m$，$\theta_2 = 47°$，C' 点上观测 $\angle AC'B = 154°18'24''$，求 $\angle ACB$。

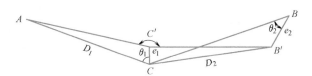

图 3-27 **计算题 4 图**

距离测量与直线定向 第4章

■本章提要

　　主要讲述钢尺一般量距方法、视距测量、电磁波测距原理、全站仪结构及其应用、直线定向。

■教学要求

　　了解钢尺一般量距方法、视距测量、电磁波测距原理，掌握距离往返较差、相对较差的计算方法，掌握全站仪结构及其应用，掌握标准方向的种类、直线定向的方法、方位角的定义与测定方法。

距离测量是确定地面点位的基本测量工作之一，通常说的距离是指地面上两点间水平距离。若测得的是倾斜距离（简称斜距），还须将其改算为水平距离。按所用测距仪器的不同，测量距离的方法一般有钢尺量距、视距测量、光电测距（全站仪测距）、GPS 测距等，其中 GPS 测距见第 12 章。

4.1 钢尺量距

钢尺量距就是利用具有标准长度的钢尺直接测量两点间的距离。

4.1.1 丈量工具

钢卷尺简称钢尺，为用钢制成的带状尺，卷放在圆形盒或金属架上。尺宽 10~15mm，厚度约 0.2~0.4mm，名义长度有 20m、30m、50m 等几种，整米和分米处有数字注记，最小注记至 cm，有的钢尺最小刻划至 mm。也有尺长为 2~5m 的小钢尺，适于测量较短的距离。根据钢尺零点的位置不同，可分为端点尺和刻线尺两种，如图 4-1 所示。端点尺是以尺的最外端作为尺的刻划零点，当从建筑物墙边开始丈量时使用很方便。刻线尺是以刻在钢尺前端的"0"分划线作为尺的零点，使用时必须分清尺的零点具体位置。皮尺是用麻布和金属丝制

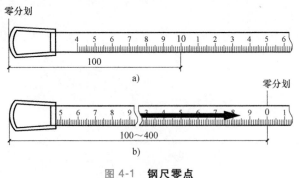

图 4-1　钢尺零点

a）端点尺　b）刻线尺

成的带状尺，伸缩性大，测量精度低，一般名义长度有 20m、30m、50m 等几种，整米有注记，最小刻划为厘米，主要用于地形测量中的地物细部点测量。辅助工具一般有标杆、测钎、垂球、弹簧秤、温度计等，其中标杆为角度测量时采用的标杆，用于标定直线方向，如图 4-2b 所示。垂球用于在倾斜地面丈量距离时使钢尺的端点垂直投影到地面。测钎用粗铁丝制成，用于标定尺段的端点和计算已量的整尺段数，如图 4-2a 所示。

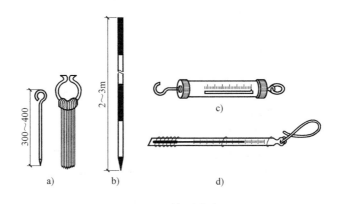

图 4-2　测钎和标杆

a）测钎　b）标杆　c）弹簧秤　d）温度计

4.1.2　直线定线

当丈量距离较长，超过整尺长，或地势起伏较大，一尺段不能完成距离丈量时，需要在待测直线的连线上插入一些点，以便分段丈量，这项把多根标杆标定在已知直线上的工作称为直线定线。根据定线的精度不同分为目估定线和经纬仪定线两种。

1. 目估定线

如图 4-3 所示，地面上 A、B 两点通视，需要在两点的连线上插入 1、2 点。在两端点上竖立标杆，测量员甲站在 A 点标杆后 1~2m 处，指挥中间的测量员乙在直线两侧左右移动标杆，直到甲从 A 点沿标杆的同一侧看到 A、2、B 三根标杆位于同一竖直面内，则测量员乙所持标杆底部的地面点即为所求的定线点，同理定出直线上的其余点，一般应由远到近定点。目估定线时，所有标杆应竖直，测量员乙站在直线方向的左侧或右侧，用食指和拇指夹住标杆的上部，稍微提起，利用标杆的重力作用使标杆自然竖直。

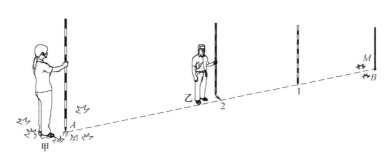

图 4-3　目估定线

如果 A、B 两点有一高地，如图 4-4 所示，不能通视，或者 A、B 两点分别位于两幢建筑物上，则可以采用逐渐趋近法在两点间插入定位点。在 A、B 两点竖立标杆，甲、乙分别持杆站在 C、D 点，使甲可以看到 B 点的标杆，同样乙可以看到 A 点的标杆。甲指挥乙移动标杆，使 C_1、D_1、B 在同一直线上；乙指挥甲移动标杆，使 D_1、C_2、A 在同一直线上；如此逐渐趋近，直到 A、C、D、B 在同一直线上为止。

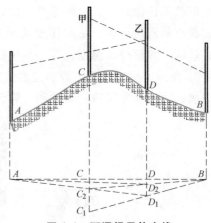

图 4-4　不通视目估定线

2. 经纬仪定线

在待测直线一端点安置经纬仪，然后用十字丝竖丝照准另一端点测钎。旋紧照准部水平制动螺旋，望远镜在竖直面内转动，测量员甲指挥中间持杆测量员乙在与直线垂直方向上左右移动，直到标杆和十字丝竖丝重合，则标杆底部的地面点为所求的定线点。

如果需要在直线 AB 的延长线上得到一点，如图 4-5 所示。首先在 B 点安置经纬仪，盘左用十字丝的竖丝照准 A 点的标杆，旋紧水平制动螺旋，倒转望远镜后在需要延长之处定出 C' 点。然后盘右定出 C'' 点，取 $C'C''$ 的中点，得到 C 点，称为盘左盘右分中法定线。

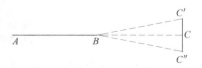

图 4-5　经纬仪延长直线定线

4.1.3　钢尺量距的一般方法

根据地面坡度不同，量距可分为平坦地面和倾斜地面量距两种。

1. 平坦地面距离丈量

对于平坦地面，直接沿地面丈量水平距离，可先在地面进行直线定线，也可边定线边进行丈量，待求距离为各尺段之和。为了进行检核和提高丈量精度，要求往返测量，返测时要重新进行定线，取往、返测距离的平均值作为丈量结果。

用往返丈量距离的较差与往返平均距离之比来衡量丈量的精度，该比值用分子为 1、分母为整百的分数形式来表示，称为相对误差 K。例如，直线 AB 往测距离为 128.66m，返测距离为 128.72m，则相对误差为

$$K = \frac{\mid D_{AB} - D_{BA} \mid}{(D_{AB} + D_{BA})/2} = \frac{0.06}{128.69} = \frac{1}{2145} \approx \frac{1}{2100} \tag{4-1}$$

如相对误差在规定的允许范围内，即 $K \leqslant K_允$，可取往返丈量的平均值作为最终成果。如果超限，则应重新丈量直到符合精度要求为止。

一般钢尺丈量的量距精度能达到 1/1000～1/5000，对于图根钢尺量距导线，K 值应 $\leqslant$ 1/3000。若符合要求，取往返测的平均数作为测量结果。当要求量距相对误差更小时，应采用精密方法丈量。

2. 倾斜地面距离丈量

（1）平量法　如图 4-6 所示，A、B 两点间地面坡度较大，不能将钢尺拉平测距时，可采用目估定线将直线分成若干小段进行测量，每段的长度视坡度大小和量距方便确定。在相

邻的定线点上悬挂垂球，将钢尺一端抬起，另一端紧靠定线点或两端都抬起，使尺面水平贴近垂球线，逐段丈量，最后累加求和即为待求距离。钢尺是否水平，可以目估确定，也可以让钢尺一端固定不动，另一端靠近垂球线并上下移动，当钢尺上的读数最小时，说明钢尺两端同高。

（2）斜量法　如图4-7所示，A、B 两点间地面坡度较大且均匀时，可沿斜坡直接丈量出斜距 S，再测量出坡度角 α，或者测量出 AB 两点间高差 h，按下式计算水平距离 D

$$D = S\cos\alpha = \sqrt{S^2 - h^2} \tag{4-2}$$

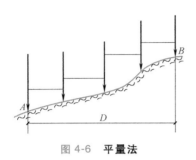

图 4-6　**平量法**

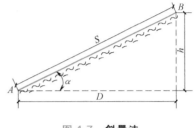

图 4-7　**斜量法**

4.1.4　钢尺量距的精密方法

1. 直线定线

欲精密丈量直线 AB 的距离，首先清除直线上的障碍物，然后安置经纬仪于 A 点上，瞄准 B 点，用经纬仪进行定线。用钢尺进行概量，在视线上依次定出比钢尺一整尺略短的若干尺段。在各尺段端点打下大木桩，桩顶高出地面 3~5cm，在桩顶钉一白铁皮。利用 A 点的经纬仪进行定线，在各白铁皮上画一条线，使其与 AB 方向重合，另画一条线垂直于 AB 方向，形成十字，作为丈量的标志。

2. 量距

用检定过的钢尺丈量相邻两木桩之间的距离时，将钢尺置于相邻两木桩顶，并使钢尺有刻划线一侧紧贴十字线。后尺手将弹簧秤挂在尺的零端，以便施加钢尺检定时的标准拉力（30m 钢尺，标准拉力为 10kg）。钢尺拉紧、拉稳后，当前尺手以尺上某一整分划对准十字线交点后，两端的读尺员同时根据十字交点读取读数，估读到 0.5mm，记入手簿。每尺段要移动钢尺位置丈量三次，三次测得的结果的较差视不同要求而定，一般不得超过 2~3mm，否则要重量。如在限差以内，则取三次结果的平均值，作为此尺段的观测成果。每量一尺段都要读记温度一次，估读到 0.5℃。

上述由直线起点丈量到终点为往测，往测完毕后立即返测，每条直线所需丈量的次数视量边的精度要求而定。

3. 测量桩顶高程

上述所量的距离，是相邻桩顶间的倾斜距离，为了改算成水平距离，要用水准测量方法测出各桩顶的高程，以便进行倾斜改正。水准测量宜在量距前或量距后往、返观测一次，作为检核。相邻两桩顶往、返测高差之差，一般对于 30m 尺段不得超过 ±3mm；如在限差以内，取其平均值作为观测成果。

4. 尺段长度的计算

精密量距中，每一尺段长需进行尺长改正、温度改正及倾斜改正，求出改正后的尺段长度。计算各改正数如下：

（1）尺长改正 钢尺在标准拉力、标准温度下的检定长度 l，与钢尺的名义长度 l_0 往往不一致，其差 $\Delta l = l - l_0$，即整尺段的尺长改正。当检定长度 l 大于名义长度 l_0 时，改正数为正值，反之为负值。若某一尺段测量的长度为 l_i，则尺长改正数为 $\Delta l_d = (l - l_0) \, l_i / l_0$。

（2）温度改正 设钢尺在检定时的温度为 t_0，丈量时的温度为 t，钢尺的线膨胀系数为 α，一般为 $0.000012/1℃$，尺段测量的长度为 l_i，则温度改正数为 $\Delta l_t = \alpha (t - t_0) \, l_i$。

（3）倾斜改正 设 l_i 为量得的斜距，h 为尺段两端间的高差，现要将 l_i 换算成水平距离 D_i，则要加倾斜改正数 Δl_h。

$$\Delta l_h = D_i - l_i = \sqrt{l_i^2 - h^2} - l_i = l_i \left[1 - \frac{h^2}{l_i^2} \right]^{\frac{1}{2}} - l_i$$

将公式中的 $\left[1 - \dfrac{h^2}{l_i^2} \right]^{\frac{1}{2}}$ 展开成级数，得到

$$\Delta l_h = l_i \left(1 - \frac{h^2}{2l_i^2} - \frac{h^4}{8l_i^4} - \cdots \right) - l_i = -\frac{h^2}{2l_i} - \frac{h^4}{8l_i^3} - \cdots$$

当高差 h 不大时，上式简化为 $\Delta l_h = -\dfrac{h^2}{2l_i}$，由公式可知倾斜改正数永远为负值。

综合上述，每一尺段改正后的距离 D_i 为

$$D_i = l_i + \Delta l_d + \Delta l_t + \Delta l_h \tag{4-3}$$

5. 钢尺的检定

（1）尺长方程式 钢尺由于其制造误差、经常使用中的变形以及丈量时温度和拉力不同的影响，使得其实际长度往往不等于名义长度。因此，丈量之前必须对钢尺进行检定，求出它在标准拉力和标准温度下的实际长度，以便对丈量结果加以改正。钢尺检定后，应给出尺长随温度变化的函数式，通常称为尺长方程式，其一般形式为

$$l_t = l_0 + \Delta l + \alpha (t - t_0) l_0 \tag{4-4}$$

（2）钢尺检定的方法 测量前应把钢尺送有关的测绘单位检验，以求得钢尺的实际长度。但若有检定过的钢尺，在精度要求不高时，可用检定过的钢尺作为标准尺来检定其他钢尺。检定宜在室内水泥地面上进行，在地面上贴两张绘有十字标志的纸，使其间距约为一整尺长。用标准尺施加标准拉力丈量这两个标志之间的距离，并修正端点使该距离等于标准尺的长度。然后再将被检定的钢尺施加标准拉力丈量该两标志间的距离，取多次丈量结果的平均值作为被检定钢尺的实际长度，从而求得尺长方程式。

6. 钢尺量距的误差分析

进行距离测量时，往返测量的距离一般不相等，说明测量中不可避免地存在测量误差。

（1）定线误差 由于直线定线时定线点不在直线上，造成测量的距离不是两点间的直线距离而是折线距离，从而使测量的距离变大。

（2）尺长误差 钢尺必须经过检定以求得其尺长改正数。尺长误差具有系统积累性，它

与所量距离成正比。精密量距时，钢尺虽经检定并在丈量结果中进行了尺长改正，其成果中仍存在尺长误差，因为一般尺长检定方法只能达到 0.5mm 左右的精度。

（3）温度误差　由于用温度计测量温度，测定的是空气的温度，而不是钢尺本身的温度。在夏季阳光曝晒下，此两者温度之差可大于 5℃。因此，量距宜在阴天进行，并要设法测定钢尺本身的温度。

（4）拉力误差　钢尺具有弹性，会因拉力而伸长。量距时，如果拉力不等于标准拉力，钢尺的长度就会产生变化。精密量距时，用弹簧秤控制标准拉力，拉力要均匀。

（5）尺子不水平的误差　钢尺量距时，如果钢尺不水平，总是使所量距离偏大。精密量距时，用普通水准测量的方法测出尺段两端点的高差，进行倾斜改正。

（6）钢尺垂曲和反曲的误差　钢尺悬空丈量时，中间下垂，称为垂曲。故在钢尺检定时，应按悬空与水平两种情况分别检定，得出相应的尺长方程式，按实际情况采用相应的尺长方程式进行成果整理，经整理后残余的误差可以不计。

在凹凸不平的地面量距时，凸起部分将使钢尺产生上凸现象，称为反曲。应将钢尺拉平丈量，避免因在尺段中部凸起而产生距离误差。

（7）丈量本身的误差　它包括钢尺刻划对点的误差、插测钎的误差及钢尺读数误差等。这些误差是由人的感官能力所限而产生，误差有正有负，在丈量结果中可以互相抵消一部分，但仍是量距工作的一项主要误差来源。

综上所述，精密量距时，除经纬仪定线、用弹簧秤控制拉力外，还需进行尺长、温度和倾斜改正，而一般量距可不考虑上述各项改正。但当尺长改正数较大或丈量时的温度与标准温度之差大于 8℃ 时应进行单项改正，此类误差用一根钢尺往返丈量避免不了。另外尺子拉平不容易做到，丈量时可以手持一悬挂垂球，抬高或降低尺子的一端，钢尺上读数最小的位置就是钢尺水平时的位置，并用垂球进行投点及对点。由此可见，利用钢尺精密量距，工作量大、复杂，随着光电测距的发展，本方法在较长距离的测量工作中已很少使用。

7. 钢尺量距注意事项

钢尺在使用前应认清零点位置，使用中应分清具体刻划读数；钢尺在使用时不可扭曲，防止重物辗压，禁止在地面上拖拉钢尺，保证钢尺刻划面不受磨损；读数记录准确无误，记录人员每次应回报读数，以免听错、记错。记录应清晰，严禁涂改，如记错，应将错的数据划去重写；丈量时，注意每一尺段用力要均匀，把钢尺放平、拉直。

4.2　视距测量

视距测量是利用水准仪或经纬仪望远镜内十字丝平面上的上、下视距丝（见图 4-8），配合视距尺，根据几何光学和三角学的原理，同时测定两点间的水平距离及高差，是间接测距的方法，属于光学测距中的定角测距。该测距方法具有操作简便、速度快、不受地形起伏限制的优点，但测距精度低，相对误差约为 1/200～1/300，低于钢尺测距，但可以满足三、四等水准测量中的视线长度检核测定和 1∶1000 或更小比例尺的地形图测绘中的距离测定；测定高差的精度低于等外水准测量，广泛应用于地形测量中的碎部测量，视距尺可以用普通塔尺或水准尺代替。

4.2.1　视距测量的原理

1. 水平视距测量原理

如图 4-8 所示，欲测定 A、B 两点水平距离 D 及高差 h。在 A 点安置经纬仪（或水准仪，注意与点 A 大致对中），使望远镜视准轴水平，B 点竖立视距尺，此时视线与视距尺垂直。若视距尺上 M、N 点成像在十字丝分划板的上下视距丝 m、n 处，那么上、下视距丝的读数之差就是视距尺上 MN 的长度，称为尺间隔 l。在图 4-8 中，$\triangle m'n'F$ 与 $\triangle MNF$ 相似，故 $\dfrac{d}{f}=\dfrac{l}{p}$，$d=\dfrac{f}{p}l$，因为 $D=d+f+\delta$，则 A、B 两点间的水平距离为

$$D=\frac{f}{p}l+f+\delta \tag{4-5}$$

式中，f 为望远镜的焦距；δ 为物镜中心到仪器中心的距离；p 为望远镜上下视距丝的间距。

f、δ 和 p 均已知，可见尺间隔 l 随着 A、B 两点间水平距离 D 的增加而增加。令 $K=\dfrac{f}{p}$，$C=f+\delta$，则

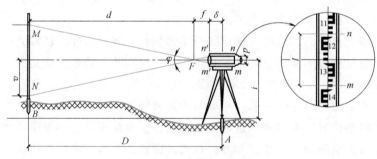

图 4-8　**水平视距测量原理**

$$D=Kl+C \tag{4-6}$$

式中，K 为视距乘常数；C 为视距加常数。

在设计制造仪器时，通常使 K 为 100，C 值一般为 0.3～0.6，通常取 $C\approx0$，则上式简化为

$$D=Kl \tag{4-7}$$

在图 4-8 中，A、B 间的水平距离为 $D=100\times(1.388-1.191)\mathrm{m}=19.7\mathrm{m}$。

用小钢尺测量仪器高 i，十字丝中丝在尺上的读数为 v（也可取上下丝读数的算术平均值），则 A、B 间的高差为

$$h=i-v \tag{4-8}$$

2. 倾斜视距测量原理

在地形起伏较大地区，望远镜视线处于倾斜状态，只能使用经纬仪进行视距测量，如图 4-9 所示。由于视线不垂直于视距尺，所以不能直接使用式（4-7）和式（4-8）计算两点间水平距离和高差。

当视线倾斜时，若视线与水平面成竖直角 α，则视线与视距尺相交成 90°±α 的角度。在

图 4-9 中，α 为仰角，可求得视线距离 S，$S = Kl'$。由于视线夹角 φ 很小，约为 $17'$，所以 $\angle NN'O = \angle MM'O \approx 90°$，得到 $l' \approx l\cos\alpha$，l 为尺间隔。而 $D = S\cos\alpha$，可得 A、B 间的水平距离为

$$D = Kl\cos^2\alpha \qquad (4\text{-}9)$$

从图中还可得出 $h + v = i + h'$，即 $h = h' + i - v$，而 $h' = D\tan\alpha = S\sin\alpha$，所以测站点 A 相对于待测点 B 的高差为

$$h = D\tan\alpha + i - v = S\sin\alpha + i - v \qquad (4\text{-}10)$$

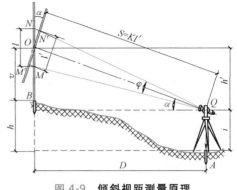

图 4-9　倾斜视距测量原理

4.2.2　视距测量的观测与计算

1）将经纬仪安置在测站点上，量取仪器高（精确至 cm），记入手簿，将视距尺竖直立于另一点上。

2）盘左位置瞄准视距尺上某一高度，分别读取上、中、下丝读数，然后调节竖盘指标水准管微动螺旋，使竖盘指标水准管气泡居中，读取竖盘读数，并记录所有观测值。

3）倒转望远镜，盘右位置瞄准目标的同一处，重复第 2）步的观测和记录，盘左盘右观测合称为一测回。若精度要求较高，可以增加测回数；若精度要求较低，一般只用盘左观测半个测回。

4）视距测量的计算可借助普通函数计算器按照式（4-9）、式（4-10）进行，计算出测站点至待定点的水平距离和高差。为了简化计算，在观测中可使中丝读数 v 等于仪器高 i 或比 i 大或小的整米数，如 $i = 1.58\text{m}$，可使中丝读数 $v = 1.580\text{m}$，这样式（4-10）中 $i - v = 0$，则高差 $h_{AB} = D\tan\alpha$。

【例 4-1】　在 A 点安置经纬仪，B 点竖立视距尺，A 点的高程为 $H_A = 15.32\text{m}$，仪器高 $i = 1.39\text{m}$，上下丝读数分别为 1.264m、2.336m，盘左观测的竖盘读数为 $L = 82°26'00''$，竖盘指标差为 $x = +1'$，求 A、B 两点间的水平距离和 B 点的高程。

解　视距间隔为 $l = 2.336\text{ m} - 1.264\text{ m} = 1.072\text{m}$

竖直角为 $\alpha = 90° - L + x = 7°35'$

水平距离为 $D = Kl\cos^2\alpha = 105.33\text{m}$

中丝读数为 $v = $（上丝读数 + 下丝读数）$/2 = 1.8\text{m}$

高差为 $h_{AB} = D\tan\alpha + i - v = 13.61\text{m}$

B 点的高程为 $H_B = H_A + h_{AB} = (15.32 + 13.61)\text{m} = 28.93\text{m}$

4.3　电磁波测距

钢尺量距和光学视距等测距方法，劳动强度大，工作效率低，精度较低，所测距离较短，在复杂地形下甚至无法工作。随着微电子技术及微处理机的发展，各类电磁波测距仪器在生产中得到广泛的应用。它具有测程远、精度高、受地形限制小以及作业快等优点，测距

精度可达 1/10000 ~ 1/1000000。

4.3.1 电磁波测距基本原理

电磁波测距的基本原理是通过测定电磁波束在待测距离上往返传播的时间 t，利用式（4-11）来计算待测距离 S，如图 4-10 所示。

$$S = \frac{1}{2}ct \tag{4-11}$$

式中，c 为电磁波在大气中的传播速度，其值为 c_0/n，$n \geq 1$，为大气折射率，是光的波长、大气温度、湿度和气压的函数，c_0 为光波在真空中的传播速度，光速大小为 299792458m/s；S 为测距仪中心至反射棱镜中心的距离；t 为电磁波束在待测距离上往返一次所用的时间。

4.3.2 电磁波测距仪的分类

根据测定时间 t 的方法不同，电磁波测距仪可以分为脉冲式测距仪和相位式测距仪两种。脉冲式测距仪由测距仪的发射系统发出光脉冲，经被测目标反射后，再由测距仪的接收系统接收，测出这一光脉冲往返所需时间来求得距离，测程可达几千米至几十千米，但精

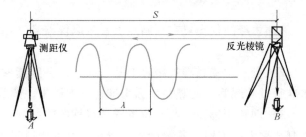

图 4-10　光电测距原理

度相对较低，一般只能达到米级，常用在激光雷达等远程测距上。相位式测距仪是测定由测距仪的发射系统发出的连续调制波在被测距离间往返传播时所产生的相位差，然后根据公式推算出两点间的距离。相位式测距仪精度可以达到毫米级，其应用范围更为广泛。

电磁波测距仪按载波可分为：① 用微波段的无线电作为载波的微波测距仪；② 用激光作为载波的激光测距仪；③ 用红外光作为载波的红外测距仪。后两者又称为光电测距仪，在工程测量和地形测量中得到广泛的应用。

按测程可将测距仪分为：① 短程测距仪（<3km）；② 中程测距仪（3 ~ 15km）；③ 远程测距仪（>15km）。

国家城市测量规范按每千米测距中误差 m_e，将测距仪按精度分类为：① Ⅰ级（$|m_D| \leq 5mm$）；② Ⅱ级（$5mm < |m_D| \leq 10mm$）；③ Ⅲ级（$10mm < |m_D| \leq 20mm$）。

4.3.3 相位式光电测距仪的使用

因为测量中一般需要的是水平距离，而测距仪测定的是测距仪中心至反射棱镜中心的距离，通常为倾斜距离，不是测站点与待测点的水平距离，所以测距仪在使用时往往是架在经纬仪的上面，借助于经纬仪和测距仪的中心在同一铅垂线上测定竖直角，进一步计算出测站点与待测点的水平距离和高差。如图 4-11 所示，左侧的经纬仪为光学经纬仪；右侧的经纬仪为电子经纬仪，测距仪测定的距离可以通过数据电缆传至电子经纬仪储存。图 4-12 的左侧为带有觇牌和基座的反射棱镜，觇牌、基座和棱镜的中心在同一铅垂线上，短测程时也可以不使用觇牌。较大测程的需采用三棱镜，因基座上有光学对中器和水准器，使用时和经纬仪一样安置在三脚架上，右侧为安置在对中杆上的单棱镜，对中整平简单，有的对中杆只有

单个的对中杆,没有两侧的架腿,适于地形测量中的碎部测量。由于测距仪的型号很多,结构和操作方法有差异,使用时应参照相应的说明书,基本操作如下:

图 4-11 光电测距仪   图 4-12 反射棱镜和对中杆

(1)仪器安置 将经纬仪安置在测站点上,然后通过测距仪的支架座下的插孔和制动螺旋,使测距仪牢固地安装在经纬仪上的支架上方;将测距棱镜安置在待测点上,与经纬仪一样对中整平,并使觇牌和棱镜面对测距仪所在的方向。

(2)开机 按下开机 Power 键,显示屏内显示一定的字符或短促声响约 5s,为测距仪自检,表示仪器工作正常。若电池电压过低,则显示需要更换电池。

(3)瞄准 用经纬仪目镜中的十字丝瞄准反射觇牌中心,通过测距仪目镜中的十字丝用测距仪的水平和竖直微动螺旋瞄准棱镜中心。

(4)测距和测角 按下测距 Meas 键,如果瞄准正确,则在显示屏上显示测距符号 2~5s 后显示倾斜距离 S。如果瞄准不正确,或测线中间有障碍物,则显示屏上测距符号不停闪烁,表示回光不足或没有回光,应重新瞄准。再次按下 Meas 键,进行第二次测距,一般进行 3~5 次。各次测距读数最大、最小相差不超过 5mm 时取平均值,作为一测回的观测值;调节竖盘指标水准管微动螺旋,使竖盘指标水准管气泡居中,读取竖盘读数,并计算竖直角 α;测定气压气温,对距离进行各项改正。如果需要进行第二测回,重复步骤(3)、(4)的操作。

4.3.4 光电测距的成果整理

在测距仪测得初始斜距值后,还需加上仪器常数改正、气象改正和倾斜改正等,最后求得测站点与待测点的水平距离。

1. 仪器常数改正

仪器常数包括加常数和乘常数。通过将测距仪在标准长度上进行检定,可以得到测距仪的加常数 K 和乘常数 R。常数改正值可以对测定的距离改正,也可以先在测距仪设定,再进行距离测量。

由仪器的发射中心、接收中心与仪器旋转竖轴不一致引起的测距偏差值,称为仪器加常数。实际上仪器加常数还包括由于反射棱镜的组装(制造)偏心或棱镜等效反射面与棱镜安置中心不一致引起的测距偏差,称为棱镜加常数。仪器的加常数改正值与距离无关,并可预置于机内作自动改正。仪器乘常数主要是由测距频率偏移产生的,与所测距离成正比,在有些测距仪中可预置乘常数作自动改正。

仪器常数改正的最终公式可写成

$$\Delta S = \Delta S_R + K = RS' + K \tag{4-12}$$

式中,乘常数 R 的单位取 mm/km。

2. 气象改正

仪器的测尺长度是在一定的气象条件下推算出来的。野外实际测距时的气象条件不同于制造仪器时确定仪器测尺频率时选取的基准(参考)气象条件,故测距时的实际测尺长度就不等于标称的测尺长度,使测距值产生与距离长度成正比的系统误差。所以在测距时应同时测定当时的气象元素:温度和气压。利用厂家提供的气象改正公式计算距离改正值。如某测距仪的气象改正公式为

$$\Delta S_A = \left(279 - \frac{0.2904p}{1 + 0.00366t}\right) \times 10^{-6} \times S' \tag{4-13}$$

式中,p 为气压(MPa);t 为温度(℃);S' 为距离测量值(km)。

目前,所有的测距仪都可将气象参数预置于机内,在测距时自动进行气象改正。

3. 倾斜改正

距离的倾斜观测值经过仪器常数改正和气象改正后得到改正后的斜距。当测得斜距的竖直角后,可按式(4-2)计算水平距离。

综上所述,光电测距最后得到的水平距离 D 为

$$D = (S' + RS' + K + \Delta S_A)\cos\alpha \tag{4-14}$$

4.3.5 手持激光测距仪简介

手持激光测距仪是一种便携式电磁波测距仪,它使用简便,体积小,重量轻,便于携带。由于手持激光测距仪的型号很多,结构功能和操作方法各有差异,使用时应参照相应的说明书。下面以 HD150 手持激光测距仪(见图4-13)为例简单介绍手持型激光测距仪的基本功能。

该仪器测距范围为 0.3~200m,精度可以达到 2~3mm,测距时间小于 1s。

该测距仪有数种测量模式,可以通过按动相应的模式按钮来进行选择。启动开关后,仪器将处于"长度测量"功能状态。如果想改变测量模式,按下相应的测量模式按钮。选择好测量功能后,以后的步骤都由测量按钮 5 来完成。按下"长度测量"按钮 2,长度测量标志就会显示在显示屏的顶端。测量时,请完全按

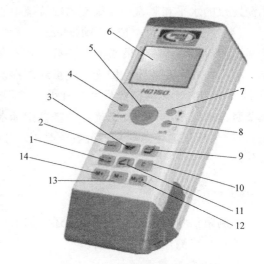

图 4-13　HD150 手持激光测距仪

1—持续测量按钮　2—长度测量按钮　3—面积测量按钮
4—开关按钮　5—测量按钮　6—显示屏　7—显示灯按钮
8—显示激光束按钮　9—体积测量按钮　10—清除按钮
11—间接长度测量按钮　12—读取存储数据按钮
13—储存"减"操作按钮　14—储存"加"操作按钮

下测量按钮 5，测量值就会显示在显示屏下端。按下"面积测量"按钮 3，面积测量标志就会显示在显示屏的顶端。按照长度测量模式先后测量长度和宽度，分量测量值就会显示在显示屏顶端，面积值就会自动计算出并且显示在下端。按下"体积测量"按钮 9，体积测量标志就会显示在显示屏的顶端。按照长度测量模式先后测量长度、宽度和高度，三次测量结束后，分量测量值就会显示在显示屏顶端，体积值就会自动计算出并且显示在下端。

持续测量功能主要用于室内测量，如建筑设计等。在该模式下，测距仪可以相对被测目标移动，因此测量值每隔 0.5s 更新一次数值。例如用户可以从墙壁移动一段所需距离，其间实际距离可以连续读取。进入持续测量模式应按下"持续测量"按钮 1，持续测量标志就会显示在显示屏的顶端。执行测量过程可以完全按下测量按钮 5，移动测距仪，直到显示屏上显示所需的距离。再次按下测量按钮 5，测量中断，显示屏上显示当前获得的测量值。然后再次按下测量按钮 5，可以开始重新测量。持续测量模式会在 10min 后自动关闭，显示屏上保持最近一次测量结果。为了尽快结束持续测量，可以按动任一功能按钮改变测量模式。

最小/最大测量主要用于测定到固定参考点的最小/最大距离，是一项辅助功能，如测定对角线长度（最大值）和垂直或水平距离（最小值）。若要切换到最小/最大测量模式，按下按钮 1，显示屏上将显示符号。若要进行测量，请完全按下测量按钮 5。对着被测目标（如墙角）来回移动激光素照射点，以便于测距仪的末端背面作为测量参考点保持在同一位置上，显示屏的右上部将显示最小/最大测量值。再次按动测量按钮 5，中断最小/最大测量，显示屏上显示当前测量值。

有些情况下障碍物会阻挡激光束或者无法利用目标表面作为激光束反射面，无法进行直接测量时可以采用间接测量功能。只有当激光束和被测距离之间形成一个正确的夹角时，才能获得正确的测量值。若三点的连线正好符合勾股定理，则在任一点按下间接长度测量按钮 11 切换到间接长度测量模式，显示屏上显示间接测量符号。进行长度测量，测定至另外两点的距离，第三条边的距离会被自动算出并在显示屏下部显示，另两条边的测量值显示在右上角。测量过程中，注意在激光束和前两条边之间正确地测量角度，测距仪的末端背面作为测量参考点必须保持在同一位置上。

4.4 全站仪及其应用

4.4.1 电子全站仪概述

电子全站仪是全站型电子速测仪（Electronic Total Station）的简称，是指在测站上一经观测，必要的观测数据（水平角、竖直角、平距、斜距、高差、高程、坐标）均能自动显示，由机械、光学、电子元件组合而成的电子测角、电子测距、电子计算和数据存储的三维坐标测量系统。由于只需一次安置，便可以完成测站上所有的测量工作，故被称为"全站仪"。如通过传输接口把全站仪野外采集的数据与终端计算机、绘图仪连接起来，配以数据处理软件和绘图软件，即可实现测图的自动化，是数字测图中主要的数据采集设备之一，在工程建设中应用十分广泛。

全站仪从结构形式上可分为组合式和整体式两种类型。组合式也称为积木式，电子经纬仪、红外测距仪通过连接螺钉连接，照准部与测距轴不共轴，相互之间用电缆实现数据的通信，完成测量作业后卸下分别装箱，如图 4-14 所示。它的特点是通过不同的电子经纬仪和红外测距仪组合，形成不同精度的全站仪，以完成不同精度要求的测量。它的灵活性较好，但使用时较为麻烦。整体式也称为集成式，电子经纬仪和红外测距仪做成一个整体，电子经纬仪、红外测距仪共用一个望远镜，其视准轴、红外发射光轴和接收光轴三轴重合，测量时使望远镜照准目标棱镜的中心就可同时测定水平角、竖直角和斜距。测量通过键盘输入指令进行操作，观测数据可存储在全站仪自带的内存中，并可通过仪器上的通信接口用数据线和计算机连接以实现全站仪和计算机的双向数据传输。另外，为了消除仪器未精确整平对角度观测的影响，整体式全站仪一般都设置有电子传感器，它能自动将竖轴倾斜量分解成视准轴方向和横轴方向两个分量进行倾斜补偿，即双轴补偿。现在生产的一些高端全站仪，都配备数据存储卡系统，可扩充海量数据存储；配置红色激光光源，可进行无棱镜测距；装备功能强大的测量应用软件包，可完成多种测量工作。目前，全站仪大都具有友好的用户界面，方便人机对话，容易进行二次开发。

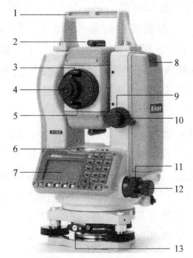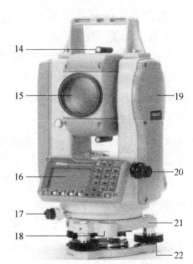

图 4-14　DTM—402 全站仪

1—提柄　2—粗瞄准器　3—望远镜调焦螺旋　4—望远镜目镜　5—目镜调节螺旋　6—管水准气泡
7—盘左显示屏和面板　8—电池安装按钮　9—垂直微动螺旋　10—垂直制动按钮　11—水平制动按钮
12—水平微动螺旋　13—三角基座固定按钮　14—光学瞄准器（取景器）　15—物镜　16—盘右显示屏
和面板　17—数据电缆接口　18—圆水准气泡　19—水平轴指示标记　20—光学对中器
21—三脚基座　22—整平脚螺旋

全站仪主要由控制系统、测角系统、测距系统、记录系统和通信系统组成，既能自动完成数据采集，又能自动处理数据，使整个测量工作有序、快速、准确地进行。控制系统是全站仪的核心，主要由微处理机、键盘、显示屏、存储设备、控制模块和通信接口等软硬件组成，主要进行测量前准备、选择测量模式、控制数据处理和记录、保证数据通信。测量时，微处理器根据键盘或程序的指令控制各分系统的测量工作，进行必要的逻辑和数值运算以及数据存储、处理、管理、传输、显示等。控制系统是中枢系统，其他系统均需与其进行信息互访而完成自身使命。测角系统相当于电子经纬仪，有水平度盘和竖直度盘，可以测定水平角、竖直角和设置方位角。测距系统与测距仪基本一致，体积更小，通常采用调制的红外光或激光按相位式或脉冲式测定斜距，并换算为平距和垂距，测角和测距是全站仪的最基本功能。记录系统也称为电子数据记录器，是一种存储测量资料的具有特定软件的硬件设备。记录系统主要有三种形式：接口式、磁卡式和内存式，目前大多数全站仪采用内存式记录数据。通信系统是野外数据采集到计算机和绘图仪自动成图的桥梁，同时也可以把计算机的数据上传到全站仪。通信时，全站仪和计算机各自调用有关数据通信程序，先设置好相同的通信参数，然后启动程序，完成数据通信。

4.4.2 电子全站仪的基本测量功能操作概要

全站仪的基本功能是角度测量、距离测量和坐标测量，各种全站仪基本功能差别不大。借助于机内的软件，可以形成多种应用性测量功能，比如可进行悬高测量、偏心测量、遥距测量、距离角度和坐标放样、分割线、参考线等。电子全站仪的种类很多，各种全站仪的应用性测量功能差别较大，使用前必须仔细阅读仪器说明书，才能熟悉全站仪的具体操作。下面以 Nikon DTM—402 为例介绍全站仪的基本操作和使用。图 4-14 所示为该全站仪的外形结构，望远镜放大倍数为 33 倍，成正像，测角精度为 2.5″。精确模式下测距精度为 $\pm(2+2\text{ppm}^{\ominus}\times D)$ mm，正常模式下测距精度为 $\pm(3+3\text{ppm}\times D)$ mm，最小读数为 1mm，测距时间为 1s，在能见度大约 20km 的大气条件下三棱镜测程为 2.7km，单棱镜为 2.1km。管水准器分划值为 30″/2mm，圆水准器为 10′/2mm。光学对中器成正像，放大倍数为 3 倍。主机质量约为 4.9kg，采用 BC—65 镍氢电池，进行角度/距离测量，可连续工作时间 16h，如果仅进行角度测量，可连续工作时间 30h。

Nikon DTM—402 全站仪的操作面板如图 4-15 所示，由一个显示屏、21 个功能键和 4 个方向键组成，各键的功能见表 4-1。

1. 状态栏

状态栏出现在每个屏幕右侧，它包含指示各种系统功能状态的图标，如图 4-16 所示。

图 4-15　显示屏和按键

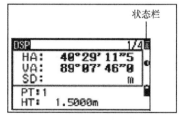

图 4-16　状态栏

（1）信号指示器　在状态栏中出现信号指示器的图标 說明此时反射光强度为 4 级，信号最强；出现图标 为 3 级，出现图标 为 2 级，出现图标 为 1 级，信号非常弱。如果图标 闪烁，说明信号时有时无，如果图标 快速闪烁，说明信号弱，如果图标慢速闪烁，说明没有信号。如果没有图标，说明 EDM 的模拟电源关闭。

表 4-1　Nikon DTM—402 全站仪键盘功能表

按键	按键功能	按键	按键功能
PWR	打开或关闭仪器。	MENU	显示菜单屏幕
	打开或关闭背景光,如果按 1s,则可以进入到 2 态切换窗口	ESC	返回到先前的屏幕。在数字或字符模式中,删除输入
MSR1	用[MSR1]键的测量模式设定开始进行距离测量。按 1s 可显示测量模式的设定	MSR2	用[MSR2]键的测量模式设定开始进行距离测量。按 1s 可显示测量模式的设定
MODE	在 PT 域或 CD 域按下此键时,可以在字符、数字和列表/堆栈之间改变按键的输入模式。在 BMS 下按下此键时,可以激活 Q 码模式	REC/ENT	记录已测量数据、移到下一个屏幕或者在输入模式下确认并接收输入的数据。如果在 BMS 下按此键 1s,仪将把测量值记录为 CP 记录值而不是 SS 记录值。如果在 BMS 屏幕或放样观测屏幕按此键,仪器将在 COM 端口输出当前的测量数据(PT、HA、VA 和 SD)
ANG	显示角度菜单		
DSP	移到下一个可用的显示屏幕。按一秒钟可改变出现在 DSP1、DSP2 和 DSP3 屏幕上的域	*/= 0	显示气泡指示器。在数字模式中输入 0。在字符模式中输入 * 、/、=或 0
STN ABC 7	显示测站设立菜单。在数字模式中输入 7。在字符模式中输入 A、B、C 或 7	PRG JKL 4	显示程序菜单,此菜单中包含附加的测量程序。在数字模式中输入 4。在字符模式中输入 J、K、L 或 4
S-O DEF 8	显示放样菜单。按一秒钟可显示放样设定。在数字模式中输入 8。在字符模式中输入 D、E、F 或 8	O/S GHI 9	显示偏移点测量菜单。在数字模式中输入 9。在字符模式中输入 G、H、I 或 9
LG MNO 5	打开或关闭导向光发射器。在数字模式中输入 5。在字符模式中输入 M、N、O 或 5	DAT PQR 6	根据设定,显示 RAW、XYZ 或 STN 数据。在数字模式中输入 6。在字符模式中输入 P、Q、R 或 6
USR STU 1	执行分配到[USR1]的功能键。在数字模式中输入 1。在字符模式中输入 S、T、U 或 1	USR VWX 2	执行指定到[USR2]的功能键。在数字模式中输入 2。在字符模式中输入 V、W、X 或 2
COD YZ 3	打开一个供您输入代码的窗口。缺省的代码值是最后输入的代码值。在数字模式中输入 3。在字符模式中输入 Y、Z、空格或 3	HOT -+ -	显示目标高度[HOT]菜单。在数字模式中输入 5。在字符模式中输入-或+

（2）输入模式指示器　只有在输入点或坐标时，输入模式指示器才会出现，显示数据的输入模式。出现图标![]说明输入模式是数字。按下数字键盘的一个键，可以输入印刷在这个键上的数字。出现图标![]说明输入模式是字符。按下数字键盘的一个键，可以输入印刷在这个键旁的第一个字符。重复按此键可以循环输入分配到此键的所有字符。例如，要在字符模式下输入字符 O，按［5］键三次即可。

图 4-17　电池指示器

（3）电池指示器　在状态栏中出现电池指示器的图标![]说明此时电池电量为 4 级，满电量；出现图标![]为 3 级，出现图标![]为 2 级，出现图标![]为 1 级，出现图标![]为电池低电量，如果电池电量非常低，将会出现图 4-17 所示信息。

2. 调整照明和音量等级

按照明键![]1s 可从任意屏幕打开 2 态切换窗口以调整仪器的照明和声音设定，如图 4-18 所示，按切换图标旁边的数字可交替切换设定。例如，按［1］键可打开或关闭背景光，或者要突出显示想设定的切换方式，按［^］或［v］键，然后按［ENT］键交替这个切换方式的设定，最后按［ESC］键关闭 2 态切换。

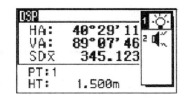

图 4-18　2 态切换窗口

3.［DSP］键

在显示屏幕之间切换。当有几个显示屏幕可用时，DSP 指示器出现在屏幕左上角，屏幕指示器（例如 1/4）出现在屏幕右上角，说明此时为 DSP1 屏幕。按［DSP］键可移到下一个可用屏幕。如果 DSP 屏幕是当前显示屏幕，按［DSP］键两次移到 DSP3 屏幕，屏幕指示器从 1/4 改变到 3/4，即从图 4-19 改变到图 4-20。

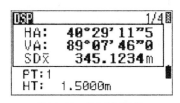

图 4-19　**DSP1 屏幕**

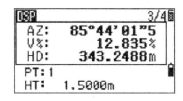

图 4-20　**DSP3 屏幕**

按［DSP］键 1s，用方向键［^］、［v］、［<］和［>］选中要改变的条目。用软功能键![]和![]在此条目的列表上下滚动，可以选择的条目是 HA、AZ、HL、VA、V%、SD、VD、HD、Z 和（无）。按保存软功能键或者选中显示的一个条目，然后按［ENT］键，DSP 屏幕显示出您所选择的条目，可见每个 DSP 屏幕上的条目内容用户可以根据需要自己设定，如图 4-21 所示。

4.［MODE］键

当光标位于点（PT）域或代码（CD）域时，按［MODE］键可以改变字符（A）与数字（1）之间的输入模式。状态栏上的输入模式指示器发生变化，显示的为当前的输入模式，如图 4-22 所示。

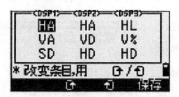

图 4-21　设定 BMS 上的条目　　　　图 4-22　字符输入模式

5.［COD］键

在基本测量屏幕（BMS）上按［COD］键时，输入要素代码的窗口出现，可用列表和堆栈软功能键输入代码，如图 4-23 所示。如果要输入快速代码观测常规值，按 Q 码软功能键，可以用十个数字键选择要素代码，也可以用它们照准一个点。要改变快速代码观测的测量模式，按设定软功能键，如图 4-24 所示。

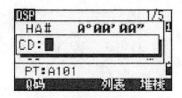

图 4-23　设定缺省代码　　　　图 4-24　Q 码观测值

6.［HOT］键

HOT 菜单在任何观测屏幕都可以使用，要显示 HOT 菜单，按［HOT］键，进入图 4-25 画面。

要改变目标高度，按［HOT］键显示 HOT 菜单。然后按［1］键或利用方向键选中 HT，再按［ENT］键。输入目标高度，或者按堆栈软功能键显示 HT 堆栈，HT 堆栈存储最后输入的 20 个 HT 值，如图 4-26 所示。

如果要设定当前的温度和气压，按［HOT］键显示 HOT 菜单。然后按［2］键，或选择温-压，再按［ENT］键，输入环境温度和气压，ppm 值被自动更新，如图 4-27 所示。

目标设定为目标类型、棱镜常数和目标高度指定的设定值。当改变所选目标时，所有这三个设定都会改变。此功能可以用来在两种类型的目标（反射片和棱镜）之间进行快速切换，最多可以准备五个目标组。按［HOT］键显示 HOT 菜单。然后按［3］键，或选择目标并按［ENT］键，一个五目标组列表出现，如图 4-28 所示。要选择一个目标组，按相应的数字键（从 1 到 5），或用［^］或［v］键选中列表中的目标组并按［ENT］键。要改变定义在目标组中的设定，选中列表中的目标组，然后按编辑软功能键。

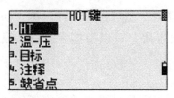

图 4-25　HOT 菜单　　　　图 4-26　设置目标高

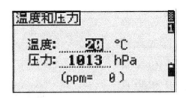

图 4-27 **设置温度和压力**

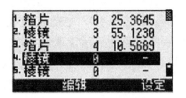

图 4-28 **设置目标**

要输入域注释，按 ［HOT］键显示 HOT 菜单，然后按 ［4］键，或选中注释并按 ［ENT］键。每个注释最多可以有 50 个字符，注释被存储为原始数据中的 CO 记录。要显示先前使用的注释列表，按堆栈软功能键，堆栈存储最近的 20 个注释。用 ［^］或 ［v］键突出显示列表中的注释，然后按 ［ENT］键或选中注释。

要改变默认的点名称，按 ［HOT］键显示 HOT 菜单。然后按 ［5］键，或选中默认的 PT 并按 ［ENT］键确认新的默认点名称，新点名称作为默认的 PT 名称出现在输入屏幕。

4.4.3 电子全站仪的使用

1. 仪器安置与开关机

仪器安置包括对中与整平，其方法与光学仪器相同。按下电源开关 ［PWR］键，显示当前温度、气压、日期和时间。要改变温度或气压值，用 ［^］或 ［v］键把光标移到需要改变的域，然后按 ［ENT］键后改变设置，如图 4-29 所示。要关闭仪器，按 ［PWR］和 ［ENT］键后，再次按 ［ENT］键关闭仪器；若按重设

图 4-29 **开机初始化设置**

软功能键，重新启动程序，再次开启仪器；若按休眠软功能键，仪器进入节电模式；若按 ［ESC］键取消电源关闭过程，返回到先前的屏幕。

2. 角度测量

在 BMS 按 ANG 键，进入角度菜单。要选择操作命令，按相应的数字键，或者按方向键选中操作命令，然后再按 ［ENT］键。如果要把水平方向值设为 0°，按 1 或选中 0 设定，如图 4-30 所示，然后仪器自动返回到 BMS。如果要显示 HA 输入屏幕，按 2 或在角度菜单选择输入。用数字键输入水平方向值，然后按 ［ENT］键确定。如果要输入 125°24′30″，则键入数据 125.2430 并按 ［ENT］键，如图 4-31 所示。如果进行一测回观测角度，也可以不预置起始方向的角度值。如果要取消此操作过程并返回到 BMS，按 ［ESC］键。

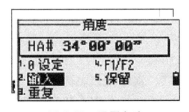

图 4-30 **设置角度**

图 4-31 **输入角度值**

如图 4-32 所示，点 A 为测站点，点 B、C 为目标点，欲测定水平角度 β 和竖直角 α_A 和

α_B。在角度测量模式下，利用盘左精确瞄准目标 C 点的反射棱镜十字丝中心（与图 4-12 中的反射棱镜基本一样，也需要对中整平）。显示屏上自动显示读取该方向的水平方向值 a 和竖直度盘读数 L_A，同样观测目标 B 点的反射棱镜，得到水平方向值 b 和竖直度盘读数 L_B，根据第 3 章的角度计算公式得到水平角度 β 和竖直角 α_A、α_B，完成盘左观测。盘右观测可以在盘左观测完成后使照准部和望远镜各旋转 180°继续观测下半测回，也可以按 ANG 键，进入角度菜单（见图 4-30），按〔4〕键或选中 F1/F2，进行盘右观测。

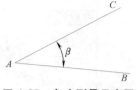

图 4-32　角度测量示意图

3. 距离测量

在 BMS 或任何观测屏幕上按〔MSR1〕或〔MSR2〕键可测量距离。仪器进行测量期间，棱镜常数以较小字体显示，如图 4-33a 所示。如果重复测量次数设定为 0，测量将连续进行，直到按〔MSR1〕、〔MSR2〕或〔ESC〕键终止。每次测量时，距离都会被更新。如果次数设定为 1~99 中的任一个值，平均后的距离将在最后一次测量之后显示出来。域名 SD 改变成 SD $\overline{X}$，以表示平均后的数据，如图 4-33b 所示。如果测量的信号不够强，信号图标将会闪烁发光。要改变显示屏幕，按〔DSP〕键。

在进行距离测量前通常需要确认气象参数的设置和棱镜常数的设置，再进行距离测量。温度和气压在开机

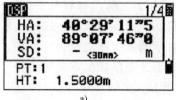

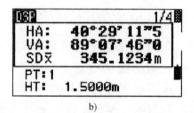

图 4-33　距离测量

时可以设置，也可以在 HOT 菜单设置。如果想了解测距棱镜常数的设置情况，可按〔MSR1〕或〔MSR2〕键 1s 查看测量设定。用〔^〕或〔v〕键在域之间移动光标，用〔<〕或〔>〕键在选择的域中改变数值。如图 4-34 所示，瞄准目标为反射片，测距加常数为 0，测距显示至 cm，每段距离自动测量三次后取平均值，在数据自动存储之前显示记录 PT 屏幕。即使电源关闭，所设置的值也会被保存在仪器中。

4. 坐标测量

进行坐标测量，要先设置测站坐标、测站高、后视方位角或后视点坐标及棱镜高。在图 4-32 中，点 A 和点 B 为已知点，欲测量点 C 的坐标。安置全站仪于测站点 A，在 BMS 按〔STN〕键，如图 4-35 所示。按〔1〕键或在测站设立菜单选择已知。在 ST 域输入一个点名称或编号，如图 4-36 所示。如果输入点的编号或名称是当前文件已

图 4-34　设置测距参数

有点，它的坐标将显示出来，同时光标移到 HI（仪器高度）域；如果是新点，坐标输入屏幕出现，输入这个点的坐标，如图 4-37 所示输入 X 坐标为 4567.3080，Y 坐标为 200.1467，若不测量高程，Z 坐标可以不输入，在每个域之后按〔ENT〕键结束该域的输入。在 CD 域按〔ENT〕键时，新点被存储，进入图 4-38。如果指定的点有一个代码，代码将在 CD 域中显示。在 HI 域输入仪器高度，然后按〔ENT〕键，如果不测量高程，可以直接按〔ENT〕键，后视屏幕出现，如图 4-39 所示。要为后视点（BS）输入坐标，按〔1〕键或者选中坐

标后按［ENT］键。输入点名称，如果点存在于文件中，它的坐标就会显示出来，否则点名称和坐标要键盘输入，如图 4-40 所示。如果需要测量 BS 的高程距离，在 HT 域输入目标高度，如图 4-41 所示，否则直接按［ENT］键，进入图 4-42，AZ 显示的是测站点与后视点间的坐标方位角为 181°53′36″。精确瞄准在点 B 已对中整平的反射棱镜后按［ENT］键，此时视线方向的方位角为测站点于后视间的坐标方位角 181°53′36″。按下测量键［MSR1］或［MSR2］键，显示屏上自动显示 B 点的坐标，检核 A、B 点的坐标精度或有无输错，测设设置完成。旋转照准部，精确瞄准点 C 的反射棱镜，按测量键［MSR1］或［MSR2］键，显示屏上自动显示 C 点的坐标并存储于文件中，依次对其余点进行坐标测量。

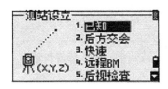

图 4-35　测站设立

图 4-36　输入测站名称

图 4-37　输入坐标

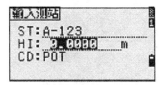

图 4-38　输入测站名称

图 4-39　输入坐标

图 4-40　输入后视名称

图 4-41　输入后视点棱镜高

图 4-42　坐标反算的方位角

5. 放样

（1）已知角度和距离放样　在图 4-32 中，点 A 和点 B 为实地上的已知点，已知从测站点 A 到放样点 C 的水平距离 HD 和水平角度 β。欲测设点 C 在实地的具体位置，首先在点 A 完成设置测站，然后在 BMS 按［S-O］键，进入图 4-43 放样菜单。要显示到目标的距离和角度的输入屏幕，在放样菜单中按［1］键或选择 HA-HD 后按［ENT］键，进入图 4-44。输入水平距离并按［ENT］键，dVD 为从测站点到放样点的垂直距离，可以不输入，直接按［ENT］键，光标停留在 HA 域，输入水平角度并按［ENT］键。旋转望远镜，直到 dHA

接近于 $0°00'00''$，在此方向上目估放样点 C 并架设棱镜，望远镜照准棱镜后按测量键 [MSR1] 或 [MSR2] 键，如图 4-45 所示。当测量完成时，目标位置与放样点之间的差值显示出来，如图 4-46 所示。dHA←为水平角度到目标点的差值，右←为垂直于视线方向向右 15.643m，外↑为视线方向远离测站点 98.765 m，填↑为高程增加 48.000 m，左右内外和填挖的关系如图 4-47 所示。观测员根据显示屏上的差值指挥司尺员将棱镜向右、远处移动，使差值逐渐趋近于零或在允许范围内。

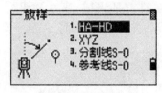

图 4-43　放样菜单

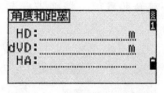

图 4-44　输入距离和角度

图 4-45　设置角度

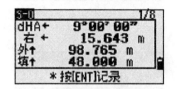

图 4-46　目标点与放样点的差值

（2）已知坐标放样　首先在点 A 完成设置测站，然后在 BMS 按 [S-O]，进入图 4-43 放样菜单，按 [2] 键或选择 XYZ。输入要放样的点名称，然后按 [ENT] 键，输入放样点的坐标。也可以按照代码或半径从仪器中指定点，如图 4-48 所示，如果发现了若干个点，它们将显示在列表中。用 [<] 或 [>] 键上下移动列表。用 [<] 或 [>] 键上下移动页面，如图 4-49 所示。选中列表中的点并按 [ENT] 键，目标的角度变化量和距离显示出来。旋转望远镜，直到 dHA 接近于 $0°00'00''$，在此方向上目估放样点 C 并架设棱镜，望远镜照准棱镜后按测量键 [MSR1] 或 [MSR2] 键。当测量完成时，目标位置与放样点之间的差值显示出来，如图 4-50 所示。dHA←为水

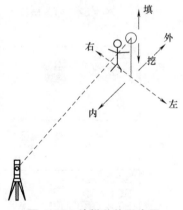

图 4-47　放样差值示意图

平角到目标点的差值，R←为垂直于视线方向向右 0.055 m，IN↓为视线方向靠近测站点 0.920m，FIL↑为高程增加 0.036m。观测员根据显示屏上的差值指挥司尺员将棱镜向右、近处移动，使差值逐渐趋近于零或在允许范围内。该点测设完成后，按 [ESC] 键返回到图 4-48

图 4-48　输入点名称

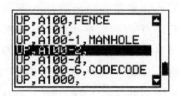

图 4-49　列表选点

输入屏幕。如果用单点名称输入了放样点，PT 缺省为后一个 PT+1。如果从列表选择了一个点，显示将返回到列表中的下一个点，除非所有的点都被选择。若要返回到点输入屏幕，可按［ESC］键。

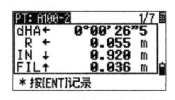

图 4-50　**目标点与放样点的差值**

6. 悬高测量（REM）

悬高测量也称为远距离高程测量，测量示意图如图 4-51 所示，公式为

$$vh = HD\tan(90°-\theta)-vd+HT \qquad (4-15)$$

要进入悬高测量功能，在程序菜单按［5］键或选择 REM（见图 4-52）；输入目标高度（见图 4-53）；照准目标点并按［MSR1］或［MSR2］键；松开垂直制动螺旋，转动望远镜，瞄准任选点，高程差（Vh）显示出来（见图 4-54），适用于目标位置不容易安置棱镜的情况。

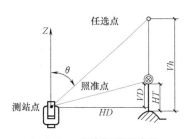

图 4-51　**悬高测量示意图**

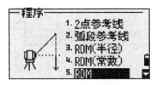

图 4-52　**程序菜单**

图 4-53　**输入目标高度**

图 4-54　**悬高测量结果**

7. 遥距测量（RMD）

此功能用来测量两点间不通视时的水平距离、垂直距离以及斜距，测量示意图如图 4-55 所示。其中 r_{SD} 为两点间的斜距，r_{HD} 为两点间的水平距离，r_{VD} 为两点间的垂直距离。

要进入 RDM 功能，在程序菜单按［3］键或选择 RDM（半径）。照准第一个点并按［MSR1］或［MSR2］键，测站点到第一个点的距离显示出来。照准第二个点并按［MSR1］或［MSR2］键，第一点与第二点之间的距离显示出来，如图 4-56 所示。要改变显示屏幕，按［DSP］键进入，如图 4-57

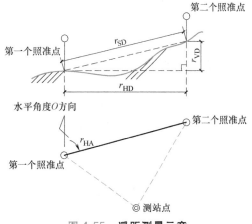

图 4-55　**遥距测量示意**

所示。rAZ 为第一点到第二点的方位角，rV% 为坡度百分比，rGD 为垂直坡度。要把距离和角度信息记录为注释记录，在 1/2 或 2/2 观测屏幕按［ENT］键。

8. 任务管理器

任务管理器用来打开、创建、删除和处理任务。要打开任务管理器，在菜单屏幕按［1］键或选择任务，如图 4-58 所示。如果有任务存储在仪器中，任务列表显示出所有存储的任务，以日期降序排列，最新的任务显示在列表的顶部。按［^］或［v］键可以在任务列表上下移动，按［ENT］键可以打开选中的任务，如图 4-59 所示。

图 4-56 遥距测量结果1

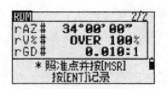

图 4-57 遥距测量结果2

图 4-58 菜单屏幕

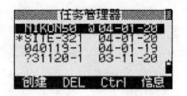

图 4-59 任务管理器

在任务列表按创建软功能键，输入任务名称，最多输入八个字符，按［ENT］键完成新任务的创建，如图 4-60 所示。在任务列表中选中想要删除的任务，按 DEL 软功能键，出现一个确认屏幕。要删除选择的任务，按［ENT］键或 DEL 软功能键，要取消删除并返回到先前的屏幕，按［ESC］键或中断软功能键。删除了任务后，显示屏将返回到任务列表。如果要显示任务信息，选中任务名称，然后按信息软功能键。信息屏幕显示创建任

图 4-60 输入任务名称

务时在任务中的记录数、自由空间和日期，自由空间指出有多少个点可以存储在任务中，要返回到任务列表，按任意键。

9. 通信

通信菜单用来下载或上传数据。要显示通信菜单，在菜单屏幕按［5］键或选择通信。如果要进入下载设定屏幕，在通信菜单按［1］键或选择下载，如图 4-61 所示。进入图 4-62，选中通信，若电脑数据传输软件已设置好并运行，按［ENT］键，进行数据下载。随着当前任务中每个记录从仪器中输出，当前的行编号被不停地更新。完成下载后，可以选择删除当前的任务，按［4］键，如果要返回到 BMS，按［ESC］键或中断软功能键。如果要从计算机中上传坐标数据，在通信菜单按［2］键或选择上传 XYZ，默认的数据格式显示出来，如图 4-63 所示，数据格式为 PT/N/E/Z/CD//，具体各种键的数据格式请参考说明书。要改变数据域的顺序，按编辑软功能键，否则按［ENT］键。如果要改变通信设定，按通信软功能键，串行端口的设定必须与计算机终端软件采用的设定相匹配，如图 4-64 所示，RS—232C 电缆用来建立仪器与计算机的连接。剩余空间域显示可以存储的点数，按［ENT］

图 4-61 通信

图 4-62 下载

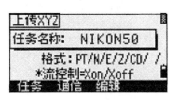

图 4-63　**上传数据格式**

图 4-64　**通信参数设置**

键把仪器设置到接收模式。然后用计算机终端程序的发送文本文件命令开始发送数据。随着仪器对每个点的接收，记录域中的值数增加。如果在数据上传期间按［ESC］键，上传就被取消，并且显示返回到通信菜单，之前接收到的记录便存储到任务中。

4.4.4　全站仪使用主要事项

1）使用全站仪前，应认真阅读仪器使用说明书。先对仪器有全面的了解，然后着重学习一些基本操作，如测角、测距、测坐标、数据存储、系统设置等，再掌握偏心测量、对边测量、放样等应用测量。

2）电池充电时间不能超过专用充电器规定的充电时间，否则有可能将电池烧坏或者缩短电池的使用寿命。只能用匹配的电池充电器对电池充电，使用其他充电器可能会引起电池失火或爆裂。在电池充电期间不要用毯子或布料等物遮盖充电器，充电器必须能充分散热。如果遮盖了充电器，会使充电器过热。如果在环境温度超出 40℃ 的条件下充电，保护电路将会工作并阻止它正常充电。如果在电池充电期间环境温度下降到 0℃ 以下，充电器将停止充电。当环境温度升高到 0℃ 以上时，充电器恢复充电，充电将在恢复充电后的三小时内完成。应避免在潮湿或多尘的地方以及在直接日照下给电池充电，电池潮湿时不要充电。否则可能会被电击或灼伤，或者引起电池过热或失火。若用快速充电器，一般只需要 60~80min。电池如果长期不用，则一个月之内应充电一次，存放温度以 0~40℃ 为宜。BC—65 电池本身不防水，因此，从仪器取出后要防水。

3）仪器安置在三脚架上之前，应检查三脚架的三个伸缩螺旋是否已旋紧，在用连接螺旋将仪器固定在三脚架上之后才能放开仪器，不要过分拧紧制动螺旋。在整个操作过程中，观测者决不能离开仪器，以避免发生意外事故。

4）严禁在开机状态下插拔电缆。电缆、插头应保持清洁、干燥，插头如有污物，需进行清理。仪器应保持清洁、干燥，遇雨后应将仪器擦干，放在通风处，待仪器完全晾干后才能装箱。由于仪器箱密封程度很好，因而箱内潮湿会损坏仪器。

5）凡迁站都应先关闭电源并将仪器取下装箱搬运。三脚架或仪器装箱前，应检查背带和挂扣。如果背带损坏或挂扣没有挂好，装运箱可能会坠落，造成人员受伤或仪器损坏。把仪器放到装运箱内时，注意望远镜置于水平盘左位置，盘左面板底部的存放标记与三脚基座固定钮上的标记对齐，应确认电池充电器电缆没有受到挤压。

6）该仪器棱镜的棱镜常数总是 0，不论是单棱镜还是三棱镜。

7）在阳光下或阴雨天气进行作业时，应打伞遮阳、遮雨。望远镜不能直接照准太阳，以免损坏测距部的发光二极管。为了延长仪器使用寿命，不要把仪器放在阳光直射的地方，仪器过热会降低效率。

8）全站仪长途运输或长久使用以及温度变化较大时，宜重新测定并存储视准轴误差及竖盘指标差。

4.5　直线定向

确定地面上两点间的相对位置，不仅需要测量两点间的水平距离，而且需要测量直线与标准方向的夹角。确定一条直线与标准方向之间的水平夹角称为直线定向。

4.5.1　标准方向的种类

1. 真子午线方向

地面上某点 P 和地球旋转轴组成的平面与地球表面的交线称为 P 点的真子午线，如图 4-65 所示。真子午线在 P 点的切线方向称为 P 点的真子午线方向，又称真北方向，可用天文测量、陀螺经纬仪或GPS 来测定。

2. 磁子午线方向

地面上某点 P 和地球磁场南北极组成的平面与地球表面的交线称为 P 点的磁子午线。磁子午线在 P 点的切线方向称为 P 点的磁子午线方向，又称磁北方向，可用罗盘仪测定。其磁针水平静止时轴线所指的方向线即磁北方向。由于地球磁极的位置不

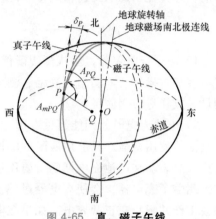

图 4-65　真、磁子午线

断地在变动，以及磁针受局部吸引等影响，所以磁子午线方向不宜作为精确定向的基本方向。但由于用磁子午线定向方法简便，所以在独立的小区域测量工作中仍可采用。

3. 坐标纵轴方向

通过地面上某点 P 与其所在的高斯平面直角坐标系或独立坐标系的坐标纵轴平行的直线称为 P 点的坐标纵轴方向。

4.5.2　直线方向的表示方法——方位角

测量中常用方位角来表示直线的方向，由标准方向的北端，顺时针方向量至某直线的水平夹角，称为该直线的方位角，角度取值范围为 0～360°。根据标准方向的不同，方位角分为真方位角、磁方位角和坐标方位角。由真子午线方向的北端，顺时针方向量至某直线的水平夹角，称为该直线的真方位角，用 $\alpha_{真}$ 来表示；由磁子午线方向的北端，顺时针方向量至某直线的水平夹角，称为该直线的磁方位角，用 $\alpha_{磁}$ 来表示；由坐标纵轴方向的北端，顺时针方向量至某直线的水平夹角，称为该直线的坐标方位角，简称方位角，用 α 来表示，如图4-66所示。在小区域或同一投影带内，由于各点的纵坐标轴方向都是相互平行的，应用坐标方位角来确定直线的方向在计算上比较方便。

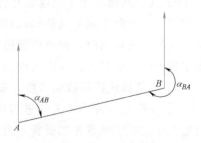

图 4-66　正、反方位角

4.5.3　正、反方位角的关系

任何一条直线都有正反两个方向，在直线起点量得的直线方向称直线的正方向，反之在直线终点量得该直线的方向称直线的反方向。如图 4-66 所示，设由 A 至 B 为直线的前进方向，则 α_{AB} 为直线 AB 的正坐标方位角，α_{BA} 为直线 AB 的反坐标方位角。由于同一直线上各点坐标纵轴方向都与 X 轴平行，因此同一直线上各点的坐标方位角相等。由图中可以看出，正反坐标方位角相差 180°，即

$$\alpha_{反} = \alpha_{正} \pm 180° \tag{4-16}$$

当 $\alpha_{正} \geqslant 180°$ 时，上式取"−"号；当 $\alpha_{正} < 180°$ 时，取"+"号。

4.5.4　三种方位角之间的关系

由于地球南北极与地磁南北极并不重合，因此通过地面上某点的磁北与真北不重合，其夹角称为磁偏角，用符号 δ 表示。磁偏角的大小随地点、时间而异，在我国磁偏角的变化约在 +6°（西北地区）到 −10°（东北地区）之间。磁子午线方向北端在真子午线方向以东时为东偏，δ 为正；以西时为西偏，δ 为负，图4-67 中 δ 为负，两者之间的关系为

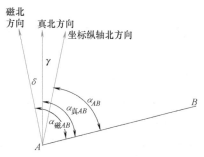

图 4-67　三种方位角的关系

$$\alpha_{真AB} = \alpha_{磁AB} + \delta \tag{4-17}$$

由高斯投影可知，除中央子午线上的点外，投影带内其他各点的坐标轴方向与真北方向也不重合，两者间的水平夹角称为子午线收敛角，用符号 γ 表示。坐标纵轴方向北端在真子午线方向以东时为东偏，γ 为正，以西时为西偏，γ 为负，图 4-67 中 γ 为正，两者之间的关系为

$$\alpha_{真AB} = \alpha_{AB} + \gamma \tag{4-18}$$

坐标纵轴方向、真子午线方向、磁子午线方向不一致，导致真方位角、磁方位角、坐标方位角不相等，由式（4-17）和式（4-18）可得坐标方位角与磁方位角的关系

$$\alpha_{AB} = \alpha_{磁AB} + \delta - \gamma \tag{4-19}$$

在不同的地方，磁偏角 δ 和子午线收敛角 γ 的大小不一样，磁偏角 δ 和子午线收敛角 γ 变化在几分到几度之间，从而在不同地方的真方位角、磁方位角、坐标方位角之间的差别也不一样。

4.6　用罗盘仪测定磁方位角

罗盘仪是用来测定直线磁方位角的仪器，也可粗略地测量水平角和竖直角，还可进行视距测量。罗盘仪的精度不高，但构造简单，携带使用方便，通常用于独立测区的近似定向以及线路和森林等勘测中。

4.6.1　罗盘仪的构造

如图 4-68 所示，罗盘仪主要部件有磁针、刻度盘、望远镜和基座。刻度盘安装在度盘

盒内，随望远镜一起转动，最小分划为1°或30′，每隔10°有一注记。注记一般按逆时针方向从0°注记到360°，称为方位罗盘仪。刻度盘内有互相垂直的两个管水准器或一个圆水准器，用手控制气泡居中，使罗盘仪水平。磁针是长条形的人造磁铁，在刻度盘中心的顶针尖上可以自由转动。在地球磁场的作用下，磁针指向地球的磁南北极。当它静止时，黑色或蓝色的一端指北，就是北向，绕有铜丝的另一端指南。为了减轻顶针尖的磨损，装置了杠杆和磁针固定螺旋，如图4-69所示。磁针不用时，旋转固定螺旋使杠杆将磁针升起，与顶针分离，将磁针托起压紧在玻璃盖上。由于受两极不同磁场强度的影响，在北半球磁针的指北端向下倾斜，倾斜的角度称"磁倾角"。为使磁针水平，在磁针的指南端绕有一小铜丝，以克服磁倾角的影响。

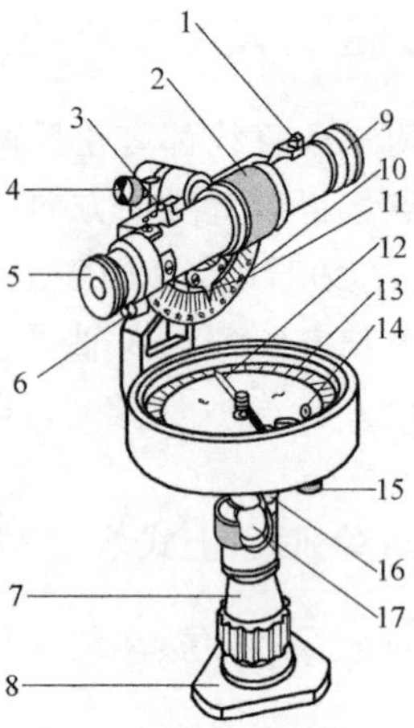

望远镜用支架装在刻度盘盒上，由物镜、目镜、相应的调焦螺旋、制动微动螺旋和十字丝组成，用于瞄准目标。支架上装有竖直度盘，用以测定竖直角。当刻度盘水平时，其视准轴与刻度盘的0°和180°直径方向在同一竖直面内。基座采用球臼结构，松开接头螺旋，可摆动刻度盘，根据气泡的位置判断刻度盘的水平，然后拧紧接头螺旋。

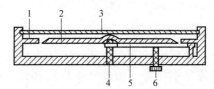

图 4-68　罗盘仪

1—准星　2—物镜调焦螺旋　3—照门
4—望远镜制动螺旋　5—目镜调焦螺旋
6—望远镜微动螺旋　7—接头螺旋
8—三脚架头　9—望远镜　10—竖直
刻度盘　11—竖盘读数指标　12—磁针
13—水平刻度盘　14—管水准器　15—磁
针固定螺旋　16—水平制动螺旋
17—球臼接头

4.6.2　罗盘仪测定磁方位角

欲测定直线 AB 的磁方位角，将罗盘仪安置在点 A，使垂球对准测站点。松开接头螺旋，用手前后左右摆动刻度盘，使水准气泡居中，然后旋紧接头螺旋，使仪器处于对中整平的状态。松开磁针固定螺旋，使磁针自由转动。用先外后内的瞄准方法，瞄准 B 点的目标，一般用十字丝的竖丝垂直平分标杆。待磁针静

图 4-69　固定螺旋和顶针
1—刻度盘　2—磁针　3—玻璃盖　4—顶针
5—杠杆　6—固定螺旋

止后，读出磁针北端指向度盘分划值的读数，即直线 AB 的磁方位角。在读数时，要遵循从小到大、从上到下俯视读数的原则，视线应与磁针的指向一致，不应斜视。无论直线的磁方位角是小于180°还是大于180°，其读数都是磁针北端的读数，如图4-70所示，直线 AB 的磁方位角307°。

在测区较小的范围内，可认为磁子午线方向是相互平行的，为了防止错误和提高观测精度，通常在测定直线的正方位角后，还要测定其反方位角。其正、反方位角之差应为180°，不应超过度盘最小刻划的两倍，如误差不超限，取两者平均数作为最后结果。

使用罗盘仪测量时应注意使磁针能自由旋转，勿触及盒盖或盒底；测量时应避开钢制品、高压线等，以免影响磁针的指向。

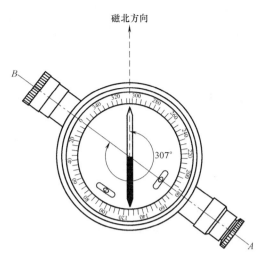

图 4-70　**罗盘仪测定磁方位角**

4.7　陀螺经纬仪与真方位角的测定

4.7.1　陀螺仪定向原理

由物理学可知，一个对称刚性转子（见图 4-71）的转动惯量 J 定义为

$$J = \int r^2 \mathrm{d}m$$

式中，r 为质点到转轴的垂直距离；$\mathrm{d}m$ 为刚体上每一质点
的质量。

当转子以角速度 $\overline{\omega}$ 绕其对称轴 X 旋转时，其转动惯
量 $\overline{H}$ 为

$$\overline{H} = \int \overline{\omega} r^2 \mathrm{d}m = \overline{\omega} \int r^2 \mathrm{d}m = \overline{\omega} J$$

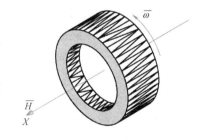

图 4-71　**对称刚性转子的转动惯量**

如果转子的质量大部分集中在其边缘，当转子高速旋
转时，就可以形成很大的转动惯量 H。它有两个特性：

1）在没有外力矩的作用下，转子旋转轴 X 在宇宙空间中保持不变，即定轴性。

2）在外力矩的作用下，转子旋转轴 X 的方位将向外力矩作用方向发生变化，这种运动
称为"进动"。

陀螺仪定向，就是利用陀螺仪转子的上述两个特性进行的。

真子午线是过地球自转轴的平面（子午面）与地球表面的交线，因此地面真子午线
（真北方向）与地球自转轴处于同一铅垂面内，当陀螺仪的陀螺高速旋转，其转轴不在地面
真子午线的铅垂面内时，陀螺转轴在地球自转的力矩作用下产生进动，向真子午线和地球自
转轴所在的铅垂面靠近，于是陀螺的转轴就可以自动地指示出真北方向。

高速旋转的自由陀螺的转轴在惯性作用下不会静止在真北方向，而是在真北方向左右摆

动。陀螺转轴东西摆动的最大振幅处称为逆转点。因此可将陀螺仪与经纬仪结合，用经纬仪跟踪光标东西逆转点，读取水平度盘读数并取其平均值，从而求得真北方向。

4.7.2 陀螺经纬仪的构造

图4-72是国产JT15陀螺经纬仪的结构图，使用它测定地面任一点的真子午线方向的精度可以达到±15″。

陀螺经纬仪由DJ$_6$经纬仪和陀螺仪组成，陀螺仪安装在DJ$_6$经纬仪上的连接支架上。陀螺仪由摆动系统、观测系统和锁紧限幅机构组成。

1）摆动系统。包括悬吊带、导线、转子（马达）、转子底盘等，它们是整个陀螺仪的灵敏部件。转子要求运转平稳，重心要通过悬吊带的对称轴，可以通过转子底盘上的6个螺钉进行调节。悬吊带采用特种合金材料制成，断面尺寸为0.56mm×0.03mm，拉断力为23.52N，质量为0.78kg。

2）观测系统。用于观察摆动系统的工作情况。照明灯泡将灵敏部件上的双线光标照亮，通过成像透镜组使双线光标成像在分划板上，以便在观察窗中观测。

3）锁紧限幅机构。包括凸轮、限幅盘、转子底盘、锁紧圈，用凸轮使限幅盘沿导向轴向上滑动，使限幅盘托起转子的底盘靠在与支架连接的锁紧圈上。限幅盘上的三个泡沫塑料块在下放转子部分时，能起到缓冲和摩擦限幅的作用。

4.7.3 陀螺经纬仪的操作方法

陀螺仪转子的额定旋转速度≥21500r/min，可以形成很大的内力矩，如果操作不正确，很容易毁坏仪器，因此，正确使用陀螺仪非常重要。

在需要测定真子午线方向的点上安置好经纬仪后，应按下列步骤操作陀螺经纬仪：

1）粗定向。将仪器附带的罗盘仪安装在支架上的定位盘上，旋转经纬仪照准部，使视线方向指向近似的真子午线北方向［误差为±（1°～2°）］，将经纬仪的水平微动螺旋旋至行程的中间位置，制动照准部，取下罗盘仪。

2）安置陀螺仪。将陀螺仪安装到支架上的定位盘上，旋紧固连螺环，接好电源线，打开电源开关，起动陀螺转子，信号灯亮，当其转速达到额定转速后（大约需要3min），信号灯熄灭（有些仪器是信号灯颜色改变，具体参见仪器使用手册）。缓慢旋松锁紧机构，将摆动系统平稳放下，在陀螺仪的观察窗中观察陀螺的进动方向和速度，如果陀螺的进动速度很慢，就可以开始观测。

3）观测完成后，要先旋紧锁紧机构，将摆动系统托起，才能关闭电源，拔掉电源线。待陀螺仪转子完全停止转动以后才允许卸下陀螺仪装箱。

4.7.4 陀螺经纬仪的观测方法

1. 逆转点法

陀螺仪转轴在东、西两处的反转位置称为逆转点。逆转点法的实质就是通过旋转经纬仪的水平微动螺旋，在陀螺仪的观察窗中，用零线指标线跟踪双线光标影像，当摆动系统到达

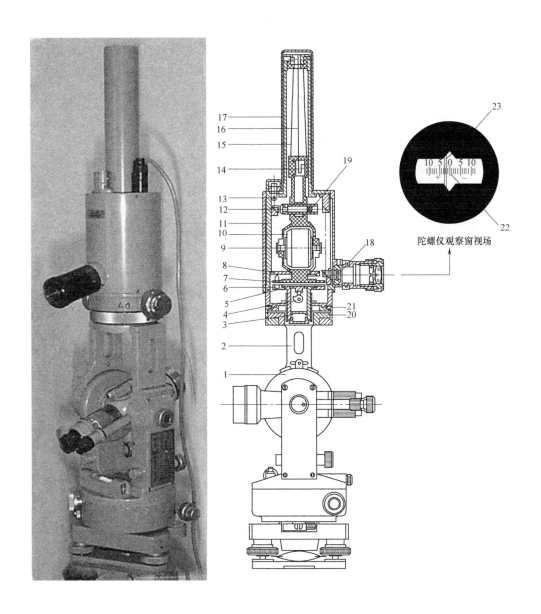

图 4-72　JT15 陀螺经纬仪

1—经纬仪　2—连接支架　3—导向轴　4—凸轮　5—限幅盘　6—泡沫塑料垫板　7—转子底盘

8—锁紧圈　9—转子转轴　10—转子（马达）　11—支架筒　12—双线光标　13—照明灯泡　14—悬吊带下端

固定调节装置　15—导线　16—悬吊带　17—护罩　18—分划尺　19—双线光标成像透镜组　20—支架定位盘

21—陀螺附件固连螺环　22—双线光标影像　23—零线指标线

逆转点时，在经纬仪读数窗中读取水平度盘读数（称为逆转点读数）。

摆动系统到达逆转点并稍作停留后，将开始向真子午线方向摆动，反方向旋转经纬仪的水平微动螺旋继续跟踪摆动系统直至下一个逆转点，并读取水平度盘读数。重复上述基本操作，可以分别获得各逆转点读数为（见图 4-73）。

$$\begin{cases} N_1 = \dfrac{1}{2}\left(\dfrac{a_1+a_3}{2}+a_2\right) \\ N_2 = \dfrac{1}{2}\left(\dfrac{a_2+a_4}{2}+a_3\right) \\ \quad\quad\vdots \\ N_n = \dfrac{1}{2}\left(\dfrac{a_n+a_{n+2}}{2}+a_{n+1}\right) \end{cases}$$

当 n 个中点位置的互差不超限时，则取其平均值作为真子午线方向。

$$N_n = \frac{[N]}{n}$$

为了证实陀螺仪工作是否正常和判断是否跟踪到了逆转点，还需要用秒表记录下连续两次经过同一个逆转点的时间，以计算跟踪周期。

2. 中天法

中天法要求粗定向的误差 $\leqslant \pm 20'$。经纬仪照准部固定在这个近似真子午线方向上不动。按照上述介绍的操作规程起动并放下陀螺仪转子后，在陀螺仪观察窗的视场中，双线光标影像将围绕零线指标线左右摆动（见图 4-74）。

1）当双线光标影像经过零线指标线时，启动秒表，读取时间 t_1（称中天时间）。

2）当双线光标影像到达逆转点时，在分划板上读取摆幅读数 a_E。

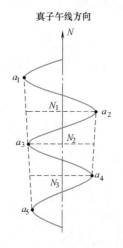

图 4-73　逆转点法示意图

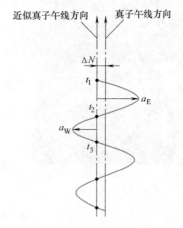

图 4-74　中天法示意图

3）当双线光标影像返回零线指标线时，读取中天时间 t_2。

4）当双线光标影像到达另一个逆转点时，在分划板上读取摆幅读数 a_W。

5）当双线光标影像返回零线指标线时，读取中天时间 t_3。

可以多次重复上述基本操作，以提高测量精度，最后真子午线方向的计算公式为

$$N = N' + \Delta N$$

式中，N' 为近似真子午线方向，ΔN 为改正值，计算公式为

$$\Delta N = ca\Delta t$$

式中，$a = \dfrac{|a_E| + |a_W|}{2}$；$\Delta t = (t_3 - t_2) - (t_2 - t_1)$；$c$ 是比例常数，其值可以通过两次定向测量获得。

第一次让近似值 N'_1 偏东 $15' \sim 20'$，第二次让近似值 N'_2 偏西 $15' \sim 20'$，这样就可以列出下列方程

$$\begin{cases} N = N'_1 + ca_1\Delta t_1 \\ N = N'_2 + ca_2\Delta t_2 \end{cases}$$

由此解出 c 为

$$c = \frac{N'_2 - N'_1}{a_1\Delta t_1 - a_2\Delta t_2}$$

c 值与纬度有关，c 值测定后，可以在同一纬度地区长期使用，每隔一定的时间抽测检查，不必每次都重新测定。

中天法观测的特点是：不需要像逆转点法那样紧张地跟踪。

4.7.5 日本索佳公司生产的两种陀螺全站仪

1. GP1-2A 自动陀螺式全站仪

GP1-2A 自动陀螺式全站仪如图 4-75a 所示。该仪器特点是测量过程无须手工记录、计时或计算。所有工作通过配套的全站仪键盘或者 SF10 外接键盘的简单操作完成。真方位角观测中误差为 $\pm 20''$，观测时间约 20min，陀螺部分的质量为 3.8kg。

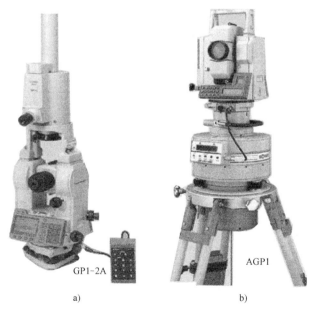

a)   b)

图 4-75 陀螺全站仪

2. AGP1 全自动陀螺仪

AGP1 全自动陀螺仪如图 4-75b 所示。它由马达驱动全站仪和陀螺仪组成，观测前无须罗盘确定近似北方向，只需随意将仪器架设在特定的脚架上，按下相应键，其电子马达即驱

动仪器自动工作，并在屏幕上显示真北方向数据。陀螺部分的质量为 10.4kg。根据所需精度不同，提供三种测量模式：

模式 1：真方位角观测中误差为 ±6″，观测时间 10min。

模式 2：真方位角观测中误差为 ±32″，观测时间 2min。

模式 3：真方位角观测中误差为 ±16″，观测时间 4min。

当影响测量结果的温度、位移等发生变化时，警示灯发出警告，以确保测量结果的可靠性。

习 题

1. 为什么要确定直线的方向？有哪些方法？怎样确定直线的方向？

2. 设用一根钢尺往返丈量 AB 和 CD 两条直线，分别量得 AB 距离为 84.235m 和 84.240m，CD 的距离为 184.175m 和 184.170m，问哪条线段丈量的精度高？

3. 用钢尺往返丈量了一段距离，其平均值为 125.06m，要求量距的相对误差为 1/3000，则往返丈量距离之差不能超过多少？

4. 视距测量的原理是什么？它需要观测哪些数据才能求得两点间的水平距离和高差？

5. 视距测量有什么特点？适用于什么情况下的距离测量？

6. 光电测距的原理是什么？电磁波测距仪如何分类？

7. 电子全站仪这一名称的含义是什么？

8. 全站仪有哪些基本功能？

9. 试述利用全站仪测量平面坐标的基本过程。

10. 何谓直线定向？标准方向有哪些？相互间有什么关系？

11. 延长直线或在两直线间定点时，为何采用盘左、盘右法操作取中点？

测量误差的基本理论 第5章

■本章提要

　　在观测过程中，系统误差和偶然误差往往是同时存在的。当观测值中有显著的系统误差时，偶然误差就居于次要地位，观测误差呈现出系统的性质；反之，呈现出偶然的性质。因此，对一组剔除了粗差的观测值，首先应寻找、判断和排除系统误差，或将其控制在允许的范围内，然后根据偶然误差的特性对该组观测值进行数学处理，求出最接近未知量真值的估值，称为最或是值；同时，评定观测结果质量的优劣，即评定精度。这项工作在测量上称为测量平差，简称平差。本章主要讨论偶然误差及其平差。

■教学要求

　　掌握观测误差和偶然误差的特性，评定精度的标准及误差传播定律，算术平均值及其中误差；熟悉同精度观测值的中误差和广义算术平均值及权；了解单位权中误差的计算等。

5.1　测量误差概述

5.1.1　测量误差产生的原因

　　在实际的测量工作中发现，当对某个确定的量进行多次观测时，所得到的各个结果之间往往存在着一些差异。例如，重复观测两点的高差，或者是多次观测一个角或丈量若干次一段距离，其结果都互有差异。另一种情况是，当对若干个量进行观测时，如果已经知道在这几个量之间应该满足某一理论值，实际观测结果往往不等于其理论上的应有值。例如，一个平面三角形的内角和等于 $180°$，但三个实测内角的结果之和并不等于 $180°$，而是有一差异。这些差异称为不符值。这种差异是测量工作中经常而又普遍发生的现象，是由于观测值中包含有各种误差的缘故。

　　任何的测量都是利用特制的仪器、工具进行的，由于每一种仪器只具有一定限度的精密度，因此测量结果的精确度受到了一定的限制。且各个仪器本身也有一定的误差，使测量结果产生误差。测量是在一定的外界条件下进行的，客观环境包括温度、湿度、风力、大气折光等因素。客观环境的差异和变化也使测量的结果产生误差。测量是由观测者完成的，人的感觉器官的鉴别能力有一定的限度，人们在仪器的安置、照准、读数等方面都会产生误差。此外，观测者的工作态度、操作技能也会对测量结果的质量（精度）产生影响。由于任何测量工作都是由观测者使用某种仪器、工具，在一定的外界条件下进行的，所以，观测误差来源于以下三个方面：

（1）观测者　由于观测者的感觉器官的鉴别能力的局限性，在仪器安置、照准、读数等工作中都会产生误差。同时，观测者的技术水平及工作态度也会对观测结果产生影响。

（2）仪器、工具方面　测量工作使用的测量仪器都具有一定的精密度，从而使观测结果的精度受到限制。另外，仪器本身构造上的缺陷，也会使观测结果产生误差。

（3）外界观测条件　外界观测条件是指野外观测过程中外界条件的因素，如天气的变化、植被的不同、地面土质松紧的差异、地形的起伏、周围建筑物的状况，以及太阳光线的强弱、照射的角度大小等。有风会使测量仪器不稳，地面松软可使测量仪器下沉，强烈阳光照射会使水准管变形，太阳的高度角、地形和地面植被决定了地面大气温度梯度，观测视线穿过不同温度梯度的大气介质或靠近反光物体，都会使视线弯曲产生折光现象。因此，外界观测条件是保证野外测量质量的一个重要因素。

观测者、测量仪器和观测时的外界条件是引起观测误差的主要因素，通常称为观测条件。观测条件将影响观测成果的精度，若观测条件好，则测量误差小，测量的精度就高；反之，则测量误差大，精度就低。观测条件相同的各次观测，称为等精度观测。观测条件不同的各次观测，称为非等精度观测。任何观测都不可避免地要产生误差。无论观测条件如何，都会含有误差。但是各种因素引起的误差性质是各不相同的，表现在对观测值有不同的影响，影响量的数学规律也是各不相同的。为了获得观测值的正确结果，就必须对误差进行分析研究，以便采取适当的措施来消除或削弱其影响。

5.1.2　测量误差的分类及其处理方法

1. 系统误差

在相同观测条件下对某个固定量进行的一系列观测中，产生的误差在数值和符号上固定不变，或按一定的规律变化，称为系统误差。例如，用一把实际长度比名义长度（S）长ΔS的钢卷尺去量测某两点间距离，测量结果为D'，而其实际长度应该为$D = (1 + \Delta S / S)D'$。这种误差的大小与所量直线的长度成正比，而正负号始终一致，所以这种误差属于系统误差。系统误差对观测结果的危害性很大，但由于它有规律，可以设法将它消除或减弱。例如，上述钢尺量距的例子可利用尺长方程式对观测结果进行尺长改正。又如在水准测量中，可以用前后视距离相等的办法来减小或消除由于水准仪存在i角造成的误差。

系统误差具有累积性，而且有些是不能够用几何或物理性质来消除其影响的，所以要尽量采用合适的仪器、合理的观测方法来消除其影响。

2. 偶然误差

在相同的观测条件下对某个量进行重复观测时，如果单个误差的出现没有一定的规律性，也就是说单个误差的大小和符号都不固定，表现出偶然性，这种误差称为偶然误差，或称为随机误差。从个别误差来看，偶然误差的大小、符号没有规律，但大量的偶然误差符合统计规律性。

产生偶然误差的原因往往是不固定的和难以控制的，如观测者的估读误差、目标照准误差等。不断变化着的温度、风力等外界环境也会使观测结果产生偶然误差。偶然误差不能消除，但可以通过采用精度较高的仪器、选择合适的观测时间加以削弱。

在观测过程中，系统误差和偶然误差总是同时产生的。当观测结果中有显著的系统误差时，偶然误差就处于次要地位，观测误差就呈现出"系统"的性质。反之，当观测结果中系统误差处于次要地位时，观测结果就呈现出"偶然"的性质。由于系统误差在观测结果中具有积累的性质，对观测结果的影响尤为显著，所以在测量工作中总是采取各种办法削弱其影响，使它处于次要地位。研究偶然误差占主导地位的观测数据的科学处理方法，是测量学科的重要课题之一。

在测量中，除不可避免的误差之外，还可能发生错误。例如，在观测时读错读数、记录时记错等，测量上称为粗差。粗差是由观测者的疏忽大意造成的。在观测结果中是不允许存在错误的，一旦发现错误，必须及时更正。不过只要观测者认真负责和细心地作业，错误是可以避免的。

5.1.3　偶然误差的特性

在观测结果中系统误差可以通过查找规律和采取一定的观测措施来消除，粗差作为错误删除掉，剩下的主要的问题就是偶然误差的处理方法，所以为了研究观测结果的质量，以及如何根据观测结果求出未知量的最或然值，就必须进一步研究偶然误差的性质。

例如，在相同的观测条件下，对 358 个三角形的内角进行了观测。由于观测值含有偶然误差，致使每个三角形的内角和不等于 $180°$。设三角形内角和的真值为 X，观测值为 l，其观测值与真值之差为**真误差** Δ，用下式表示为

$$\Delta_i = l_i - X \quad (i = 1, 2, \cdots, 358) \tag{5-1}$$

由式（5-1）计算出 358 个三角形内角和的真误差，并取误差区间为 $3''$，以误差的大小和正负号，分别统计出它们在各误差区间内的个数 k 和频率 k/n，结果列于表 5-1。

表　5-1

误差区间 $d\Delta/''$	正 误 差		负 误 差		合 计	
	个数 k	频率 k/n	个数 k	频率 k/n	个数 k	频率 k/n
0~3	45	0.126	46	0.128	91	0.254
3~6	40	0.112	41	0.115	81	0.226
6~9	33	0.092	33	0.092	66	0.184
9~12	23	0.064	21	0.059	44	0.123
12~15	17	0.047	16	0.045	33	0.092
15~18	13	0.036	13	0.036	26	0.073
18~21	6	0.017	5	0.014	11	0.031
21~24	4	0.011	2	0.006	6	0.017
24 以上	0	0	0	0	0	0
Σ	181	0.505	177	0.495	358	1.000

从表 5-1 可看出，最大误差不超过 $24''$，小误差比大误差出现的频率高，绝对值相等的正、负误差出现的个数近于相等。大量实验统计结果证明了偶然误差具有如下特性：

1）在一定的观测条件下，偶然误差的绝对值不会超过一定的限度。

2）绝对值小的误差比绝对值大的误差出现的可能性大。

3）绝对值相等的正误差与负误差出现的机会相等。

4）当观测次数无限增多时，偶然误差的算术平均值趋近于零，即

$$\lim_{n \to \infty} \frac{\Delta_1 + \Delta_2 + \cdots + \Delta_n}{n} = \lim_{n \to \infty} \frac{[\Delta]}{n} = 0 \tag{5-2}$$

上述第四个特性是由第三个特性导出的。从第三个特性可知，在大量的偶然误差中，正

误差与负误差出现的可能性相等，因此在求全部误差总和时，正的误差与负的误差就有互相抵消的可能。这个重要的特性对处理偶然误差有很大的意义。实践表明，对于在相同条件下独立进行的一组观测来说，不论其观测条件如何，也不论是对一个量还是对多个量进行观测，这组观测误差必然具有上述四个特性。而且，当观测的个数 n 越大时，这种特性就表现得越明显。

5.2 评定精度的标准

5.2.1 平均误差

平均误差即算术平均误差，其定义为：在对某量进行一系列观测中，各次观测误差的绝对值的算术平均值叫算术平均误差，记为 ΔX，即

$$\Delta X = \frac{1}{n} \sum_{i=1}^{n} |X_i - X_0| \tag{5-3}$$

或

$$\Delta X = \frac{1}{n} \sum_{i=1}^{n} \Delta X_i \tag{5-4}$$

其中

$$\Delta X_i = |X_i - X_0|$$

当 n 较大时，可用下式估算为

$$\Delta X = \frac{\sum |X_i - \overline{X}|}{\sqrt{n(n-1)}} \tag{5-5}$$

算术平均误差的大小在一定程度上反映了一组观测值误差分布情况，算术平均误差越小，说明误差越集中，观测的质量越好；反之，算术平均误差越大，说明误差越分散，观测的质量越差。

5.2.2 中误差

为了充分反映误差分布的情况，可用直方图来表示上述误差的分布情况。在图 5-1 中，以横坐标表示误差的大小，纵坐标表示各区间误差出现的个数除以总个数。这样，每区间上方的长方形面积，就代表误差出现在该区间的相对个数。例如，图中有斜线的长方形面积就代表误差出现在 $+6''\sim+9''$ 区间内的相对个数 0.092。这种图称为直方图，其特点是能形象地反映出误差的分布情况。

当观测次数越来越多，误差出现在各个区间的相对个数的变动幅度就越来越小。当 n 足够大时，误差在各个区间出现的相对个数就趋于稳定。这就是说，一定的观测条件，对应着一定的误差分布。可以想象，当观测次数足够多时，如果把误差的区间间隔无限缩小，则图 5-1 中各长方形顶边所形成的折线将变成一条光滑曲线，称为误差分布曲线。在概率论中，把这种误差分布称为正态分布（或高斯分布），描绘这种分布的方程（称概率密度）为

$$f(\Delta) = \frac{1}{\sqrt{2\pi}\,\sigma} e^{\frac{-\Delta^2}{2\sigma^2}} \tag{5-6}$$

式中

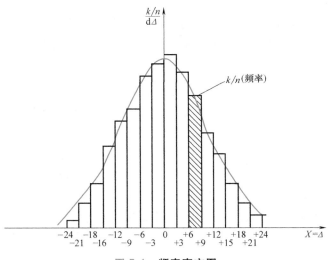

图 5-1　频率直方图

$$\sigma^2 = \lim_{n \to \infty} \frac{\left[\Delta^2\right]}{n} \tag{5-7}$$

σ 是观测误差的标准差（方根差或均方根差）。从式（5-6）可以看出正态分布具有前述的偶然误差特性，即

1）$f(\Delta)$ 是偶函数，即绝对值相等的正误差与负误差数目基本相等，所以曲线对称于纵轴。这就是偶然误差的第三特性。

2）Δ 越小，$f(\Delta)$ 越大。当 $\Delta = 0$ 时，$f(\Delta)$ 有最大值；反之，Δ 越大，$f(\Delta)$ 越小。当 $\Delta \to \pm\infty$ 时，$f(\Delta) \to 0$。所以，横轴是曲线的渐近线。由于 $f(\Delta)$ 随着 Δ 的增大而较快地减小，所以当 Δ 到达某值，而 $f(\Delta)$ 已较小，实际上可以看作零时，这样的 Δ 可作为误差的限值。这就是偶然误差的第一和第二特性。

由图 5-2 可见，误差曲线在纵轴两边各有一个转向点（拐点）。如果将 $f(\Delta)$ 求二阶导数并使其等于零，可以求得曲线拐点横坐标

$$\Delta_{拐} = \pm\sigma$$

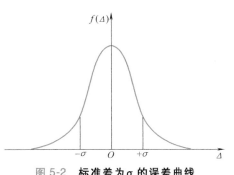

图 5-2　标准差为 σ 的误差曲线

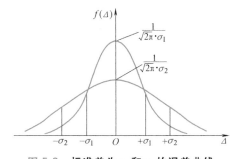

图 5-3　标准差为 σ_1 和 σ_2 的误差曲线

从图 5-2 可见，由于误差出现在 $-\sigma \sim +\sigma$ 区间内的相对次数是某个定值，即介于曲线 $f(\Delta)$、横轴和直线 $\Delta = -\sigma$、$\Delta = +\sigma$ 之间的曲边梯形面积这个定值。所以 σ 越小，曲线越陡，即误差分布比较密集；σ 越大，曲线越平缓，即误差分布比较分散。由此可见，参数 σ 的值

表征了误差集散的特征。

由式（5-7）可知，求 σ 值要求观测个数 $n \to \infty$，这在实际工作中是不可能实现的。在测量工作中，观测个数总是有限的，为了评定精度，一般采用下述公式

$$m = \pm\sqrt{\frac{[\Delta_i\Delta_i]}{n}} \tag{5-8}$$

式中，m 为中误差；方括号表示总和；Δ_i（$i = 1, 2, \cdots, n$）为一组同精度观测误差。由式（5-7）和式（5-8）可以看出，标准差 σ 跟中误差 m 的不同，在于观测个数 n 上；标准差表征了一组同精度观测在 $n \to \infty$ 时误差分布的扩散特性，即理论上的观测精度指标，而中误差是一组同精度观测在 n 为有限个数时求得的观测精度指标。所以中误差实际上是标准差的近似值（估值）；随着 n 的增大，m 将趋近于 σ。

必须注意，在相同的观测条件下进行的一组观测，得出的每一个观测值都称为同精度观测值，即对应着同样分布的一组观测都是同精度的观测，也可以说是相同的观测值具有相同的中误差，这是因为中误差是标准差的估值。

在应用式（5-8）求一组同精度观测值的中误差 m 时，Δ_i 可以是同一个量的同精度观测值的真误差，也可以是不同量的同精度观测值的真误差。在计算 m 值时注意有效数字的取法，在数值前冠以"±"号，并注意其量纲。

【例 5-1】 设用两种不同的精度分别对某个三角形进行了 10 次观测，求得每次观测所得的三角形内角和的真误差为

第一组：+3″，-2″，-4″，+2″，0″，-4″，+3″，+2″，-3″，-1″；

第二组：0″，-1″，-7″，+2″，+1″，+1″，-8″，0″，+3″，-1″；

这两组观测值中误差（用三角形内角和的真误差求得的中误差，也称为三角形内角和的中误差）为

$$m_1 = \pm\sqrt{\frac{3''^2+(-2'')^2+(-4'')^2+2''^2+0''^2+(-4'')^2+3''^2+2''^2+(-3'')^2+(-1'')^2}{10}}$$

$$= \pm 2.7''$$

$$m_2 = \pm\sqrt{\frac{0''^2+(-1'')^2+(-7'')^2+2''^2+1''^2+1''^2+(-8'')^2+0''^2+3''^2+(-1'')^2}{10}}$$

$$= \pm 3.6''$$

比较 m_1 和 m_2 的值可知，第一组的观测精度较第二组观测精度高。

显然，对多个三角形进行同精度观测（即相同的观测条件），求得每个三角形内角和的真误差，仍可按上述办法求得观测值（三角形内角和）的中误差。

5.2.3 允许误差和极限误差

由偶然误差的第一个特性可知，在一定的观测条件下，偶然误差的绝对值不会超过一定的限值。这个限值就称为允许误差。由于中误差 m 是标准差 σ 的近似值，用中误差 m 代替标准差 σ，由图 5-3 可知，出现在区间（$-m$，$+m$）内的偶然误差的概率值为

$$P\{-m<\Delta<+m\}=\int_{-m}^{+m}f(\Delta)\,\mathrm{d}\Delta=\int_{-m}^{+m}\frac{1}{m\sqrt{2\pi}}\mathrm{e}^{\frac{-\Delta^2}{2m^2}}=0.683 \tag{5-9}$$

而
$$P\{-2m<\Delta<+2m\}=\int_{-2m}^{+2m}f(\Delta)\,\mathrm{d}\Delta=\int_{-2m}^{+2m}\frac{1}{m\sqrt{2\pi}}\mathrm{e}^{\frac{-\Delta^2}{2m^2}}=0.954 \tag{5-10}$$

$$P\{-3m<\Delta<+3m\}=\int_{-3m}^{+3m}f(\Delta)\,\mathrm{d}\Delta=\int_{-3m}^{+3m}\frac{1}{m\sqrt{2\pi}}\mathrm{e}^{\frac{-\Delta^2}{2m^2}}=0.997 \tag{5-11}$$

由此可以看出，绝对值大于一倍、两倍、三倍中误差的偶然误差的概率分别为 31.7%、4.6%、0.3%，即大于两倍中误差的偶然误差出现的概率很小，大于三倍中误差的偶然误差出现的概率近于零，属于小概率事件。由于实际测量工作中观测次数是很有限的，绝对值大于三倍中误差的偶然误差出现的概率会更小于理论值，所以通常取三倍中误差作为偶然误差的极限误差。

在实际测量工作中，以三倍中误差作为偶然误差的极限值，即极限误差
$$|\Delta_{极}|=3|m| \tag{5-12}$$
当精度要求较高时，以两倍中误差作为偶然误差的允许值，即
$$|\Delta_{允}|=2|m| \tag{5-13}$$
需要说明的是在测量上将小概率的偶然误差（即大于 2 倍或 3 倍中误差的偶然误差）作为粗差，即当作错误看待。

5.2.4 相对误差

以中误差来评定观测值的质量，有时仍不能很好地体现观测结果的精度。例如，观测 5000m 和 1000m 的两段距离的中误差都是±0.5m。从中误差来看它们的精度是相同的，但这两段距离单位长度的精度却是不相同的。为了更好地评价类似的误差，在测量中经常采用相对中误差来表示观测结果的精度。

所谓相对中误差就是利用中误差与观测值的比值，即 m_i/l_i 来评定精度。相对中误差都要求写成分子为 1 的分式，即 $1/N$。上例为
$$\frac{m_1}{l_1}=\frac{0.5}{5000}=\frac{1}{10000} \quad 及 \quad \frac{m_2}{l_2}=\frac{0.5}{1000}=\frac{1}{2000}$$
可见
$$\frac{m_1}{l_1}<\frac{m_2}{l_2}$$

即前者的精度比后者高。有时，求得真误差和允许误差后，也用相对误差来表示。例如，在本书以后要介绍的导线测量中，假设起算数据没有误差时，求出的导线全长相对闭合差也就是相对真误差；而规范中规定导线全长相对闭合差不能超过 1/2000 或 1/15000，它就是相对允许误差。

与相对误差相对应，真误差、中误差、允许误差、平均误差都称为绝对误差。

5.3 观测值与算术平均值的中误差

5.3.1 算术平均值

设在相同的观测条件下对未知量观测了 n 次，观测值为 l_1，l_2，l_3，$\cdots$，l_n，现在要根据这 n 个观测值确定出该未知量的最或然值。

设未知量的真值为 X，则按式（5-1）可写出观测值的真误差公式为

$$\Delta_1 = l_1 - X$$
$$\Delta_2 = l_2 - X$$
$$\cdots$$
$$\Delta_n = l_n - X$$

将以上各式相加得

$$\Delta_1 + \Delta_2 + \cdots + \Delta_n = l_1 + l_2 + \cdots + l_n - nX$$

设以 L 表示上式观测值的算术平均值，则有

$$L = X + \frac{[\Delta]}{n} \tag{5-14}$$

其中

$$[\Delta] = \Delta_1 + \Delta_2 + \cdots + \Delta_n$$

将上式两边取极限，得

$$\lim_{n \to \infty} l = \lim_{n \to \infty} \left(X + \frac{[\Delta]}{n} \right) = X + \lim_{n \to \infty} \frac{[\Delta]}{n} \tag{5-15}$$

由偶然误差第四特性知道，当观测次数无限增多时，$[\Delta]$ 趋近于零，即

$$\lim_{n \to \infty} \frac{[\Delta]}{n} = 0$$

也就是说，n 趋近无穷大时，算术平均值为真值。在实际工作中，观测次数总是有限的，所以算术平均值不可视为所求量的真值。但从式（5-14）和式（5-15）可以看出，随着观测次数的增加，L 值是趋近于真值的。在计算时，不论观测次数有多少，均以算术平均值 L 作为未知量的最或然值，这是误差理论中的一个公理。这种只有一个未知量的平差问题，在传统的平差计算中称为直接平差。

现在来推导算术平均值的中误差公式。已知算术平均值为

$$L = \frac{1}{n} (l_1 + l_2 + \cdots + l_n) \tag{5-16}$$

式中，$1/n$ 为常数。

由于各独立观测值的精度相同，设其中误差均为 m。现以 M 表示算术平均值的中误差，则由式（5-16）可得算术平均值的中误差为

$$M^2 = \frac{1}{n^2} (m^2 + m^2 + \cdots + m^2) = \frac{m^2}{n}$$

$$M = \frac{m}{\sqrt{n}} \tag{5-17}$$

由式（5-17）可知，算术平均值的中误差为观测值中误差的 $1/\sqrt{n}$ 倍。那么是不是随意增加观测个数对 L 的精度都有利而经济上又合算呢？下面来分析一下：设观测值精度在一定时，例如设 $m=1$，当 n 取不同值时，按式（5-17）得 M 值，见表 5-2。

表 5-2　算术平均值的中误差与观测次数的关系

n	1	2	3	4	5	6	10	20	30	40	50	100
M	1.00	0.71	0.58	0.50	0.45	0.41	0.32	0.22	0.18	0.16	0.14	0.10

由表 5-2 的数据可以看出，随着 n 的增大，M 值不断减少，即 L 的精度不断提高。但是，当观测次数增加到一定的数目以后，再增加观测次数，精度就提高得很少。例如，观测次数自 5 次增加到 20 次，精度提高了一倍。而观测次数自 20 次增加到 100 次，精度也只能提高一倍。由此可见，要提高最或然值的精度，单靠增加观测次数是不经济的。精度受观测条件的限制。观测条件中诸多个别因素的影响有的属于系统误差，当式（5-17）中的 n 达到某个值而使 M 小于该系统误差，或该系统误差有明显影响时，此 M 值便不能代表真实精度而没有实际意义。例如，用读至厘米的皮尺丈量某距离 100 次，求得毫米的读数精度，这显然不会令人接受。因此为了提高观测精度，需要考虑采用适当的仪器、改进操作方法等来提高观测结果的精度。

5.3.2　观测值的改正数

观测量的算术平均值与观测值之差，称为观测值改正数，用 ν 表示。当观测次数为 n 时，有

$$\begin{cases} \nu_1 = L - l_1 \\ \nu_2 = L - l_2 \\ \vdots \\ \nu_n = L - l_n \end{cases} \tag{5-18}$$

将式（5-18）各式两边相加，得

$$[\nu] = nL - [l]$$

将 $L = \dfrac{[l]}{n}$ 代入上式，得

$$[\nu] = 0 \tag{5-19}$$

观测值改正数的重要特性，即对于等精度观测，观测值改正数的总和为零。

5.3.3　观测值的精度评定

按式（5-8）计算中误差时，需要知道观测值的真误差，但在测量中，常常无法求得观测值的真误差。一般用观测值改正数来计算观测值的中误差。由真误差与观测值改正数的定义可知

$$\begin{cases} \Delta_1 = l_1 - X \\ \Delta_2 = l_2 - X \\ \vdots \\ \Delta_n = l_n - X \end{cases} \tag{5-20}$$

将式（5-18）和式（5-20）相加，整理后得

$$\begin{cases} \Delta_1 = (L-X) - \nu_1 \\ \Delta_2 = (L-X) - \nu_2 \\ \vdots \\ \Delta_n = (L-X) - \nu_n \end{cases} \tag{5-21}$$

将式（5-21）各式两边同时平方并相加，得

$$[\Delta\Delta] = n(L-X)^2 + [\nu\nu] - 2(L-X)[\nu] \tag{5-22}$$

因为 $[\nu] = 0$，令 $\delta = L-X$，代入式（5-22），得

$$[\Delta\Delta] = [\nu\nu] + n\delta^2 \tag{5-23}$$

式（5-23）两边再除以 n，得

$$\frac{[\Delta\Delta]}{n} = \frac{[\nu\nu]}{n} + \delta^2 \tag{5-24}$$

又

$$\delta = L-X, \quad L = \frac{[l]}{n}$$

所以

$$\delta = L-X = \frac{[l]}{n} - X = \frac{[l-X]}{n} = \frac{[\Delta]}{n}$$

故

$$\delta^2 = \frac{[\Delta]^2}{n^2}$$

$$= \frac{1}{n^2}(\Delta_1^2 + \Delta_2^2 + \cdots + \Delta_n^2 + 2\Delta_1\Delta_2 + 2\Delta_2\Delta_3 + \cdots + 2\Delta_{n-1}\Delta_n)$$

$$= \frac{[\Delta\Delta]}{n^2} + \frac{2}{n^2}(\Delta_1\Delta_2 + \Delta_2\Delta_3 + \cdots + \Delta_{n-1}\Delta_n)$$

由于 Δ_1，Δ_2，$\cdots$，Δ_n 为真误差，所以 $\Delta_1\Delta_2 + \Delta_2\Delta_3 + \cdots + \Delta_{n-1}\Delta_n$ 也具有偶然误差的特性。当 $n \to \infty$ 时，有

$$\lim_{n \to \infty} \frac{(\Delta_1\Delta_2 + \Delta_2\Delta_3 + \cdots + \Delta_{n-1}\Delta_n)}{n} = 0$$

所以

$$\delta^2 = \frac{[\Delta\Delta]}{n^2} = \frac{1}{n} \cdot \frac{[\Delta\Delta]}{n} \tag{5-25}$$

将式（5-25）代入式（5-24），得

$$\frac{[\Delta\Delta]}{n} = \frac{[\nu\nu]}{n} + \frac{1}{n} \times \frac{[\Delta\Delta]}{n} \tag{5-26}$$

又由式（5-8）知，$m^2 = \frac{[\Delta\Delta]}{n}$，代入式（5-26），得

$$m^2 = \frac{[\nu\nu]}{n} + \frac{m^2}{n}$$

整理后，得

$$m = \pm\sqrt{\frac{[\nu\nu]}{n-1}} \tag{5-27}$$

这就是用观测值改正数求观测值中误差的计算公式。

【例 5-2】　某一段距离共丈量了六次，结果见表 5-3，求算术平均值、观测中误差、算术平均值的中误差及相对误差。

表 5-3　例 5-2 计算结果

测次	观测值 l/m	观测值改正数 ν/mm	$\nu\nu$	计　　算
1	148.643	+15	225	$L = \dfrac{[l]}{n} = 148.628\text{m}$
2	148.590	−38	1444	
3	148.610	−18	324	$m = \pm\sqrt{\dfrac{[\nu\nu]}{n-1}} = \pm\sqrt{\dfrac{3046}{6-1}}\text{mm} = \pm24.7\text{mm}$
4	148.624	−4	16	
5	148.654	+26	676	$M = \pm\sqrt{\dfrac{[\nu\nu]}{n(n-1)}} = \pm\sqrt{\dfrac{3046}{6(6-1)}}\text{mm} = \pm10.1\text{mm}$
6	148.647	+19	361	$\dfrac{|M|}{L} = \dfrac{0.0101}{148.628} = \dfrac{1}{14716}$
平均值	148.628	$[\nu] = 0$	$\Sigma = 3046$	

5.4　误差传播定律及其应用

上节讨论了如何根据同精度观测值的真误差来评定观测值精度的问题。但是，在实际工作中有许多未知量不能直接观测求得，需要由观测值间接计算出来。例如，某未知点 B 的高程 H_B，是由起始点 A 的高程 H_A，加上从 A 点到 B 点间进行了若干站水准测量（得来的观测高差为 h_1，h_2，$\cdots$，h_n）而求和得出的，这时未知点 B 的高程 H_B 是各独立观测值即观测高差（h_1，h_2，$\cdots$，h_n）的函数。那么如何根据观测值的中误差去求观测值函数的中误差呢？阐述观测值中误差与观测值函数中误差之间关系的定律，称为误差传播定律。

5.4.1　倍数函数

设有函数 $Z = kx$，Z 为观测值的函数，k 为常数（无误差，下同），x 为观测值，已知其中误差为 m_x，现在求 Z 的中误差 m_Z，则有

$$m_Z^2 = k^2 m_x^2$$
$$m_Z = km_x \tag{5-28}$$

【例 5-3】　在 1∶500 比例尺地形图上，量得 A、B 两点间的距离 $S_{ab} = 23.4\text{mm}$，其中误差 $m_{S_{ab}} = \pm0.2\text{mm}$，求 A、B 间的实地距离 S_{AB} 及其中误差 $m_{S_{AB}}$。

解　$S_{AB} = 500 \times S_{ab} = 500 \times 23.4\text{mm} = 11700\text{mm} = 11.7\text{m}$

由式（5-28）得

$$m_{S_{AB}} = 500 \times m_{S_{ab}} = 500 \times (\pm0.2\text{mm}) = \pm100\text{mm} = \pm0.1\text{m}$$

最后答案为

$$S_{AB} = 11.7\text{m} \pm 0.1\text{m}$$

5.4.2 和差函数

设有函数 $Z=x_1\pm x_2\pm\cdots\pm x_n$，$Z$ 是 x_1，x_2，$\cdots$，x_n 的和或差的函数，x_1，x_2，$\cdots$，x_n 为独立观测值，已知它们的中误差为 m_1，m_2，$\cdots$，m_n，现在求 Z 的中误差 m_Z，则有

$$m_Z^2=m_1^2+m_2^2+\cdots+m_n^2 \tag{5-29}$$

若各观测值是同精度时，即 $m_1=m_2=\cdots=m_n=m$，则有

$$m_Z=\sqrt{n}\,m$$

【例 5-4】 若使用长度为 L 的钢尺量距，共测量了 n 段，已知每尺段的中误差均为 m，则总长度的中误差 m_S 为

$$m_S=\sqrt{n}\,m \tag{5-30}$$

【例 5-5】 用 S_3 水准仪进行高差测量，后视读数 a 和前视读数 b 的读数中误差均为 $\pm 1\text{mm}$，求由后视读数和前视读数引起的高差中误差 m_h。

解 高差 $h=$ 后视读数 $a-$ 前视读数 b

由题意，$m_a=m_b$，根据和差函数关系有

$$m_h^2=m_a^2+m_b^2=2m_a^2$$

$$m_h=\sqrt{2}\,m_a=\pm\sqrt{2}\,\text{mm}=\pm 1.4\text{mm}$$

5.4.3 线性函数

设有函数 $Z=a_1x_1\pm a_2x_2\pm\cdots\pm a_nx_n$，$x_1$，$x_2$，$\cdots$，$x_n$ 为独立观测值，已知它们的中误差为 m_1，m_2，$\cdots$，m_n，现在求 Z 的中误差 m_Z，则

$$m_Z^2=a_1^2m_1^2+a_2^2m_2^2+\cdots+a_n^2m_n^2 \tag{5-31}$$

5.4.4 一般函数

对于任意非线性的函数都可以展开成级数，变换成线性形式，再利用误差传播定律进行计算。

设 Z 为独立变量 x_1，x_2，$\cdots$，x_n（即独立观测值）的函数，即

$$Z=f(x_1,x_2,\cdots,x_n)$$

若已知独立观测量 x_i（$i=1$，2，$\cdots$，n）具有真误差 Δ_i，相应的中误差为 m_i（$i=1$，2，$\cdots$，n），而 Z 的真误差为 Δ_Z，相应的中误差为 m_Z，即

$$Z+\Delta_Z=f(x_1+\Delta_1,x_2+\Delta_2,\cdots,x_n+\Delta_n)$$

这些真误差都是一个小量，将上式在 x_1，x_2、$\cdots$，x_n 处展开成级数，并取其近似值为

$$Z+\Delta_Z=f(x_1,x_2,\cdots,x_n)+\left(\frac{\partial f}{\partial x_1}\Delta_1+\frac{\partial f}{\partial x_2}\Delta_2+\cdots+\frac{\partial f}{\partial x_n}\Delta_n\right)$$

即

$$\Delta_Z=\frac{\partial f}{\partial x_1}\Delta_1+\frac{\partial f}{\partial x_2}\Delta_2+\cdots+\frac{\partial f}{\partial x_n}\Delta_n$$

若对各独立观测量进行了 k 次观测，每次所得方程自乘，然后相加可得

$$\sum_{j=1}^{k}\Delta_{Zj}^2 = \left(\frac{\partial f}{\partial x_1}\right)^2\sum_{j=1}^{K}\Delta_{1j}^2 + \left(\frac{\partial f}{\partial x_2}\right)^2\sum_{j=1}^{K}\Delta_{2j}^2 + \cdots + \left(\frac{\partial f}{\partial x_n}\right)^2\sum_{j=1}^{K}\Delta_{nj}^2$$

$$+ 2\left(\frac{\partial f}{\partial x_1}\right)^2\left(\frac{\partial f}{\partial x_2}\right)^2\sum_{j=1}^{K}\Delta_{1j}^2\Delta_{2j}^2 + 2\left(\frac{\partial f}{\partial x_1}\right)^2\left(\frac{\partial f}{\partial x_3}\right)^2\sum_{j=1}^{K}\Delta_{1j}^2\Delta_{3j}^2 + \cdots$$

上式中，当 $k \to \infty$ 时，各偶然误差 Δ 的交叉项总和为零，又有

$$\frac{\sum\limits_{j=1}^{k}\Delta_{Zj}^2}{k} = m_Z^2, \quad \frac{\sum\limits_{j=1}^{k}\Delta_{ij}^2}{k} = m_i^2$$

则

$$m_Z^2 = \left(\frac{\partial f}{\partial x_1}\right)^2 m_1^2 + \left(\frac{\partial f}{\partial x_2}\right)^2 m_2^2 + \cdots + \left(\frac{\partial f}{\partial x_n}\right)^2 m_n^2 \tag{5-32}$$

或

$$m_Z = \pm\sqrt{\left(\frac{\partial f}{\partial x_1}\right)^2 m_1^2 + \left(\frac{\partial f}{\partial x_2}\right)^2 m_2^2 + \cdots + \left(\frac{\partial f}{\partial x_n}\right)^2 m_n^2} \tag{5-33}$$

上式就是函数中误差与观测值中误差的一般关系式，即误差传播定律的一般形式。

误差传播定律不仅可以求得观测值函数的中误差，还可用来研究允许误差的确定及分析观测可能达到的精度等。

【例 5-6】 用 DJ$_6$ 型光学经纬仪测角，已知一测回方向值中误差 $m_{方} = \pm6''$，则一测回角值中误差应为 $m_\beta = \sqrt{2}\,m_方 = \pm8.5''$，半测回角值中误差应为 $m_{\beta半} = \sqrt{2}\,m_\beta = \pm8.5''\sqrt{2}$。

两个半测回角值较差的中误差应为

$$m_{\Delta\beta半} = \sqrt{2}\,m_{\beta半} = \pm17''$$

若取两倍中误差为允许误差，则两个半测回角值较差的允许误差应为

$$m_{\Delta\beta半允} = \sqrt{2}\,m_{\Delta\beta半} = \pm34''$$

考虑到仪器使用期间轴系的磨损以及某些不利因素的影响，可取其允许误差为 $\pm36''$ 或 $\pm40''$。

【例 5-7】 设在两点间进行了 n 站高差测定，每站高差中误差均为 $m_站$，则 n 站总高差及其中误差应为

$$\sum h = h_1 + h_2 + \cdots + h_n$$

$$m_\Sigma^2 = m_站^2 + m_站^2 + \cdots + m_站^2$$

$$m_\Sigma = \pm\sqrt{n}\,m_站$$

如果设每个测站的距离 S 大致相等，全长 L（km）$= nS$。将 $n = L/S$ 代入上式得

$$m_\Sigma = \pm m_站 \cdot \sqrt{\frac{1}{S}} \cdot \sqrt{L}$$

式中，$1/S$ 为每千米的测站数，$m_站\sqrt{1/S}$ 为每千米水准测量的中误差，以 μ 表示，则

$$m_\Sigma = \pm \mu \cdot \sqrt{L}$$

已知四等水准测量每千米往返测高差平均值中误差为±5mm，则单程应为

$$m_\Sigma = \pm \sqrt{2} \cdot 5 \cdot \sqrt{L}$$

往返高差较差的中误差为 $\quad m_{fh} = \pm \sqrt{2} \cdot m_\Sigma = \pm 10\sqrt{L}$

取两倍中误差为允许误差，则较差的允许误差应为

$$f_{h允} = 2m_{fh} = \pm 20\sqrt{L}$$

《工程测量技术规范》规定，四等水准测量往返高差较差、附合或闭合路线的允许闭合差不应大于 $\pm 20\sqrt{L}$ mm。

在山区，水准测量常以测站数考虑限差。为此从以上推导中可知

$$m_{站} = \pm \sqrt{2} \cdot 5 \cdot \sqrt{\frac{L}{n}}$$

$S = L/n$ ，四等水准测量最大视距不超过100m，以 $S = 0.2$ km代入上式得

$$m_{站} = \pm 3.16 \text{mm}$$

在每一站上，一般采用双面尺或两次仪高法进行测量校核，并取平均高差作为最后成果，故高差平均值的中误差为

$$M_{站} = \frac{m_{站}}{\sqrt{2}} = \pm 2.23 \text{mm}$$

考虑其他因素的影响，取 $M_{站} = \pm 3$ mm。以两倍中误差为允许误差，则线路闭合差允许误差为

$$f_{h允} = 2M_{站}\sqrt{n} = \pm 6\sqrt{n} \text{ mm}$$

【例5-8】 由三角形闭合差计算测角中误差。

解 设等精度观测了 n 个三角形的内角，测角中误差为 m ，由于各三角形内角和不等于真值180°，其三角形闭合差为

$$\omega_i = \alpha_i + \beta_i + \gamma_i - 180°$$

ω_i 为各内角和的真差，按中误差定义，三角形内角和的中误差为

$$m_\omega = \sqrt{\frac{[\omega\omega]}{n}}$$

由误差传播定律

$$m_\omega = \sqrt{m^2 + m^2 + m^2} = \sqrt{3}\, m$$

故

$$m = \pm \sqrt{\frac{[\omega\omega]}{3n}}$$

上式称为菲列罗公式，通常用在三角测量中初步评定测角的精度。

【例5-9】 用双观测值之差计算观测值中误差。

设对 n 个观测量 n_i （$i=1$，2，3，…，n），各进行了两次等精度观测 l_i' 与 l_i''，其差值 $d_i=l_i'-l_i''$ 的真值应为 0，由于观测带有误差，实际上不为 0，故 $0-d_i=-d_i$ 为双观测值之差的真误差。按定义，双观测值之差的中误差为

$$m_d=\sqrt{\frac{[dd]}{n}}$$

又 $d_i=l_i'-l_i''$，设观测值 l 的中误差为 m，按和差函数求得 m_d 得

$$m_d=\pm\sqrt{2}\cdot m$$

故

$$m=\sqrt{\frac{[dd]}{2n}}$$

5.5　不等精度观测值平差

5.5.1　广义算术平均值

在求一个未知量的平差值的平差计算中，如果对未知量进行了 n 次同精度观测，则可按算术平均值求未知量的最或然值，按式（5-16）和式（5-17）求观测值的最或然值及最或然值的中误差。但是，在测量工作中经常遇到的是对未知量进行了 n 次不同精度观测，这就需要解决如何由这些不同精度的观测值求出未知量的最或然值，以及评定它们的精度的问题。

前一个问题可以这样来考虑：设对未知量进行了 n 次同精度观测，得 l_1，l_2，…，l_{n_1}，l_{n_1+1}，l_{n_1+2}，…，$l_{n_1+n_2}$。现将 n 个观测值分成两组，其中第一组有 n_1 个观测值，第二组有 n_2 个观测值，则 $n=n_1+n_2$。将两组观测值分别进行平差计算。按式（5-16）分别求得两组观测值的算术平均值，并以 L_1 及 L_2 表示为

$$\begin{cases}L_1=\dfrac{1}{n_1}(l_1+l_2+\cdots+l_{n_1})=\dfrac{1}{n_1}\sum_{i=1}^{n_1}l_i\\[3mm]L_2=\dfrac{1}{n_2}(l_{n_1+1}+l_{n_1+2}+\cdots+l_{n_1+n_2})=\dfrac{1}{n_2}\sum_{j=n_1+1}^{n_2}l_j\end{cases}\tag{5-34}$$

设观测值的中误差为 m，则它们的中误差可按式（5-17）求得，为

$$\begin{cases}m_{L_1}=\dfrac{m}{\sqrt{n_1}}\\[3mm]m_{L_2}=\dfrac{m}{\sqrt{n_2}}\end{cases}\tag{5-35}$$

从式（5-34）及式（5-35）可以看出，当 $n_1\neq n_2$ 时，L_1 及 L_2 的精度是不等的。现在的问题是，如何根据不同精度的观测值求出未知量的最或然值。

根据全部同精度观测值求该未知量的最或然值为

$$x = \frac{[l]}{n} = \frac{\sum_{i=1}^{n_1} l_i + \sum_{j=n_1+1}^{n_1+n_2} l_i}{n_1 + n_2}$$

顾及式（5-34），得

$$x = \frac{n_1 L_1 + n_2 L_2}{n_1 + n_2} \tag{5-36}$$

从式（5-36）可见，如果将 L_1 及 L_2 看成两个不同精度观测值，则为求被观测量的最或然值时，在本例的情况下，只要考虑求得它们的观测次数 n_1 和 n_2，并代入式（5-36）就可求得。为了得出由不同精度观测值求被观测量的最或然值的一般公式，可将式（5-35）代入式（5-36），得

$$x = \frac{\frac{m^2}{m_{L_1}^2} L_1 + \frac{m^2}{m_{L_2}^2} L_2}{\frac{m^2}{m_{L_1}^2} + \frac{m^2}{m_{L_2}^2}} \tag{5-37}$$

从式（5-37）可见，如果将上式中的 m^2 换成另一常数 μ^2，并不影响 x 的值。在测量工作中，令

$$P_i = \frac{\mu^2}{m_i^2} \tag{5-38}$$

则式（5-37）为

$$x = \frac{P_1 L_1 + P_2 L_2}{P_1 + P_2} \tag{5-39}$$

从式（5-38）及式（5-39）可以看出，L_i 的精度越高，m_i 越小，P_i 越大，相应的 L_i 在 x 中的比重就大。反之，L_i 的精度越低，m_i 越大，P_i 越小，相应的 L_i 在 x 中的比重就小。所以，也可以说 P_i 值的大小权衡了观测值 L_i 在 x 中所占比重的大小，故称 P_i 为 L_i 的权。

式（5-39）表示的是求两个不同精度观测值的最或然值。对于同精度观测值的算术平均值 L 来说，其权就是参与计算的观测值的次数。

如果将一组同精度观测值分成若干小组，各小组分别求出的算术平均值，是可以作为独立观测值投入后续计算的。当然，它们的权将是各小组中观测值的个数。

当对某未知量进行了 n 次不同精度观测，得 L_1，L_2，$\cdots$，L_n，其相应的权为 P_1，P_2，$\cdots$，P_n，求该量的最或然值时，可将式（5-39）扩充为

$$x = \frac{P_1 L_1 + P_2 L_2 + \cdots + P_n L_n}{P_1 + P_2 + \cdots + P_n} = \frac{[PL]}{[P]} \tag{5-40}$$

上式称为广义算术平均值，或带权平均值。

当 L_i 的精度相同，即 $m_1 = m_2 = \cdots = m_n = m$ 时，由式（5-38）可知，这些观测值的权也相等，即 $P_1 = P_2 = \cdots = P_n = P$，则式（5-40）为

$$x = \frac{PL_1 + PL_2 + \cdots + PL_n}{P + P + \cdots + P} = \frac{[L]}{n} \tag{5-41}$$

这就是算术平均值。可见同精度观测值的情况是不同精度观测的一种特例。

从式（5-39）或式（5-40）可以看出，对于不同精度观测值来说。必须先求出它们的中误差或权，方能算出最或然值。要求算出不同精度观测值的中误差，一般来说比较麻烦，而直接求出其权则较方便，所以在测量的有关计算中，总是先求出权值。下面介绍求权的问题。

5.5.2　求权问题

求权的基本公式为式（5-38），即

$$P_i = \frac{\mu^2}{m_i^2} \quad (i = 1,\ 2,\ \cdots,\ n)$$

式中，μ 是任意常数。

由此可见，权与中误差平方成反比，即精度越高，权越大。应用上式求一组观测值的权 P_i 时，必须采取同一个 μ 值。那么这个 μ 值有什么意义呢？现将（5-38）式写为

$$\mu^2 = P_i m_i^2 \quad (i = 1,\ 2,\ \cdots,\ n)$$

或

$$\frac{\mu^2}{m_i^2} = \frac{P_i}{1}$$

可见：当 $m_i = \mu$ 时，$P_i = 1$，所以 μ 是权等于 1 的观测值的中误差，通常称等于 1 的权为单位权，权为 1 的观测值为单位权观测值。而 μ 为单位权观测值的中误差，简称为单位权中误差。

由式（5-38）可以写出各观测值的权之间的比例关系

$$P_1 : P_2 : \cdots : P_n = \frac{\mu^2}{m_1^2} : \frac{\mu^2}{m_2^2} : \cdots : \frac{\mu^2}{m_n^2} = \frac{1}{m_1^2} : \frac{1}{m_2^2} : \cdots : \frac{1}{m_n^2} \tag{5-42}$$

由此可知，一组观测值的权之比等于它们的中误差平方的倒数之比。不论假设 μ 为何值，这组权之间的比例关系不变。所以，权反映了观测值之间的相互精度关系。就计算 P 值来说，不在乎权本身数值的大小，而在于确定它们之间的比例关系。就式（5-42）来说，m_i 可以是同一个量的观测中误差，也可以是不同量的观测中误差，即权可以反映同一量的若干个观测值之间的精度高低，也可以反映不同量的观测值之间的精度高低。

此外，由式（5-38）可知，μ 值不同，对 x 值的计算毫无影响，即它并不改变最或然值的计算结果。

【例 5-10】　已知 L_1 的中误差 $m_1 = \pm 3\text{mm}$，L_2 的中误差 $m_2 = \pm 4\text{mm}$，L_3 的中误差 $m_3 = \pm 5\text{mm}$，求各观测值的权。

解　设 $\mu = m_1 = \pm 3\text{mm}$，则

$$P_1 = \frac{\mu^2}{m_1^2} = \frac{(\pm 3)^2}{(\pm 3)^2} = 1$$

$$P_2 = \frac{\mu^2}{m_2^2} = \frac{(\pm 3)^2}{(\pm 4)^2} = \frac{9}{16}$$

$$P_3 = \frac{\mu^2}{m_3^2} = \frac{(\pm 3)^2}{(\pm 5)^2} = \frac{9}{25}$$

定权时，也可以令 $\mu = \pm 1\text{mm}$，则

$$P'_1 = \frac{\mu^2}{m_1^2} = \frac{(\pm 1)^2}{(\pm 3)^2} = \frac{1}{9}$$

$$P'_2 = \frac{\mu^2}{m_2^2} = \frac{(\pm 1)^2}{(\pm 4)^2} = \frac{1}{16}$$

$$P'_3 = \frac{\mu^2}{m_3^2} = \frac{(\pm 3)^2}{(\pm 5)^2} = \frac{1}{25}$$

上述两组权 P_1、P_2、P_3 和 P'_1、P'_2、P'_3 都同样地反映了观测值之间的精度关系，因为，在上述求权时，首先令 $\mu = \pm 3\text{mm}$，此时 $P_1 = 1$，即令第一个观测值 L_1 的权为单位权，则 L_1 的中误差就是单位权中误差，即 $\mu = m_1 = \pm 3\text{mm}$。在第二组定权计算时，令 $\mu = m_1 = \pm 1\text{mm}$，即令中误差为 $\pm 1\text{mm}$ 的观测值的权为单位权，不过这个观测值不是真实的观测值，而是个"设想的观测值"，因为在上例中，没有一个观测值的中误差等于 $\pm 1\text{mm}$。

【例 5-11】 按同精度丈量三条边长，得 $S_1 = 3\text{km}$，$S_2 = 4\text{km}$，$S_3 = 6\text{km}$。试确定这三条边长的权。

解 因为是同精度丈量，所以每千米的丈量精度是相同的，设为 m_{km}，按式（5-30）得三条边长的丈量的精度为

$$m_1 = \sqrt{S_1}\, m_{\text{km}}, \quad m_2 = \sqrt{S_2}\, m_{\text{km}}, \quad m_3 = \sqrt{S_3}\, m_{\text{km}}$$

按定权公式（5-38）可得各条边长丈量的权为

$$P_i = \frac{\mu^2}{\left(\sqrt{S_i}\, m_{\text{km}}\right)^2} = \frac{\left(\dfrac{\mu}{m_{\text{km}}}\right)^2}{S_i}$$

在选定 μ 值时，通常令

$$\left(\frac{\mu}{m_{\text{km}}}\right)^2 = C$$

即令 $\mu^2 = C m_{\text{km}}^2$，则

$$P_i = \frac{C}{S_i} \tag{5-43}$$

即在同精度丈量时，边长的权与边长成反比。

如果在本例中设 $C = 4$，则

$$P_1 = \frac{C}{S_1} = \frac{4}{3}$$

$$P_2 = \frac{C}{S_2} = \frac{4}{4} = 1$$

$$P_3 = \frac{C}{S_3} = \frac{4}{6} = \frac{2}{3}$$

因为 $C = 4 = S_2$，即当 $\mu = \sqrt{C}\, m_{km} = \sqrt{S_2}\, m_{km}$ 时，$P_2 = 1$，所以是以丈量 S_2 的权为单位权，其相应的中误差为单位权中误差。

这里不加证明地说明常见测量方式的定权方法：同精度测量边长时，边长的权与边长成反比；每千米水准测量精度相同时，水准路线观测高差的权与路线长度成反比；各测站观测高差的精度相同时，水准路线观测高差的权与测站数成反比；由不同个数的同精度观测值求得的算术平均值，其权与观测值个数成正比。

5.5.3 加权平均值的中误差

当对某未知量进行了 n 次不同精度观测，得 L_1，L_2，$\cdots$，L_n，其相应的权为 p_1，p_2，$\cdots$，p_n，则该量的最或然值为

$$x = \frac{p_1 L_1 + p_2 L_2 + \cdots + p_n L_n}{p_1 + p_2 + \cdots + p_n} = \frac{p_1}{[p]} L_1 + \frac{p_2}{[p]} L_2 + \cdots + \frac{p_n}{[p]} L_n$$

若 L_1，L_2，$\cdots$，L_n 的中误差分别为 m_1，m_2，$\cdots$，m_n，由误差传播定律得

$$M_x^2 = \left(\frac{p_1}{[p]}\right)^2 m_1^2 + \left(\frac{p_2}{[p]}\right)^2 m_2^2 + \cdots + \left(\frac{p_n}{[p]}\right)^2 m_n^2$$

考虑式（5-38），则

$$\begin{aligned}
M_x^2 &= \left(\frac{p_1}{[p]}\right)^2 \frac{\mu^2}{p_1} + \left(\frac{p_2}{[p]}\right)^2 \frac{\mu^2}{p_2} + \cdots + \left(\frac{p_n}{[p]}\right)^2 \frac{\mu^2}{p_n} \\
&= \frac{\mu^2}{[p]^2}(p_1 + p_2 + \cdots + p_n) = \frac{\mu^2}{[p]}
\end{aligned}$$

所以

$$M_x = \frac{\mu}{\sqrt{[p]}} \tag{5-44}$$

在处理不等精度的测量成果时，需要根据单位权中误差来计算观测值的权和加权平均值的中误差。单位权中误差一般取某一类观测值的基本精度，例如，水平角观测的一测回的中误差等。根据一组对同一量的不等精度观测，可以估算本类观测值的单位权中误差。如对同一量的 n 个不等精度观测，得到

$$\mu^2 = p_1 m_1^2$$
$$\mu^2 = p_2 m_2^2$$
$$\vdots$$
$$\mu^2 = p_n m_n^2$$

取以上各式的总和，并除以 n，得到

$$\mu^2 = \frac{[pm^2]}{n} = \frac{[pmm]}{n}$$

用真误差替代上式中的中误差即得到在观测量的真值已知时用真误差求单位权中误差的公式

$$\mu = \sqrt{\frac{[p\Delta\Delta]}{n}} \tag{5-45}$$

在测值的真值未知的情况下，用观测值的加权平均值代替真值，用观测值的改正值代替真误差，得到按不等精度观测值的改正值计算单位权中误差的公式

$$\mu = \sqrt{\frac{[pvv]}{n-1}} \tag{5-46}$$

【例 5-12】　在水准测量中，从三个已知高程点 A、B、C 出发测得 E 点的三个高程观测值 H_i 及各水准路线的长度 L_i。求 E 点高程的最或是值 H_E 及其中误差 M_H。（观测数据见表 5-4）。

表 5-4　观测数据

测段 i	路线长度 L_i/km	高程观测值 H_i/m
A—E	4.0	42.347
B—E	2.0	42.320
C—E	2.5	42.332

解　取路线长度 L_i 的倒数乘以常数 C 为观测值的权，并令 $C=1$，计算见表 5-5 中。

表 5-5　观测值权的计算

测段 i	路线长度 L_i/km	高程观测值 H_i/m	权 $p=1/L_i$	最或是误差 v/mm	pv	pvv
A—E	4.0	42.347	0.25	17.0	4.2	71.4
B—E	2.0	42.320	0.5	−10.0	−5.0	50.0
C—E	2.5	42.332	0.4	2.0	0.8	1.6
[ ]			1.15		0	123.0

根据式（5-40），E 点高程的最或是值为

$$H_E = \frac{0.25\times42.347 + 0.50\times42.320 + 0.40\times42.332}{0.25 + 0.50 + 0.40}\text{m} = 42.330\text{m}$$

根据式（5-46），单位权中误差为

$$\mu = \pm\sqrt{\frac{[pvv]}{n-1}} = \pm\sqrt{\frac{123.0}{3-1}}\text{mm} = \pm7.8\text{mm}$$

根据式（5-44），最或是值的中误差为

$$M_H = \pm7.8\sqrt{\frac{1}{1.15}}\text{mm} = 7.3\text{mm}$$

习　题

一、问答题

1. 偶然误差和系统误差各有何特点？两者有何不同？

2. 什么是中误差？为什么通常用其作为衡量精度的标准？

3. 绝对误差和相对误差分别在什么情况下使用？

4. 等精度观测中, 观测值中误差 m 与算术平均值中误差 M 有什么联系与区别?

5. 什么是误差传播律? 应用误差传播律时应注意些什么问题?

6. 什么是等精度观测? 什么是非等精度观测?

7. 什么是权? 权有什么意义?

二、计算题

1. 对某角度等精度观测了 6 次, 得其算术平均值中误差为 ±21″, 再增加多少次同精度观测, 才能使其算术平均值中误差达到 ±15″?

2. 若测角中误差为 ±30″, 请问三角形内角和的中误差是多少?

3. 观测某水平角时, 一测回中误差为 $m = ±5″$, 要使测角精度达到 ±1.5″, 需观测几个测回?

4. 设有四个函数为: $x_1 = L_1 + L_2$, $x_2 = L_1 L_2$, $x_3 = (L_1 + L_2)/4$, $x_4 = L_1/L_2$。式中 L_1、L_2 为相互独立的等精度观测值, 其中误差均为 m, 试求函数 x_1、x_2、x_3、x_4 的中误差。

5. 在三角高程测量中, 垂直角观测值为 $α = 15°30′±1′$, 距离观测值为 $D = 127.5\text{m}±0.2\text{m}$, 如果只考虑测角和测距的误差影响, 那么观测高差的中误差是多少?

6. 在 1∶1000 的地形图上量取某段距离, 已知量测的距离为 12.7mm±0.2mm, 试求对应实地上两点间的距离及中误差各是多少?

小区域常规平面控制测量　第6章

■本章提要

　　小区域平面控制网，可根据测区面积的大小分级建立测区首级控制和图根控制。直接用于测图的控制点称为图根控制测量，简称图根点。测定图根点位置的工作，称为图根控制测量。图根控制测量可直接在三角点或高级控制点的控制下，布设图根小三角或图根导线，此为一级图根点。若测区面积较大，利用一级图根点再发展的图根点，称为二级图根点。本章介绍利用导线测量、三角测量、交会定点测量等方式建立测区首级平面控制和图根平面控制。

■教学要求

　　了解控制测量的基本含义，掌握导线测量、三角测量、交会定点测量外业布点、外业观测及内业计算方法。

6.1　国家控制网及图根控制网的概念

　　在测量工作中，为限制测量误差的累积，保证必要的测量精度，使分区测绘地形图能拼接成一个整体；整体设计的工程建筑物能够分区施工放样，必须遵循"从整体到局部、由高级到低级、先控制后碎（细）部"的原则。这几个原则说明测量工作首先是建立控制网，进行控制测量，然后在控制测量的基础上再进行碎部测量、施工测量等工作。另外，这几个原则还有一层含义：控制测量是先布设能控制一个大范围、大区域的高等级控制网，然后由高等级控制网逐级加密，直至最低等级的图根控制网，控制的范围也会一级一级地减小。

　　在测区的范围内选定一些对整体具有控制作用的点，称为控制点。这些控制点构成了一个网状结构的几何图形就称为控制网，对控制网进行布设、观测、计算，以确定控制点位置的测量工作就称为控制测量。

　　控制测量分为平面控制测量和高程控制测量，平面控制测量测定控制点的平面坐标，高程控制测量测定控制点的高程。

　　1. 平面控制测量

　　常规平面控制网的布设方法主要包括三角网和导线网。三角网是指地面上一系列的控制点构成连续的三角形，这些三角形形成的网状结构就是三角网，三角形的各个顶点称为三角点。导线是把控制点依次连成一系列折线，或构成多边形，这些控制点称为导线点。由导线构成的控制网就是导线网。导线测量是本章要重点讲述的内容。

　　2. 高程控制测量

　　高程控制网主要采用水准测量、三角高程测量的方法建立。用水准测量方法建立的高程控制网称为水准网。三角高程测量主要用于地形起伏较大、进行水准测量有困难的地区。此部分已在第 2 章中叙述。

6.1.1　国家基本控制网

在全国范围内建立的平面控制网和高程控制网，称为国家控制网。它是全国各种比例尺测图的基本控制，也为研究地球的形状和大小提供依据，为了解地壳水平形变、垂直形变的大小及趋势以及地震预测提供形变信息等服务。

1. 国家平面控制网

我国国家平面控制网是采用逐级控制、分级布设的原则，分一、二、三、四等建立起来的，主要由三角测量法布设，在西部困难地区采用精密导线测量法。目前我国正采用 GPS 控制测量逐步取代三角测量。

一等三角锁沿经线和纬线布设成纵横交叉的三角锁系，锁长 200～250km，构成许多锁环。一等三角锁内由近似等边的三角形组成，平均边长为 20～30km。二等三角测量有两种布网形式：一种是由纵横交叉的两条二等基本锁将一等锁环划分成 4 个大致相等的部分，这 4 个空白部分用二等补充网填充，称纵横锁系布网方案，二等基本锁的平均边长为 20～25km；另一种是在一等锁环内布设全面二等三角网，称全面布网方案，在一等三角锁的基础上加密得到的二等网的平均边长为 13km。一等锁的两端和二等网的中间，都要测定起算边长、天文经纬度和方位角。国家一、二等网合称为天文大地网。我国天文大地网于 1951 年开始布设，1961 年基本完成，1975 年修补测工作全部结束，全网约有 5 万个大地点。

国家三、四等三角网采用插网和插点的方法，作为一、二等控制网的进一步加密，三等三角网平均边长 8km，四等三角网平均边长 2～6km。四等控制点每点控制面积约为 15～20km^2，可以满足 1∶10000 和 1∶5000 比例尺地形测图需要。国家平面控制网如图 6-1 所示。

在城市地区，为满足 1∶500～1∶2000 比例尺地形测图和城市建设施工放样的需要，在国家控制网的控制下，按城市范围大小布设不同等级的城市平面控制网。城市平面控制网分为二、三、四等三角网和一级、二级小三角网，或三、四等导线网和一级、二级、三级导线网。

2. 国家高程控制测量

在全国领土范围内，由一系列按国家统一规范测定高程的水准点构成的网称为国家水准网。水准点上设有固定标志，以便长期保存，为国家各项建设和科学研究提供高程资料。国家水准网按逐级控制、分级布设的原则分为一、二、三、四等，其中一、二等水准测量称为精密水准测量。

一等水准是国家高程控制的骨干，沿地质构造稳定和坡度平缓的交通线布满全国，构成网状。一等水准路线全长为 93000 多 km，包括 100 个闭合环，环的周长为 800～1500km。二等水准是国家高程控制网的全面基础，一般沿铁路、公路和河流布设。二等水准环线布设在一等水准环内，每个环的周长为 300～700km，全长为 137000 多 km，包括 822 个闭合环。沿一、二等水准路线还要进行重力测量，提供重力改正数据。一、二等水准环线要定期复测，检查水准点的高程变化供地壳垂直运动研究使用。三等环不超过 300km；四等水准一般布设为附合在高等级水准点上的附合路线，其长度不超过 80km。全国各地地面点，不论是高山、平原及江河湖面的高程都是根据国家水准网统一传算的。

三、四等水准网是国家高程控制点的进一步加密，主要是为测绘地形图和各种工程建设提供高程起算数据。三、四等水准路线应附合于高等级水准点之间，并尽可能交叉，构成闭合环。国家高程控制网如图 6-2 所示。

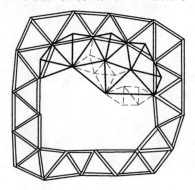

图 6-1　**国家平面控制网**

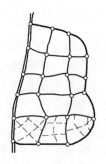

图 6-2　**国家高程控制网**

6.1.2　小区域控制网

在 $10km^2$ 范围内为地形测图或工程测量建立的控制网称小区域控制网。在这个范围内，水准面可视为水平面。小区域控制网应尽可能与国家控制网或城市控制网联测，将国家或城市控制网的高级控制点作为小区域控制网的起算和校核数据。如果测区内或测区附近没有高级控制点，或联测较为困难，也可建立独立平面控制网，采用独立平面直角坐标系计算控制点的坐标。

小区域控制网也包括平面控制网和高程控制网两种。平面控制网的建立主要采用导线测量和小三角测量方法，高程控制网的建立主要采用三、四等水准测量和三角高程测量方法。

小区域平面控制网，应根据测区的大小分级建立测区首级控制网和图根控制网。直接为测图建立的控制网称为图根控制网，其控制点称为图根点。图根控制网也应尽可能与上述各种控制网连接，形成统一系统。个别困难地区连接有困难时，也可建立独立图根控制网。由于图根控制专为测图而做，所以图根点的密度和精度要满足测图要求。对山区或特别困难地区，图根点的密度可适当增大。

小区域高程控制网，也应根据测区的大小和工程要求分级建立。一般以国家或城市等级水准点为基础，在测区建立三、四等水准路线或水准网，再以三、四等水准点为基础，测定图根点高程。

6.2　导线测量

导线测量是进行平面控制测量的主要方法之一，它适用于平坦地区、城镇建筑密集区及隐蔽地区。随着光电测距仪及全站仪的普及，导线测量的应用日益广泛。

导线就是在地面上按一定要求选择一系列控制点，将相邻点用直线连接起来构成的折线。折线的顶点称为导线点，相邻点间的连线称为导线边。导线分精密导线和普通导线，前者用于国家或城市平面控制测量，而后者多用于小区域和图根平面控制测量。

导线测量就是测量导线各边长和各转折角，然后根据已知数据和观测值计算各导线点的平面坐标。用经纬仪测角和钢尺量边的导线称为经纬仪导线；用光电测距仪测边的导线称为光电测距导线。用于测图控制的导线称为图根导线，此时的导线点又称为图根点。

根据测区的地形及已知高级控制点的情况，导线可布设成以下几种形式。

1. 附合导线

起始于一个高级控制点，最后附合到另一高级控制点的导线称为附合导线（见图6-3）。

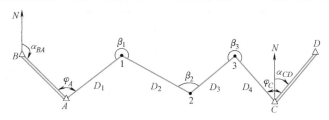

图 6-3　附合导线

由于附合导线附合在两个已知点和两个已知方向上，所以具有检核条件，图形强度好，是小区域控制测量的首选方案。其缺点是横向误差较大，导线中点误差较大。

2. 闭合导线

起、止于同一已知高级控制点，中间经过一系列的导线点，形成一闭合多边形，这种导线称闭合导线（见图6-4）。闭合导线也有图形检核条件，是小区域控制测量的常用布设形式。但由于它起、止于同一点，产生图形整体偏转不易发现，因而图形强度不及附合导线。另外，这种形式可能产生边长系统误差，使整个闭合环放大或缩小，而且无法消除此项误差。

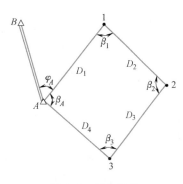

图 6-4　闭合导线

3. 支导线

导线从一已知控制点开始，既不附合到另一已知点，又不回到原来起始点的，称支导线（见图6-5）。

支导线没有图形检核条件，因此发生错误不易发现，一般只能用在无法布设附合或闭合导线的少数特殊情况，并且要对导线边长和边数进行限制。

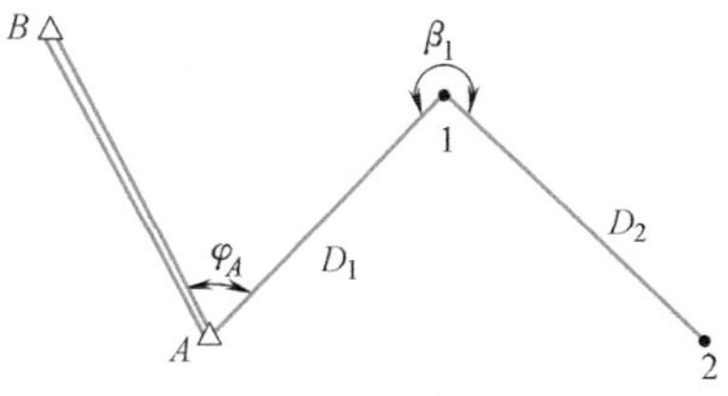

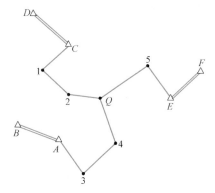

图 6-5　支导线

前面三种是导线基本的布设形式，除此以外根据具体情况还可以布设成结点导线形式（见图6-6）和环形导线形式（见图6-7）。

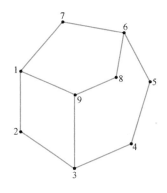

图 6-6　结点导线

图 6-7　环形导线

布设导线要根据测区大小选取合适的等级，表6-1是《工程测量规范》中对小区域各等级导线和图根导线测量的技术要求。

表 6-1　小区域图根导线测量的技术要求

等级	测图比例尺	导线总长度/m	平均边长/m	测距相对中误差	测角中误差/″	导线全长相对中误差	测回数 2″级仪器	测回数 6″级仪器	角度闭合差/″
一级		4000	500	1/30000	±5	1/15000	2	4	$\pm10\sqrt{n}$
二级		2400	250	1/14000	±8	1/10000	1	3	$\pm16\sqrt{n}$
三级		1200	100	1/7000	±12	1/5000	1	2	$\pm24\sqrt{n}$
图根	1:500	500	75	1/2000	±20	1/2000		1	$\pm40\sqrt{n}$（光电） $\pm60\sqrt{n}$（钢尺）
	1:1000	1000	110						
	1:2000	2000	180						

在表6-1中，图根导线的平均边长和导线的总长度是根据测图比例尺确定的。因为图根导线点是测图时的测站点，测图中要求两相邻测站点上测定同一地物作为检核，而测1:500地形图时，规定测站到主要地物的最大距离为40m，即两测站之间的最大距离为80m，所以对应的导线边最长为80m，表中规定平均边长为75m。测图中又规定点位中误差不大于图上0.5mm，1:500地形图上0.5mm对应的实际点位误差为0.25m。如果把0.25m视为导线的全长闭合差，根据全长相对闭合差，则导线的全长为500m。

6.2.1　导线测量的外业工作

导线测量工作分为外业和内业，外业工作主要是布设导线，通过实地测量获取导线的有关数据，其具体工作包括以下几方面。

1. 踏勘选点

导线点的选择一般是利用测区内已有地形图，先在图上选点，拟定导线布设方案，然后到实地踏勘，落实点位。当测区不大或无现成的地形图可利用时，可直接到现场，边踏勘，边选点。无论采用哪种方法，选点时都应注意以下问题：

1）相邻点要通视良好，地势平坦，视野开阔，其目的在于方便测边、测角和有较大的控制范围。

2）点位应选在土质坚硬且不易破坏的地方，其目的在于能稳固地安置仪器和有利于点位的保存。

3）导线边长应大致相等，可减小因望远镜调焦对测角的影响。因此，在一条导线中不宜出现过长和过短的导线边，尤其要避免由长边立即转变为短边的情况。

当选定点位后，应立即建立和埋设标志。标志可以是临时性的，如图6-8所示，即在点位上打入木桩，在桩顶钉一钉子或刻画"+"字，以示点位。如果需要长期保存点位，可以制成永久性标志，如图6-9所示，即埋设混凝土桩，在桩中心的钢筋顶面刻"+"字，以示点位。

标志埋设好后，对作为导线点的标志要进行统一编号，并绘制导线点与周围固定地物的相关位置图，称为点之记，如图6-10所示，作为今后找点的依据。

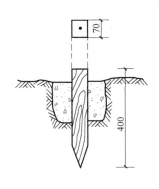

图 6-8　**导线桩**

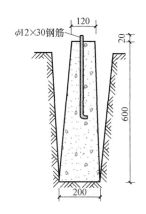

图 6-9　**永久性控制桩**

2. 测角

测角就是观测导线的转折角。转折角以导线点序号前进方向分为左角和右角。对附合导线和支导线测左角或右角均可，为防止出错全线应尽可能一致。对闭合导线，应测闭合多边形的内角。

对导线角度测量的有关技术要求，可参考表 6-1。对于图根导线，测角一般用 DJ_6 型经纬仪测一个测回。上、下半测回角差不大于 40″时，即可取平均值作为角值。

当测站上只有两个观测方向，即测单角时，用测回法观测；当测站上有三个观测方向时，用方向观测法观测，可以不归零；当观测方向超过三个时，方向观测法观测一定要归零。

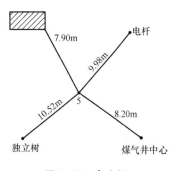

图 6-10　**点之记**

3. 量边

导线边长一般要求用检定过的钢尺进行往、返丈量。对图根导线测量，通常也可以沿同一方向丈量两次。当尺长改正数小于尺长的万分之一、测量时的温度与钢尺检定时的温度差小于±10℃、边的倾斜小于 1.5%时，可以不加三项改正，以其相对中误差不大于 1/3000 为限差，直接取平均值即可。当然，如果有条件，可用光电测距仪测量边长，既能保证精度，又省时、省力。

4. 连测

导线连测目的在于把已知点的坐标传递到导线上来，使导线点的坐标与已知点的坐标形成统一系统。由于导线与已知点和已知方向连接的形式不同，连测的内容也不相同。

6.2.2　导线测量的内业工作

导线测量的内业工作就是内业计算，又称导线平差计算，即用科学的方法处理测量数据，合理地分配测量误差，最后求出各导线点的坐标值。

为了保证计算的正确性和满足一定的精度要求，计算之前应注意两点：一是对外业测量成果进行复查，确认没有问题，方可在专用计算表格上进行计算；二是对各项测量数据和计算数据取到足够位数。对小区域和图根控制测量的所有角度观测值及其改正数取到整秒；距离、坐标增量及其改正数和坐标值均取到厘米。取舍原则："四舍六入，五前单进双舍"，即保留位后的数大于五就进，小于五就舍，等于五时则看保留位上的数是单数就进，是双数就舍。

1. 闭合导线计算

图 6-11 所示是实测图根闭合导线，图中各项数据是从外业观测手簿中获得的。已知 A2 边的坐标方位角为 97°58′08″，现结合本例说明闭合导线的计算步骤如下：

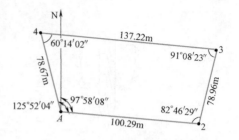

图 6-11　闭合导线

（1）表中填入已知数据和观测数据　本例按右转折角计算。根据已知边 A2 的坐标方位角计算出 A4 的坐标方位角为 332°06′19″（97°58′08″+360°-125°51′49″）填入表 6-2 中第 5 栏，已知点 A 的坐标值填入表 6-2 中第 11、12 栏。并在已知数据下边用红线或双线示明。将角度和边长观测值分别填入表 6-2 中第 2、6 栏。

（2）角度闭合差的计算与调整　对于任意多边形，其内角和理论值的通项式可写成

$$\sum\beta_{理} = (n-2)\times180°$$

式中，n 为多边形边数。

由于此闭合导线为四边形，所以其内角和的理论值为 $(4-2)\times180°=360°$。如果用 $\sum\beta_{测}$ 表示四边形内角实测之和，由于存在测量误差，使得 $\sum\beta_{测}$ 不等于 $\sum\beta_{理}$，两者之差称为闭合导线的角度闭合差，通常用 f_β 表示，即

$$f_\beta = \sum\beta_{测} - \sum\beta_{理} = \sum\beta_{测} - (n-2)\times180° \tag{6-1}$$

根据误差理论，一般情况下，误差不会超过一定的界限，称之为允许闭合差或闭合差限差，如果用 $f_{\beta允}$ 表示这个界限值，那么当 $f_\beta < f_{\beta允}$ 时，导线的角度测量是符合要求的，否则要对计算进行全面检查，若计算没有问题，就要对角度进行重测。本例 $f_\beta = +58″$。根据表 6-1 可知，图根导线 $f_{\beta允} = \pm40″\sqrt{n} = \pm80″$，则有 $f_\beta < f_{\beta允}$，所以观测成果合格。

虽然 $f_\beta < f_{\beta允}$，但 f_β 的存在，使整个导线不闭合。因此，要根据误差理论，消除 f_β 的影响，这项工作称为角度闭合差的调整。调整前提是假定所有角的观测误差是相等的，调整的方法是将 f_β 反符号平均分配到每个观测角上，即每个观测角改正 $-f_\beta/n$（n 为观测角的个数值），这项计算在表 6-2 中第 3 栏，并以改正数总和等于 $-f_\beta$ 作为检核。再将角度观测值加改正数求得改正后的角度值，填入表 6-2 中第 4 栏，并以改正后角度总和等于理论值作为计算检核。

（3）推算导线各边的坐标方位角　根据已知边坐标方位角和改正后的角值，按下面公式推算导线各边坐标方位角

$$\begin{cases} \alpha_{前} = \alpha_{后} + \beta_{左} - 180° \\ \alpha_{前} = \alpha_{后} - \beta_{右} + 180° \end{cases} \tag{6-2}$$

式中，$\alpha_{前}$、$\alpha_{后}$ 表示导线前进方向的前一条边的坐标方位角和与之相连的后一条边的坐标方位角。$\beta_{左(右)}$ 为前后两条边所夹的左（右）角。例如由式（6-2）求得

$$\alpha_{43} = \alpha_{A4} - \beta_4 - 180° = 332°06′19″ - 60°13′48″ - 180° = 91°52′31″$$

如此分别计算出 32 边、2A 边坐标方位角及进行 A4 边坐标方位角检核。

表 6-2　闭合导线坐标计算

点号	转折角（右角）	改正数	改正后转折角	方位角 α	边长/m	坐标增量/m		改正后坐标增量/m		坐标/m		点号
						Δx	Δy	Δx	Δy	x	y	
1	2	3	4	5	6	7	8	9	10	11	12	13
A	125°52′04″	−14	125°51′50″	332°06′19″	78.67	+69.53	−36.80	+69.53	−36.80	5032.70	4537.66	A
4	60°14′02″	−15	60°13′47″	91°52′32″	137.22	+1 −4.49	−1 +137.15	−4.48	+137.14	5102.23	4500.86	4
3	91°08′23″	−14	91°08′09″	180°44′23″	78.96	−78.95	−1.02	−78.95	−1.02	5097.75	4638.00	3
2	82°46′29″	−15	82°46′14″	277°58′09″	100.29	+13.90	−99.32	+13.90	−99.32	5018.80	4636.98	2
A			(125°51′50″)	332°06′19″						5032.70	4537.66	A
4												4
Σ	360°00′58″		360°00′00″		395.14	−0.01	+0.01	0	0			
辅助计算	$f_\beta = +58''$　$f_x = \sum \Delta x = -0.01\text{m}$　$f_y = \sum \Delta y = +0.01\text{m}$　$f_D = \sqrt{f_x^2 + f_y^2} = 0.014\text{m}$ $f_{\beta允} = \pm(40\sqrt{4})'' = \pm 80''$　$f_\beta < f_{\beta允}$　$K = \dfrac{0.014}{395.14} = \dfrac{1}{28200} < \dfrac{1}{2000}$											

在运用式（6-2）计算时，应注意两点：

1）由于边的坐标方位角只能是 0°～360°，因此，当用式（6-2）求出的 $\alpha_{前}$ 大于 360°时，应减去 360°；当用式（6-2）求出的 $\alpha_{前}$ 为负值时，应加上 360°。

2）最后推算出的已知边坐标方位角，应与已知值相等，以此作为计算检核的依据。此项计算填入表 6-2 第 5 栏。

（4）坐标增量计算　在图 6-12 中，D_{12}、α_{12} 为已知值，则 12 边的坐标增量为

$$\begin{cases} \Delta x_{12} = D_{12}\cos\alpha_{12} \\ \Delta y_{12} = D_{12}\sin\alpha_{12} \end{cases} \tag{6-3}$$

式（6-3）说明一条边的坐标增量是该边边长和该边坐标方位角的函数。此项计算填在表 6-2 中第 7、8 栏。

（5）坐标增量闭合差计算及其调整　对于闭合导线，由于起、止于同一点，所以闭合导线的坐标增量总和理论上应该等于零，即

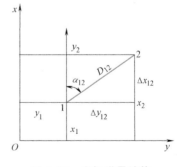

图 6-12　坐标增量计算

$$\begin{cases} \sum \Delta x_{理} = 0 \\ \sum \Delta y_{理} = 0 \end{cases}$$

如果用 $\sum \Delta x_{测}$ 和 $\sum \Delta y_{测}$ 分别表示计算的坐标增量总和，由于存在测量误差，计算出的坐标增量总和与理论值不相等，两者之差称为闭合导线坐标增量闭合差，分别用 f_x、f_y 表示，即有

$$\begin{cases} f_x = \sum \Delta x_{测} - \sum \Delta x_{理} \\ f_y = \sum \Delta y_{测} - \sum \Delta y_{理} \end{cases} \tag{6-4}$$

坐标增量闭合差是坐标增量的函数，或者说是导线边长和坐标方位角的函数。导线从 A 点出发，经过 4、3、2 点后，因各边丈量及测角的误差，导线没有回到 A 点，而是落在 A'。如图 6-13 所示，AA' 为导线全长闭合差，用 f_D 表示，可见 f_x、f_y 是 f_D 在 x、y 轴上的分量，所以有

$$f_D = \sqrt{f_x^2 + f_y^2} \tag{6-5}$$

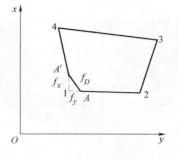

图 6-13　导线全长闭合差

既然所有边长误差总和为 f_D，用 $\sum D$ 表示导线总长，则导线全长相对闭合差为

$$K = \frac{f_D}{\sum D} = \frac{1}{\sum D / f_D}$$

根据误差理论，导线全长的闭合差不能超过一定的界限，假设用 $K_允$ 表示这个界限值，则当 $K < K_允$ 时，认为导线边长丈量是符合要求的。在这个前提下，本着边长测量误差与边的长度成正比的原则，将坐标增量闭合差 f_x、f_y 反符号按与边长成正比进行调整。

令 ν_{xi}、ν_{yi} 为第 i 条边的坐标增量改正数，则有

$$\begin{cases} \nu_{xi} = -\dfrac{f_x}{\sum D} \cdot D_i \\[3mm] \nu_{yi} = -\dfrac{f_y}{\sum D} \cdot D_i \end{cases}$$

此项计算填在表 6-2 中第 7、8 栏坐标增量的上面，并以 $\sum \nu_{xi} = -f_x$，$\sum \nu_{yi} = -f_y$ 作检核。再将坐标增量加坐标增量改正数后填入表 6-2 中第 9、10 栏，作为改正后的坐标增量，此时表 6-2 中第 9、10 栏的总和为零，以此作为计算检核。

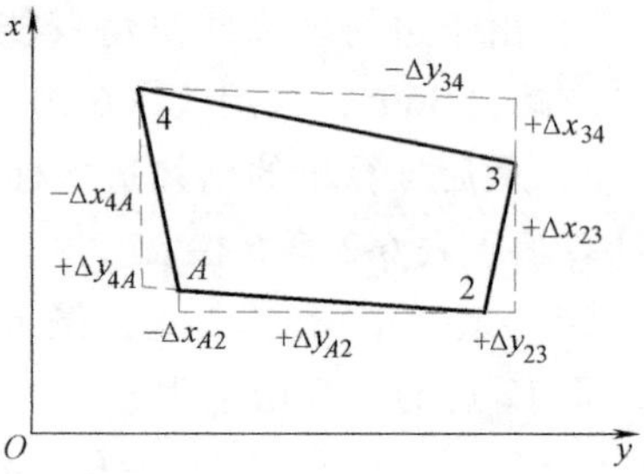

在图 6-14 中 A 点的坐标是已知的，各边的坐标增量已经求得，所以有

$$\begin{cases} x_4 = x_A + \Delta x_{A4} \\ y_4 = y_A + \Delta y_{A4} \end{cases}$$

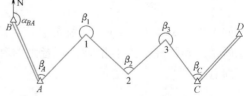

图 6-14　坐标计算

同样依次类推，即可分别求出 3、2 点的坐标，最后要注意，由 2 点推算 A 点的坐标值应与已知值相等，以此作计算检核。此项计算填入表 6-2 中第 11、12 栏。至此闭合导线内业计算全部结束。

2. 附合导线计算

附合导线计算方法和计算步骤与闭合导线计算相同，只是由于已知条件不同，角度闭合差和坐标增量闭合差的计算略有不同。

（1）角度闭合差的计算及其调整　如图 6-15 所示，附合导线是附合在两条已知坐标方位角的边上，也就是说 α_{BA}、α_{CD} 是已知的。由于已测出各转折角，所以从 α_{BA} 出发，经各转折角也可以求得 CD 边的坐标方位角 α'_{CD}，

图 6-15　附合导线计算

则有

$$\alpha_{A1} = \alpha_{BA} + \beta_A - 180°$$

$$\alpha_{12} = \alpha_{A1} + \beta_1 - 180°$$

$$\alpha_{23} = \alpha_{12} + \beta_2 - 180°$$

$$\alpha_{3C} = \alpha_{23} + \beta_3 - 180°$$

$$\alpha'_{CD} = \alpha_{3C} + \beta_C - 180° = \alpha_{BA} + \sum\beta - 5\times180°$$

如果写成通项公式，则为

$$\begin{cases} \alpha'_{终} = \alpha_{起} + \sum\beta_{左} - n\times180° \\ \alpha'_{终} = \alpha_{起} - \sum\beta_{右} + n\times180° \end{cases} \tag{6-6}$$

式中，n 为测角个数。

由于存在测量误差，致使 $\alpha'_{CD} \neq \alpha_{CD}$，两者之差称为附合导线角度闭合差，用 f_{β} 表示，则

$$f_{\beta} = \alpha'_{CD} - \alpha_{CD} = \alpha_{BA} + \sum\beta - 5\times180° - \alpha_{CD} \tag{6-7}$$

和闭合导线一样，当 $f_{\beta} < f_{\beta允}$ 时，说明附合导线角度测量是符合要求的，这时要对角度闭合差进行调整。其方法是：当附合导线测的是左角时，则将闭合差反符号平均分配，即每个角改正 $-f_{\beta}/n$。当测的是右角时，则将闭合差同符号平均分配，即每个角改正 f_{β}/n。

（2）坐标增量闭合差的计算　在图 6-15 中，由于 A、C 的坐标为已知，所以从 A 到 C 的坐标增量也就已知，即

$$\begin{cases} \sum\Delta x_{理} = \Delta x_{AC} = x_C - x_A \\ \sum\Delta y_{理} = \Delta y_{AC} = y_C - y_A \end{cases}$$

然而通过附合导线计算也可以求得 A、C 间的坐标增量。假设用 $\sum\Delta x_{测}$、$\sum\Delta y_{测}$ 表示，则由于测量误差的缘故，致使

$$\begin{cases} \sum\Delta x_{理} \neq \sum\Delta x_{测} \\ \sum\Delta y_{理} \neq \sum\Delta y_{测} \end{cases}$$

两者之差称为附合导线坐标增量闭合差，即

$$\begin{cases} f_x = \sum\Delta x_{测} - (x_C - x_A) \\ f_y = \sum\Delta y_{测} - (y_C - y_A) \end{cases} \tag{6-8}$$

附合导线的导线全长闭合差、全长相对闭合差的计算，以及坐标增量闭合差的调整与闭合导线相同。附合导线坐标计算的全过程见表 6-3 的算例。

3. 无定向附合导线的计算

无定向附合导线就是导线两端有已知点但没有定向方向，该导线观测时两端无连接角，其他各点的水平角度和距离观测如一般的附合导线，如图 6-16 所示，B、C 为无定向附合导线两端的已知点，1、2、3、4 为待定的导线点，观测了各待定点的水平角及各点之间的水平距离。该导线由于没有起算方位角，计算时根据现场情况先假定起点 B 至 1 点的坐标方位角为 $\alpha_{B1'}$，根据该方位角及各点的转折角即可推算出各边假定的坐标方位角，然后按支导线计算出各点的假定坐标及 C 点的假定位置 C'，由 B、C、C' 三点坐标计算 BC、BC' 的坐标方位角 α_{BC}、$\alpha_{BC'}$ 以及距离 D_{BC}、$D_{BC'}$。

表 6-3　附合导线坐标计算

点号	转折角（左角）	改正数	改正后转折角	坐标方位角 α	边长 /m	坐标增量 /m		改正后坐标增量/m		坐标 /m		点号
						Δx	Δy	Δx	Δy	x	y	
1	2	3	4	5	6	7	8	9	10	11	12	13
B				137°24′26″								B
A	67°54′44″	+5	67°54′49″	25°19′15″	161.01	+3 +145.54	0 +68.86	+145.57	+68.86	1873.59	8785.05	A
1	248°28′06″	+5	248°28′11″	93°47′26″	239.55	+5 −15.84	−1 +239.02	−15.79	+239.01	2019.16	8853.91	1
2	100°05′57″	+5	100°06′02″	13°53′28″	169.10	+3 +164.15	−1 +40.60	+164.18	+40.59	2003.37	9092.92	2
3	279°07′09″	+4	279°07′13″	113°00′41″	132.62	+2 −51.84	0 +122.07	+164.18 −51.82	+40.59 +122.07	2167.55	9133.51	3
C	91°24′36″	+5	91°24′41″	113°00′41″	132.62			−51.82	+122.07	2115.73	9255.58	C
D				24°25′22″								D
Σ	787°00′32″		787°00′56″		702.28	+242.01	+470.55	242.14	470.53			
辅助计算	$\alpha'_{CD}=\alpha_{AB}+5\times180°+\sum\beta=24°24′58″$ $f_x=\sum\Delta x_测-\sum\Delta x_理=-0.13\text{m}$ $f_\beta=\alpha'_{CD}-\alpha_{CD}=-24″$ $f_y=\sum\Delta y_测-\sum\Delta y_理=+0.02\text{m}$ $f_D=\sqrt{f_x^2+f_y^2}=0.13\text{m}$ $f_{\beta允}=\pm(40\sqrt{5})″=\pm89″$ $f_\beta<f_{\beta允}$ $K=\dfrac{0.13}{702.28}=\dfrac{1}{5300}<\dfrac{1}{2000}$											

由图 6-16 可知，$\theta=\alpha_{BC'}-\alpha_{BC}$。将每个边的假定方位角加上 θ 即得到各边实际的坐标方位角。

由距离 D_{BC}、$D_{BC'}$ 求出距离缩放系数

$$R=D_{BC}/D_{BC'}$$

将各观测边长乘系数 R 得到各边的实际边长。

最后由各边实际边长和实际坐标方位角计算各边的坐标增量，再根据起算点坐标计算各待定点的坐标。

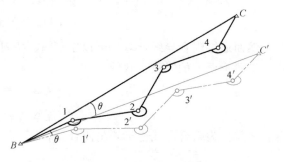

图 6-16　无定向附合导线

6.3　小三角测量

所谓小三角测量是指在小范围内布设边长较短的三角网进行测量。它是常规平面控制测量的主要方法之一。在观测所有三角形的内角及测量若干必要的边长之后，根据起始边的已知坐标方位角和起始点的已知坐标，即可求出所有三角点的坐标。小三角测量的特点是测角工作量大，而测距工作量极少，甚至可以没有。它适用于山区或丘陵地区的平面控制。

6.3.1　小三角网的布网形式

根据测区的范围和地形条件，以及已有控制点的情况，小三角网可布置成三角锁、中点

多边形、大地四边形和线形锁等形式，如图 6-17 所示。

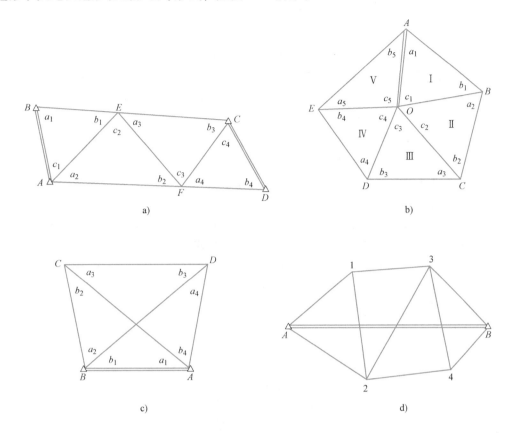

图 6-17　小三角网的布设形式

a）三角锁　b）中点多边形　c）大地四边形　d）线形锁

三角网中直接测量边长的边称为基线。三角锁一般在两端都测量基线，中点多边形和大地四边形只需测量一条基线，线形锁则是两端附合在高级点上的三角锁，故不需测量基线。起始边附合在高级点上的三角网也不需测量基线。

小三角测量分成一级小三角、二级小三角和图根小三角三个等级。一、二级小三角可作为国家等级控制网的加密，也可作为独立测区的首级控制。图根小三角可作为一、二级小三角的进一步加密，在小范围的独立测区，也可直接作为测图控制。各级小三角测量的技术要求见表 6-4，图根三角锁的三角形个数不多于 12，方位角闭合差不大于 $\pm 40'' \sqrt{n}$。

表 6-4　各级小三角测量的主要技术要求

等级	平均边长 /km	测角中误差 /″	三角形最大闭合差 /″	三角形个数	起始边相对中误差	最弱边相对中误差	测回数	
							DJ$_2$	DJ$_6$
一级	1	±5	±15	6~7	1/40000	1/20000	2	4
二级	0.5	±10	±30	6~7	1/20000	1/10000	1	2
图根	≤1.7 倍最大视距	±20	±60	≤12	1/10000	1/10000		1

6.3.2 小三角测量的外业工作

1. 选点

选点前应搜集测区内已有的地形图和控制测量资料，在已有的地形图上初步拟定布设方案，然后到实地对照、修改，最后确定点位。如果测区没有可利用的地形图，则须到野外详细踏勘，综合比较，最后选定点位。选点时既要考虑各级小三角测量的技术要求，又要考虑测图和用图方面的要求，一般应注意以下几点：

1）三角形应接近等边三角形，困难地区三角形内角也不应大于120°或小于30°。

2）三角形的边长应符合规范的规定。

3）三角点应选在地势较高、视野开阔、便于测图和加密、便于观测和保存点位的地方，三角点间应通视良好。

4）基线应选在地势平坦、无障碍、便于量距的地方，小三角网的起始边最好能采用测距仪直接丈量。使用测距仪时还应避开发热体和强电磁场的干扰。

三角点选定后应埋设标志，标志可根据需要采用大木桩或混凝土标石。小三角测量一般不建造觇标，观测时可用三根竹竿吊挂一大垂球，为便于观测，可在悬挂线上加设照准用的竹筒，也可用三根铁丝竖立一标杆作为照准标志，如图6-18所示。

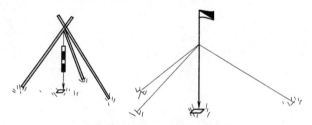

图 6-18　小三角观测目标

2. 角度观测

角度观测是三角测量的主要工作。观测前应检校好仪器。观测一般采用方向观测法。当方向数超过三个时应归零。各级小三角角度观测的测回数可参考表6-4的规定，角度观测的各项限差见表6-5。三角形闭合差应不超过表6-4的规定。以上条件满足后并不等于满足了角度测量的精度要求，还应按下式计算测角中误差，即

$$m_\beta = \pm \sqrt{\frac{[ww]}{3n}}$$ （6-9）

式中，w为三角形角度闭合差；n为观测的三角形个数。

表 6-5　小三角测量中水平角观测的限差

项　目	DJ$_2$	DJ$_6$
半测回归零差	12	18
一测回中 2c 互差	18	
同一方向各测回互差	12	24

3. 基线测量

基线是计算三角形边长的起算数据，要求保证必要的精度。各级小三角测量对起始边的

精度要求见表6-4。起始边应优先采用光电测距仪观测，观测前测距仪应经过检定，观测方法同各级光电测距导线的边长测量。观测所得斜距应加气象、加常数、乘常数等改正，然后换算成平距。当用钢尺丈量基线时，钢尺应经过检定，并按钢尺精密丈量方法进行。丈量可用单尺进行往返丈量或双尺同向丈量。直接丈量三角网起始边时，应满足表6-4中规定的精度要求。

4. 起始边定向

与高级网联测的小三角网，可根据高级点的坐标，用坐标反算得出高级点间的坐标方位角和所测的连接角，推算出起始边的坐标方位角。对于独立的小三角网，可直接测定起始边的真方位角或磁方位角进行定向。

6.3.3 小三角测量的内业计算

小三角测量内业计算的目的，是要求出各三角点的坐标。为此，首先要检查和整理好外业资料，准备好起算数据。计算工作包括检验各种闭合差、进行三角网的平差、计算边长及其坐标方位角，最后算出三角点的坐标。

小三角网图形中存在的各种几何关系，又称几何条件。由于观测值中均带有测量误差，所以往往不能满足这些几何条件。因此，必须对所测的角度进行改正，使改正后的角值能满足这些条件。这项工作称为平差，是三角测量内业计算中的一项主要工作。在小三角测量中，通常可采用近似平差。下面就三角锁、中点多边形、大地四边形等几种基本图形的近似平差方法进行说明。

1. 三角锁的近似平差

三角锁应满足下列几何条件，即每个三角形三内角之和应等于180°，这种条件称为图形条件。另外，一般三角锁在锁段两端都测量两条基线，所以从一条基线开始经一系列三角形推算至另一基线，推算值应等于该基线的已知值，这种条件称为基线条件。三角锁平差的任务就是修正角度观测值，使之满足这两种条件。近似平差一般分两步进行，平差计算的步骤和方法如下：

（1）检查和整理外业资料 计算前应首先检查外业手簿，检查角度和基线测量的记录和计算是否有误，检查观测结果有无超限。最后整理出角度观测值、各三角形的闭合差、基线的长度等。

（2）绘制计算略图 根据观测数据绘制计算略图并对点位、三角形、角度和基线进行编号。如图6-19所示，从起始边开始按推算方向对三角形进行编号（罗马数字）。三角形三内角的编号分别为 a、b、c，并以其相应三角形号（罗马数字所对应的阿拉伯数字）作为下角号。b 角所对

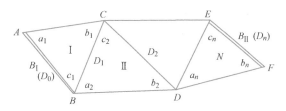

图 6-19　**三角锁角度、基线编号**

的边为已知边，a 角所对的边为传距边，c 角称为间隔角，其所对的边称为间隔边。计算略图上应标明点号、三角形号、角号、基线号。角度和基线的观测值则填写在平差计算表内（见表6-6）。

表 6-6　三角锁近似平差计算

三角形	角号	角度观测值 ° ′ ″	第一次改正 ″	第一次改正后角度 ° ′ ″	$\sin b'$ $\sin a'$	$\cot b'$ $\cot a'$	第二次改正 ″	第二次改正后角度 ° ′ ″	边长/m
I	b_1	60 44 27	−1	60 44 26	0.87242	+0.56024	+1	60 44 27	(B_1) 527.853
	c_1	56 06 36	−1	56 06 35				56 06 35	502.252
	a_1	63 09 00	−1	63 08 59	0.89219	+0.50624	−1	63 08 58	539.812
	Σ	180 00 03	−3	180 00 00				180 00 00	
II	b_2	46 44 26	−3	46 44 23	0.72825	+0.94104	+1	46 44 24	
	c_2	63 51 35	−3	63 51 32				63 51 32	665.420
	a_2	69 24 08	−3	69 24 05	0.93607	+0.37585	−1	69 24 04	693.849
	Σ	180 00 09	−9	180 00 00				180 00 00	
III	b_3	102 19 34	+3	102 19 37	0.97695	−0.21853	+1	102 19 38	
	c_3	39 13 19	+2	39 13 21				39 13 21	449.099
	a_3	38 27 00	+2	38 27 02	0.62184	+1.25940	−1	38 27 01	441.640
	Σ	179 59 53	+7	180 00 00				180 00 00	
IV	b_4	61 00 26	+2	61 00 28	0.87469	+0.55413	+1	61 00 29	
	c_4	48 31 44	+2	48 31 46				48 31 46	378.327
	a_4	70 27 44	+2	70 27 46	0.94242	+0.35485	−1	70 27 45	(B_{II})475.837
	Σ	179 59 54	+6	180 00 00				180 00 00	
Σ					0.54292 0.48943	+1.83688 +2.49634			
辅助计算	\multicolumn{9}{l}{见下}

辅助计算：

$$m_\beta = \pm\sqrt{\frac{[f_\beta f_\beta]}{3n}} = \pm 3.82'' < m_{\beta允} = \pm 10''（按二级小三角）$$

$$W_限 = \pm 2\frac{m_{\beta允}}{\rho}\sqrt{\left(\sum\cot^2 a_i' + \sum\cot^2 b_i'\right)} = \pm 2\times\frac{10''}{206265''}\times\sqrt{3.6638} = \pm 0.000185 > 0.00002195$$

已知基线长：

$$D_0(B_1) = 527.853\text{m} \qquad W_D = \frac{D_0\prod\limits_{i=1}^{4}\sin a_i'}{D_4\prod\limits_{i=1}^{4}\sin b_i} - 1 = 0.00002195$$

$$D_4(B_{II}) = 475.837\text{m} \qquad v_a'' = -v_b'' = -\frac{W_D\cdot\rho}{\sum(\cot a_i' + \cot b_i')} = -\frac{0.00002195\times 206265''}{4.33322} \approx -1.0''$$

$$D_4' = D_0\frac{\prod\sin a_i'}{\prod\sin b_i'} = 475.858\text{m}$$

（3）角度闭合差的计算和调整　各三角形内角之和应等于180°，即满足图形条件。如果三内角观测值之和不等于180°，则角度闭合差为

$$f_{\beta_i} = a_i + b_i + c_i - 180° \tag{6-10}$$

式中，f_{β_i} 为第 i 个三角形的角度闭合差。

当 f_β 不超过表6-4规定时，则将闭合差按相反的符号平均分配到三个内角上，故对角度所做的第一次改正值为

$$v_{a_i}' = v_{b_i}' = v_{c_i}' = -\frac{f_{\beta_i}}{3} \tag{6-11}$$

各角度观测值加上第一次改正数后，得第一次改正后的角值

$$
\begin{cases}
a_i' = a_i - \dfrac{f_{\beta_i}}{3} \\[2mm]
b_i' = b_i - \dfrac{f_{\beta_i}}{3} \\[2mm]
c_i' = c_i - \dfrac{f_{\beta_i}}{3}
\end{cases}
\tag{6-12}
$$

作为检核，第一次改正后的角值之和应等于 $180°$。角度闭合差分配后的余数可分配在较大的角上或包含短边的角上，使条件完全满足。

（4）基线闭合差的计算和调整　从基线 D_0 推算到基线 D_n，推算值 D_n' 应等于已知值 D_n，即满足基线条件。按起始边 D_0 和经第一次改正后的传距角 a_i'、b_i' 依次推出各三角形的边长如下

$$
\begin{cases}
D_1' = D_0\dfrac{\sin a_1'}{\sin b_1'} \\[2mm]
D_2' = D_1'\dfrac{\sin a_2'}{\sin b_2'} = D_0\dfrac{\sin a_1'\sin a_2'}{\sin b_1'\sin b_2'} \\[2mm]
\quad\quad\quad\vdots \\[2mm]
D_n' = D_0\dfrac{\sin a_1'\sin a_2'\cdot\,\cdots\,\cdot\sin a_n'}{\sin b_1'\sin b_2'\cdot\,\cdots\,\cdot\sin b_n'}
\end{cases}
\tag{6-13}
$$

基线条件应满足

$$
D_0\frac{\sin a_1'\sin a_2'\cdot\,\cdots\,\cdot\sin a_n'}{\sin b_1'\sin b_2'\cdot\,\cdots\,\cdot\sin b_n'} = D_n
$$

即

$$
\frac{D_0\sin a_1'\sin a_2'\cdot\,\cdots\,\cdot\sin a_n'}{D_n\sin b_1'\sin b_2'\cdot\,\cdots\,\cdot\sin b_n'} = 1
$$

推算出的边长 D_n' 如果不等于已知边长 D_n，则产生基线条件闭合差，即

$$
W_D = \frac{D_0\sin a_1'\sin a_2'\cdot\,\cdots\,\cdot\sin a_n'}{D_n\sin b_1'\sin b_2'\cdot\,\cdots\,\cdot\sin b_n'} - 1
\tag{6-14}
$$

如果 W_D 在允许的限差内，则可进行闭合差的调整，否则应检查原因，必要时要重测基线边长。W_D 的限差 $W_{限}$ 按下式计算

$$
\begin{aligned}
W_{限} &= \pm 2\,\frac{m_{\beta允}}{\rho}\cdot\frac{D_n\prod\limits_{i=1}^{n}\sin b_i'}{D_0\prod\limits_{i=1}^{n}\sin a_i'}\cdot\sqrt{\left(\sum\cot^2 a_i' + \sum\cot^2 b_i'\right)} \\[2mm]
&\approx \pm 2\,\frac{m_{\beta允}}{\rho}\cdot\sqrt{\left(\sum\cot^2 a_i' + \sum\cot^2 b_i'\right)}
\end{aligned}
\tag{6-15}
$$

式中，$m_{\beta允}$ 为相应等级规定的允许测角中误差。

为了消除基线闭合差，还需要改正传距角，即对各 a_i'、b_i' 进行第二次改正，以满足下式

$$
\frac{D_0\sin\left(a_1' + \nu_{a_1'}''\right)\sin\left(a_2' + \nu_{a_2'}''\right)\cdot\,\cdots\,\cdot\sin\left(a_n' + \nu_{a_n'}''\right)}{D_n\sin\left(b_1' + \nu_{b_1'}''\right)\sin\left(b_2' + \nu_{b_2'}''\right)\cdot\,\cdots\,\cdot\sin\left(b_n' + \nu_{b_n'}''\right)} = 1
\tag{6-16}
$$

令式（6-16）左边为 F，式（6-14）右边第一项为 F_0，将式（6-16）按泰勒级数展开，并取至一次项，有

$$F = F_0 + \frac{\partial f}{\partial a_1'} \cdot \frac{v_{a_1}''}{\rho} + \frac{\partial f}{\partial a_2'} \cdot \frac{v_{a_2}''}{\rho} + \cdots + \frac{\partial f}{\partial a_n'} \cdot \frac{v_{a_n}''}{\rho} +$$

$$\frac{\partial f}{\partial b_1'} \cdot \frac{v_{b_1}''}{\rho} + \frac{\partial f}{\partial b_2'} \cdot \frac{v_{b_2}''}{\rho} + \cdots + \frac{\partial f}{\partial b_n'} \cdot \frac{v_{b_n}''}{\rho} \tag{6-17}$$

式中

$$\begin{cases} \dfrac{\partial f}{\partial a_i'} = F_0 \cot a_i' \\[3mm] \dfrac{\partial f}{\partial b_i'} = F_0 \cot b_i' \end{cases} \tag{6-18}$$

将式（6-17）、式（6-18）代入式（6-16），经整理得

$$\sum_{i=1}^{n} \frac{v_{a_i}''}{\rho} \cot a_i' + \sum_{i=1}^{n} \frac{v_{b_i}''}{\rho} \cot b_i' + W_D = 0 \tag{6-19}$$

第二次改正数采用平均分配的原则，为了不破坏已经满足的图形条件，使第二次改正数 v_a'' 和 v_b'' 的绝对值相等而符号相反，则有

$$v_a'' = -v_b'' = \frac{W_D \cdot \rho}{\sum\limits_{i=1}^{n} \cot a_i' + \sum\limits_{i=1}^{n} \cot b_i} \tag{6-20}$$

将第一次改正后的角值加上第二次改正后的角值，即得平差后的角值为

$$\begin{cases} A_i = a_i + v_{a_i}' + v_{a_i}'' = a_i' + v_{a_i}'' \\ B_i = b_i + v_{b_i}' + v_{b_i}'' = b_i' + v_{b_i}'' \\ C_i = c_i + v_{c_i}' = c_i' \end{cases} \tag{6-21}$$

（5）边长及坐标的计算　根据基线 D_0 的长度及平差后的角值，用正弦定理依次推算出各三角形的边长，边长计算可在平差计算表内进行。计算三角点的坐标时，可把各三角点组成一闭合导线 $A—B—D—F—E—C—A$，其坐标计算可按导线计算进行，注意转折角用二次改正后角值计算，见表6-7。

表 6-7　三角锁坐标计算

三角点	转折角（左角）			方位角 α			边长/m	坐标增量/m		坐标/m		三角点
	°	′	″	°	′	″		Δx	Δy	x	y	
A				125	54	00	527.853	−309.52	+427.58	1000.00	1000.00	A
B	125	30	39	71	24	39	665.427	+212.12	+630.71	690.48	1427.058	B
D	156	25	30	47	50	09	378.326	+253.96	+280.42	902.60	2058.29	D
F	61	00	29	288	50	38	475.837	+153.69	−450.33	1156.56	2338.71	F
E	150	51	24	259	42	02	449.103	−80.29	−441.87	1310.25	1888.38	E
C	163	03	00	242	45	02	502.253	−229.96	−446.51	1229.96	1446.51	C
A	63	08	58	125	54	00				1000.00	1000.00	A
B												B
Σ	720	00	00					+0.00	0.00			

2. 中点多边形近似平差

图 6-16b 的中点多边形中，测量了一条基线和所有三角形的内角。这些观测值应满足的条件是：①各三角形内角之和均应等于 180°，即满足图形条件；②中点 O 上各角之和应等于 360°，这一条件称为圆周角条件，如果在中点 O 上采用方向法观测角度，则圆周条件自然能满足；③由起始边 OA 开始，依次推算出各三角形的边长，最后推算到 OA 时，其长度应与原来的相等，这一条件称为边长条件。进行平差的任务就是要求出每个角的改正数，使改正后的角值能满足上述所有的条件。平差工作也分两步进行。

（1）角度闭合差和圆周闭合差的计算和调整　三角形的角度闭合差为

$$f_{\beta_i} = a_i + b_i + c_i - 180° \tag{6-22}$$

若闭合差在允许范围内，可按相反的符号平均分配到三个角上，故各角的改正数为

$$\nu_{a_i}' = \nu_{b_i}' = \nu_{c_i}' = -\frac{f_{\beta_i}}{3} \tag{6-23}$$

经三角形角度闭合差分配后的中点 O 上各角值等于 $\left(c_i - \dfrac{f_{\beta_i}}{3}\right)$，因此剩余的圆周闭合差为

$$f_0 = \sum_{i=1}^n \left(c_i - \frac{f_{\beta_i}}{3}\right) - 360° = \sum_{i=1}^n c_i - \frac{1}{3}\sum_{i=1}^n f_{\beta_i} - 360° \tag{6-24}$$

将 f_0 按相反的符号平均分配到各中心角，即各个 c 角再加改正数 $-f_0/n$，n 为中心角的个数。由于中心角 c 加改正数 $-f_0/n$ 后又破坏了三角形内角和条件，因此要对 a 角再各减去 $-f_0/2n$。这样圆周角闭合差和角度闭合差均被消除。故三角形各内角应加的第一次改正数为

$$\begin{cases} \nu_{a_i}' = \nu_{b_i}' = -\dfrac{f_{\beta_i}}{3} + \dfrac{f_0}{2n} \\[3mm] \nu_{c_i}' = -\dfrac{f_{\beta_i}}{3} - \dfrac{f_0}{n} \end{cases} \tag{6-25}$$

各角度观测值加上相应的第一次改正数，得第一次改正后的角值 ν_{a_i}'、ν_{b_i}'、ν_{c_i}'

$$\begin{cases} \nu_{a_i}' = a_i - \dfrac{f_{\beta_i}}{3} + \dfrac{f_0}{2n} \\[3mm] \nu_{b_i}' = b_i - \dfrac{f_{\beta_i}}{3} + \dfrac{f_0}{2n} \\[3mm] \nu_{c_i}' = c_i - \dfrac{f_{\beta_i}}{3} - \dfrac{f_0}{n} \end{cases} \tag{6-26}$$

（2）边长闭合差的计算和调整　边长条件是按起始边 OA 和第一次改正后的 ν_{a_i}'、ν_{b_i}' 角，依次推算三角形的各边，最后推算出的 OA 长度应等于 OA 原来的长度，即要求

$$OA \frac{\sin a_1' \sin a_2' \cdot \cdots \cdot \sin a_n'}{\sin b_1' \sin b_2' \cdot \cdots \cdot \sin b_n'} = OA$$

将上式改写成

$$\frac{\sin a_1' \sin a_2' \cdot \cdots \cdot \sin a_n'}{\sin b_1' \sin b_2' \cdot \cdots \cdot \sin b_n'} = 1 \tag{6-27}$$

如果上述条件不满足，则产生边长闭合差 W_D

$$W_D = \frac{D_0 \sin a_1' \sin a_2' \cdot \cdots \cdot \sin a_n'}{D_n \sin b_1' \sin b_2' \cdot \cdots \cdot \sin b_n'} - 1$$

为消除边长条件闭合差，对传距角 a_i'、b_i' 进行第二次改正。中点多边形的边长条件和三角锁中的基线条件十分相似，参照三角锁近似平差过程，可得第二次改正数的计算公式如下

$$\nu_a'' = -\nu_b'' = -\frac{W_D \cdot \rho}{\sum\limits_{i=1}^{n} \cot a_i' + \sum\limits_{i=1}^{n} \cot b_i'} \tag{6-28}$$

第一次改正后的角值 a_i'、b_i'、c_i' 分别加上第二次改正数 a_i''、b_i'' 和 0，得第二次改正后的角值。

3. 大地四边形的近似平差

大地四边形共测量了一条基线和 8 个角，如图 6-17c 所示。这些观测值应满足的图形条件是：①三个图形条件；②一个边长条件。根据大地四边形所测的 8 个角，可以列出很多图形条件式，只要有三个独立的条件能满足，其他都能满足。一般取下列三个条件式

$$\begin{cases} \sum a + \sum b = 360° \\ a_1 + b_1 = a_3 + b_3 \\ a_2 + b_2 = a_4 + b_4 \end{cases} \tag{6-29}$$

平差工作分两步进行。

（1）闭合差的计算和调整　如果式（6-29）不能满足，则角度闭合差可按下式计算

$$\begin{cases} f_1 = \sum a + \sum b - 360° \\ f_2 = a_1 + b_1 - a_3 - b_3 \\ f_3 = a_2 + b_2 - a_4 - b_4 \end{cases} \tag{6-30}$$

若闭合差在容许范围内，按相反符号平均分配的原则，则各角的第一次改正数为

$$\begin{cases} \nu_{a_1} = \nu_{b_1} = -\dfrac{f_1}{8} - \dfrac{f_2}{4} \\[2mm] \nu_{a_2} = \nu_{b_2} = -\dfrac{f_1}{8} - \dfrac{f_2}{4} \\[2mm] \nu_{a_3} = \nu_{b_3} = -\dfrac{f_1}{8} + \dfrac{f_3}{4} \\[2mm] \nu_{a_4} = \nu_{b_4} = -\dfrac{f_1}{8} + \dfrac{f_3}{4} \end{cases} \tag{6-31}$$

各观测值加上第一次改正数，得出第一次改正后的角值。

（2）边长闭合差的计算和调整　图 6-16c 中，由对角线交点与四个角点 A、B、C、D 组成的四个三角形如同一个中点多边形，边长条件与中点多边形的条件相同，即

$$\frac{\sin a_1' \sin a_2' \cdot \cdots \cdot \sin a_4'}{\sin b_1' \sin b_2' \cdot \cdots \cdot \sin b_4'} - 1 = 0$$

因此，求边长闭合差及第二次改正数时，均可采用与中点多边形相应的式（6-26）及式（6-27）来计算。

随着光电测距仪的普及，测边的精度和速度有了大幅度的提高，因为三边网能较好地控

制长度方向的误差，三边测量的应用日益广泛。小三边测量是指在小范围内，布设边长较短的三边网的测量。

三边网的基本图形有单三角形、中点多边形、大地四边形和扇形等。观测三角形的三条边长后，可用余弦定理计算出三个内角，因此，在三边网中可形成一些角度闭合条件。对于单三角形，要确定三点的相对位置必须测定三条边长，因而测边单三角形不存在几何条件。中点多边形可形成一个圆周角条件，大地四边形和扇形可形成一个组合角条件。这些条件统称为图形条件。各种测边图形的条件方程式可参见测量平差书籍的相应内容。

6.4 交会定点测量

平面控制网是通过测量和计算同时获得一系列点的平面坐标。但在测量中往往会遇到只需要确定一个或两个点的平面坐标，如增设个别图根点，这时可以根据已知控制点，采用交会法确定点的平面坐标。

6.4.1 前方交会

前方交会是在两个已知控制点上观测角度，通过计算求得待定的坐标值。在图 6-20 中，A、B 为已知控制点，P 为待定点。在 A、B 两点上安置经纬仪，测量 α、β 角，通过计算即可求得 P 点的坐标。

从图 6-19 中可得

$$x_P = x_A + D_{AP}\cos\alpha_{AP}$$

式中

$$\alpha_{AP} = \alpha_{AB} - \alpha$$

按正弦定理

$$D_{AP} = D_{AB}\frac{\sin\beta}{\sin(\alpha + \beta)}$$

故

$$x_P = x_A + D_{AB}\frac{\sin\beta}{\sin(\alpha + \beta)}\cos(\alpha_{AB} - \alpha)$$

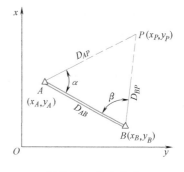

图 6-20 **前方交会**

$$= x_A + D_{AB}\frac{\sin\beta}{\sin(\alpha + \beta)}(\cos\alpha_{AB}\cos\alpha + \sin\alpha_{AB}\sin\alpha)$$

因

$$D_{AB}\cos\alpha_{AB} = x_B - x_A, \ D_{AB}\sin\alpha_{AB} = y_B - y_A$$

所以

$$x_P = x_A + \frac{(x_B - x_A)\sin\beta\cos\alpha + (y_B - y_A)\sin\beta\sin\alpha}{\sin\alpha\cos\beta + \cos\alpha\sin\beta}$$

化简后得

$$x_P = \frac{x_A\cot\beta + x_B\cot\alpha - y_A + y_B}{\cot\alpha + \cot\beta} \tag{6-32}$$

同理可得

$$y_P = \frac{y_A \cot\beta + y_B \cot\alpha + x_A - x_B}{\cot\alpha + \cot\beta} \quad (6\text{-}33)$$

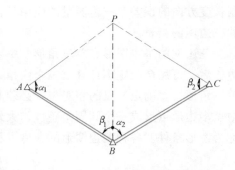

利用式（6-33）计算时，需注意△ABP是按逆时针编号的，否则公式中的加减号将有改变。为了得到检核，一般都要求从三个已知点作两组前方交会。如图6-21所示，分别按A、B和B、C求出P点的坐标。如果两组坐标求出的点位较差在允许范围内，则可取平均值作为待定点的坐标。对于图根控制测量而言，其较差应不大于比例尺精度的2倍，即

图6-21　两组前方交会

$$\Delta = \sqrt{\delta_x^2 + \delta_y^2} \leqslant 2 \times 0.1M\,\mathrm{mm}$$

式中，δ_x、δ_y为P点的两组坐标之差，M为测图比例尺分母。

6.4.2　后方交会

后方交会是在待定点上对三个或三个以上的已知控制点进行角度观测，从而求得待定点的坐标。

如图6-22所示，A、B、C为三个已知控制点，P点为待求点。已在P点观测了α、β角，依据已知的坐标计算P点坐标。

计算后方交会点坐标的计算公式很多，这里介绍一种仿权计算法。其计算公式的形式与带权平均值的计算公式相似。

待求点P的坐标可以按下式计算

$$\begin{cases} x_P = \dfrac{P_A x_A + P_B x_B + P_C x_C}{P_A + P_B + P_C} \\[2mm] y_P = \dfrac{P_A y_A + P_B y_B + P_C y_C}{P_A + P_B + P_C} \end{cases} \quad (6\text{-}34)$$

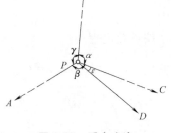

图6-22　后方交会

其中

$$\begin{cases} P_A = \dfrac{1}{\cot\angle A - \cot\alpha} \\[2mm] P_B = \dfrac{1}{\cot\angle B - \cot\beta} \\[2mm] P_C = \dfrac{1}{\cot\angle C - \cot\gamma} \end{cases} \quad (6\text{-}35)$$

A、B、C三个已知点可以任意编排，$\angle A$、$\angle B$、$\angle C$为它们构成的三角形的内角，其值根据三条已知边的方位角计算。计算时要求三角形的内角$\angle A$、$\angle B$、$\angle C$对应的三条边BC、CA、AB必须对应待求点P上的三个角α、β、γ，且$\alpha + \beta + \gamma = 360°$。

若P点选在三角形任意两条边延长线夹角之间，应用式（6-34）计算坐标时，α、β、γ均以负值代入式（6-35）中。

为了检查测量结果的准确性，必须在P点对第四个已知点进行观测，即再观测角ε，如

图 6-21 所示。

由 P 点的计算坐标与已知点 C、D 的坐标计算出 α_{PD}、α_{PC}，从而计算

$$\varepsilon' = \alpha_{PD} - \alpha_{PC} \tag{6-36}$$

将 ε' 值与观测得到的 ε 值相比较，计算出差值

$$\Delta\varepsilon = \varepsilon' - \varepsilon \tag{6-37}$$

由此，可计算出 P 点的横向位移 e，即

$$e = \frac{D_{PD} \cdot \Delta\varepsilon}{\rho''} \tag{6-38}$$

在测量规范中，一般规定最大横向位移 $e_{允}$ 不大于比例尺精度的两倍，即 $e_{允} \leq 2 \times 0.1M$mm。M 为测图比例尺的分母。

在后方交会中，若 P 点与 A、B、C 点位于同一圆周上，则在这一圆周上的任意点与 A、B、C 组成的 α、β 角的值都相等，故 P 点的位置无法确定。所以称这个圆为危险圆。在做后方交会时，必须注意不要使待求点位于危险圆附近。后方交会计算实例见表 6-8。后方交会还有其他解法，请参考其他有关书籍。

表 6-8　后方交会计算

示意图			野外图		
x_A	1432.566m	y_A	4488.226m	α	79°25′24″
x_B	1946.723m	y_B	4463.519m	β	216°52′04″
x_C	1923.556m	y_C	3925.008m	γ	63°42′32″
$x_A - x_B$	−514.157m	$y_A - y_B$	24.707m	α_{BA}	177°14′56″
$x_B - x_C$	23.167m	$y_B - y_C$	538.511m	α_{CB}	87°32′12″
$x_A - x_C$	−490.990m	$y_A - y_C$	563.218m	α_{CA}	131°04′50″
$\angle A$	46°10′06″	P_A	1.29315		
$\angle B$	90°17′16″	P_B	−0.74713	x	1644.555
$\angle C$	43°32′38″	P_C	1.79171	y	4064.458
Σ	180°00′00″	Σ	2.33773		
公式	$\left. \begin{aligned} x_P &= \dfrac{P_A x_A + P_B x_B + P_C x_C}{P_A + P_B + P_C} \\ y_P &= \dfrac{P_A y_A + P_B y_B + P_C y_C}{P_A + P_B + P_C} \end{aligned} \right\}$			$\left. \begin{aligned} P_A &= \dfrac{1}{\cot\angle A - \cot\alpha} \\ P_B &= \dfrac{1}{\cot\angle B - \cot\beta} \\ P_C &= \dfrac{1}{\cot\angle C - \cot\gamma} \end{aligned} \right\}$		

注：本例未在 P 点向第四个已知点观测检查角 ε。

6.4.3　距离交会法

距离交会法就是在两已知控制点上分别测定到待定点的距离，进而求出待定点的坐标。下面介绍其计算方法。

图 6-23 中，A、B 为已知点，P 为未知点。根据 A、B 的已知坐标可反算出 A、B 的边长 D 和坐标方位角 α

$$D = \sqrt{(x_B - x_A)^2 + (y_B - y_A)^2}$$

$$\alpha = \arctan\left(\frac{y_B - y_A}{x_B - x_A}\right)$$

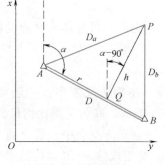

图 6-23　距离交会

作 $PQ \perp AB$，并令 $PQ = h$，$AQ = r$，则 $r = D_a\cos A$。

按余弦定理

$$D_b^2 = D_a^2 + D^2 - 2D_a D\cos A = D_a^2 + D^2 - 2Dr$$

故

$$\begin{cases} r = \dfrac{D_a^2 + D^2 - D_b^2}{2D} \\ h = \sqrt{D_a^2 - r^2} \end{cases} \tag{6-39}$$

根据 r 和 h 求 A、P 的坐标增量如下

$$\begin{cases} \Delta x_{AP} = r\cos\alpha + h\cos\alpha \\ \Delta y_{AP} = r\sin\alpha - h\cos\alpha \end{cases}$$

故

$$\begin{cases} x_P = x_A + r\cos\alpha + h\cos\alpha \\ y_P = y_A + r\sin\alpha - h\cos\alpha \end{cases} \tag{6-40}$$

应用上述公式时，应注意点号的排列需与图 6-22 一致，即 ABP 按逆时针排列。为了检核，可选三个已知点，进行两组距离交会。两组所得点位误差规定如前所述。

习　题

一、问答题

1. 小区域控制测量有哪些方法？各有何特点？

2. 导线有哪几种布设形式？各有何特点？

3. 后方交会要特别注意什么问题？

二、计算题

1. 如图 6-24 所示，根据图中所注有关数据，计算出各导线点的坐标。（按图根导线要求）

2. 请说明前方交会法进行控制测量的内外业步骤。

3. 如图 6-25 所示，已知 $\alpha_{12} = 100°30'00''$，$x_1 = 200.00\text{m}$，$y_1 = 200.00\text{m}$，根据图中数据，计算出各导线点的坐标。（按图根导线要求）

4. 前方交会（见图 6-26）的观测数据和已知数据如下：

已知数据：$x_A = 500.00\text{m}$，$x_B = 526.83\text{m}$；$y_A = 500.00\text{m}$，$y_B = 433.16\text{m}$。

观测数据：$\alpha = 91°03'24''$，$\beta = 50°35'23''$。

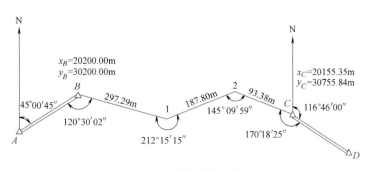

图 6-24　**计算题 1 图**

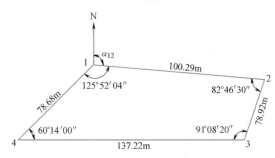

图 6-25　**计算题 3 图**

试计算 P 点坐标。

5. 后方交会（见图 6-27）的观测数据和已知数据如下：

已知数据：$x_A = 1001.542\text{m}$，$x_B = 840.134\text{m}$，$x_C = 659.191\text{m}$，$y_A = 1620.616\text{m}$，$y_B = 844.422\text{m}$，$y_C = 1282.629\text{m}$。

观测数据：$\alpha = 54°16'50''$，$\beta = 57°20'40''$。

试计算 P 点坐标。

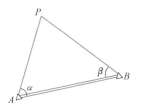

图 6-26　**计算题 4 图**

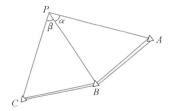

图 6-27　**计算题 5 图**

大比例尺地形图测绘　第7章

■本章提要
　　地形图测绘是以测量控制点为依据，按一定的步骤和方法将地物和地貌测定在图上，并用规定的比例尺和符号绘制成图。本章介绍地形图的基本知识及地形图的分幅与编号方法；叙述了地形图中地物、地貌的表示方法；介绍了大比例尺地形图的测绘方法。
■教学要求
　　了解地形图的基本知识及地形图的分幅与编号方法；掌握地形图中地物、地貌的表示方法；掌握大比例尺地形图测图前的准备工作；掌握大比例尺地形图常规测绘方法和步骤，及数字地形图的测绘与成图方法。

7.1　地形图的比例尺

　　地物是指地面上天然或人工形成的物体，如湖泊、河流、海洋、房屋、道路、桥梁等；地貌是指地表高低起伏的形态，如山地、丘陵和平原等，地物和地貌总称为地形。地形图是按一定的比例尺，用规定的符号表示的地物、地貌平面位置和高程的正射投影图。

7.1.1　比例尺的种类

　　图上任一线段的长度与其地面上相应线段的水平距离之比，称为地形图的比例尺。比例尺的表示形式有数字比例尺和图示比例尺两种。

1. 数字比例尺

　　以分子为1、分母为整数的分数形式表示的比例尺称为数字比例尺。设图上一直线段长度为 d，其相应的实地水平距离为 D，则该图的比例尺为

$$\frac{d}{D} = \frac{1}{M} \tag{7-1}$$

式中，M 为比例尺分母。

　　M 越小，比例尺越大，地形图表示的内容就越详细，如数字比例尺 1：500＞1：1000。一般称比例尺为 1：500、1：1000、1：2000、1：5000 的地形图为大比例尺地形图；称比例尺为 1：1万、1：2.5万、1：5万、1：10万 的地形图为中比例尺地形图；称比例尺为 1：20万、1：50万、1：100万 的地形图为小比例尺地形图。

　　我国规定 1：5000、1：1万、1：2.5万、1：5万、1：10万、1：25万、1：50万、1：100万八种比例尺地形图为国家基本比例尺地形图。

中比例尺地形图是国家的基本地图，由国家专业测绘部门负责测绘，目前均用航空摄影测量方法成图，小比例尺地形图一般由中比例尺地形图缩小编绘而成。

城市和工程建设一般需要大比例尺地形图，其中比例尺为 1∶500 和 1∶1000 的地形图一般用平板仪、经纬仪或全站仪等测绘。

2. 图示比例尺

常用的图示比例尺是直线比例尺。在绘制地形图时，通常在地形图上同时绘制图示比例尺，图示比例尺一般绘于图纸的下方，具有随图纸同样伸缩的特点，从而可减小图纸伸缩变形的影响。如图 7-1 所示为 1∶2000 的直线比例尺，其基本单位为 2cm，使用时从直线比例尺上可直接读取基本单位的 1/10，估读到 1/100。

图 7-1　**直线比例尺**

7.1.2　比例尺精度

人眼的分辨力为 0.1mm，在地形图上能分辨的最小距离也是 0.1mm。因此，把图上 0.1mm 对应的实地水平距离称为比例尺的精度。比例尺的大小不同，其比例尺精度也不同，见表 7-1。

表 7-1　**比例尺的精度**

比例尺	1∶500	1∶1000	1∶2000	1∶5000	1∶10000
比例尺精度	0.05m	0.1m	0.2m	0.5m	1.0m

了解比例尺的精度对于测图和设计用图都具有非常重要的指导意义。测绘比例尺为 1∶1000 的地形图，表示地物时应精确到图上 0.1mm，实地丈量距离时只需取到 0.1m。反过来，如果某项工程设计时要求在图上能反映实地 0.05m 的距离，则该工程设计所选用的地形图的比例尺应不小于 1∶500。

从表 7-1 可以看出，比例尺越大，表示地物和地貌的情况越详细，但是一幅图所能包含的地面面积也越小，而且测绘工作量会成倍地增加。因此，采用何种比例尺测图，应从工程规划、施工实际情况需要的精度出发，不应盲目追求更大比例尺的地形图。

7.2　地形图的分幅与编号

为了便于测绘、管理和使用地形图，需要将大面积的地形图进行统一的分幅和编号。地形图的编号简称图号，它由分幅方法决定。地形图的分幅方法有两种：一种是按经纬线分幅的梯形分幅法（又称为国际分幅），另一种是按坐标格网划分的正方形或矩形分幅法。梯形分幅法用于国家基本地形图的分幅，正方形或矩形分幅法用于城市或工程建设中大比例尺图的分幅。

7.2.1 国家基本比例尺地形图新的分幅与编号

1. 地形图新的分幅方法

我国基本比例尺地形图新的分幅与编号是以 1：100 万地形图为基础，延伸出 1：50 万、1：25 万、1：10 万，再以 1：10 万为基础，延伸出 1：5 万、1：2.5 万及 1：1 万三种比例尺。

1：100 万地形图的分幅采用国际地图分幅标准。每幅 1：100 万地形图的范围是经差 6°、纬差 4°。从赤道起向两极每纬差 4°为一行，至 88°，南北半球各分为 22 横行，依次编号 A，B，…，V；由经度 180°起自西向东每 6°一列，全球 60 纵列，以 1~60 表示。以两极为中心，以纬度 88°为界的圆用 Z 表示。由于随纬度的增高图幅面积迅速缩小，所以规定在纬度 60°~76°之间双幅合并，即每幅图经差 12°、纬差 4°；在纬度 76°~88°之间四幅合并，即每幅图经差 24°、纬差 4°；纬度 88°以上单独为一幅。我国处于纬度 60°以下，故没有合幅的问题。

在 1：100 万图上，按经差 3°、纬差 2°分成 2 行 2 列共 4 幅 1：50 万地形图；按经差 1°30′、纬差 1°分成 4 行 4 列共 16 幅 1：25 万地形图；按经差 30′、纬差 20′分成 12 行 12 列共 144 幅 1：10 万地形图；按经差 15′、纬差 10′分成 24 行 24 列共 576 幅 1：5 万地形图；按经差 7′30″、纬差 5′分成 48 行 48 列共 2304 幅 1：2.5 万地形图；按经差 3′45″、纬差 2′30″分成 96 行 96 列共 9216 幅 1：1 万地形图；按经差 1′52.5″、纬差 1′15″分成 192 行 192 列共 36864 幅 1：5000 地形图。各种比例尺的图幅范围及数量关系见表 7-2。

表 7-2　图幅范围及数量关系

比例尺		1：100 万	1：50 万	1：25 万	1：10 万	1：5 万	1：2.5 万	1：1 万	1：5000
图幅范围	经差	6°	3°	1°30′	30′	15′	7′30″	3′45″	1′52.5″
	纬差	4°	2°	1°	20′	10′	5′	2′30″	1′15″
行列数量关系	行数	1	2	4	12	24	48	96	192
	列数	1	2	4	12	24	48	96	192
图幅数量关系		1	4	16	144	576	2304	9216	36864

2. 地形图新的编号方法

1：100 万地形图的编号采用国际 1：100 万地图编号标准，即每幅 1：100 万地形图的编号由该图所在的行号与列号组合而成。1：50 万~1：5000 比例尺地形图的图号均以 1：100 万地形图编号为基础，采用行列编号方法，由其所在 1：100 万地形图的图号、比例尺代码和图幅的行列号共五个元素 10 位码构成。从左向右，第一元素 1 位码，为 1：100 万图幅行号字符码；第二元素 2 位码，为 1：100 万图幅列号数字码；第三元素 1 位码，为编号地形图相应比例尺的字符代码；第四元素 3 位码，为编号地形图图幅行号数字码；第五元素 3 位码，为编号地形图图幅列号数字码；各元素均连写（见图 7-2）。比例尺代码见表 7-3，将 1：100万地形图按所含各种比例尺地形图的经纬差划分成相应的行和列，横行自上而下，纵列从左到右，按顺序均用阿拉伯数字编号，皆用 3 位数字表示，凡不足 3 位数的，则在其前补 0，编码长度相同，编码系列统一为一个根部，便于计算机处理。例如，北京某地经纬度为东经 116°23′42″、北纬 39°55′16″，则该地所在的 1∶100 万地形图的图号为 J50，1∶50 万比例尺地形图的图幅编号为 J50B001001，所在 1∶25 万比例尺地形图的图幅编号为 J50C001002，其他比例尺地形图的图幅编号方法依此类推。

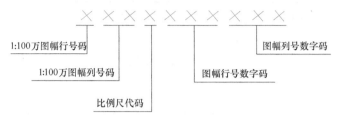

图 7-2　1∶50 万~1∶5000 地形图图号组成

表 7-3　比例尺与代码

比例尺	1∶50 万	1∶2.5 万	1∶10 万	1∶5 万	1∶2.5 万	1∶1 万	1∶5000
代　码	B	C	D	E	F	G	H

7.2.2　矩形分幅和编号

为了适应各种工程设计和施工的需要，对于大比例尺地形图，大多按纵横坐标格网线进行等间距分幅，按这种方法分幅后每幅图的范围为矩形，所以这种分幅方法称为矩形分幅法。图幅的编号一般采用坐标编号法。由图幅西南角纵坐标 x 和横坐标 y 组成编号，1∶5000 坐标值取至 km，1∶2000、1∶1000 取至 0.1km，1∶500 取至 0.01km。例如，某幅 1∶1000 地形图的西南角坐标为 $x = 6230$km、$y = 10$km，则其编号为 6230.0—10.0。图幅的编号也可以采用基本图号法，即以 1∶5000 地形图作为基础，较大比例尺图幅的编号是在它的编号后面加上罗马数字。例如，一幅 1∶5000 地形图的编号为 20-60，则其他图的编号如图 7-3 所示。

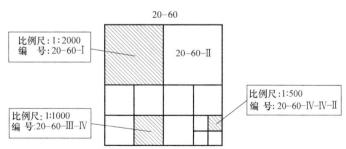

图 7-3　1∶5000 基本图号法的分幅编号

对于带状测区或小面积测区，可按测区统一顺序进行编号，一般从左到右、从上到下用数字 1、2、3、4…编定（顺序编号法），如图 7-4 所示。

行列编号法一般以代号（如 A、B、C、D…）为横行，由上到下排列，以数字 1、2、3…为代号的纵列，从左到右排列来编定，先行后列，如图 7-5 中的第三横、第四列的图幅其编号为 C-4。（采用国家统一坐标系时，图廓间的公里数根据需要加注带号和百公里数，如 X∶4327.8，Y∶37457.0）

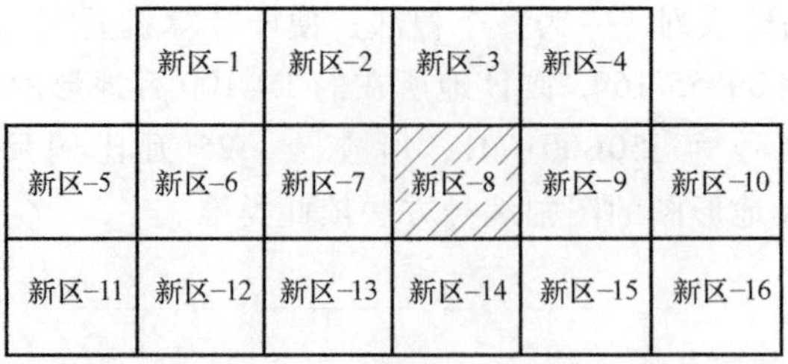

新区-1	新区-2	新区-3	新区-4

新区-5	新区-6	新区-7	新区-8	新区-9	新区-10
新区-11	新区-12	新区-13	新区-14	新区-15	新区-16

图 7-4　**顺序编号法**

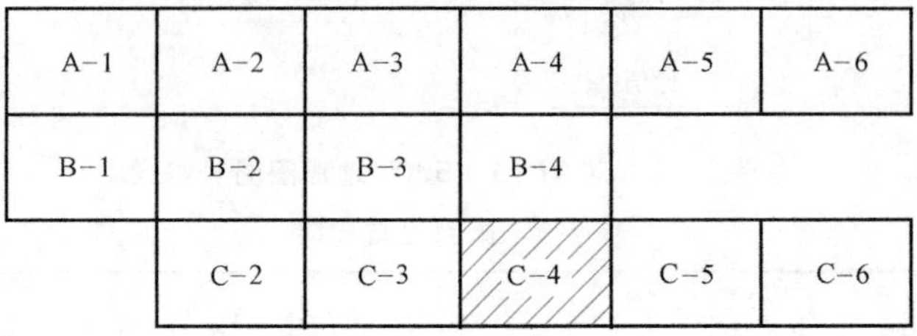

A-1	A-2	A-3	A-4	A-5	A-6
B-1	B-2	B-3	B-4		
	C-2	C-3	C-4	C-5	C-6

图 7-5　**行列编号法**

7.3　地形图的图外注记

为了图纸管理和使用的方便，在地形图的图框外有许多注记，如图号、图名、接图表、图廓、坐标格网、三北方向线等。

7.3.1　图名、图号和接图表

图名就是本幅图的名称，常用本图幅内最著名的地名、村庄或厂矿企业的名称来命名。图号即图的编号。每幅图上标注编号可确定本幅地形图所在的位置。图名和图号标在北图廓上方的中央（见图 7-6）。

接图表是为说明本图幅与相邻图幅的关系，供索取相邻图幅时使用。通常是中间一格画有斜线的代表本图幅，四邻分别注明相应的图号或图名，并绘注在图廓的左上方。此外，除了接图表外，有些地形图还把相邻图幅的图号分别注在东、西、南、北图廓线中间，进一步表明与四邻图幅的相互关系。

7.3.2　图廓和坐标格网线

图廓是图幅四周的范围线，它有内图廓和外图廓之分。内图廓是地形图分幅时的坐标格网或经纬线。外图廓是距内图廓以外一定距离绘制的加粗平行线，仅起装饰作用。在内图廓外四角处注有坐标值，并在内图廓线内侧，每隔 10cm 绘有 4mm 的短线，表示坐标格网线的位置。在图幅内绘有每隔 10cm 的坐标格网交叉点。

内图廓以内的内容是地形图的主体信息，包括坐标格网或经纬网、地物符号、地貌符号和注记。比例尺大于 1∶1 万时只绘制坐标格网而不绘制经纬网。

外图廓以外的内容是为了充分反映地形图特性和用图的方便而标注在外图廓以外的各种说明、注记，统称为说明资料。在外图廓以外，还有一些内容，如图示比例尺、三北方向、

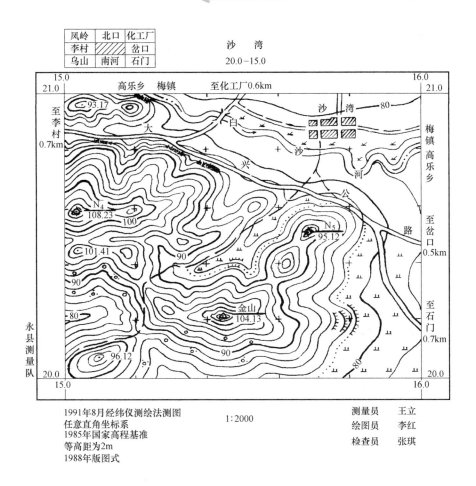

图 7-6　图廓、坐标格网及图外注记

坡度尺等，是为了便于在地形图上进行量算而设置的各种图解，称为量图图解。

在内、外图廓间注记坐标格网线的坐标，或图廓角点的经纬度。

在内图廓和分度带之间的注记为高斯平面直角坐标系的坐标值（以千米为单位），由此形成该平面直角坐标系的公里格网。

7.3.3　三北方向线

在中、小比例尺的南图廓线的右下方，还绘有真子午线、磁子午线和坐标纵轴（中央子午线）三个方向之间的角度关系，称为三北方向图，如图 7-7 所示。该图中，磁偏角为 5°10′（西偏），坐标纵轴对真子午线的子午线收敛角为 4°15′（东偏）。利用该关系图，可对图上任一方向的真方位角、磁方位角和坐标方位角三者间做相互换算。

7.3.4　坡度比例尺

用于在地形图上量测坡度的图解是坡度尺，如图 7-8 所示。绘在南图廓外直线比例尺的左边。坡度尺的水平底线下边注有两行数字，上行是用坡度角表示的坡度，下行是对应的倾斜百分率表示的坡度，即坡度角的正切函数值。

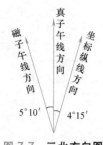

图7-7　三北方向图

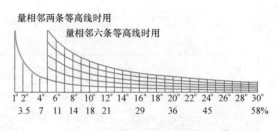

图7-8　坡度比例尺

7.3.5　投影方式、坐标系统、高程系统

每幅地形图测绘完成后，都要在图上标注本图的投影方式、坐标系统和高程系统，以备日后使用时参考。地形图都是采用正投影的方式完成。

坐标系统指该幅图是采用哪种方式完成的，如1980国家大地坐标系；城市坐标系；独立平面直角坐标系。

高程系统指本图所采用的高程基准。有两种基准：1985国家高程基准系统和1956黄海高程系统（详见第1章绪论）。

以上内容均应标注在地形图外图廓右下方。

7.3.6　成图方法和测绘单位

地形图成图的方法主要有三种：航空摄影成图、平板仪测量成图和野外数字测量成图。成图方法应标注在外图廓右下方。

此外，地形图还应标注测绘单位、成图日期等，供日后用图时参考。

7.4　地形图图式

地形是地物和地貌的总称。地物是地面上的各种固定性的物体。由于其种类繁多，国家测绘总局颁发了《地形图图式》，统一了地形图的规格要求、地物、地貌符号和注记，供测图和识图时使用。附录3为GB/T 20257.1—2007《1∶500、1∶1000和1∶2000地形图图式》中的部分地形图图式符号。地形图图式符号有三类：地物符号、地貌符号和注记符号。

7.4.1　地物符号

地形图上表示地物类别、形状、大小及位置的符号称为地物符号。根据地物形状大小和描绘方法的不同，地物符号可分为以下几种：

1. 比例符号

能将地物的形状、大小和位置按比例尺缩小绘在图上以表达轮廓特征的符号。这类符号一般是用实线或点线表示其外围轮廓，如房屋、湖泊、森林、农田等。

2. 非比例符号

有些地物，轮廓较小，无法将其形状和大小按比例缩绘到图上，而采用相应的规定符号表示，这种符号称为非比例符号。这类符号在图上只能表示地物的中心位置，不能表示其形状和大小。

非比例符号的中心位置与地物实际中心位置随地物的不同而异，在测图和用图时注意以下几点：

1）规则几何图形符号，如圆形、三角形或正方形等，以图形几何中心代表实地地物中心位置，如水准点、三角点、钻孔等。

2）宽底符号，如烟囱、水塔等，以符号底部中心点作为地物的中心位置。

3）底部为直角形的符号，如独立树、风车、路标等，以符号的直角顶点代表地物中心位置。

4）几种几何图形组合成的符号，如气象站、消火栓等，以符号下方图形的几何中心代表地物中心位置。

5）下方没有底线的符号，如亭、窑洞等，以符号下方两端点连线的中心点代表实地地物的中心位置。

3. 半比例符号

一些呈线状延伸的地物，其长度能按比例缩绘，而宽度不能按比例缩绘，需用一定的符号表示的称为半比例符号，也称线状符号，如铁路、公路、围墙、通信线等。半比例符号只能表示地物的位置（符号的中心线）和长度，不能表示宽度。

有些地物除用相应的符号表示外，地物的性质、名称等还需要用文字或数字加以注记和说明，称为地物注记，如工厂、村庄的名称，房屋的层数，河流的名称、流向、深度，控制点的点号、高程等。

需要指出的是，比例符号与半比例符号的使用界限是相对的。如公路、铁路等地物，在1∶500~1∶2000比例尺地形图上是用比例符号绘出的，但在1∶5000比例尺以上的地形图上是按半比例符号绘出的。同样的情况也出现在比例符号与非比例符号之间。总之，测图比例尺越大，用比例符号描绘的地物越多；比例尺越小，用非比例符号表示的地物越多。

7.4.2 地貌符号

地貌是指地面高低起伏的自然形态。地貌形态多种多样，一个地区可按其起伏的变化分成以下四种地形类型：地势起伏小，地面倾斜角一般在2°以下，比高一般不超过20m的，称为平地；地面高低变化大，倾斜角一般在2°~6°，比高不超过150m的，称为丘陵地；高低变化悬殊，倾斜角一般为6°~25°，比高一般在150m以上的，称为山地；绝大多数倾斜角超过25°的，称为高山地。

图上表示地貌的方法有多种，对于大、中比例尺地形图主要采用等高线法。对于特殊地貌将采用特殊符号表示。

1. 等高线

等高线是地面上相同高程的相邻各点连成的闭合曲线，也就是设想水准面与地表面相交形成的闭合曲线。

如图7-9所示，设想有一座高出水面的小山，与某一静止的水面相交形成的水涯线为一闭合曲线，曲线的形状随小山与水面相交的位置而定，曲线上各点的高程相等。

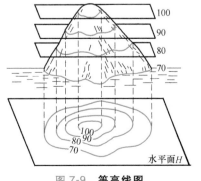

图7-9 等高线图

例如，当水面高为70m时，曲线上任一点的高程均为70m；若水位继续升高至80m、90m、100m，则水涯线的高程分别为80m、90m、100m。将这些水涯线垂直投影到水平面 H 上，并按一定的比例尺缩绘在图纸上，这就将小山用等高线表示在地形图上了。这些等高线的形状和高程，客观地显示了小山的空间形态。

2. 等高距与等高线平距

相邻等高线之间的高差称为等高距或等高线间隔，常以 h 表示。图 7-9 中的等高距是10m。在同一幅地形图上，等高距是相同的。相邻等高线之间的水平距离称为等高线平距，常以 d 表示。由于同一幅地形图中等高距是相同的，所以等高线平距 d 的大小与地面的坡度有关。等高线平距越小，地面坡度越大；平距越大，则坡度越小；平距相等，则坡度相同。由此可见，根据地形图上等高线的疏、密可判定地面坡度的缓、陡。

对于同一比例尺测图，选择等高距过小，会成倍地增加测绘工作量。对于山区，有时会因等高线过密而影响地形图的清晰。等高距的选择，应该根据地形类型和比例尺大小，并按照相应的规范执行。表 7-4 是大比例尺地形图的基本等高距参考值。

表 7-4　地形图的基本等高距　　　　　　（单位：m）

地形类别	比 例 尺			
	1：500	1：1000	1：2000	1：5000
平坦地	0.5	0.5	1	2
丘陵地	0.5	1	2	5
山地	1	1	2	5
高山地	1	2	2	5

注：1. 一个测区同一比例尺，宜采用一种基本等高距。
　　2. 水域测图的基本等深距，可按水底地形倾角所比照地形类别和测图比例尺选择。

3. 等高线的分类

地形图中的等高线主要有首曲线和计曲线，有时也用间曲线。

（1）首曲线　首曲线也称基本等高线，是指按规定的基本等高距描绘的等高线，用宽度为 0.15mm 的细实线表示。

（2）计曲线　计曲线是从 0m 首曲线起，每隔四条基本等高线加粗描绘的一根等高线，用宽度为 0.3mm 的粗实线表示。为了读图方便，计曲线上要标注高程。

（3）间曲线　当基本等高线不足以显示局部地貌特征时，按二分之一基本等高距加绘的等高线，称为间曲线（又称半距等高线），用长虚线表示。间曲线描绘时可不闭合。

4. 等高线的特性

通过研究等高线表示地貌的规律性，可以归纳出等高线的特征，它对于地貌的测绘和等高线的勾画，以及正确使用地形图都有很大帮助。

1）同一条等高线上各点的高程相等。

2）等高线是闭合曲线，不能中断，如果不在同一幅图内闭合，则必定在相邻的其他图幅内闭合。

3）等高线只有在绝壁或悬崖处才会重合或相交。

4）等高线经过山脊或山谷时改变方向，因此山脊线与山谷线应和改变方向处的等高线的切线垂直相交，如图 7-10 所示。

5）在同一幅地形图上，等高线间隔是相同的。因此，等高线平距大表示地面坡度小；等高线平距小则表示地面坡度大；平距相等则坡度相同。倾斜平面的等高线是一组间距相等且平行的直线。

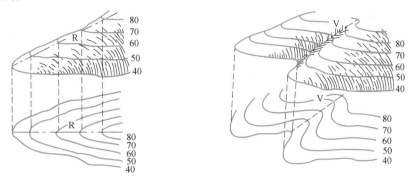

图 7-10　**山脊线、山谷线与等高线关系**

5. 几种典型地貌等高线的特征

地貌形态繁多，通过仔细研究和分析就会发现它们是由几种典型的地貌综合而成的。了解和熟悉用等高线表示典型地貌的特征，有助于识读、应用和测绘地形图。

（1）山头和洼地　山头与洼地的等高线都是一组闭合曲线，但它们的高程注记不同。内圈等高线的高程注记大于外圈者为山头；反之，小于外圈者为洼地，如图 7-11 和图 7-12 所示。也可以用示坡线表示山头或洼地。示坡线是垂直于等高线的短线，用以指示坡度下降的方向。

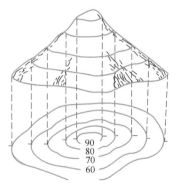

图 7-11　**山头的等高线**

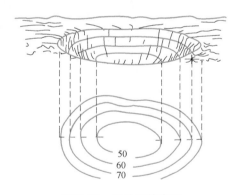

图 7-12　**洼地的等高线**

（2）山脊和山谷　山的最高部分为山顶，有尖顶、圆顶、平顶等形态，尖峭的山顶叫山峰。山顶向一个方向延伸的凸棱部分称为山脊。山脊的最高点连线称为山脊线。山脊等高线表现为一组凸向低处的曲线（见图 7-10）。

相邻山脊之间的凹部是山谷。山谷中最低点的连线称为山谷线，山谷等高线表现为一组凸向高处的曲线。

在山脊上，雨水会以山脊线为分界线流向山脊的两侧，所以山脊线又称为分水线。在山谷中，雨水由两侧山坡汇集到谷底，然后沿山谷线流出，所以山谷线又称为集水线（见图 7-10）。山脊线和山谷线合称为地性线。

（3）鞍部　鞍部是相邻两山头之间呈马鞍形的低凹部位（图7-13中的S处）。它的左右两侧的等高线是对称的两组山脊线和两组山谷线。

鞍部等高线的特点是在一圈大的闭合曲线内，套有两组小的闭合曲线。

（4）陡崖和悬崖　陡崖是坡度在70°以上或为90°的陡峭崖壁，若用等高线表示将非常密集或重合为一条线，因此采用陡崖符号来表示，如图7-14a、b所示。

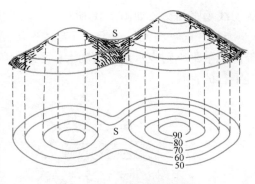

图 7-13　鞍部的等高线

悬崖是上部突出、下部凹进的陡崖。上部的等高线投影到水平面时，与下部的等高线相交，下部凹进的等高线用虚线表示，如图7-14c所示。

识别上述典型地貌的等高线表示方法以后，就能认识地形图上用等高线表示的复杂地貌。

7.4.3　注记符号

用文字、数字或特有符号对地物、地貌加以说明，称为注记符号。诸如城镇、工厂、河流、道路的名称；桥梁的长宽及载重量；江河的流向、流速及深度；道路的方向及森林、果树的类别等，都以文字或特定符号加以说明。

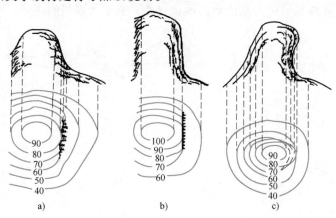

a)　　　　　　　　　　　b)　　　　　　　　　　c)

图 7-14　陡崖和悬崖

7.5　大比例尺地形图测绘

7.5.1　测图前的准备工作

1. 搜集资料与现场踏勘

测图前应将测区已有地形图及各种测量成果资料，如已有地形图的测绘日期、使用的坐标系统、相邻图幅图名与相邻图幅控制点等收集在一起。图幅控制点资料的收集内容包括点数、等级、坐标、相邻控制点位置和坐标、测绘日期、坐标系统及控制点的点之记。

现场踏勘是在测区现场了解测区位置、地物地貌情况、通视、通行及人文、气象、居民地分布等情况，并根据收集到的点之记找到测量控制点的实地位置，确定控制点的可靠性和可使用性。

收集资料与现场踏勘后，制定图根控制测量的初步方案。

2. 制定技术方案

根据测区地形特点及测量规范对图根点数量和技术要求，确定图根点数量和位置、图根控制形式、观测方法以及与已知点连测方法等。测图精度估算、测图中特殊地段的处理方法及作业方式、人员、仪器准备、工序、时间等也应列入技术方案之中。地表复杂区可适当增加图根点数目。

3. 图根控制测量

图根控制点是直接供测图使用的平面和高程控制点，是在各等级控制点下加密的控制点。图根控制点一般采用图根导线和交会定点等方法进行加密。图根控制点的密度应根据测图比例尺的大小和地形条件确定，平坦开阔地区的图根控制点密度不宜小于表 7-5 中的规定。

表 7-5　平坦开阔地区的图根控制点密度

测图比例尺	每幅图的图根点数	每平方千米图根点数
1∶5000	20	5
1∶2000	15	15
1∶1000	12	50
1∶500	9	150

4. 图纸准备

地形图的测绘一般是在野外边测边绘，因此测图前应先准备图纸，包括在图纸上绘制图廓和坐标格网，并展绘好各类控制点。

（1）图纸选择　一般选用一面打毛、厚度为 0.07~0.10mm、伸缩率小于 0.2‰ 的聚酯薄膜作为图纸。聚酯薄膜坚韧耐湿，沾污后可洗，便于野外作业，图纸着墨后，可直接晒蓝图。但它有易燃、折痕不能消失等不足。聚酯薄膜是透明的，测图前在它与测图板之间应衬以白纸或硬胶板。小地区大比例尺测图时，也可用白纸作为图纸。

（2）绘制坐标格网　要将各种控制点根据其平面直角坐标值 x、y 展绘在图纸上，需在图纸上先绘出 10cm×10cm 的正方形格网作为坐标格网（又称方格网）。可以到测绘仪器用品商店购买印制好坐标格网的图纸，也可以用下述两种方法绘制。

1）对角线法。如图 7-15 所示，连接图纸两对角线交于 O 点。先在图幅左下角的对角线上确定点 A，从 O 点起沿对角线量取四段等长的线段 OA 得 A、B、C、D，并连线得矩形 $ABCD$。在矩形四条边上自下向上或自左向右每 10cm 量取一分点，连接对边分点，形成互相垂直的坐标格网线及矩形或正方形内图廓线。

2）绘图仪法。在计算机中用 AutoCAD 软件编辑好坐标格网图形，然后把图形通过绘图仪绘制在图纸上。

绘出坐标格网后，应进行检查。对坐标格网的要求是：方格的边长应准确，误差不超过 0.2mm；纵横格网线应互相垂直，方格对角线和图廓对角线的长度误差不超过 0.3mm。超过允许偏差值，应改正或重绘。

（3）展绘控制点　坐标格网绘制并检查合格后，根据图幅在测区内的位置，确定坐标格网左下角坐标值，并将此值注记在内图廓与外图廓之间相应的坐标格网处，如图7-16所示。展点可用坐标展点仪，将控制点、图根点坐标按比例缩小逐个绘在图纸上。

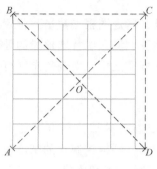

图7-15　对角线法绘方格网

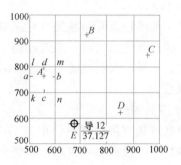

图7-16　控制点展绘

下面介绍人工展点方法。例如，控制点 A 坐标为：$x_A = 764.30$m，$y_A = 566.15$m。首先确定 A 点所在方格位置为 $klmn$。自 k 点和 n 点向上用比例尺量 64.30m，得出 a、b 两点，再自 k 点和 l 点向右用比例尺量 66.15m，得出 c、d 两点，连接 ab 和 cd，其交点即为 A 点在图上位置。用同样方法将图幅内所有控制点展绘在图上。最后用尺量出相邻控制点间的距离以进行检查，其长度误差在图上不应超过 0.3mm。展绘完控制点平面位置并检查合格后，擦去图幅内多余线。图纸上只留下图廓线、四角坐标、图号、比例尺以及方格网十字交叉点处 4mm 长的相互垂直短线。用符号标出控制点及其点号和高程。

7.5.2　碎部点平面位置的测绘方法

地形图测绘是以相似理论为依据，以图解法为手段，按比例尺的大小，将地面点测绘到平面图纸上而成地形图的技术过程。地形图测绘分为测量和绘图两大步骤。

地形图测绘也称为碎部测量，即以图根点（控制点）为测站，测定出测站周围碎部点的平面位置和高程，并按比例缩绘于图纸上。由于按规定比例尺缩绘，图上碎部点连接成的图形与实地碎部点连接的图形呈相似关系，其相似比值即地形图比例尺数值。

（1）碎部点的概念　碎部点即地形特征点，包括地物特征点和地貌特征点。

地物特征点是能够代表地物平面位置，反映地物形状、性质的特殊点位，简称地物点。如地物轮廓线的转折、交叉和弯曲等变化处的点，地物的形象中心，路线中心的交叉点，电力线的走向中心，独立地物的中心点等，如图7-17所示。

地貌特征点是体现地貌形态，反映地貌性质的特殊点位，简称地貌点。如山顶、鞍部、变坡点、地性线、山脊点和山谷点等，如图7-18所示。

（2）测定碎部点平面位置的基本方法　水平距离和水平角是确定点的平面位置的两种基本量，因此测定碎部点平面位置实际上就是测量碎部点与已知点间的水平距离以及与已知方向组成的水平角。根据这两个量的不同组合方式，形成如下不同的测量方法：极坐标法、角度交会法、距离交会法、直角坐标法等。

测量碎部点高程常用三角高程测量方法。

图 7-17　地物特征点

图 7-18　**地貌特征点**

7.5.3　经纬仪测绘法

依据使用的仪器及操作方法不同，大比例尺地形图的常规测绘方法有经纬仪测绘法、大平板仪法、经纬仪和小平板仪联合法等。其中，经纬仪测绘法操作简单、灵活，适用于各种类型的地区。下面仅介绍经纬仪测绘法。

1. 测站的测绘工作

（1）安置经纬仪　如图 7-19 所示，将经纬仪安置在测站（控制点）A 上，量出仪器高 i，测量竖盘指标差 x，记录员将其记录在"地形测绘记录手簿"中，见表 7-6，一并记录表头的其他内容。以盘左 $0°00'00''$ 对准相邻另一控制点（后视点）作为起始方向。为防止用错后视点，应用视距法检查测站到后视点的平距和高差。

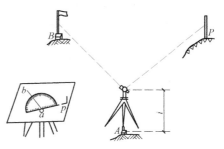

图 7-19　**经纬仪测绘**

表 7-6　**地形测绘记录手簿**

测站：A　后视点：B　仪器高 $i=1.30\text{m}$　指标差 $x=-1'$　测站高程 $H_A=82.78\text{m}$

点号	视距 l/m	中丝读数 v/m	竖盘读数	竖直角 α	高差 h/m	水平角 β	水平距离 /m	高程 H/m	附注
1	65.2	1.30	88°25′	+1°34′	+1.78	114°07′	65.15	84.56	山脊点
2	48.5	1.85	98°35′	−8°35′	−7.71	225°37′	47.42	75.07	房角点

（2）安置平板 平板安置在经纬仪附近，图纸中点位方向与实地点位方向一致。绘图员在图纸上用铅笔把测站点 A 和后视点 B 连接起来作为起始方向线。用小针穿过半圆仪（见图7-20）中心小孔与图上相应的测站点 A 固连在一起。

（3）测站上的工作 包括观测、记录、计算、展点等。

1）观测。观测员照准标尺，读取水平度盘读数、上下丝读数、竖盘读数 L、中丝读数 v。

2）记录。记录员将观测读数依次记入表7-7中。对于实地绘图，也可不做记录。

3）计算。记录员根据上下视距丝读数（计算视距 l）、中丝读数 v、竖盘读数 L 和仪器高 i、测量竖盘指标差 x、测站高程 H_A，按视距测量公式计算水平距离和高程。

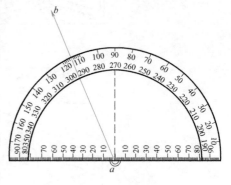

图 7-20 半圆仪

（4）展绘碎部点

1）绘图员转动半圆仪，将半圆仪上的角值（例中为 $115°00'$）的刻划线对准起始方向线（AB）。此时半圆仪的零刻划方向便是该碎部点的方向。注意：当 $\beta \leqslant 180°$ 时，零刻划方向在右侧；当 $\beta > 180°$ 时，零刻划方向在左侧。

2）在零刻划方向上，按比例尺量出水平距 d，即可标出碎部点的平面位置。

3）在测点的右侧注记高程 H。

按同样方法逐个观测碎部点。每测完 20～30 个碎部点以后，应重新照准后视点 B 进行归零检查，归零差不应超过 $4'$，如超限，重新归零后，重测最后一个点，若有问题进行改正，再倒着依次检查，直到正确再往下测量。

2. 碎部点的选择

对于地物，碎部点应选在地物轮廓线的方向变化处，如房角点、道路转折点、交叉点、河岸线转弯点及独立地物的中心点等。连接这些特征点，便得到与实地相似的地物形状。由于地物形状极不规则，一般规定主要地物凸凹部分在图上大于 $0.4mm$ 均应表示出来，小于 $0.4mm$ 时，可用直线连接。对于地貌，碎部点应选在最能反映地貌特征的山脊线、山谷线等地性线上，如山顶、鞍部、山脊、山谷、山坡、山脚等坡度变化及方向变化处。根据这些特征点的高程勾绘等高线，即可将地貌在图上表示出来。

碎部点的分布和密度应适当。碎部点过稀，不能详细反映出地面的变化，影响成图质量；碎部点过密，则不仅增加了工作量，还影响图面的清晰。因此，选择碎部点应按照少而精的原则。碎部点适宜的密度取决于地物、地貌的繁简程度和测图的比例尺。大比例尺测图的地形点，一般在图面上平均相隔 2～3cm 为宜，具体规定见表7-7。《工程测量规范》规定地形点在图上的点间距：地面横坡陡于 $1:3$ 时，不宜大于 $15mm$；地面横坡为 $1:3$ 及以下时，不宜大于 $20mm$。地形点和地物点的最大视距长度见表7-8。

3. 增设测站

测图时，应利用图幅内所有的控制点和图根点作为测站点，但在图根点不足或遇到地形复杂隐蔽处时，需要增设地形转点作为临时测站。《工程测量规范》规定，地形转点可用经纬仪视距法或交会法测设，可连续设置两个。用经纬仪视距法测设时，施测边长不能超过最大视距的 2/3，竖直角不应大于 25°；边长和高差均应往返观测，距离相对较差不大于 1/200，高差不符值不大于距离的 1/500。用交会法测设时，距离不受限制，但交会角应不小于 30°并不大于 150°。

表 7-7　地形点的最大点位间距 （单位：m）

比例尺		1∶500	1∶1000	1∶2000	1∶5000
一般地区		15	30	50	100
水域	断面间	10	20	40	100
	断面上测点间	5	10	20	50

注：水域测图的断面间距和断面的测点间距，根据地形变化和用图要求，可适当加密或放宽。

表 7-8　平板测图的最大视距长度 （单位：m）

比例尺	一般地区		城镇建筑区	
	地物	地形	地物	地形
1∶500	60	100	—	70
1∶1000	100	150	80	120
1∶2000	180	250	150	200
1∶5000	300	350	—	—

注：1. 垂直角超过±10°范围时，视距长度应适当缩短；平坦地区成像清晰时，视距长度可放长 20%。
　　2. 城镇建筑区 1∶500 比例尺测图，测站点至地物点的距离应实地丈量。
　　3. 城镇建筑区 1∶5000 比例尺测图不宜采用平板测图。

4. 注意事项

1）密切配合。测绘人员要分工合作，讲究工作次序，特别是立尺员应预先有立尺计划，选好跑尺路线，以便配合得当，提高效率。

2）讲究方法。在测图过程中，应根据地物情况和仪器状况选择不同的方法。主要的特征点应独立测定，一些次要的特征点可采用量距、交会等方法测定。如对于圆形建筑物可测定其中心并量其半径即可；对于低等级道路，可只测定一侧边线并量其宽度即可。

3）每站工作结束后，应进行检查，在确认地物、地貌无测错或漏测时，方可迁站。

7.5.4　地形图的绘制

地形图的绘制是一项技术性很强的工作，要求注意地物点、地貌点的取舍和概括，并应具有灵活的绘图运笔技能。

1. 地物的描绘

地形图上所绘地物不是对相应地面情况的简单缩绘，而是经过取舍与概括后的测定与绘图。图上的线划应当密度适当，否则会带来用图的困难。《工程测量规范》规定，图上凸凹小于 0.4mm 的地物形状可以不表示其凸凹形状。

为突出地物基本特征和典型特征，化简某些次要碎部而进行的制图概括，称为地物概括。如在建筑物密集且街道凌乱窄小的居民区，为突出居民区所占位置及整个轮廓，清楚地表示贯穿居民区的主要街道，可以采取保持居民区四周建筑物平面位置正确，将凌乱的建筑物合并成几块建筑群，并用加宽表示的道路隔开的方法。

地物形状各异、大小不一，勾绘时可采用不同的方法：对于用比例符号表示的规则地物，可连点成线、画线成形；对于用非比例符号表示的地物，以符号为准，单点成形；对于用半比例符号表示的地物，可沿点连线，近似成形。

2. 地貌勾绘

图7-21a所示为一批测绘在图纸上的地貌特征点，下面说明等高线的勾绘过程。

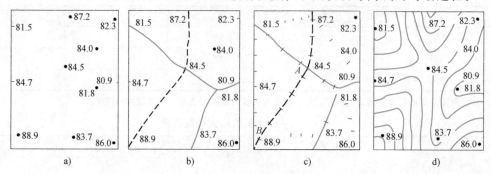

图 7-21　等高线的勾绘

（1）连接地性线　参照实际地貌，将有关的地貌特征点连接起来，在图上绘出地性线。用虚线表示山脊线，用实线表示山谷线，如图7-21b所示。

（2）内插等高线通过点　由于等高线的高程必须是等高距的整倍数，而地貌特征点的高程一般不是整数，因此要勾绘等高线，首先要找出等高线的通过点。因为地貌特征点必须选在地面坡度变化处，所以相邻两特征点之间的坡度可认为是均匀的。这样，可在两点之间，按水平距与高差成正比例的关系，内插出两点间各条等高线通过的位置。

实际工作中，内插等高线通过点均采用图解法或目估法。如图7-22所示，图解法是把绘有若干条等间距平行线的透明纸蒙在待内插的两点 a、b 上，转动透明纸，使 a、b 两点间通过平行线的条数与内插等高线的条数相同（图中为4条），且 a、b 两点分别位于两点高程值不足等高距部分的分间距处（图中 a、b

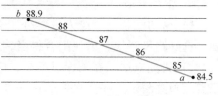

图 7-22　等高线内插

分别位于 0.5 间距、0.9 间距处），则各平行线与 ab 的交点就是所求点（图中为85、86、87、88四条等高线通过点）。

利用图解法或目估法内插等高线，把所有相邻两点进行内插，就得到等高线通过点，如图7-21c所示。注意：内插一定要在坡度均匀的两点间进行，为避免出错，最好在现场对照实际情况进行。

（3）勾绘等高线　把高程相同的点用圆顺的曲线连接起来，就勾绘出反映地貌形态的等高线。勾绘等高线时要对照实地进行，要运用概括原则，对于山坡面上的小起伏或变化，要按等高线总体走向进行制图综合。特别要注意，描绘等高线时要均匀圆滑，不要有死角或出刺现象。等高线绘出后，将图上的地性线全部擦去，图7-21d为勾绘好的等高线图。

上述为用等高线表示地貌的方法。如果在平坦地区测图，则很大范围内绘不出一条等高线。为表示地面起伏，就需用高程碎部点表示。高程碎部点简称高程点。高程点位置应均匀分布在平坦地区。各高程点在图上间隔以 2~3cm 为宜。平坦地面有地物时则以地物点高程为高程碎部点，无地物时则应单独测定高程碎部点。

7.6　地形图的拼接、检查和整饰

7.6.1　地形图的拼接

当测区较大时，地形图必须分幅测绘。由于测量和绘图误差，致使相邻图幅连接处的地物轮廓线与等高线不能完全吻合，如图 7-23 所示。

为进行图幅拼接，每幅图四边均应测出图廓外 5mm。接图是在5~6cm 的透明纸条上进行。先把透明纸蒙在本幅图的接图边上，用铅笔把图廓线、坐标格网线、地物、等高线透绘在透明纸上，然后将透明纸蒙在相邻图幅上，使图廓线和格网线拼齐后，即可检查接图两侧的地物及等高线的偏差。相邻两幅图的地物及等高线偏差不超过规范规定中的地物点点位中误差、等高线高程中误差的 $2\sqrt{2}$ 倍时，则先在透明纸上按 $2\sqrt{2}$ 平均位置进行修正，而后照此图修正原图。若偏差超过规定限差，则应分析原因，到实地检查改正错误。

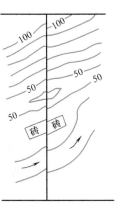

图 7-23　**地形图拼接**

《工程测量规范》中，地物点相对于邻近图根点的点位中误差和等高线相对于邻近图根点的高程中误差见表 7-9。《工程测量规范》规定地物点在图上的点位中误差：测图比例尺为 1∶500~1∶2000 时不应大于 1.6mm；测图比例尺为 1∶5000~1∶10000 时不应大于 0.8mm。等高线高程中误差与表 7-9 也有所不同。

表 7-9　**图上地物点的点位中误差和等高线插求点的高程中误差**

图上地物点的点位中误差/mm		等高线插求点的高程中误差/mm			
一般地区	城镇建筑区、工矿区	平坦地	丘陵地	山地	高山地
0.8	0.6	$h/3$	$h/2$	$2h/3$	$1h$

注：h 为地形图基本等高距（m）。

7.6.2　地形图的检查

为了确保地形图质量，除施测过程中加强检查外，在地形图测完后，必须对成图质量作一次全面检查。

1. 室内检查

每幅图测完后检查图面上地物、地貌是否清晰易读，各种符号注记是否按图式规定表示，等高线有否矛盾可疑之处，接图有无问题等。如发现错误或疑问，应到野外进行实地检查。

2. 野外检查

（1）巡视检查　沿选定的路线将原图与实地进行对照检查、查看所绘内容与实地是否相符、有否遗漏，名称注记与实地是否一致等。将发现的问题和修改意见记录下来，以便修正或补测时参考。

（2）仪器检查　根据室内检查和巡视检查发现的问题，到野外设站检查和补测。另外还要进行抽查，把仪器重新安置在图根控制点上，对一些主要地物和地貌进行重测，如发现误差超限，应按正确结果修正，设站抽查量一般为10%。

7.6.3 地形图的整饰

地形原图是用铅笔绘制的，故又称铅笔底图。在地形图拼接后，还应清绘和整饰，使图面清晰美观。整饰顺序是先图内后图外，先地物后地貌，先注记后符号。整饰的内容有：

1）擦掉多余的、不必要的点线。

2）重绘内图廓线、坐标格网线并注记坐标。

3）所有地物、地貌应按图式规定的线划、符号、注记进行清绘。

4）各种文字注记应注在适当的位置，一般要求字头朝北，字体端正。

5）等高线描绘应光滑圆顺，计曲线的高程注记应成列，字头朝向高的地方。

6）按规定图式整饰图廓及图廓外各项注记。

7.6.4 地形图的验收

验收是在委托人检查的基础上进行的，以鉴定各项成果是否合乎规范及有关技术指标（或合同要求）。对地形图验收，一般先室内检查、巡视检查，并将可疑处记录下来，再用仪器在可疑处进行实测检查、抽查。通常仪器检测碎部点的数量为测图量的10%。统计出地形图的平面位置精度及高程精度，作为评估测图质量的主要依据。对成果质量的评价一般分为优、良、合格和不合格四级。

7.7 数字地形图成图方法

常规的白纸测图其实质是图解法测图，在测图过程中，将测得的观测值——数字值按图解法转化为静态的线划地形图。全站仪数字化测图的实质是解析法测图，将地形图形信息通过全站仪转化为数字输入计算机，以数字形式存储在存储器（数据库）中形成数字地形图。

7.7.1 全站仪数字化测图中点的表示方法

地形图可以分解为点、线、面三种图形元素，而点是最基本的图形元素。测量工作的实质是测定点位。在数字测图中，必须赋予测点三类信息：

1）点的三维坐标（x，y，H）。全站仪是一种高效、快速的三维测量仪器，很容易做到这一点。

2）点的属性，即此点是地貌点还是地物点，是何种地物点……属性用基础地理信息要素来表示。要素分类与代码应按照 GB/T 13923—2006《基础地理信息分类与代码》确定。要素分类采用线分类法，要素类型按从属关系依次分为四级：大类、中类、小类、子类。分类代码采用6位十进制数字码，具体结构如下：

3）点的连接信息。测量得到的是测点的点位，但此点是独立地物，还是要与其他测点

相连形成一个地物，是以直线相连还是用曲线或圆弧相连，也就是说，还必须给出应连接的连接点和连接线型信息。连接点以其点号表示。线型规定：1 为直线，2 为曲线，3 为圆弧，空为独立点等。

7.7.2 全站仪数字化测图的作业过程

全站仪数字化测图系统的基本硬件为全站仪、电子记录手簿、微型计算机、便携式计算机、打印机、绘图仪。软件系统功能为数据的图形处理、交互方式下的图形编辑、等高线自动生成、地形图绘制等。

全站仪数字化测图分野外数据采集（包括数据编码）、计算机处理、成果输出三个阶段。数据采集是计算机绘图的基础，这一工作主要在外业期间完成。内业进行数据的图形处理，在人机交互方式下进行图形编辑，生成绘图文件，由绘图仪绘制大比例尺地图等，如图7-24所示。

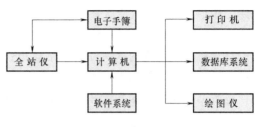

图 7-24 **全站仪数字化测图的流程**

1. 野外数据采集和编码

测量工作包括图根控制测量、测站点的增设和地形碎部点的测定。采用全站仪观测，用电子手簿记录碎部点的数据，通常有点号、坐标、编码、连接点和连接线型等信息码。信息码极为重要，因为数字测图在计算机制图中自动绘制地形符号就是通过识别测量点的信息码而执行相应的程序来完成的。信息码的输入可在地形碎部测量的同时进行，即观测每一碎部点后随即输入该点的信息码，或者是在碎部测量时绘制草图，随后按草图输入碎部点的信息码。地图上的地理名称及其他各种注记，除一部分根据信息码由计算机自动处理外，不能自动注记的需要在草图上注明，在内业时通过人机交互编辑进行注记。常规的地形测图工作要求对照实地绘制，而数字测图记录的数据，很难在实地进行巡视检查。为克服数字测图记录的不直观性，可将便携机与全站仪相连，用便携机记录并显示图形，对照实地检查。更好的办法是利用原有的旧图用打印机绘制工作图，用以外业巡视检查。特别在作业地点远离内业地点的情况下，必须有一定的措施对记录数据和编码进行检查，以保证内业工作的顺利进行。

2. 数据处理和图形文件生成

数据处理是大比例尺数字测图的一个重要环节，它直接影响最后输出的地形图的图面质量和数字图在数据库中的管理。外业记录的原始数据经计算机数据处理，生成图块文件后，在计算机屏幕上显示图形。然后，在人机交互方式下进行地形图的编辑，生成数字地形图的图形文件。

数据处理分数据预处理、地物点的图形处理和地貌点的等高线处理。数据预处理是对原始记录数据作检查，删除已废除标记的记录，删去与图形生成无关的记录，补充碎部点的坐标，修改有错误的信息码。数据预处理后生成点文件。点文件以点为记录单元，记录内容是点号、编码、点之间的连接关系码和点的坐标。

图形处理是根据点文件，将与地物有关的点记录生成地物图块文件；将与等高线有关的点记录生成等高线图块文件。地物图块文件的每一条记录以绘制地物符号为单元，其记录内容是地物编码、按连接顺序排列的地物点点号或点的 x、y 坐标值，以及点之间的连接线型码。

等高线处理是将表示地貌的离散点在考虑地性线、断裂线的条件下自动连接成三角形网格（TIN），建立起数字高程模型（DEM）。在三角形边上用内插法计算等高线通过点的平面位置 x、y，然后搜索同一条等高线上的点，依次连接排列起来，形成每一条等高线的图块记录。

图块文件经过人机交互编辑形成数字图的图形文件。图形文件根据数字图的用途不同有不同的要求。为满足计算机制图的大比例尺数字图文件，就是编辑后新的图块文件。这种图形文件按一幅图为单元储存，用于绘制某一规定比例尺的地形图。而满足大比例尺数字图数据库的图形文件还需在上述图形文件基础上作进一步的处理。

3. 地形图和测量成果报表的输出

计算机数据处理的成果可分三路输出：一路到打印机，按需要打印出各种数据（原始数据、清样数据、控制点成果等）；另一路到绘图仪，绘制地形图；第三路可接数据库系统，将数据存储到数据库，并能根据需要随时取出数据绘制任何比例尺的地形图。

7.7.3　全站仪数字化测图的特点

1）自动化程度高，数据成果易于存取，便于管理。

2）精度高。地形测图和图根加密可同时进行，地形点到测站点的距离与常规测图相比可以放长。

3）无缝接图。数字化测图不受图幅的限制，作业小组的任务可按照河流、道路的自然分界来划分，以便于地形图的施测，也减少了很多常规测图的接边问题。

4）便于使用。数字地形图不是依某一固定比例尺和固定的图幅大小来储存一幅图，它是以数字形式储存的数字地图。根据用户的需要，在一定比例尺范围内可以输出不同比例尺和不同图幅大小的地形图。

5）数字测图的立尺位置选择更为重要。数字测图按点的坐标绘制地形符号，要绘制地物轮廓就必须有轮廓特征点的全部坐标。在常规测图中，作业员可以对照实地用简单的几何作图绘制一些规则地物轮廓，用目测绘制细小的地物和地貌形状。数字测图对需要表示的细部也必须立尺测量。数字测图直接测量地形点的数目要比常规测图有所增加。

7.7.4　CASS 软件介绍

目前市场上的数字成图软件较多，CASS 软件便是其中之一。该软件是南方测绘仪器有限公司在 Auto CAD 上开发的新一代数字化地形地籍成图软件，它彻底打通了数字化成图系统与 GIS 的接口，是信息产业部门认可并普遍使用的通用软件，可实现地形地物数据的自动输入、处理、分析、显示、输出，其市场占有率较高。

1. CASS 的主要功能介绍

CASS 的安装应该在安装完 Auto CAD 并运行一次后才可进行。CASS 操作界面主要分为三个部分：顶部下拉菜单、右侧屏幕菜单和左侧工具条。如图 7-25 所示，右侧屏幕菜单可选择相应地形图图式符号。每个菜单项均以对话框或命令行提示的方式与用户交互应答，操作灵活方便，简单易学。几乎所有的 CASS 命令及 Auto CAD 的编辑命令都包含在顶部的下拉菜单中，如文件管理、数据处理、绘图处理、工程应用等命令。

图 7-25 **CASS 7.0 软件界面**

2. **数字化地形图的绘制**

（1）导出测绘数据 CASS 支持目前市场上大多数型号的电子手簿和全站仪，可通过读取全站仪数据功能将电子手簿或全站仪内存中的数据传入计算机内，形成 CASS 专用格式（dat 格式）的坐标数据文件。

（2）绘制坐标格网 进行 CASS 参数设置中的图框设置，使用绘图处理菜单中标准图幅或任意图幅命令来绘制图廓。按要求输入绘图比例尺及相应图框参数即可得到图框。

（3）野外测点展绘 单击绘图处理菜单中的"展野外测点点号"命令，单击对应的坐标数据文件名，单击"打开"按钮，便可在屏幕上展出野外测点的点号。

（4）控制点展绘 单击绘图处理菜单中的"展控制点"命令，单击对应的控制点坐标数据文件名，单击"打开"按钮，便可在屏幕上按控制点格式展出控制点。

（5）地形地物绘制 使用工具栏中的各种工具进行局部放大以便编辑。根据所测地物点的点号及野外作业时绘制的草图，在右侧屏幕区选择相应的地形图图式符号来绘制地物。一般绘图顺序为：先绘各种控制点、道路、水渠、河流等，使图有个大致轮廓；再绘房屋、独立地物、植被、管线设施等。为避免非法操作或突然断电造成数据丢失，工作中要保持经常存盘的习惯。系统中所有地形图图式符号都是按图层来划分的。CASS 中的地形地物所在图层是自动生成的，因此不能随意修改图层名，否则将导致地物编码信息错误或丢失；也不可随意修改地物的图层属性。所有表示测量控制点的符号都放在"控制点"图层，所有表示独立地物的符号都放在"独立地物"图层。如果需要在点号定位的过程中临时切换到坐标定位，可以按〈P〉键，这时进入坐标定位状态。想回到点号定位状态时再按〈P〉键即可。陡坎、水渠、围墙上的小触角生成在绘图方向的左侧。出现错向时可用线型换向功能修改。

（6）高程点展绘 单击"绘图处理"菜单下的"展高程点"命令，弹出数据文件对话框，选取目标文件，单击"打开"按钮，命令区提示："注记高程点的距离（m）："，直接按〈Enter〉键，表示不对高程点注记进行取舍，全部展出来。具体情况根据绘图比例尺及地形可选 30~40m。再将标高注记与地形地物相重叠的移动一下，使显示更清楚。绘等高线必须先将野外测得的高程点建立数字地面模型 DTM，然后在数字地面模型上由计算机自动勾绘出高精度等高线。

（7）文字注记 注记文字，单击右侧菜单的"注记文字"命令，依提示输入文字高度、注记内容、注记位置，完成文字注记。关闭"ZDH"图层，对图纸进行全面整饰，绘图工作即可完成。

（8）绘图输出 单击"文件"菜单下的"绘图输出"命令，对"打印设备""打印设置"各项选择设置后，可通过"完全预览"和"部分预览"命令查看出图效果，满意后单击"确定"按钮即可出图。

习 题

1. 什么是地形图？

2. 何谓地形图比例尺精度？它对测图和用图有何作用？

3. 地物符号分为哪几类？等高线分为哪几类？等高线有何特性？

4. 测图前有哪些准备工作？

5. 经纬仪测图时，测站上有哪些工作？

6. 地形图拼接应注意些什么问题？

7. 何谓数字化测图？它有哪些特点？

8. 在地面上两点的水平距离为 123.56m，那么在 1：1000、1：2000 的地形图上各为多少厘米？从 1：500 地形图上量得一线段的长度为 3.80cm，那么在地面上的实际距离是多少？在 1：2500 的地形图上量得一池塘的面积为 36.78cm²，那么其实际面积是多少？

大比例尺地形图的应用 第8章

■本章提要

地形图具有丰富的信息，在地形图上可以获取地貌、地物、居民点、水系、交通、通信、管线、农林等多方面的自然地理和社会政治经济等信息，因此，地形图是工程规划设计的基本资料和信息。地形图都注有比例尺，并具有一定的精度，因此利用地形图可以求取许多重要数据，如求取地面点的坐标、高程，量取线段的距离，直线的方位角以及面积等。此外还可以在地形图上勾绘出分水线、集水线，确定某范围的汇水面积，在图上计算土石方量等。

■教学要求

了解地形图的内容及辅助要素，了解地形图阅读的方法和步骤；掌握在地形图上确定点的位置，点与点之间距离、高差、方向等信息。掌握工程规划设计中利用地形图绘制确定方向的断面图；应用地形图确定区域汇水面积、估算土石方量等。

地形图全面、客观地反映了地面的地形情况，广泛应用于资源勘探、国防事业、国土整治、环境保护、水利建设、城乡规划、矿藏开采等诸多领域。大比例尺地形图是建筑工程规划设计和施工中的重要地形资料。一幅内容丰富完善的地形图，可以解决各种工程问题。如果善于阅读地形图，就可以了解到图内地区的地形变化、交通路线、河流方向、水源分布、居民点的位置、人口密度及自然资源种类分布等情况。

地形图都注有比例尺，并具有一定的精度，因此利用地形图可以求取许多重要数据，如求取地面点的坐标、高程，量取线段的距离、直线的方位角及面积等。

8.1 地形图的识读

8.1.1 地形图图外注记

1. 图名与图号

图名是指本图幅的名称，一般以本图幅内最重要的地名或主要单位名称来命名，注记在图廓外上方的中央。如图8-1所示，地形图的图名为"热电厂"。

图号，即图的分幅编号，注在图名下方。如图8-1所示，图号为10.0~21.0，它由左下角纵、横坐标组成。

2. 接图表与图外文字说明

为便于查找、使用地形图，在每幅地形图的左上角都附有相应的图幅接图表，用于说明本图幅与相邻八个方向图幅位置的相邻关系。如图 8-1 所示，中央为本图幅的位置。

文字说明是了解图件来源和成图方法的重要的资料。如图 8-1 所示，通常在图的下方或左、右两侧注有文字说明，内容包括测图日期、坐标系、高程基准、测量员、绘图员和检查员等。在图的右上角标注图纸的密级。

3. 图廓与坐标格网

图廓是地形图的边界线，有内、外图廓线之分。内图廓就是坐标格网线，也是图幅的边界线，用 0.15mm 细线绘出。在内图廓线内侧，每隔 10cm，绘出 4mm 的短线，表示坐标格网线的位置。外图廓线为图幅的最外围边线，用 0.5mm 粗线绘出。内、外图廓线相距 12mm，在内外图廓线之间注记坐标格网线坐标值。如图 8-1 所示，左下角的纵坐标为 10.0km，横坐标为 21.0km。

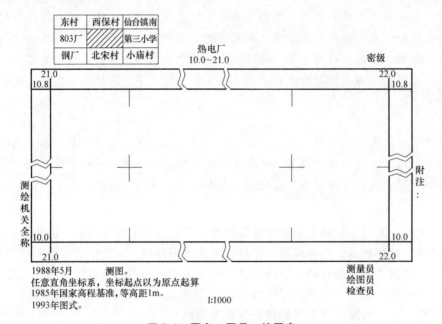

图 8-1　**图名、图号、接图表**

4. 直线比例尺与坡度尺

直线比例尺也称图示比例尺，它是将图上的线段用实际的长度来表示，如图 8-2a 所示。因此，可以用分规或直尺在地形图上量出两点之间的长度，然后与直线比例尺进行比较，就

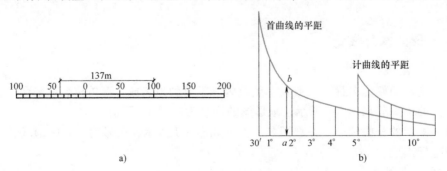

图 8-2　**直线比例尺与坡度尺**

能直接得出该两点间的实际长度值。三棱比例尺也属于直线比例尺。为了便于在地形图上量测两条等高线（首曲线或计曲线）间两点直线的坡度，通常在中、小比例尺地形图的南图廓外绘有图解坡度尺，如图 8-2b 所示。坡度尺是按等高距与平距的关系 $d = h\tan\alpha$ 制成的。如图 8-2b 所示，在底线上以适当比例定出 0°、1°、2°等点，并在点上绘垂线，将相邻等高线平距 d 与各点角值 α_i 按关系式求出相应平距 d_i。然后，在相应点垂线上按地形图比例尺截取 d_i 值定出垂线顶点，再用光滑曲线连接各顶点，所得即坡度尺。应用时，用卡规在地形图上量取两等高线 a、b 点平距 ab，在坡度尺上比较，即可查得 ab 的角值约为 1°45′。

5. 三北方向

中、小比例尺地形图的南图廓线右下方，通常绘有真北、磁北和坐标纵轴北之间的角度关系，如图 8-3 所示。利用三北方向图，可对图上任一方向的真方位角、磁方位角和坐标方位角进行相互换算。

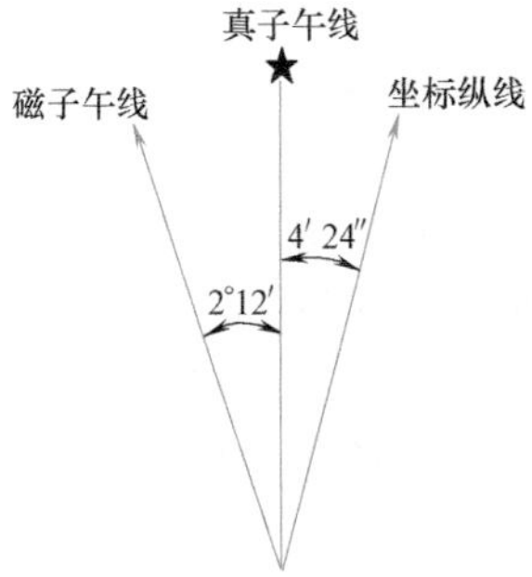

图 8-3　三北方向

8.1.2　地物和地貌的识读

1. 地物、地貌的识别

地形图反映了地物的位置、形状、大小和地物间的相互位置关系，以及地貌的起伏形态。为了能够正确地应用地形图，必须要读懂地形图（即识图），并能根据地形图上各种符号和注记，在头脑中建立起相应的立体模型。地形图识读包括如下内容。

（1）图廓外要素的判读　图廓外要素是指地形图内图廓之外的要素。通过图廓外要素的阅读，可以了解测图时间，从而判断地形图的新旧和适用程度，以及地形图的比例尺、坐标系统、高程系统和基本等高距，以及图幅范围和接图表等内容。

（2）图廓内要素的判读　图廓内要素是指地物、地貌符号及相关注记等。在判读地物时，首先了解主要地物的分布情况，如居民点、交通线路及水系等。其次要注意地物符号的主次地位问题。例如，铁路和公路并行，图上是以铁路中心位置绘制铁路符号，而公路符号让位，地物符号不准重叠。在地貌判读时，先看计曲线再看首曲线的分布情况，了解等高线表示的地性线及典型地貌，进而了解该图幅范围总体地貌及某地区的特殊地貌。同时，通过对居民地、交通网、电力线、输油管线等重要地物的判读，可以了解该地区的社会经济发展情况。

2. 野外使用地形图

在野外使用地形图时，经常要进行地形图的定向、在图上确定站立点位置、地形图与实地对照，以及野外填图等项工作。当使用的地形图图幅数较多时，为了使用方便需进行地形图的拼接和粘贴。方法是根据接图表表示的相邻图幅的图名和图号，将各幅图按其关系位置排列好，按左压右、上压下的顺序进行拼贴，构成一张范围更大的地形图。

（1）地形图的野外定向　地形图的野外定向就是使图上表示的地形与实地地形一致。常用的方法有以下两种：

1）罗盘定向。根据地形图上的三北关系图，将罗盘刻度盘的北字指向北图廓，并使刻度盘上的南北线与地形图上的真子午线（或坐标纵线）方向重合，然后转动地形图，使磁针北端指到磁偏角（或磁坐偏角）值，完成地形图的定向。

2）地物定向。首先，在地形图上和实地分别找出对应的两个位置点，如本人站立点、房角点、道路或河流转弯点、山顶、独立树等，然后转动地形图，使图上位置与实地位置一致。

（2）在地形图上确定站立点位置 当站立点附近有明显地貌和地物时，可利用它们确定站立点在图上的位置。例如，站立点的位置是在图上道路或河流的转弯点、房屋角点、桥梁一端，以及在山脊的一个平台上等。当站立点附近没有明显地物或地貌特征时，可以采用交会法来确定站立点在图上的位置。

（3）地图与实地对照 当进行了地形图定向和确定了站立点的位置后，就可以根据图上站立点周围的地物和地貌的符号，找出与实地对应的地物和地貌，或者通过观察实地地物和地貌来识别其在地图上的位置。通常是先识别主要和明显的地物、地貌，再按关系位置识别其他地物、地貌。通过地形图和实地对照，了解和熟悉周围地形情况，比较出地形图上内容与实地相应地形是否发生了变化。

（4）野外填图 野外填图是指把土壤普查、土地利用、矿产资源分布等情况填绘于地形图上。野外填图时，应注意沿途具有方位意义的地物，随时确定本人站立点在图上的位置。同时，站立点要选择视线良好的地点，便于观察较大范围的填图对象，确定其边界并填绘在地形图上。通常用罗盘或目估方法确定填图对象的方向，用目估、步测或皮尺确定距离。

8.2 地形图应用的基本内容

8.2.1 确定图上点位的坐标

欲求图 8-4 中 P 点的直角坐标，可以通过从 P 点作平行于直角坐标格网的直线，交格网线于 e、f、g、h 点。用比例尺（或直尺）量出 ae 和 ag 两段距离，则 P 点的坐标为

$$x_P = x_a + ae = (21100 + 27) \text{m} = 21127 \text{m}$$
$$y_P = y_a + ag = (32100 + 29) \text{m} = 32129 \text{m}$$

为了防止图纸伸缩变形带来的误差，可以采用下列计算公式消除

$$x_P = x_a + \frac{ae}{ab} l = \left(21100 + \frac{27}{99.9} \times 100\right) \text{m} = 21127.03 \text{m}$$

$$y_P = y_a + \frac{ag}{ad} l = \left(32100 + \frac{29}{99.9} \times 100\right) \text{m} = 32129.03 \text{m}$$

式中，l 为相邻格网线间距。

8.2.2 确定图上直线段的距离

欲求 PQ 两点间的水平距离，如图 8-4 所示，最简单的办法是用比例尺或直尺直接从地形图上量取。为了消除图样的伸缩变形给距离量取带来的误差，可以用两脚规量取 PQ 间的长度，然后与图上的直线比例尺进行比较，得出两点间的距离。更精确的方法是利用前述方法求得 P、Q 两点的直角坐标，再用坐标反算出两点间距离 D_{PQ}，即。

$$D_{PQ} = \sqrt{(x_Q - x_P)^2 + (y_Q - y_P)^2}$$

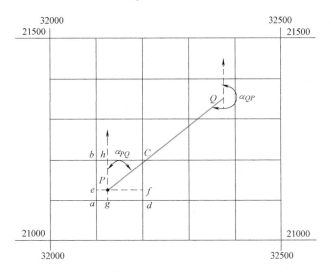

图 8-4　确定点的坐标、直线段的距离、坐标方位角

8.2.3　确定图上直线的坐标方位角

如图 8-4 所示，欲求直线 PQ 的坐标方位角 α_{PQ}，可以先过 P 点作一条平行于坐标纵轴的直线，然后，用量角器直接量取坐标方位角 α_{PQ}。要求精度较高时，可以利用前述方法先求得 P、Q 两点的直角坐标，利用坐标反算公式计算出象限角 R_{PQ}，再推算出坐标方位角 α_{PQ}。

已知两点坐标，反求边长和方位角，称为坐标反算。象限角是由坐标纵轴的北端或南端顺时针或逆时针量至某直线的水平锐角，用 R 表示。

象限角计算公式为

$$R_{PO} = \arctan\frac{y_O - y_P}{x_O - x_P} = \arctan\frac{\Delta y_{PO}}{\Delta x_{PO}}$$

坐标方位角与象限角的换算公式为

第一象限　$\alpha_{PO} = R_{PO}$

第二象限　$\alpha_{PO} = 180° - |R_{PO}|$

第三象限　$\alpha_{PO} = 180° + |R_{PO}|$

第四象限　$\alpha_{PO} = 360° - |R_{PO}|$

8.2.4　确定图上点的高程

根据地形图上的等高线，可确定任一地面点的高程。如果地面点恰好位于某一等高线上，则根据等高线的高程注记或基本等高距，便可直接确定该点高程。如图 8-5 所示，p 点的高程为 20m。要确定位于相邻两等高线之间的地面点 q 的高程，可以采用目估的方法。更精确的方法是，先过 q 点作垂直于相邻两等高线的线段 mn，再依高差和平距成比例的关系求解。例如，图中等高线的基本等高距为

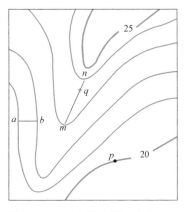

图 8-5　确定点的高程、直线坡度

1m，则 q 点高程为

$$H_q = H_m + \frac{mq}{mn}h = \left(23 + \frac{14}{20} \times 1\right) \text{m} = 23.7\text{m}$$

如果要确定两点间的高差，则采用上述方法确定两点的高程后，相减即得两点间高差。

8.2.5　确定图上地面坡度

由等高线的特性可知，地形图上某处等高线之间的平距越小，则地面坡度越大。反之，等高线间平距越大，坡度越小。当等高线为一组等间距平行直线时，该地区地貌为斜平面。

如图8-5所示，欲求 p、q 两点之间的地面坡度，可先求出两点高程 H_p、H_q，然后求出高差 $h_{pq} = H_q - H_p$ 以及两点实地水平距离 D_{pq}，再按下式计算 p、q 两点之间的地面坡度

$$i = \frac{h_{pq}}{D_{pq}} = \frac{h_{pq}}{d_{pq}M}$$

当地面两点间穿过的等高线平距不等时，计算的坡度则为地面两点平均坡度。两条相邻等高线间的坡度，是指垂直于两条等高线两个交点间的坡度。如图8-5所示，垂直于等高线方向的直线 ab 具有最大的倾斜角，该直线称为最大倾斜线（或坡度线），通常以最大倾斜线的方向代表该地面的倾斜方向。最大倾斜线的倾斜角，也代表该地面的倾斜角。

此外，也可以利用地形图上的坡度尺求取坡度。

8.3　图形面积的量算

8.3.1　几何图形法

当欲求面积的边界为直线时，可以把该图形分解为若干个规则的几何图形，例如三角形、梯形或平行四边形等，如图8-6所示。然后，量出这些图形的边长，这样就可以利用几何公式计算出每个图形的面积。最后，将所有图形的面积之和乘以该地形图比例尺分母的平方，即为所求面积。

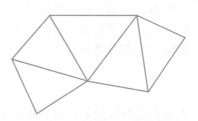

图8-6　几何图形法测算面积

8.3.2　坐标解析法

坐标解析法是使用待测图形边界上点的坐标用公式求算面积的一种方法，这是一种较高精度的面积计算方法。

如图8-7所示，四边形各顶点坐标为 (x_1, y_1)、(x_2, y_2)、(x_3, y_3)、(x_4, y_4)，将各顶点投影到 y 轴上，其面积相当于相应梯形面积的代数和，即

$$\begin{aligned}
S &= S_{ab41} + S_{bd34} - S_{ac21} - S_{cd32} \\
&= \frac{1}{2}\big[(x_1 + x_4)(y_4 - y_1) + (x_3 + x_4)(y_3 - y_4) - \\
&\quad (x_1 + x_2)(y_2 - y_1) - (x_2 + x_3)(y_3 - y_2)\big]
\end{aligned}$$

整理得

$$S = \frac{1}{2}\left[x_1(y_4-y_2)+x_2(y_1-y_3)+x_3(y_2-y_4)+x_4(y_3-y_1)\right]$$

对于 n 点多边形，将各顶点按顺时针方向编号，其面积公式的一般形式为

$$S = \frac{1}{2}\sum_{i=1}^{n}y_i(x_{i+1}-x_{i-1}) \qquad (8\text{-}1)$$

计算时要注意，当 $i-1=0$ 时，下标应取 n；当 $i+1=n+1$ 时，下标应取 1。式（8-1）是将各顶点投影到 y 轴上算得的。若将各顶点投影到 x 轴上，同法可推出

$$S = \frac{1}{2}\sum_{i=1}^{n}x_i(y_{i+1}-y_{i-1}) \qquad (8\text{-}2)$$

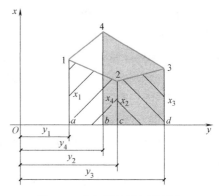

图 8-7　坐标解析法测算面积

8.3.3　透明方格法

对于不规则图形，可以采用图解法求算图形面积。通常使用绘有单元图形的透明纸蒙在待测图形上，统计落在待测图形轮廓线以内的单元图形个数来量测面积。

透明方格法通常是在透明纸上绘出边长为 1mm 的小方格，如图 8-8a 所示，每个方格的面积为 1mm^2，代表的实际面积则由地形图的比例尺决定。量测图上面积时，将透明方格纸固定在图样上，先数出完整小方格数 n_1，再数出图形边缘不完整的小方格数 n_2。然后，按下式计算整个图形的实际面积

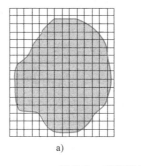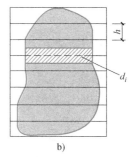

图 8-8　透明纸法测算图形面积
a）透明方格法　b）透明平行线法

$$S = \left(n_1+\frac{n_2}{2}\right)\frac{M^2}{10^6}$$

式中，M 为地形图比例尺分母；S 的单位为 m^2。

8.3.4　透明平行线法

透明方格网法的缺点是数方格比较麻烦，为此，可以使用图 8-8b 所示的透明平行线法。被测图形被平行线分割成若干个等高的长条，每个长条的面积可以按照梯形公式计算。例如，图中绘有斜线的面积，其中间位置的虚线为上底加下底的平均值 d_i，可以直接量出，而每个梯形的高均为 h，则其面积为

$$S = \sum_{i=1}^{n}d_i h = h\sum_{i=1}^{n}d_i$$

8.3.5　电子求积仪法

电子求积仪是一种用来测定任意形状图形面积的仪器，如图 8-9 所示。在地形图上求取图形面积时，先在求积仪的面板上设置地形图的比例尺和使用单位，再利用求积仪一端的跟

踪透镜的十字中心点绕图形一周来求算面积。电子求积仪具有自动显示量测面积结果、储存测得的数据、计算周围边长、数据打印、边界自动闭合等功能，计算精度可以达到 0.2%。同时，具备各种计量单位，如公制、英制，有计算功能，当数据量溢出时会自动移位处理。由于采用了 RS—232 接口，可以直接与计算机相连进行数据管理和处理。

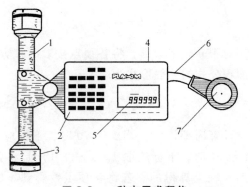

图 8-9　一种电子求积仪

1—动极轴　2—功能键　3—动极　4—整流器插座
5—显示窗　6—跟踪臂　7—跟踪放大镜

为了保证量测面积的精度和可靠性，应将图样平整地固定在图板或桌面上。当需要测量的面积较大时，可以采取将大面积划分为若干块小面积的方法，分别求这些小面积，最后把量测结果加起来。也可以在待测的大面积内划出一个或若干个规则图形（四边形、三角形、圆等），用解析法求算面积，剩下的边、角小块面积用求积仪求取。

8.4　地形图在工程规划和设计中的应用

8.4.1　在图上设计规定坡度的线路

对管线、渠道、交通线路等工程进行初步设计时，通常先在地形图上选线。按照技术要求，选定的线路坡度不能超过规定的限制坡度，并且线路最短。

如图 8-10 所示，地形图的比例尺为 1:1000，等高距为 1m。设需在该地形图上选出一条由 A 点至 B 点的最短线路，并且在该线路任何处的坡度都不超 4%。

常见的做法是将两脚规在坡度尺上截取坡度为 4% 时相邻两等高线间的平距；也可以按下式计算相邻等高线间的最小平距（地形图上距离）

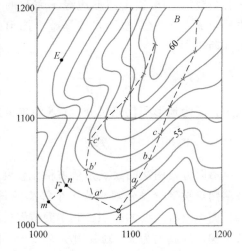

图 8-10　按设计坡度定线

$$d = \frac{h}{Mi} = \frac{1}{1000 \times 4\%} m = 25mm$$

然后，将两脚规的脚尖设置为 25mm，把一脚尖立在以点 A 为圆心上作弧，交另一等高线于 a 点，再以 a 点为圆心，另一脚尖交相邻等高线于 b 点。如此继续直到 B 点。这样，由 A、a、b、c 至 B 连接的 AB 线路，就是选定的坡度不超过 4% 的最短线路。

如果平距 d 小于图上等高线间的平距，则说明该处地面最大坡度小于设计坡度，这时可以在两等高线间用垂线连接。此外，从 A 到 B 的线路可采用上述方法选择多条，例如，由 A、a'、b'、c' 至 B 确定的线路。最后选用哪条，则主要根据占用耕地、拆迁民房、施工难度及工程费用等因素确定。

8.4.2 沿图上已知方向绘制断面图

地形断面图是指沿某一方向描绘地面起伏状态的竖直面图。在交通、渠道以及各种管线工程中，可根据断面图地面起伏状态，量取有关数据进行线路设计。断面图可以在实地直接测定，也可根据地形图绘制。

绘制 AB 方向断面图的方法，如图 8-11 所示。

1) 首先确定断面图的水平比例尺和高程比例尺。断面图上的水平比例尺与地形图的比例尺一致，高程比例尺比水平比例尺大 10 倍，可明显反映地面起伏变化情况。

2) 绘出直角坐标轴线，横轴表示水平距离坐标线，纵轴表示高程坐标线，并在高程坐标线上依高程比例尺标出各等高线的高程。

3) 以 AB 被等高线所截各线段之长 A1，12，23，…，9B 的长度在横轴上截取相应的点并作垂线，使垂线之长等于各点相应的高程值，垂线的端点即断面点，连接各相邻断面点，即得 AB 线路的纵断面图。

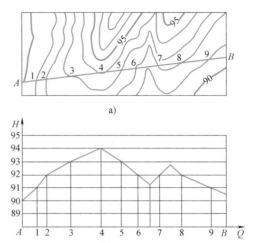

图 8-11 沿指定方向绘制断面图

8.4.3 在地形图上确定汇水面积

在修建交通线路的涵洞、桥梁或水库的堤坝等工程建设中，需要确定有多大面积的雨水量汇集到桥涵或水库，需要确定汇水面积，以便进行桥涵和堤坝的设计。设计工作通常是在地形图上确定汇水面积。汇水面积是由山脊线构成的区域。如图 8-12 所示，某公路经过山谷地区，欲在 m 处建造涵洞，cn 和 en 为山谷线，注入该山谷的雨水是由山脊线（即分水线）a、b、c、d、e、f、g 及公路所围成的区域。区域汇水面积可通过面积量测方法得出。

另外，根据等高线的特性可知，山脊线与等高线处处垂直，且经过一系列的山头和鞍部，可以在地形图上直接确定。

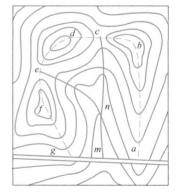

图 8-12 图上确定汇水面积

8.4.4 地形图在平整土地中的应用

为了使起伏不平的地形满足一定的工程要求，需要把地表平整成一块水平面或倾斜平面。在进行工程量的预算时，可以利用地形图进行填、挖土石方量的概算。

1. 方格网法

如果地面坡度较平缓，需要将地面平整为某一高程的水平面，如图 8-13 所示，填挖方量的计算步骤如下：

（1）绘制方格网　方格的边长取决于地形的复杂程度和土石方量估算的精度要求，一般取10m或20m。然后，根据地形图的比例尺在图上绘出方格网。

（2）求各方格角点的高程　根据地形图上的等高线和其他地形点高程，采用目估法内插出各方格角点的地面高程值，并标注于相应顶点的右上方。

（3）计算设计高程　将每个方格角点的地面高程值相加并除以4，就得到各方格的平均高程，再把每个方格的平均高程相加除以方格总数，就得到设计高程 $H_设$。$H_设$ 也可以根据工程要求直接给出。

（4）确定填、挖边界线　根据设计高程 $H_设$，在地形图8-13上绘出高程为 $H_设$ 的高程线（如图中虚线所示），在此线上的点即为不填又不挖，也就是填、挖边界线，也称为零等高线。

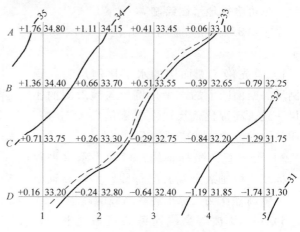

图 8-13　**方格法计算土方量**

（5）计算各方格网点的填、挖高度　将各方格网点的地面高程减去设计高程 $H_设$，得各方格网点的填、挖高度，并注于相应顶点的左上方，正号表示挖，负号表示填。

（6）计算挖填土方量　计算挖填土方量时需将角点、边点、拐点、中点分别计算，计算公式为

$$\begin{cases} 角点　挖（填）高 \times \dfrac{1}{4}方格面积 \\[2mm] 边点　挖（填）高 \times \dfrac{2}{4}方格面积 \\[2mm] 拐点　挖（填）高 \times \dfrac{3}{4}方格面积 \\[2mm] 中点　挖（填）高 \times \dfrac{4}{4}方格面积 \end{cases}$$

（7）计算总的填、挖方量　将角点、边点、拐点、中点得到的填方量或挖方量各自相加，就可得到总的挖方量或总的填方量。如果设计高程 $H_设$ 是各方格的平均高程值，则最后计算出来的总填方量和总挖方量基本相等。当地面坡度较大时，可以按照填、挖土石方量基本平衡的原则，将地形整理成某一坡度的倾斜面。

2. 等高线法

当地形起伏较大时，可以采用等高线法计算土石方量。首先从设计高程的等高线开始计算出各条等高线包围的面积，然后将相邻等高线面积的平均值乘以等高距即得相邻等高线间的填挖方量。

如图8-14所示，地形图的等高距为5m，要求平整场地后的设计高程为492m。首先在地形图中内插出设计高程为492m的等高线（如图中虚线），再求出492m、495m、500m三条等高线围成的面积 A_{492}、A_{495}、A_{500}，即可算出每层土石方的挖方量为

$$V_{492-495} = \frac{1}{2} \times (A_{492} + A_{495}) \times 3\text{m}$$

$$V_{495-500} = \frac{1}{2} \times (A_{495} + A_{500}) \times 5\text{m}$$

$$V_{500-503} = \frac{1}{3} \times A_{500} \times 3\text{m}$$

则总的土石方挖方量为

$$V_{总} = \sum V = V_{492-495} + V_{495-500} + V_{500-505}$$

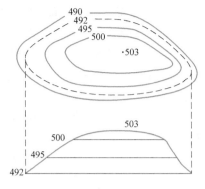

图 8-14　**等高线法计算填挖方量**

3. 断面法

这种方法是在施工场地范围内，如图 8-15a 所示，利用地形图以一定间距绘出地形断面图，如图 8-15b 所示，并在各个断面图上绘出平整场地后的设计高程线。然后，分别求出断面图上地面线与设计高程线围成的面积，再计算相邻断面间的土石方量，求其和即为总土石方量。

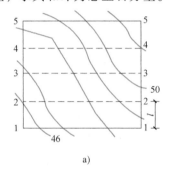
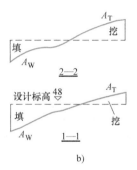

图 8-15　**断面法计算填挖方量**

8.5　数字地形图的应用

8.5.1　在科学研究方面的应用

地貌是地理环境中一个非常活跃的地理因素，对地表热量重新分配、温度分布、降水量格局、生物种类的分布、自然地域分类以及土地类型分化等地表过程有深刻而广泛的影响。地形表面特征的描述、分析和信息提取是地球科学研究的基础资料和基本信息源。

地形表面是一个三维空间表面，但人们往往通过投影将三维现象表达描述在二维平面上，如等高线对地形起伏的表示。数字高程模型（Digital Elevation Model，DEM）是对二维地理空间上具有连续变化特征地理现象的模型化表达和过程模拟。简单地说，DEM 是空间起伏连续变化现象的数字化表示和分析工具的集合。

数字高程模型在与地学相关的科学研究中，主要作用是为各种地学模型提供地形参数并辅助地学模型建立。生态学研究生物种类与周围环境如土壤、水、气候、地貌等之间的依赖关系；水文学则在地形地貌基础上建立各种地表物质如水、冰川等的运动模型。地貌学注重研究各种地貌的成因与形成过程，而气候学者更加注重地形因素对温度通量（Fluxes of Temperature）、湿度、气体分子等的影响。例如，在天气预报和气候建模中，通过全球尺度

DEM 可建立地面、大气之间的转换过程模型，地形地貌、地表形状和各种地学变量如蒸腾、径流、土壤湿度等之间的关系影响着局部乃至全球尺度上的气候状况。

DEM 的另一主要科学研究价值在于辅助土地覆盖分类和全球土地利用变化检测。当前遥感影像数据被认为是进行区域、全球尺度的土地利用、土地覆盖分类与制图的有力手段，然而遥感影像由于传感器姿态、地表曲率、地球旋转、大气折光、地面起伏等因素的影响而产生几何畸变，大量的研究结果表明在 DEM 辅助下的遥感影像几何纠正，可明显地提高纠正精度、遥感影像的解译和分类精度。

由上述分析得知，在科学研究中，DEM 主要用在以下几个主要领域：

1）区域、全球气候变化研究。

2）水资源、野生动植物分布。

3）地质、水文模型建立。

4）地理信息系统。

5）地形地貌分析。

6）土地分类、土地利用、土地覆盖变化检测等。

8.5.2　在工业、工程方面的应用

对工业、工程领域而言，数字高程模型主要用于进行各种辅助决策和设计，以提高服务、设计质量，提高设计自动化水平，获取更大的经济效益。这类部门主要包括电信、导航、航空、采矿业、旅游业以及如公路、铁路、水利等工程建设部门。

信号传播环境如地形（高山、丘陵、平原、水域）、建筑物（高度、分布、数量、材料等）、植被特征、天气状况等是影响通信信号质量的关键因素，在其他信息如植被、建筑物等的配合下，DEM 常用来进行各种通信设备［如电台、电（视）台发射机等］的辅助选址、通信网络的规划设计、移动通信传播模型校正等。例如，在无线通信网络规划中，宏蜂窝常常采用100m 分辨率的 DEM、微蜂窝采用5~10m 的 DEM 数据并在地物数据的配合下进行无线发射台和网络的规划设计。目前，随着网络通信技术的发展，电信制造业、无线网络运营商等越来越重视网络信号传播模型与环境的匹配问题。据不完全统计，欧洲60%的 DEM 数据是销往电信部门的。

在航空工业中，DEM 数据、地物数据是建立飞机防撞系统、地面接近警告系统、飞行管理调度系统、地形辅助导航系统的基本数据源。通过 DEM 数据可更真实地模拟飞行环境，并在实时机载全球定位系统（Global Position System，GPS）的配合下，使空中交通更加安全。

在地质、矿山、石油等勘探行业中，利用遥感影像与 DEM 复合可提供综合、全面、实时、动态的矿山地面变化信息，在数字影像处理技术、GIS 技术等的支持下可用于解决矿山勘探的实际问题。遥感影像和 DEM 的复合包括三个方面，即由遥感影像生成数字高程模型、用数字高程模型来纠正遥感影像以及遥感影像和数字地面模型配合应用，其可用于矿山测绘、地表沉陷监测、矿区土地复垦与生态重建、露天矿边坡监测、矿山三维仿真等方面。另外，DEM 还可作为各种地质信息的表达工具。例如，利用 DEM 和地质属性的套合，可以用二维或三维透视图方式显示各种地质信息，使非常复杂的地质结构变得简单和容易理解。又如，在制作地质示意图时，将从 DEM 生成的三维等高线透视图与地质图结合起来，可形成

一幅倾斜的精确"鸟眼"视野图，同时提供丰富的地质与地理信息。

对于旅游产业而言，在旅游信息数据基础上，利用数字高程模型、遥感影像数据等，既可实现传统旅游地图的功能，使游客通过简单操作即可了解旅游区的人文、景观、交通、生活设施等情况，也可通过 DEM 和遥感影像强大的三维景观模拟功能，让游客在不到现场的情况下，身临其境，预体验游览感受。随着三维空间技术、虚拟现实技术、网络技术的完善和发展，出现了一种全新的旅游方式，即虚拟旅游，且有发展成新产业的潜力。

道路工程是 DEM 应用最早的领域。在公路、铁路等的勘测设计中，通过高精度的数字高程模型，设计人员可以进行平面、纵断面的交互定线、横断面的自动生成、土方计算与调配、道路的多方案比选，并通过设计表面模型和 DEM 的叠加，实现道路的景观模型及动画演示，从而对设计质量进行评价，并对拟建道路与周围环境的协调状况进行分析。基于 DEM 的公路 CAD 技术，是公路、铁路勘测设计自动化的必由之路。目前世界上几个著名的道路 CAD 软件（如美国的 InRoads、英国的 MOSS、德国的 CARD/1）都具有数字高程模型生成、编辑、管理和基于 DEM 的路线设计能力。DEM 在道路工程中的应用也可扩展到其他的线状工程（如渠道、管道、输配电线等）。

DEM 的另一主要应用领域是水利工程。通过库区 DEM，可计算在不同条件下的水库库容，并自动绘制水位-库容、水位-面积曲线、水坝轴线断面图等内容，从而实现库区规划优化设计和坝址的定位。

8.5.3　在军事方面的应用

地形图向来有"工程师和指挥员的眼睛"的美誉，地形图对于军事的重要性可见一斑。在数字化的今天，DEM 作为地形图替代品，在作战指挥、战场规划、定位、导航、目标采集和瞄准、搜寻、救援乃至维和行动、指导外交谈判等方面，都发挥了重要的作用，成为数字化战场不可或缺的组成部分。总的来说，DEM 在军事上的应用主要在以下几个方面：

（1）虚拟战场　例如，由 TEC 开发的军事三维地形可视化软件（Draw Land），可利用虚拟战场环境，辅助战术决策，它在波黑维和行动中发挥了重要的作用。

（2）战场地形环境模拟　如英国国家遥感中心应用法国的 SPOT 图像与 DEM、军事地理信息系统结合，模拟敌方的三维地形，对军方的飞行员进行模拟训练，取得了良好效果。

（3）为作战部队提供作战地图　海湾战争期间，美国国防制图局利用自动影像匹配和自动目标识别技术处理卫星和高低空侦察机实时获得的数字影像，全天 24h 处于生产状态，共生产了 12000 套新的地图产品，其中包括 600 套数字产品以及 100 幅战地地图，覆盖了海湾地区的大多数国家和地区，为军事决策提供 24h 的实时服务。

（4）军事工程　如对飞行器飞行的各种模拟，让飞行员对飞行计划进行模拟演习。

（5）基于地形匹配的导引技术　如导弹的飞行模拟、陆基雷达的选址，以及炮兵的互视性规划等方面。

习　　题

根据图 8-16，完成下列内容：

1）用▲标出山头，用△标出鞍部，用虚线标出山脊线，用实线标出山谷线。

2）求出 A、B 两点的高程，并用图下直线比例尺求出 A、B 两点间的水平距离及坡度。

3）绘出 A、B 之间的地形断面图（平距比例尺为 1∶1000，高程比例尺为 1∶200）。

4）找出图内山坡最陡处，并求出该最陡坡度值。

5）从 C 到 D 作出一条坡度不大于 10% 的最短路线。

6）绘出过 C 点的汇水面积。

7）判断 A 与 B 之间、B 与 C 之间是否通视。

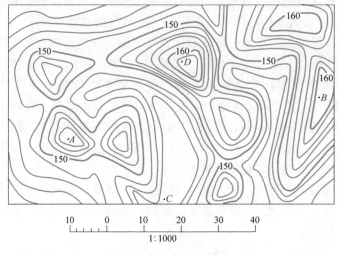

图 8-16　作业用图

施工测量的基本工作 第9章

■本章提要

　　主要讲述测设的基本工作，点的平面位置的测设方法，已知坡度线的测设，圆曲线、缓和曲线的测设。

■教学要求

　　掌握测设数据的计算，熟练掌握使用经纬仪和全站仪测设点的平面位置的方法、已知坡度线的测设、圆曲线和缓和曲线的测设方法；熟练掌握使用水准仪测设高程的方法。

　　各种工程建设在施工阶段进行的测量工作称为施工测量。测设在规划设计和勘察测绘等单位也被称为放样或者放线，是工程测量的主要内容，在各种工程建设中应用广泛。测设是根据施工的需要，将图纸上规划设计好的建（构）筑物的平面位置和高程，按要求以一定的精度在实地上标定出来，作为施工建设的依据。点的位置是由平面位置和高程确定的，而点的平面位置通常是由水平距离和水平角度来确定，所以测设的基本工作包括水平角度、水平距离和高程的测设。

　　测设和测定相比，一是在作业顺序上正好相反，二是均遵循"从整体到局部，先控制后碎（细）部"的测量基本原则。

　　测设是整个施工过程的一个组成部分，所以它必须与施工组织计划相协调，在精度和速度方面满足施工的需要。测设前，需根据工程性质、设计要求、客观条件等因素来制定适当、可行的测设精度和方法。

　　为了使测设点位正确，必须认真执行自检、互检制度。测设前，应认真阅读图纸，核准测设数据，杜绝计算粗差，检校好测量仪器；测设时反复检查校核，严格按照设计尺寸测设到实地上。

　　测设时，所有测设数据、测设过程和结果，均应完整地记录、汇总、保存，以作为工程竣工验收资料参考。

9.1　水平角、水平距离和高程的测设

9.1.1　已知水平角的测设

　　已知水平角的测设，也称拨角，是在一个需要测设水平角的已知测站点上安置仪器，根据该点与另一个已知点组成的已知方向和设计角度值，在地面上标定出设计的方向。根据测

设精度要求的不同，一般有以下两种方法：

1. 正倒镜分中法（一般方法）

当测设水平角的精度要求不高时，可采用盘左、盘右取中数的方法，因而这种方法也称为盘左盘右分中法测设水平角。如图 9-1 所示，设地面上已有 AP 方向，要从 AP 方向顺时针测设一水平角度 β，以定出 AB 方向。首先在 A 点安置经纬仪，用盘左瞄准 P 点，读取此时的水平度盘读数，设为 α，然后松开制动螺旋，顺时针旋转照准部，当水平度盘读数为 $\alpha + \beta$ 时，在视线方向上定出 B_1 点；同法用盘右定出另一点 B_2，取 B_1、B_2 的中点 B，则 $\angle PAB$ 就是要标定的 β 角。若 $\angle PAB = 180°$，即 B 点在直线 PA 的延长线上。

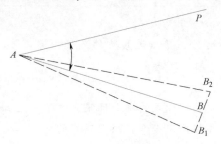

图 9-1　正倒镜分中法

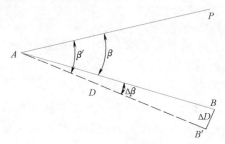

图 9-2　多测回修正法

2. 多测回修正法（精确方法）

当测设水平角要求较高时，可以采用作垂线改正的方法，以提高测设的精度。如图 9-2 所示，首先用盘左根据设计的角度 β 定出 B' 点，然后用测回法精确测出水平角 $\angle PAB'$ 的大小（视精度要求可多测几个测回），设为 β'，并用钢尺量取 AB' 水平距离 D，接着计算设计角度与实测的角度之差 $\Delta\beta$ 以及与 AB' 垂直的距离 ΔD

$$\Delta\beta = \beta - \beta' \tag{9-1}$$

$$\Delta D = D\frac{\Delta\beta}{\rho} \tag{9-2}$$

式中，$\rho = 206265''$。

最后在 B' 点垂直于 AB' 方向上量取水平距离 ΔD 得 B 点，则 $\angle PAB$ 为欲测设的水平角。当 $\Delta\beta > 0$ 时，在 B' 点由 AB' 垂直向外量垂距 ΔD；当 $\Delta\beta < 0$ 时，向内量垂距 ΔD。注意量取垂距 ΔD 的方向，向外量取（即增大 β' 的角度值）还是向内量取（即减小 β' 的角度值）取决于 $\Delta\beta$ 的正负值。例如，若 $D = 50m$，$\Delta\beta = -30''$，按照式（9-1）计算出 $\Delta D = -7mm$。从 B' 点垂直于 AB' 方向上向内量取水平距离 7mm，得到 B 点，即 $\angle PAB$ 就是要标定的 β 角。

为检查测设是否正确或能否满足精度要求，还应该对 $\angle PAB$ 进行检核测量，将测量结果与设计水平角度 β 比较，使测设的水平角度符合精度要求。

9.1.2　已知水平距离的测设

在施工放样时，经常需要由已知点沿着已知方向，按设计的水平距离标注出地面上另一点的位置，即进行水平距离的测设。

1. 钢尺测设法

如图 9-3 所示，欲在 AC 方向上测设出水平距离 D，以定出 B 点，可用钢尺直接量取设计长度，并在地面上临时标出其终点 B；

图 9-3　钢尺测设水平距离

或者精确量出 AC 的距离 D'，计算修正值 $\Delta D = D - D'$，由 C 点沿 CA 方向和 ΔD 定出 B 点来。

为了检核起见，应再往返丈量测设后的距离，往返丈量的较差，若在限差之内，取其平均位置作为 B 点。

若地面有一定的坡度，应将钢尺一端抬高拉平并用垂球投点进行丈量，具体方法参见距离测量章节中的倾斜地段量距。

2. 光电测距仪测设法

距离较长或地面起伏较大的距离测设宜采用光电测距仪，测距仪可以显示水平距离和预先设置改正参数，因此测设距离更方便。如图 9-4 所示，光电测距仪和经纬仪安置于 A 点，沿已知方向前后移动反射棱镜，使测距仪显示的距离接近设计的水平距离，定出 C' 点。在 C' 点安置棱镜，测出竖直角 α 及斜距 L，计算出水平距离 $D' = L\cos\alpha$，求出 D' 与应测设的水平距离 D 之差 $\Delta D = D - D'$。根据 ΔD

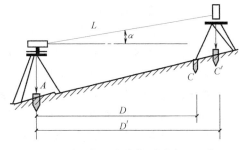

图 9-4　测距仪、全站仪测设水平距离

的符号在实地用钢尺沿测设方向将 C' 改正至 C 点，并用木桩标定。为了检核，应将棱镜立于 C 点再实测 AC 距离，其不符值应在限差内，否则应再次进行改正，直至符合精度要求。

3. 全站仪测设法

如图 9-4 所示，全站仪安置于 A 点。在全站仪的距离测量模式的菜单中有"放样"选项，只要用户输入测站点至放样点的距离，放样点的方向由用户根据计算出的其与后视方向的水平夹角 β 确定。对棱镜测距后，屏幕显示实测水平距离与设计距离之差 dHD，观测员据此指挥司镜员在望远镜视线方向向远处或向近处移动棱镜，直至 $dHD = 0$ 为止。当 $dHD > 0$ 时，棱镜向近处移动；当 $dHD < 0$ 时，棱镜向远处移动。

一般建筑设计给出的是房屋轴线交点的坐标，所以在使用距离测量模式下的"放样"选项之前，用户应根据测站点的已知坐标反算出测站点至每个房屋轴线交点的水平距离 D 和坐标方位角 α，或者直接根据房屋轴线交点的坐标用全站仪进行坐标放样。

9.1.3　高程的测设

根据附近的水准点将设计的高程测设到现场作业面上，称为高程测设。施工场地的高程测设一般采用水准测量的方法进行，先由附近的国家水准点或城市水准点引测若干个供施工使用的临时水准点作为高程控制点，然后用水准仪测设点的设计高程。根据现场已知水准点和待测设点的高差不同，一般采用下面两种高程测设方法。在建筑设计和施工中，为了计算方便，一般把建筑物的室内地坪用 ±0.000 表示，基础、门窗等的标高都是以 ±0.000 为依据确定的，可见建筑物内的设计高程采用的是相对高程系统。

1. 水准尺测设法

如图 9-5 所示，A 点高程为 $H_A = 20\text{m}$，今欲在 B 点测设建筑物的室内地坪为 $H_B = 21.321\text{m}$。为此，可在 AB 间安置水准仪，在 A 点竖立水准尺，若黑面中丝读数为 $a = 1.811\text{m}$，则水准仪的视线高程为 $H_i = H_A + a = 20\text{m} + 1.811\text{m} = 21.811\text{m}$。在 B 点紧靠木桩一侧

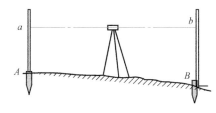

图 9-5　水准尺测设法

竖立水准尺，为使水准尺底端的高程为 H_B，则竖立于 B 点的水准尺黑面中丝读数应为 $b=H_i-H_B=21.811\text{m}-21.321\text{m}=0.490\text{m}$。此时可将 B 点的水准尺紧靠木桩上下移动，当水准尺的黑面中丝读数为 0.490m 时，水准尺的零刻划位置即为欲测设高程 H_B 的位置，在 B 点的木桩侧面紧贴水准尺底端画一横线作为标志。

　　2. 水准尺与钢尺联合测设法（高程的传递）

　　对建筑物基坑内进行高程放样时，设计高程点 B 通常远远低于视线，所以安置在地面上的水准仪看不到立在基坑内的水准尺，此时可借助钢尺，配合水准仪进行测设。如图 9-6 所示，MN 为支架，用于悬挂钢尺，使钢尺零端向下，尺端悬挂重锤并置于油桶内以防钢尺摆动。放样时安置两次（台）水准仪，首先安置在地面上，然后安置在基坑内，分别（或同时）进行观测。若地面上水准仪的后视

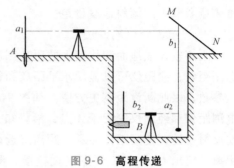

图 9-6　高程传递

读数为 a_1，前视读数为 b_1，则其视线高为 $H_i=H_A+a_1$，若基坑内水准仪的后视读数为 a_2，则其视线高为 $H'_i=H_i-(b_1-a_2)=H_A+a_1-(b_1-a_2)$，若 B 点的设计高程为 H_B，则基坑内水准尺上的读数 b_2 为

$$b_2=H'_i-H_B=H_A-H_B+a_1-(b_1-a_2) \tag{9-3}$$

　　利用钢尺与水准尺联合测设法即可将点 B 的高程在基坑内测定，同样的方法可将高程从低处向高处引测，这种高程测设方法在高层建筑施工中应用十分广泛。

9.2　点的平面位置测设

　　测设点的平面位置就是根据设计图上已知控制点和待定点的位置关系，在地面上标定这些待定点的平面位置，通常需要两个放样的要素，可以是两个角度，或两个距离，或一个角度加一个距离，根据平面控制点的分布、现场地形情况、仪器设备和待定点的测设精度，从设计图上计算不同的测设数据，可以选用不同的测设方法。

9.2.1　直角坐标法（支距法）

　　直角坐标法是根据两个相互垂直的水平距离测设点的平面位置，也称为支距法。当施工控制网为建筑方格网或建筑基线，而待定点离控制网较近时，常采用直角坐标法测设点位。如图 9-7 所示，欲在地面上测设出建筑物 A、B、C、D 点的位置，四点的平面坐标已在设计图上给出，建筑物周围有建筑方格网 $MNQP$，并且建筑方格网和建筑物的轴线平行。这时，只需求出 A 点相对于 M 点的坐标增量

$$\begin{cases}\Delta x=x_A-x_M\\\Delta y=y_A-y_M\end{cases} \tag{9-4}$$

　　放样时，将经纬仪置于 M 点上，瞄准 MN 方向，并沿此方向测设水平距离 Δy 得 O 点。然后将仪器安置于 O 点，测设基线 MN 的垂线方向，并在该方向上测设水平距离 Δx 即得 A 点，同理测设其余三点。

　　检查建筑物四角是否等于 90°，各边长是否等于设计长度，其误差均应在限差以内。测

设角度时，可根据精度要求分别采用正倒镜分中法或多测回修正法。该方法计算简单，施测方便，精度较高，是应用较广泛的一种方法。

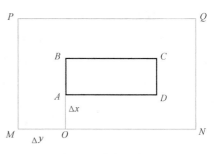

图 9-7 **直角坐标法**

9.2.2 极坐标法

极坐标法是根据一个角度和一个边长来放样点的平面位置，放样前需先计算出待放样点的数据。

如图 9-8 所示，欲在地面上测设出建筑物 A、B、C、D 点的位置，四点的平面坐标已在设计图上给出，建筑物周围有已知控制点 M、N。先根据 M、N 点的坐标按式（9-5）计算放样数据水平距离 D_{MA} 和水平角度 β。

$$\begin{cases} D_{MA} = \sqrt{(x_A - x_M)^2 + (y_A - y_M)^2} \\[2mm] \alpha_{MN} = \arctan \dfrac{y_N - y_M}{x_N - x_M} + 180° \\[2mm] \alpha_{MA} = \arctan \dfrac{y_A - y_M}{x_A - x_M} \\[2mm] \beta = \alpha_{MN} - \alpha_{MA} \end{cases} \tag{9-5}$$

放样时，将经纬仪安置在 M 点上，瞄准 N 点，按水平角度测设法测设 β 角，标定出 MA 方向，并在 MA 方向上用钢尺按距离测设法测设水平距离 D_{MA}，即得 A 点的实地位置，同理测设其余三点，然后检核相互之间的距离、角度是否在限差范围之内。该方法适用于测设距离较短，且便于量距的情况。

9.2.3 距离交会法

距离交会法是根据两段已知距离在实地交会出点的平面位置。如图 9-9 所示，从两个控制点 A、B 向同一待测点 P 用钢尺拉两段由坐标反算的距离 D_1、D_2，相交处即为测设点位 P。此法比较适宜在建筑场地平坦、量距方便，且控制点离测设点又不超过一整尺的长度时测设点位，在施工中细部位置测设常用此法。

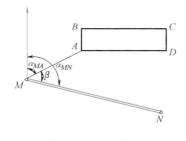

图 9-8 **极坐标法**

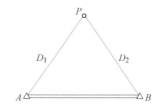

图 9-9 **距离交会法**

9.2.4 角度交会法

角度交会法又称方向线交会法，常用于放样一些不便量距或测设的点位远离控制点的独立点位，该法根据两个角度，从已有的两个控制点确定方向交会出待求点的位置。如图 9-10 所示，A、B 点为已知点，P 点为设计的待放样点。放样时，首先根据坐标反算公式分别计算出 α_{AB}、α_{BA}、α_{AP}、α_{BP}，然后计算出测设数据 β_1、β_2。在 A、B 两点上分别安置经纬仪，测设出 β_1、β_2 角，确定 AP 和 BP 的方向，并在 P 点附近沿这两个方向定出 a、b 点和 c、d 点，而后在 a、b 点和 c、d 点之间分别拉一细绳，它们的交点即为 P 点的位置。如果 a、b 点或 c、d 点落在 P 点的同一侧，应重新放样该方向。当精度要求较高时，应利用三个已知点交会，以资校核。

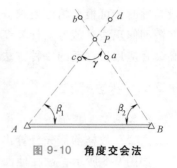

图 9-10　角度交会法

9.3　已知坡度直线的测设

修筑道路、管线及排水沟等工程时，经常需要在实地测设已知设计坡度的直线，如图 9-11所示。设地面上有一点 A，其高程为 H_A，今欲由 A 点沿 AB 方向测设一条坡度为 i 的直线，若 A、B 两点间的水平距离为 D，则坡度线另一端 B 的高程为

$$H_B = H_A + iD \tag{9-6}$$

可按测设高程的水准尺测设法在实地测设出 B 点的设计高程。

如果要在 AB 坡度线上设置同坡度的点，在坡度变化较大的地方，可使用经纬仪。如图 9-11 所示，要在 AB 方向上定出与 AB 同坡度的点 1、2，可在 A 点安置经纬仪，量得仪器高 i_A。转动照准部望远镜，视线照准 B 点的水准尺后，使 B 尺黑面中丝的读数等于 A 点

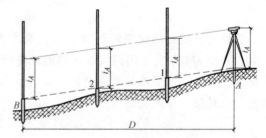

图 9-11　坡度直线的测设

的仪器高 i_A，此时视线平行于设计坡度线 AB。然后，在 1、2 等处各打入木桩，使立于木桩顶面上的水准尺黑面中丝读数均等于仪器高 i_A，则各木桩顶面的连线就是设计的坡度直线。

在坡度变化不大的地方，用水准仪同样可以标定同坡度点，不过安置水准仪时，需对中 A 点，使其中一个脚螺旋在 AB 方向上，另外两个脚螺旋连线垂直于 AB 方向，转动 AB 方向上的脚螺旋，使 B 尺黑面中丝读数等于 A 点的仪器高 i_A，使视线平行于标出的坡度直线 AB，细部点 1、2 的测设与使用经纬仪测设法相同。

9.4　圆曲线的测设

在线路施工中，线路转弯处有时会遇到圆曲线的测设，另外现代办公楼、旅馆、饭店、医院、建筑物等建筑平面图形有些部位也被设计成圆弧形，有的整个建筑为圆弧形，有的建筑物是由一组或数组圆弧曲线与其他平面图形组合而成，也需测设圆曲线。圆曲线的测设一般分两步进行，首先是圆曲线主点的测设，然后进行圆曲线的细部测设。

1. 圆曲线主点的测设

图 9-12 所示为一圆曲线，ZY 为曲线的起点（直圆点），QZ 为曲线的中点（曲中点），

YZ 为曲线的终点（圆直点），称为圆曲线的三主点，交点 JD 表示转向点。

圆曲线的元素包括曲线转向角 α、曲线半径 R、切线长 T、曲线长 L、曲线外矢距 E 及切曲差 q，各元素的计算公式如下

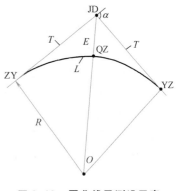

$$\begin{cases} T = R\tan\dfrac{\alpha}{2} \\[2mm] L = \dfrac{\pi}{180°} \cdot \alpha \cdot R \\[2mm] E = R\left(\sec\dfrac{\alpha}{2} - 1\right) \\[2mm] q = 2T - L \end{cases} \qquad (9\text{-}7)$$

图 9-12　圆曲线及测设元素

圆曲线主点测设时，还应在实地打入木桩并写上桩号。根据 JD 桩号和圆曲线测设元素计算圆曲线主点的桩号公式为

$$\begin{cases} \text{ZY 桩号} = \text{JD 桩号} - T \\ \text{QZ 桩号} = \text{ZY 桩号} + L/2 \\ \text{YZ 桩号} = \text{QZ 桩号} + L/2 \\ \text{检核计算}\quad \text{YZ 桩号} = \text{JD 桩号} + T - q \end{cases} \qquad (9\text{-}8)$$

例 9-1　已知 $\alpha = 43°51'00''$，$R = 150\text{m}$，JD 桩号为 K8+245.21m，求圆曲线主点的桩号。

解　由式（9-7）可以求得

$$T = R\tan\frac{\alpha}{2} = 150\text{m}\times\tan\frac{43°51'00''}{2} = 60.38\text{m}$$

$$L = \frac{\pi}{180°} \cdot \alpha \cdot R = 150\text{m}\times43.85°\times\frac{\pi}{180°} = 114.80\text{m}$$

$$E = R\left(\sec\frac{\alpha}{2} - 1\right) = 150\text{m}\times\left(\sec\frac{43°51'00''}{2} - 1\right)$$

$$q = 2T - L = (2\times63.38 - 114.80)\text{m} = 5.96\text{m}$$

由式（9-8）可以求得各主点的桩号

ZY 桩号 = JD 桩号 $-T$ = K8+245.21m-60.38m = K8+184.83m

QZ 桩号 = ZY 桩号 $+L/2$ = K8+184.83m+114.80/2m = K8+242.23m

YZ 桩号 = QZ 桩号 $+L/2$ = K8+242.23m+114.80/2m = K8+299.63m

检核计算　YZ 桩号 = JD 桩号 $+T-q$ = K8+245.21m+60.38m-5.96m = K8+299.63m

两次计算的 YZ 桩号相等，计算正确。

如图 9-12 所示，在交点 JD 上安置经纬仪，沿两切线方向各丈量切线长 T，分别得到曲线的起点和终点，并打入木桩写上桩号。然后由 JD 测设水平角度（180°-α）/2，得 JD 与圆心 O 的方向线，沿此方向量出外矢距 E，得曲线中点 QZ，打入木桩，写上桩号。

2. 测设圆曲线细部点

测设较长（大于 40m）的圆曲线或地形变化大时，仅测设出曲线主点是不够的，还需

要在曲线上测设出一系列的细部点，以便详细表示曲线在地面上的位置。曲线上细部点的间距一般是根据曲线半径确定的。道路工程中，R 大于 800m 时，可 40m 测设一点；R 为 30 ~ 60m，缓和曲线长度为 30 ~ 50m 时，可 10m 测设一点；当曲线半径 R 和缓和曲线长度小于 30m 或用回头曲线时，可 5m 测设一点。

（1）偏角法　切线与弦线间的夹角称为偏角，它等于该弦所对圆心角值的一半。通常偏角法按整桩号法设桩，实际测设时，测设弦长及切线与弦所夹的偏角。如图 9-13 所示为使曲线上第一个细部点 P_1 为整桩，曲线起点至 P_1 点的弧长为 l_1，所对的圆心角为 φ_1；之后测设的细部点各桩之间的弧长相等，设两桩之间的弧长为 l_0，相应的圆心角为 φ_0；最后一点至 YZ 的弧长为 l_n，所对的圆心角为 φ_n，则

$$\begin{cases} l_1 = \text{ZY 桩号} - P_1 \text{桩号}, \varphi_1 = \dfrac{l_1}{R} \cdot \dfrac{180°}{\pi} \\[2mm] l_0 = P_2 \text{桩号} - P_1 \text{桩号}, \varphi_0 = \dfrac{l_0}{R} \cdot \dfrac{180°}{\pi} \\[2mm] l_n = \text{YZ 桩号} - P_n \text{桩号}, \varphi_n = \dfrac{l_n}{R} \cdot \dfrac{180°}{\pi} \end{cases} \tag{9-9}$$

各桩的偏角及由 ZY 点测设的弦长为

$$\begin{cases} P_1 \text{桩号} \quad \delta_1 = \dfrac{\varphi_1}{2}, \ c_1 = 2R\sin\delta_1 \\[2mm] P_2 \text{桩号} \quad \delta_2 = \dfrac{\varphi_1 + \varphi_0}{2}, \ c_2 = 2R\sin\delta_2 \\[2mm] P_3 \text{桩号} \quad \delta_3 = \dfrac{\varphi_1 + 2\varphi_0}{2}, \ c_3 = 2R\sin\delta_3 \\[2mm] \vdots \\[2mm] P_n \text{桩号} \quad \delta_n = \dfrac{\varphi_1 + (n-1)\varphi_0}{2}, \ c_n = 2R\sin\delta_n \end{cases} \tag{9-10}$$

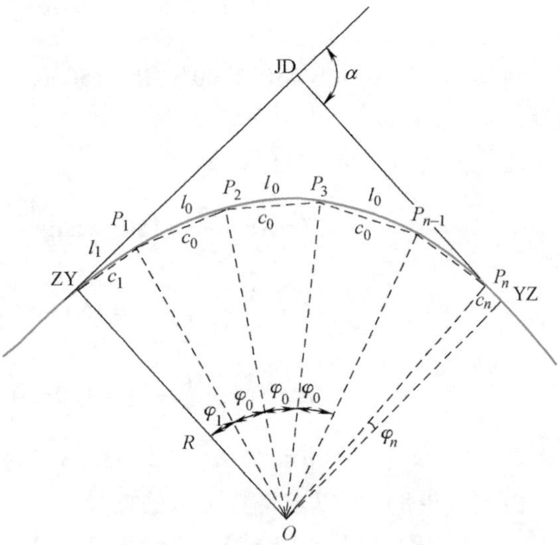

图 9-13　偏角法测设圆曲线细部点

还应进行计算检核，方法是计算一下 YZ 点的偏角，公式为

$$\delta_{\text{YZ}} = \frac{\varphi_1 + (n-1)\varphi_0 + \varphi_n}{2} = \frac{\alpha}{2} \tag{9-11}$$

各点之间的弦长为

偏角法测设细部点的步骤：

1）将仪器安置在起点 ZY 上，瞄准交点 JD。

2）测设水平角度 δ_1，沿视线方向测设水平距离 c_1，定出第一个曲线桩。

3）再测设水平角度 δ_2，由 ZY 点沿视线方向测设水平距离 c_2，定出第二个曲线桩。

4）同法测设其他曲线桩。

测设过程中应再测设一次 QZ 点和 YZ 点，与之前主点测设时测设的该两点进行检核，半径方向的误差应分别不大于 2.5cm 与 5cm，切线方向的误差应分别不大于 $L/2000$cm 与 $L/1000$cm，否则应检查原因后重新测设有问题的点。

（2）切线支距法　如图 9-14 所示，切线支距法实质上是直角坐标法，以曲线起点 ZY 或终点 YZ 为坐标原点，以曲线起点的切线为 X 轴，过曲线上的点垂直于切线的方向为 Y 轴，构成测设坐标系，曲线上各点的坐标 x_i、y_i 按下列公式计算

$$\begin{cases} x_i = R\sin\alpha_i \\ y_i = R(1 - \cos\alpha_i) \end{cases} \tag{9-12}$$

以 $\alpha_i = \dfrac{l_i}{R}\dfrac{180}{\pi}$ 代入上式，并按级数展开，得圆曲线的参数方程为

$$\begin{cases} x_i = l_i - \dfrac{l_i^3}{6R^2} + \dfrac{l_i^5}{120R^4} \\ y_i = \dfrac{l_i^2}{2R} - \dfrac{l_i^4}{24R^3} + \dfrac{l_i^6}{720R^5} \end{cases} \tag{9-13}$$

用切线支距法测设圆曲线细部点的步骤：

1）将仪器安置在起点 ZY 上，瞄准交点 JD，此时视线方向即为切线方向（X 轴）。

2）自 ZY 点在切线方向上依次量取 x_i 分别得 1′、2′等点。

3）在 1′、2′等点上沿垂直切线方向（Y 轴）量取 y_i 值，即为圆曲线上 1、2 等点的位置。

4）如此继续下去，即得到一系列圆曲线上需要的放样点。

同样应进行校核，看是否满足要求。

切线支距法测设圆曲线细部点，适用于地势平坦、使用的仪器工具简单的情况。当支距 y_i 不长时，切线支距法具有精度高、操作简单等优点，但计算测设数据比较复杂。

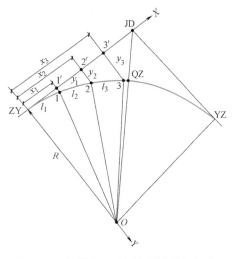

图 9-14　切线支距法测设圆曲线细部点

（3）极坐标法　根据选定作为测站点的控制点和圆曲线主点的平面坐标，计算出利用极坐标放样需要的水平距离和角度，具体测设参考 9.2.2 节。

3. 困难地段的圆曲线测设

有时由于受地形条件、地物障碍的限制，圆曲线的测设不能按常规方法进行，必须因地制宜，采取相应措施，下面介绍两种测设方法。

（1）虚交点法测设圆曲线主点　在山区、河谷、建筑区等复杂地段，交点 JD 落入深谷、峭壁、河道、沼泽、房屋建筑等处，不能安置仪器，而形成虚交的情况。由于转向角不能直接测定，圆曲线元素的计算和主点的测设只能通过间接方法进行。

如图 9-15 所示，交点 JD 点落入河中。在圆曲线的外侧，沿切线方向选择辅助点 A、B。在 A、B 点分别安置经纬仪，测算出偏角 β_a、β_b，并用钢尺或测距仪测量 A、B 点间距离 D_{AB}，其相对误差不得超过 1/2000，由 A、B、JD 三点组成的三角形的边角关系可以得到

$$\begin{cases} \alpha = \beta_a + \beta_b \\ a = D_{AB}\dfrac{\sin\beta_a}{\sin(180°-\alpha)} = D_{AB}\dfrac{\sin\beta_a}{\sin\alpha} \\ b = D_{AB}\dfrac{\sin\beta_b}{\sin(180°-\alpha)} = D_{AB}\dfrac{\sin\beta_b}{\sin\alpha} \end{cases} \tag{9-14}$$

根据偏角 α 和设计半径 R 可计算 T、L。由 a、b、T 即可计算出辅助点 A、B 离曲线起点、终点的距离 t_1 和 t_2，即

$$\begin{cases} t_1 = T - a \\ t_2 = T - b \end{cases} \tag{9-15}$$

由 t_1、t_2 可测设曲线起点和终点。

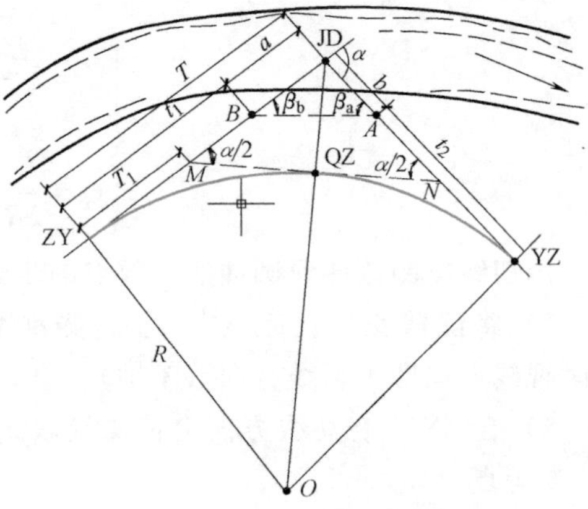

圆曲线中点 QZ 的测设，可采用中点切线法。设 MN 为曲线中点的切线，则 M 点至 ZY 点的切线长 T_1 为

$$T_1 = R\tan\frac{\alpha}{4} \tag{9-16}$$

然后由 ZY、YZ 点分别沿切线方向测设 T_1 值，得 M、N 点。取 MN 的中点，即得圆曲线中点 QZ。

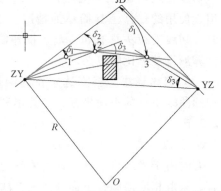

图 9-15　虚交点法测设圆曲线

（2）偏角法测设视线受阻　用偏角法测设圆曲线，遇有障碍视线受阻时，可将仪器搬到能与待定点通视的已测设桩点上，运用同一圆弧段两端的弦切角（偏角）相等的原理，找出新测站点的切线方向，就可以继续施测。

如图 9-16 所示，仪器在 ZY 点与 3 不通视。可将经纬仪安置在已测设的 2 点上，后视 ZY 点，倒转望远镜后测设水平角度 δ_3，则视线方向就是点 23 方向。从 2 点沿此方向测设出分段弦长，即可测设出 3 点平面位置，以后仍可用测站在 ZY 点时计算的偏角测设其余各点，偏角不需另行计算。

若不在 2 点设站，利用同一圆弧段的弦切角和圆周角相等原理及 ZY 点计算的偏角值，可在 YZ 点设站，以 ZY 点为方向，转动照准部，测设水平角度为 3 点原来计算的偏角值 δ_3，得 YZ 点到 3 点的方向，再由 2 点量出其弦长与 YZ 点到 3 点的方向线相交得 3 点，同法可测设其他各点。

图 9-16　视线受阻时的圆曲线测设

9.5 缓和曲线的测设

1. 缓和曲线及特性

车辆从直线驶入圆曲线时，会产生离心力，影响车辆行驶的安全。为了减少离心力的影响，曲线上的路面要做成外侧高、内侧低呈单向横坡的形式，即弯道超高。为了符合车辆行驶的轨迹，使超高由零逐渐增加到一定值，在直线与圆曲线间需插入一段半径由无穷大逐渐变化到 R 的曲线，这种曲线称为缓和曲线。

缓和曲线有多种形式，通常采用回旋曲线（也称为辐射螺旋线），如图 9-17 所示。如果没有设置缓和曲线，则半径为 R 的圆曲线主点为直圆点（ZY′）、曲中点（QZ′）、圆直点（YZ′）。该道路若设置了缓和曲线，此时道路中线共有五个主点，依次为直缓点（ZH）、缓圆点（HY）、曲中点（QZ）、圆缓点（YH）、缓直点（HZ），α 为交点 JD 的转折角，圆曲线的半径为 R。原有圆曲线需向圆心方向移动一段距离 p，才能使圆曲线与回旋曲线衔接，曲线切线长增加了 m，一般把 p 称为内移距，m 称为切垂距。

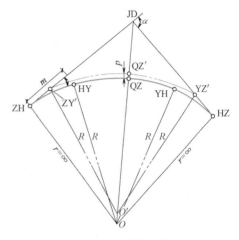

图 9-17 缓和曲线

缓和曲线上任一点的曲率半径 r_i 与至起点的弧长 l_i 成反比，即

$$r_i l_i = c \tag{9-17}$$

式中，c 为常数，表示缓和曲线半径的变化率，与车速有关。

2. 缓和曲线和圆曲线元素和主点桩号计算

加入回旋线后的曲线元素计算公式为

$$
\left\{
\begin{array}{ll}
\text{切线长} & T = (R + p)\tan\dfrac{\alpha}{2} + m \\[2mm]
\text{曲线全长} & L = \dfrac{\pi}{180°}(\alpha - 2\beta_0)R + 2l_0 \\[2mm]
\text{圆曲线长} & L_y = \dfrac{\pi}{180°}(\alpha - 2\beta_0)R \\[2mm]
\text{外矢距} & E = (R + p)\sec\dfrac{\alpha}{2} - R \\[2mm]
\text{切曲差} & q = 2T - L
\end{array}
\right. \tag{9-18}
$$

式中，l_0 为缓和曲线直缓点到缓圆点的弧长；β_0 为缓圆点的切线与直缓点切线的夹角，$\beta_0 = \dfrac{l_0}{2R}$；$p = \dfrac{l_0^2}{24R}$；$m = \dfrac{l_0}{2} - \dfrac{l_0^3}{240R^2}$。

根据交点 JD 桩号和曲线元素，可以计算曲线各主点桩号公式为

$$
\begin{cases}
\text{ZH 桩号} = \text{JD 桩号} - T \\
\text{HY 桩号} = \text{ZH 桩号} + l_0 \\
\text{QZ 桩号} = \text{ZH 桩号} + L/2 \\
\text{YH 桩号} = \text{HY 桩号} + L_y \\
\text{HZ 桩号} = \text{YH 桩号} + l_0
\end{cases}
\tag{9-19}
$$

检核计算 $\qquad\qquad\qquad$ HZ 桩号 = JD 桩号 $+T-q$

3. 具有缓和曲线的圆曲线测设

测设方法可以采用前面介绍的偏角法、切线支距法、极坐标法等。目前全站仪已普遍用于道路施工放样，如果能从设计图上图解到曲线主点及其细部点的坐标，然后上传到全站仪中，就可以利用全站仪的放样功能放样这些点了。测站点可以是导线点、GPS 点，或者坐标已知的道路中线的交点或转点。

9.6 全站仪和 RTK 在测设中的应用

1. 全站仪测设

全站仪在数字化测图中的应用非常广泛，在进行建筑施工放样时也非常方便、快捷，尤其是使用微型棱镜非常方便。全站仪放样建筑物的坐标能适应各类地形和施工现场情况，而且精度较高，操作简单，在生产实践中被广泛采用。

（1）用水平角和水平距离放样　用全站仪放样时，可在放样过程中边输入放样点的坐标边放样，也可以在计算机上编写控制点和放样点的坐标文件，然后上传到全站仪中，测站点至放样点的坐标方位角及其水平距离由全站仪自动反算出。以图 9-18 为例，说明在控制点 M 安置全站仪，以控制点 N 为后视方向，放样 A、B、C、D 四个房屋轴线交点坐标的操作步骤。

1）将控制点和待放样点的数据文件由计算机上传到全站仪中，文件名自定义。

2）在全站仪的"放样"选项，调用放样文件，然后进入放样界面。

3）设置 M 点为测站点，N 点为后视方向，此时全站仪要求分别确认测站点和后视方向点坐标的正确性，然后仪器显示 MN 的坐标方位角。

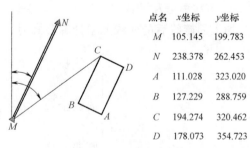

点名	x坐标	y坐标
M	105.145	199.783
N	238.378	262.453
A	111.028	323.020
B	127.229	288.759
C	194.274	320.462
D	178.073	354.723

图 9-18　全站仪测设法

4）转动全站仪的照准部，精确照准 N 点后，按下 <Enter> 键，该方向的方向值为 MN 的坐标方位角。

5）选择"输入放样点"选项，设置 C 点为放样点，此时全站仪提示"确认放样点 C 的坐标"，然后仪器自动计算出 MC 的坐标方位角和水平距离。

6）旋转全站仪的照准部照准另外一个棱镜后，菜单显示中的 HR 的数值为望远镜当前视线方向的坐标方位角，dHR 为当前视线方向的坐标方位角与 MC 坐标方位角的设计值之差，若 dHR 为负值，表示还要增大视线方向的坐标方位角值；若 dHR 为正值，则表示要减小视线方向的坐标方位角值。转动照准部，直至 dHR＝0 为止，此时视线方向的坐标方位角为 MC 坐标方位角的设计值。

7）照准棱镜，进行距离测量，HZ 为全站仪至棱镜的水平距离，dZ 为当前水平距离与设计水平距离之差，若 dZ 为负值，表示棱镜还需要在望远镜视线方向向远处移动，否则向近处移动，直到 dZ＝0 为止，此时棱镜所在的位置即为放样的 C 点。打一木桩，上面钉一小钉，通过棱镜基座上的光学对中器，使打入的小钉与光学对中器的分划圈重合，同理可以放样 A、B、D 点。

（2）用坐标放样　全站仪坐标放样法的实质就是极坐标法，其操作步骤为：

1）在测站点 M 安置全站仪，输入测站点坐标，也可以在计算机上编写控制点和放样点的坐标文件，然后上传到全站仪中。

2）瞄准后视点 N 并输入后视点坐标或方位角，按下 <Enter> 键，该方向的方向值为 MN 的坐标方位角。

3）输入或调用放样点 C 的坐标。

4）在待定点 C 的大概位置竖立棱镜，用望远镜瞄准棱镜，按坐标放样功能键，则可立即显示当前棱镜位置与放样点的坐标差 dx 和 dy。

5）根据坐标差移动棱镜位置。若 dx 为正，需要向南移动，否则向北移动；若 dy 为正，需要向西移动，否则向东移动（也可能是左右前后移动棱镜的位置，与具体使用的全站仪有关，参见第 4 章全站仪的放样功能部分）。当 dx＝0 且 dy＝0 时，这时棱镜的中心平面位置与待定点 C 的平面位置一致，然后在地面上做出标志。为了能够发现错误，每个测设点位置确定后，可以再测定其坐标作为检核。

2. 用 RTK 测设

随着卫星定位技术的快速发展，人们对快速高精度定位的需求也日益强烈。目前碎部测量和放样中使用 GPS 较多的是实时动态定位（Real-Time Kinematic，RTK）。RTK 技术的关键在于使用了 GPS 的载波相位观测量，并利用了参考站和移动站之间观测误差的空间相关性，通过差分的方式除去移动站观测数据中的大部分误差，从而实现高精度（分米甚至厘米级）的定位。RTK 技术不但可以快速确定点的位置，而且已经应用于各种工程的放样工作中。

参考站和移动站之间的无线控制技术确保了 RTK 流动站高效可靠的野外测量工作，具有碎部点测量、点放样、线放样、曲线放样、线路放样和电力线放样等功能，下面仅介绍点放样。

在 RTK 的数据采集手簿中选择测量中的"点放样"，进入放样屏幕，打开坐标管理库。此时可以打开事先编辑好的放样文件，选择放样点，也可以边输入放样点坐标边放样。选择了放样点，就可以开始放样，屏幕显示当前点与放样点之间的 dx 和 dy。若 dx 为正，需要向南移动，否则向北移动；若 dy 为正，需要向西移动，否则向东移动。当 dx＝0 且 dy＝0 时，此时的移动站即为放样点的实际平面位置。

习　　题

1. 何谓测设？它与测定有哪些基本区别？测设的基本工作有哪些？

2. 水平角的测设方法有哪些？各适合什么情况？

3. 设计角度值∠BOC = 30°，在实地测设后，精确测定∠BOC' = 30°00′28″，OC'的水平距离为100m，试计算在垂直于OC'方向上C'点应移动多少才完成测设，并绘图说明改正值应向外还是向内。

4. 点的平面位置测设有哪几种方法？各适合什么情况？各需计算哪些数据？如何计算？

5. 已知 α_{AB} = 255°26′00″，A 点坐标为 x_A = 22.74m，y_A = 86.21m；若要测设坐标为 x_P = 50.16m，y_P = 85.31m 的 P 点，试计算在 A 点用极坐标法测设 P 点所需的数据，绘图说明并叙述测设步骤。

6. 某建筑场地上有一水准点 BM，其高程为 28.536m，欲测设高程为 29.020m 的室内±0 标高，设水准仪在水准点 BM 所立水准尺上的读数为 1.117m，试计算前视应读数并叙述测设步骤。

7. 地面点 A 的高程为 H_A = 32.35m，AB 距离为 100m，现拟由 A 到 B 修筑道路，其坡度为 +3%，每隔 25m 打一中间桩，试述用经纬仪测设 AB 坡度线中间点的过程，并绘图说明。

8. 已知偏角 α = 10°25′，圆曲线设计半径 R = 800m，交点 JD 桩号为 K11+295m。试求：

1）圆曲线元素。

2）各主点的里程桩号。

3）说明三主点的野外测设方法。

建筑工程施工测量 | 第10章

■本章提要
　　主要讲述施工测量概述、建筑施工控制测量方法、民用建筑与工业厂房的施工测量。
■教学要求
　　掌握建筑工程施工控制网的布设方法，了解民用建筑与工业厂房的施工测量的方法与过程。

10.1　施工测量概述

1. 施工测量的目的和内容

建筑施工测量的目的是把在图纸上设计好的建筑物、构筑物的平面位置和高程，按设计要求以一定的精度测设到实地上，作为施工的依据，并在施工过程中进行一系列的测量工作，以衔接和指导各工序间的施工。

在施工前，应进行场地平整，测设建（构）筑物的主轴线到实地上，供工程施工使用；在施工期间，开挖基槽、砌筑基础和主体，需要测设轴线和标高；内外管线施工、构件安装和机械设备的安装等也需要进行轴线的测设和高程测量；工程建设完毕，应进行竣工测量，为后期的维修、管理、改扩建等提供资料。高层建筑和重要的建（构）筑物在施工期间及竣工后，为了工程的安全还应定期进行变形测量，根据要求及时提供变形数据，做出变形分析和预报，掌握变形的规律，指导施工并为今后建筑物的设计、维护和使用提供资料。可见测量贯穿于施工阶段的全过程。

2. 施工测量的特点

测绘地形图是将地面上的地物、地貌测绘在图纸上，施工放样则和它相反，是将设计图纸上的建筑物、构筑物按其设计位置测设到相应的地面上。

一般来说，建筑施工测量的精度应比测绘地形图精度高。测设精度的要求取决于建筑物或构筑物的大小、材料、用途和施工方法等因素，不同的建筑物对测量精度要求也不同。一般高层建筑的精度高于低层建筑，钢结构建筑精度高于其他结构，装配式建筑的测量精度高于非装配式建筑。

施工测量工作与工程质量及施工进度有着密切的联系。测量人员必须了解设计的内容、性质及其对测量工作的精度要求，熟悉设计图纸上的尺寸和高程数据，了解施工的全过程，并掌握施工现场的变动情况，使施工测量工作能够与施工密切配合。

具体的施工现场千变万化，地形、地貌及周边环境等各不相同，工程开工次序及交叉作业等相互影响，开挖土方及各类施工用水、用电管网铺设，工棚、材料场等操作面的局限，使得测量人员在确定控制点位置时有很多困难，所以在选择控制方案时一定要考虑控制点在施工期间能否完好无缺或长期保存，能否通视或容易恢复。

3. 施工测量的原则

施工现场有各种建筑物、构筑物，且分布较广，往往又不是同时开工兴建。为了保证各个建筑物、构筑物在平面和高程位置都符合设计要求，互相连成统一的整体，施工测量和测绘地形图一样，也要遵循"从整体到局部，先控制后细部"的原则。先在施工现场建立统一的平面控制网和高程控制网，然后以此为基础，测设出各个建（构）筑物的位置。施工测量的检核工作也很重要，必须采用各种不同的方法加强外业和内业的检核工作。本章结合GB 50026—2007《工程测量规范》讲述工业与民用建筑的施工测量。

4. 测设前的准备工作

在施工测量之前，应收集有关测量资料，熟悉建筑物的各种设计图纸（设计图纸是施工测量的基础），明确施工要求，制定施工测量方案。

1）总平面图是施工测量的总体依据，根据图上设计的尺寸和其他建筑物或控制点的关系图解或计算测设建筑物的数据。

2）建筑平面图标定了建筑物各个轴线间的尺寸和室内地坪标高，是施工放样的基础。需要注意各层高程和总图中的有关部分是否对应，轴线尺寸是否对应，尤其是两侧不贯通部分是否对应。

3）基础平面图注有基础轴线的尺寸和编号，可以根据这些数据测设基槽开挖的边线。

4）基础大样图标定了基础立面尺寸、设计标高、基础轴线的尺寸，是基础放样的依据。

5）立面图和剖面图是测设基础地坪、门窗、楼板、屋架、屋面和柱高的依据。

在熟悉图纸的基础上核对设计图纸，检查总尺寸和分尺寸是否一致，总平面图和大样详图尺寸是否一致，不符之处要向设计单位提出修正。然后对施工现场进行实地踏勘，根据实际情况编制详细测设计划，计算测设数据，并对施工测量使用的仪器、工具进行检验、校正。工作中必须注意人身和仪器的安全，特别是在高空和危险地区进行测量时，必须采取防护措施。

10.2　建筑工程施工控制测量

在勘察设计阶段已经建立了测量控制网，但用途是测绘地形图，无法考虑对尚未设计的建筑物施工放样的需求，并且控制点的分布、密度和精度很难满足施工测量的需求，有时在场地平整中也会破坏原来的测量控制点。因此在施工前，应重新建立新的施工控制网，包括平面控制测量和高程控制测量。

10.2.1　施工平面控制测量

在大中型建筑工地上，一般施工平面控制网布设成建筑方格网，如图10-1所示。对于面积不大、结构简单的工程，常采用平行或垂直于主

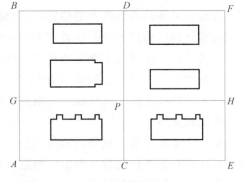

图10-1　建筑方格网

要建筑的轴线布设一条或几条建筑基线，便于采用直角坐标法放样。如果用全站仪来测设，也可以根据建筑物的分布、结构、高度、基础埋深和机械设备传动的连接方式、生产工艺的连续程度，布设一级或二级导线作为建筑施工的平面控制网。

1. 建筑基线

建筑基线的布设应根据建筑物的分布、场地的地形和原有控制点的状况而定。为方便测设点位，建筑基线应靠近建筑物，并与轴线平行，一般可布设成三点直线形、三点直角形、四点丁字形和五点十字形，如图 10-2 所示。为了便于检核基线点在施工过程中点位有无变化，基线点至少包括三个点。综合场地实际情况，在建筑设计图上，选定建筑基线的位置，根据现有控制点和基线点的位置，求出测设建筑基线的数据，并在实地测设出来。如图 10-3 所示，根据控制点 M、N，采用极坐标法测设出基线点 A、O、B，然后以 O 点为测站点观测 $\angle AOB$ 是否等于 $90°$，测量水平距离 AO、OB。《工程测量规范》规定，二级方格网角度限差不超过 $\pm 12''$，距离限差不超过 $D/15000$，D 为基线边长，否则应进行点位调整。基线点要埋设混凝土桩，以便长期保存，供后续施工测量使用。

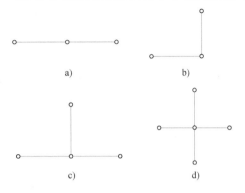

图 10-2　建筑基线形式

a）三点直线形　b）三点直角形　c）四点丁字形
d）五点十字形

2. 建筑方格网

（1）建筑方格网的布设　建筑方格网的布设应根据建筑设计总平面图上各建筑物、构筑物及各种管线的布设情况，结合现场的地形情况拟定。通常先选定建筑物的主轴线，然后在设计图上布置方格网。

布网时，方格网的主轴线应布设在建筑区的中部，并与拟建建筑物的主轴线相平行，各端点应布置在场地的边缘，以控制整个场地；方格网的转折角应严格成 $90°$；方格网的边长一般为 $100\sim300$m，边长根据建筑物的大小和分布确定，为了便于使用，边长尽可能为 50m 或它的整倍数。方格网的边应保证通视且便于测距和测角，尽量接近待建建筑物，点位标石应能长期保存。

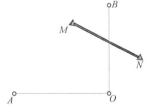

图 10-3　测设建筑基线

（2）确定建筑方格网主点的测量坐标　为了工作的方便，建筑设计和施工单位经常用独立的建筑坐标系，也称为施工坐标系或 AB 坐标系。建筑坐标系的纵轴一般用 A 表示，横轴用 B 表示，并且坐标轴与建筑物或主要道路、管线的主轴线平行，便于设计、计算和施工放样。如图 10-4 所示，设计建筑物 $PQMN$ 时，建立了 AB 坐标系，其纵横轴分别平行于建筑物的轴线 PN 和 PQ，因而可以把 A 轴和 B 轴看作测设建筑物时的建筑基线。该坐标系与测量坐标系不一致，AB 坐标系的原点 O' 在测量坐标系中的坐标为 (x_0, y_0)，A 轴与测量坐标系 x 轴的夹角为 α。在进行施工测量时，上述数据一般由勘察设计单位给出，也可以在设计图上图解得到。

AB 坐标系中的 P 点在测量坐标系中的坐标可按下式计算

$$\begin{bmatrix} x_P \\ y_P \end{bmatrix} = \begin{bmatrix} x_0 \\ y_0 \end{bmatrix} + \begin{bmatrix} \cos\alpha & -\sin\alpha \\ \sin\alpha & \cos\alpha \end{bmatrix} \begin{bmatrix} A_P \\ B_P \end{bmatrix} \qquad (10\text{-}1)$$

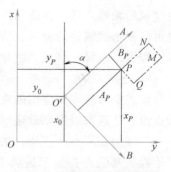

（3）建筑方格网的测设 先测设建筑方格网的主轴线，如图 10-1 中 G、P、H 点和 C、P、D 点，再测设其余方格点。如图 10-5 所示，点 M、N 是测量控制点，G、P、H 点为主轴线的主点。首先将 G、P、H 三点的施工坐标换算成测量坐标，再根据其坐标反算出测设数据，即放样元素 α_{MN}、α_{MH}、D_{MH}、α_{MP}、D_{MP}、α_{MG}、D_{MG}，然后按极坐标法分别测设出 G、P、H 三个点的实地位置，以 G'、P'、H' 点表示。由

图 10-4 建筑坐标与测量坐标

于测设中误差的影响，测设的三个主点一般不会严格地在一条直线上，而是形成折线形状，如图 10-6 所示。在点 P' 安置经纬仪，精确测量 $\angle G'P'H'$ 的角值 β，若 β 与 $180°$ 之差在 $12''$ 之内，可认为三点的位置正确，否则应进行调整。调整量 δ 计算推导如下：在图 10-6 中，$\alpha+\beta+\gamma = 180°$

$$\alpha = \frac{2\delta}{a} \cdot \rho \qquad \gamma = \frac{2\delta}{b} \cdot \rho$$

$$\delta = \frac{180° - \beta}{\dfrac{2\rho}{a} + \dfrac{2\rho}{b}} = \frac{ab}{2(a+b)} \cdot \frac{180° - \beta}{\rho} \qquad (10\text{-}2)$$

式中的 β、a、b 要精确测定。

图 10-5 初步测设主轴线点

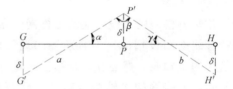

图 10-6 调整主轴线点

在实地调整时，三点应沿 GPH 的垂直方向移动同一改正值 δ，使三主点成一直线，但 P' 点与 G' 点、H' 点移动方向相反。将三点移动 δ 后再测量 β，如果测得的结果与 $180°$ 之差仍超限，应重复上述过程，直到误差不超限为止。

三个主点测设好后，将经纬仪安置在 P 点，瞄准 G 点，分别向左、向右测设 $90°$，测设出另一主轴线 $C'PD'$，如图 10-7 所示，在地面上标定出 C'、D' 两点，精确测定 $\angle C'PG$ 和 $\angle D'PG$ 以及距离 d_1 和 d_2，分别计算 $\angle C'PG$ 和 $\angle D'PG$ 与 $90°$ 的差值 ε_1 和 ε_2，由式（9-2）知，C'、D' 两点的横向改正值 δ_1 和 δ_2 分别为

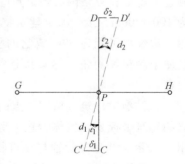

图 10-7 主轴线的调整

$$\delta_1 = d_1 \frac{\varepsilon_1}{\rho} \qquad \delta_2 = d_2 \frac{\varepsilon_2}{\rho} \qquad (10\text{-}3)$$

同法，再以基本方格网点为基础，测设方格网中其余各点。

10.2.2 施工高程控制测量

为了减少误差和测设高程便捷，一般尽量安置一次水准仪就可将高程传递到待测设的建筑物上，所以高程控制点要靠近待建建筑物，这些高程控制点称为施工水准点。由于工地情况复杂，机械振动剧烈，施工水准点在施工阶段可能会产生变化，所以还应布设基本水准点，用来检测施工水准点的高程有无变化。这些水准点的个数应不少于 3 个，便于相互之间的检核。施工水准点可单独布设在易于保存、不受施工影响、便于施测的区域，也可设置在平面控制点的标石上。水准点间距宜小于 1km，水准点距离建（构）筑物不宜小于 25m，距离回填土边线不宜小于 15m。当施工中水准点不易保存时，应将其高程引测到稳固的建（构）筑物上，引测的精度不低于原有水准点的精度。

通常建立由基本水准点和施工水准点组成的闭合水准路线或附合水准路线，采用四等水准测量的精度观测，即能满足一般建筑工程的高程测设需要。若需要对建筑物沉降观测，可另布设基本水准点作为起始点，二等水准测量精度可满足高层建筑的沉降观测需要。

10.3 民用建筑施工测量

10.3.1 测设建筑物主轴线

测设建筑物主轴线就是把设计图上建筑物的主轴线（外墙轴线）交点标定在实地上，也称为建筑物的定位。如图 10-8 所示，先测设主轴线交点 M_1、M_2、M_3、M_4，再根据这些主轴线交点测设其余的细部点。本环节是确定建筑物平面位置的关键环节，施测中必须保证精度，避免错误，一般有以下测设方法：

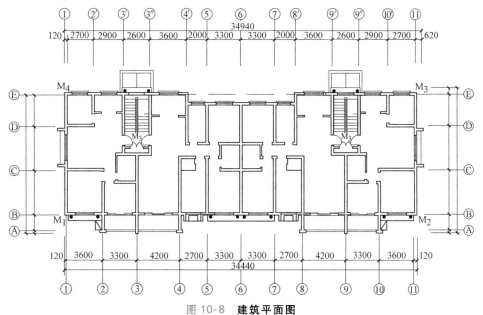

图 10-8 建筑平面图

1. 利用已有建筑物测设主轴线

在建筑总平面图上，待建建筑物轴线与实地既有建筑物存在平行或垂直关系，则可以利用既有建筑物测设待建建筑物的主轴线交点。如图 10-9a、b、c 就可以采用这种方法放样，以图 10-9a 为例说明。建筑总平面图上标定了待建建筑 MNQP 和既有建筑 ABCD 的间距 BM 为 10m，MN = 50m，MQ = 20m，外墙 BC 和 MQ 的厚度均为 0.25m。在现场分别延长外墙 DA 和 CB 等距离 d（d 一般为 1~1.5m），得到点 A′ 和点 B′。在 A′ 点安置经纬仪，瞄准 B′ 点，在视线方向上以 B′ 为起点分别测设水平距离 9.88m 和 59.88m，得到 M′ 点和 N′ 点。

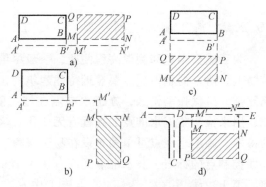

图 10-9　利用既有地物测设建筑物

在 M′ 点安置经纬仪，后视 A′ 点，测设水平角度 90°，在视线方向上分别测设水平距离（d + 0.12）m 和（d + 0.12 + 20）m，得到 M 点和 Q 点，同理可测设 N 点和 P 点。最后检核 MN 和 PQ 是否等于 50m，四个交点的内角是否等于 90°，误差应在限差以内。四点测设的同时，应打入木桩并在木桩上钉一小钉表示点位，称为主轴线交点桩，也称为定位桩。

2. 利用道路中心线测设主轴线

在图 10-9d 中，待建建筑物 MNQP 的主轴线与周围的道路中心线平行，可以考虑利用道路中心线作为已知条件来测设主轴线交点 M、N、P、Q，即可以采用直角坐标法来测设。

在设计图上图解 DM′、M′N′、M′M、N′N 的长度，得到 MN 和 NQ 的长度。在实地找到道路中心线交点 D，然后安置经纬仪，瞄准道路中心线，在视线方向依次测设水平距离 DM′、M′N′，分别得到 M′ 点和 N′ 点。然后在 M′ 点设站，测设出 M 点和 P 点，同理测设出 N 点和 Q 点，最后检核 MN 和 PQ 的水平距离，误差应在限差以内。

3. 利用建筑方格网测设主轴线

如图 10-10 所示，待建建筑物 ABNM 周围已经布设了建筑方格网 PCEH，测设时可以参照道路中心线测设主轴线的方法来测设该建筑物的主轴线交点 ABNM。

4. 利用控制点测设主轴线

如果待建建筑物的周围没有既有建筑物或建筑基线、建筑方格网，只有已知控制点，比如建筑场地在山区或场

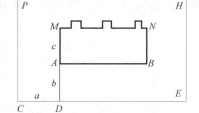

图 10-10　利用建筑方格
网测设主轴线

地障碍物较多，则可以采用 9.2 节中介绍的极坐标法、全站仪测设或 RTK 测设，有时也可以采用角度交会或者距离交会法。

10.3.2　测设施工控制桩

建筑物的主轴线测设完成后，应在此基础上测设建筑物各细部轴线交点的平面位置，打入木桩并在桩顶钉一小钉作为标志，称为轴线中心桩，和定位桩统称为轴线桩。施工时由于基槽开挖，轴线桩会被挖掉，因而应先将各轴线延长到基槽外不影响施工的地方，打入木桩作为基槽开挖后施工中恢复轴线的依据。一般引测轴线桩的方法为设置轴线控制桩和龙门板，两者统称为施工控制桩。

1. 测设轴线控制桩

如图 10-11a 所示，分别在轴线桩各个点的延长线上设置轴线控制桩 A'、B'、M'、N'、P'、Q'、D'、C' 及 A''、D''、B''、C''，在桩顶钉一小钉作为标志，并以混凝土固定，如图 10-11b 所示。该桩距离轴线桩的距离根据施工现场条件确定，但离基槽不应太近或太远，以 2~5m 为好，也可将部分轴线引测到周围建筑物的墙上，并用红油漆画出竖立的"$\triangleright$"来标记，作为恢复轴线的依据。如果将来还要用于高层建筑物的轴线投测，若场地允许，也可以同时测设一部分引桩，如图中的 A''' 点、M''' 点、P''' 点、D''' 点。

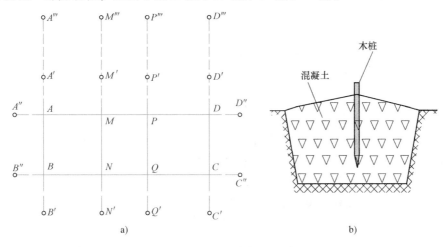

图 10-11　**测设主轴控制桩**

2. 测设龙门板

如图 10-12 所示，在建筑物的轴线交点基槽外一定距离（1~2m）处钉设龙门桩，将室内地坪 ± 0.000m 测设到龙门桩上，沿着 ± 0.000m 标高线钉立龙门板，使龙门板的顶面标高为 ± 0.000m，并使用水准仪检核该标高，作为后续施工测设标高的依据。将经纬仪安置在建筑物主轴线交点上，以另一主轴线交点定向，在前后龙门板顶面上投测方向线，然后在龙门板顶面上钉上小钉作为标志，该小钉称为轴线钉，测设垫层中线时可以采用在轴线钉上拉细线悬挂垂球的方式将建筑物的轴线投测到垫层上。

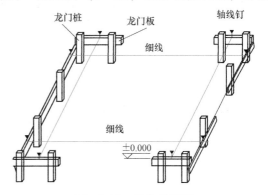

图 10-12　**测设龙门板**

10.3.3　基础施工测量

1. 测设基槽开挖边线和基槽抄平

按照基础平面图上基槽宽度，在实地轴线上向两边各丈量出一半基槽宽，用白灰标出基槽开挖边线。开挖基槽时，要随时注意开挖的深度。当基槽挖到距设计槽底一定深度（如 0.5m，称为下反数，一般为一整分米数）时，用水准仪根据龙门板或施工水准点在基槽壁上每隔 2~3m 和拐角处设置一些水平桩，称为抄平，作为基槽内部的高程控制。如图 10-13

所示，设计基槽底部就在水平桩顶面下 0.5m 处。基槽开挖完成后，应根据轴线控制桩检核基槽宽度和槽底标高，合格后方可进行垫层施工。

2. 测设垫层中线和基础

根据基础大样图上基础的设计数据，基槽施工完成后应在基槽底部设置垫层标高桩，使桩顶面标高等于垫层设计标高，作为垫层施工的依据。垫层施工后，根据施工控制桩用经纬仪或者拉细线悬挂垂球的方式将建筑物主轴线测设到垫层上，并弹出墨线和基础边线，作为基础施工的依据，是决定建筑物位置的关键环节，如图 10-14 所示。

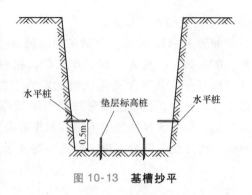

图 10-13　基槽抄平

3. 控制基础标高

建筑基础墙的标高是利用基础皮数杆来控制的。基础皮数杆是一根上面标注了砖厚和灰缝厚度的木杆，并标注了 ±0.000m 和防潮层的标高位置。立皮数杆时，先在立杆处打入一木桩，在其侧面测出高于垫层某一数值（比如 0.1m）的水平线，将皮数杆上 0.1m 处与木桩侧面的水平线对齐，然后将两者固定在一起，作为基础墙控制标高的依据，如图 10-15 所示。

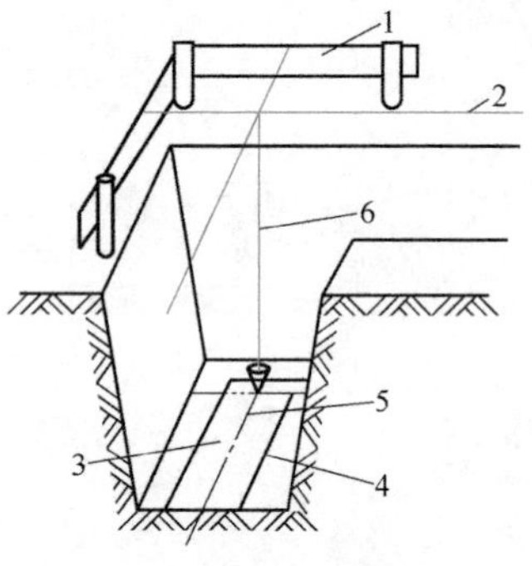

4. 墙体施工测量

根据施工控制桩用经纬仪将建筑物主轴线测设到基面或防潮层上，然后弹出墨线和墙边线，最后把墙体轴线延伸并在外墙面上做出标志，作为向上投测轴线的依据。

图 10-14　投测垫层中线

1—龙门板　2—细绳　3—基础面　4—基础边线　5—垫层中线　6—铅锤细绳

在墙体施工中，墙身各部分标高通常使用墙身皮数杆来控制，作为砌墙时掌握标高和砖缝水平的主要依据，如图 10-16 所示。墙身皮数杆上标明了 ±0.000m、门、窗、楼板等的标高位置，一般立在建筑物的拐角和隔墙处的室内地坪 ±0.000m 处。当墙身砌起一定高度后，就在室内墙身上测定出 +50mm 的标高线，作为该层地面施工、室内装修、检查楼板底面标高、安装门窗的依据。当墙体砌到窗台时，要根据设计图上窗口尺寸在外墙面上根据房屋的

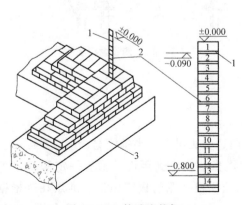

图 10-15　基础皮数杆

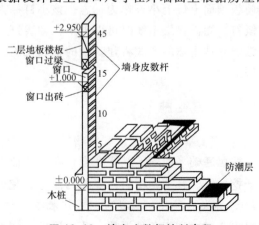

图 10-16　墙身皮数杆控制高程

轴线量出窗的位置，以便砌墙时预留出窗洞的位置。二层楼的墙体轴线是根据外墙面上底层的轴线用垂球引测到二层楼面上，采用皮数杆控制标高，注意用水准仪检查楼面标高位置与楼面设计标高是否一致。

10.3.4 轴线投测

在高层建筑物施工中，各层轴线交点的平面坐标应该与地坪层轴线交点的平面坐标完全相等，也就是各层轴线应精确地向上投测。建筑物越高，轴线投测的精度要求也越高。轴线投测的精度规定见表 10-1。

高层建筑物轴线的投测，一般可选用悬挂垂球法、经纬仪引桩投测法和激光垂准仪投测法。

表 10-1　建筑物施工放样、轴线竖向投测和标高传递的允许偏差

项目	内容		允许偏差/mm
基础桩位放样	单排桩或群桩中的边桩		±10
	群桩		±20
各施工层放样	外廓主轴线长度 L/m	$L \leqslant 30$	±5
		$30 < L \leqslant 60$	±10
		$60 < L \leqslant 90$	±15
		$90 < L$	±20
	细部轴线		±2
	承重墙、梁、柱边线		±3
	非承重墙边线		±3
	门窗洞口线		±3
轴线竖向投测	每层		3
	总高 H/m	$H \leqslant 30$	5
		$30 < H \leqslant 60$	10
		$60 < H \leqslant 90$	15
		$90 < H \leqslant 120$	20
		$120 < H \leqslant 150$	25
		$150 < H$	30
高程传递	每层		3
	总高 H/m	$H \leqslant 30$	±5
		$30 < H \leqslant 60$	±10
		$60 < H \leqslant 90$	±15
		$90 < H \leqslant 120$	±20
		$120 < H \leqslant 150$	±25
		$150 < H$	±30

1. 悬挂垂球法

最简便、最原始的垂直投影方法就是用细绳悬挂垂球，比如光学经纬仪的垂球对中、墙

体和柱子的竖直等，精度大约为 1/1000。将垂球加重，细绳减细，可以提高投影的精度。比如建造高层建筑、烟囱、竖井等工程时，可用 10~20kg 的特制垂球，用直径 0.5~0.8mm 的钢丝悬挂，将垂球置于油桶中以减小垂球的摆动，在首层的地面上以靠近高层建筑结构四周的轴线点为准，逐层向上悬挂垂球引测轴线或控制建筑结构的竖向偏差，精度可达 1/20000。

2. 经纬仪引桩投测法

在施工场地开阔、建筑高度不大的情况下，可以把经纬仪安置在轴线延长线的引桩上，如图 10-11 中的 A''' 点、M''' 点、P''' 点、D''' 点，用盘左盘右分中法分别投测建筑物的首层轴线到某层外墙面上。如图 10-17a 所示，在 A' 点安置经纬仪，盘左精确瞄准首层轴线上一点 A_0，抬高望远镜，将方向线投测到上层楼板上。盘右同样操作，取盘左盘右所得方向线的中线，得到 A_1 点，同理得到 B_1 点，连接这两点得到建筑物的轴线。此法适用于较低楼层，周围方便安置经纬仪的场合。

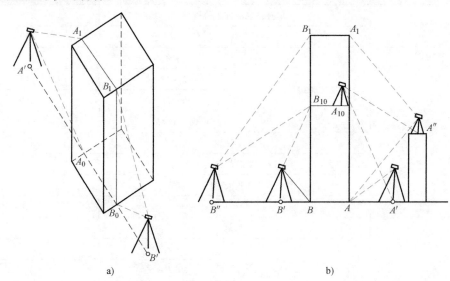

图 10-17　经纬仪引桩投测轴线

当楼层逐渐增高（一般超过 10 层），而引桩距建筑物又较近时，望远镜的仰角较大，操作不便，投测精度将随仰角的增大而降低。为此，要将建筑物轴线引测到更远的安全地方，或将经纬仪安置在施工层上或附近大楼的屋顶上才可以继续投测，如图 10-17b 所示。先在 B' 点将 B 点投测到第 10 层，得到 B_{10} 点，并引测 B 点到距离建筑物较远的 B'' 点；然后在 B'' 点通过瞄准点 B 将视线方向投测到顶层，得到 B_1 点。由于建筑物的另一侧有另外的建筑物，先在 A' 点将 A_1 点投测到第 10 层，得到 A_{10} 点；连接点 A_{10} 和点 B_{10}，在该连线上安置经纬仪，瞄准 A' 点，投测轴线点至低层建筑物顶层上，得到 A'' 点；在 A'' 点通过瞄准 A 点将视线方向投测到顶层，得到 A_1 点，连接 A_1 点和 B_1 点得到建筑物顶层的轴线。

使用该方法投测轴线时，要注意以下事项：经纬仪一定要经过严格检校才能使用，尤其是照准部水准管轴应严格垂直于竖轴，作业时要仔细整平；每次投测要以首层为基准，测站点到首层轴线投测点的水平距离不小于投测高度的 1.5 倍；为了减小外界条件（如日照和大风等）的不利影响，投测工作在阴天及无风天气进行为宜。

3. 激光垂准仪投测法

激光垂准仪适用于各种层次的建筑施工中的平面点位投影，如图 10-18 所示为 DZJ2 型激光垂准仪。它是在光学垂准仪的基础上添加了两只半导体激光器，其中一个通过上垂准望远镜将激光束反射出来，激光束与仪器望远镜视准轴同心、同轴、同焦，在目标处放置的网格激光靶（见图 10-19a）上就会出现一红色亮斑，使测量更加方便；另一个通过下对点系统将激光束反射出来，用以对准测站点，快速直观。激光垂准仪可以用于测量相差垂准线的微小水平偏差，进行铅垂线的定位传递，物体垂直轮廓的测量，广泛应用于高层建筑、电梯、矿井、水塔、烟囱、大型设备安装、飞机制造、造船等行业。

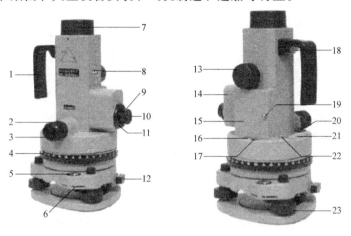

图 10-18　**激光垂准仪**

1—提手　2—对点调焦螺旋　3—护盖　4—度盘　5—圆水泡　6—圆水泡校正螺钉　7—物镜盖　8—激光警示标志　9—目镜　10—滤色片　11—圆罩　12—基座固定钮　13—调焦螺旋　14—激光外罩　15—电池盒盖　16—垂准激光开关　17—对点激光开关　18—提手螺钉　19—固定钮　20—保护塞　21—长水准泡　22—长水准泡螺钉　23—脚螺旋

将激光垂准仪安置在测站点上，打开对点激光开关，调节对点调焦螺旋并移动三脚架或基座上的脚螺旋使激光束对准测站点。整平后关闭对点激光开关。打开垂准激光开关，通过移动网格激光靶使激光束聚焦在网格激光靶靶心上，然后将投测轴线点标定在目标面上。如图 10-19b 所示，先根据建筑物的轴线分布和结构情况设计好投测点位，投测点位至最近轴线的距离一般为 0.5~0.8m。基础施工完成后，将设计投测点位准确地投测到首层地面上，以后每层楼板施工时，都应在投测点位处预留 300mm×300mm 左右的孔洞，一般称为垂准孔，如图 10-19c 所示。将激光垂准仪安置在首层投测点位上，在投测楼层的垂准孔上就可以看见一束激光，移动网格激光靶，使靶心精确地对准激光光斑，用压铁拉两根细绳使其交点与激光光斑重合，在垂准孔旁的楼板面上弹出墨线标记。以后使用投测点位时，仍然使用压铁拉两根细绳恢复其中心位置。根据投测点与建筑物的关系，就可以测设出投测楼层的建筑轴线。当施工现场空气中的水、灰尘含量大且变化大时，利用激光垂准仪进行投测，其光斑会出现失稳、抖动等现象，对高层轴线投测的精度影响很大，因而投测时可采取分段控制、分段投测的施测方案。

10.3.5　标高传递

首层墙体砌到 1.5m 高后，用水准仪在内墙面上测设一条 "+50mm" 的标高线，作为首

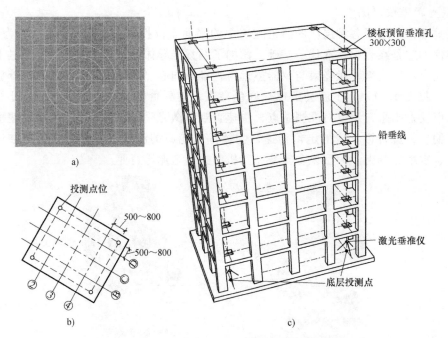

图 10-19　**激光垂准仪投测轴线点**
a）网格激光靶　b）设计投测定位　c）投测示意图

层地面施工及室内装修的标高依据。以后每砌高一层，就需要将标高传递到上一楼层的"+50mm"标高线，以便楼板、窗户、梁等的标高符合设计要求，一般有以下几种方法。

1. 钢尺竖直测量法

沿外墙面或柱子面竖直向上测量，将首层标高逐层向上传递，实施标高传递时应对钢尺进行温度、尺长和拉力改正。传递点的次数，应根据建筑物的大小和高度确定。规模较小的工业建筑或多层民用建筑，宜从两处分别向上传递，规模较大的工业建筑或高层民用建筑，宜从三处分别向上传递。传递的标高较差小于 3mm 时，可取其平均值作为施工层的标高基准，否则，应重新传递。

2. 钢尺水准测量法

当建筑物不太高（一般为 20 层以内）时，可用重锤在楼梯间或电梯井或垂准孔悬挂钢尺，用水准仪将首层标高逐层向上传递。投测时重锤应置于油桶中，以减小重锤的摆动。如图 10-20a 所示，如果测设第二层的"+50mm"标高线，首先在首层安置水准仪，后视水准尺上的黑面中丝读数为 a_1，前视钢尺上的黑面中丝读数为 b_1，则钢尺零端点相对于室内地坪的标高为 $0.05+a_1-b_1$。然后水准仪和水准尺移至第二层，后视钢尺读数为 a_2，前视水准尺读数为 b_2，第二层的"+50mm"标高线的相对高程为 $0.05+a_1-b_1+a_2-b_2$。因为设计层高 l_1 等于第二层的"+50mm"标高线的相对高程减去第一层的"+50mm"标高线的相对高程，所以 $l_1=0.05+a_1-b_1+a_2-b_2-0.05=a_1-b_1+a_2-b_2$，即测设第二层的"+50mm"标高线时水准尺上的黑面中丝读数 $b_2=a_1-b_1+a_2-l_1$。在进行第二层的标高测设时，上下移动水准尺，当其黑面中丝读数为 b_2 时，沿水准尺底部在墙面上划线，即得到第二层的"+50mm"标高线。同理第三层的 $b_3=b_2-a_2+a_3-l_2$ 或 $b_3=a_1-b_1+a_3-(l_1+l_2)$，第 i 层的 b_i 为

$$b_i=b_{i-1}-a_{i-1}+a_i-l_{i-1} \quad 或 \quad b_i=a_1-b_1+a_i-(l_1+l_2+\cdots+l_{i-1}) \quad （10\text{-}4）$$

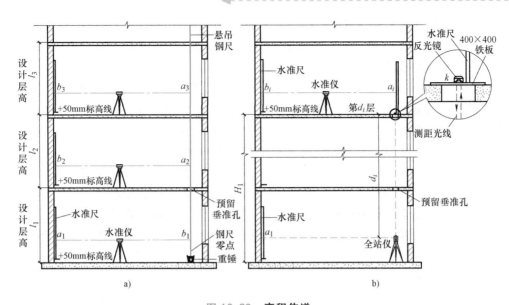

图 10-20　**高程传递**

a）悬吊钢尺法　b）全站仪对天顶测距法

3. 全站仪天顶测距法

对于超高层建筑施工，悬吊钢尺有困难，可以在楼梯间、电梯井或垂准孔等竖直通道处安置全站仪，通过对天顶方向测量距离的方法引测标高。如图 10-20b 所示，在首层设置投测点并安置全站仪，先将望远镜设置水平（通过调节望远镜微动螺旋使显示屏显示竖直方向方向值为 90°），读取竖立于首层 "+50mm" 标高线上的水准尺中丝读数为 a_1，得到全站仪视线相对于室内地坪的标高为 $0.05+a_1$；然后在需要传递高程的第 i 层层面竖直通道上放置制作好的 40cm×40cm、中间开直径 30mm 圆孔的铁板，将反射棱镜倒扣在铁板上。将望远镜指向天顶（通过调节望远镜微动螺旋使显示屏显示竖直方向方向值为 0°），移动铁板上的棱镜使棱镜中心对准测距光线（由观测员指挥），测量全站仪中心至该棱镜的竖直距离 d_i。在第 i 层层面上安置全站仪，望远镜设置水平，后视安置在铁板上的水准尺中丝读数为 a_i，得到此时全站仪的视线相对高程为 $0.05+a_1+d_i-k+a_i$，前视竖立在第 i 层 "+50mm" 标高线上的水准尺，上下移动水准尺使其黑面中丝读数 $b_i=a_1+d_i-k+a_i-H_i$，此时在水准尺底部划线，得到第 i 层 "+50mm" 标高线的位置。其中 H_i 为第 i 层楼面至室内地坪的设计高程，k 为棱镜常数，通过实验方法可以测量出来。

10.3.6　建筑变形测量

各种建（构）筑物如水坝、高层建筑、大型桥梁、隧道及各种大型设备等在施工和使用过程中在自重和外力的共同作用下随时间的推移而发生的形体改变称为变形。这种变形总是由量变到质变最终发生事故，对变形进行的测量工作称为变形观测或变形监测，一般有沉降观测、位移观测、倾斜观测、挠度观测、裂缝观测、日照观测、风振观测和场地滑坡观测等。变形超过了规定的限度就会影响建筑物的施工和使用，甚至危及建筑物的安全，因此在大型建筑物施工和使用过程中进行必要的变形观测，以监视变形的发展，在未发生事故前，及时采取补救措施，保证建筑物在施工、使用中的安全，这是变形观测的主要目的。另一个目的是通过对变形观测资料分析研究，检验地基与基础的计算理论和方法及工程结构设计的合理性，为不同地基与工程结构规定合理的允许变形值，为建（构）筑物的设计、施工、管理及科学研究提供参考依据。

建筑物产生变形的原因很多，地质条件、地震、荷载及外力作用的变化等是主要原因，在建筑物的设计及施工中，应全面考虑这些因素。如果设计不合理，材料选择不当，施工方法不当或施工质量低劣，就会使变形超出允许值而造成损失。

变形是指变形（观测）点相对于稳定点的空间位置的变化，所以在进行变形观测时必须以稳定点为依据。这些稳定点称为控制点，显然变形观测也要遵循从控制到碎部的测量原则。控制点包括基准点和工作基点，工作基点是用于直接设站观测变形点的，而基准点是为了检核工作基点在整个变形观测过程中是否有变化。工作基点应选在变形影响范围以外、靠近观测点、便于长期保存的稳定位置。每次使用时，应做稳定性检验，并以稳定或相对稳定的点作为观测变形点的工作基点。变形点应选在变形体上能反映变形特征的位置，可从工作基点或邻近的基准点进行观测。

变形观测的内容要根据建筑物的性质与地质情况确定，要求有明确性，要能正确反映出建筑物的变化情况，达到监测建筑物的安全运行、了解变形规律的目的。对大型桥梁和高层建筑基础来说，观测内容主要是沉降观测，从而计算出绝对沉降值、相对弯曲、相对倾斜、平均沉降速度。根据观测结果，应对变形进行分析，得出变形的规律及大小，以判定建筑物是逐步趋于稳定，还是变形继续扩大。如果变形继续扩大，且变形速率加快，则说明它有破坏的危险，应及时发出警报，以便采取措施。即使没有破坏，但变形超出允许值时，也会妨碍建筑物的正常使用。如果变形逐渐缩小，说明建筑物趋于稳定，到达一定程度，即可终止观测。

建筑物变形观测的精度与建筑物的性质、变形观测的目的及建筑物预计的变形允许值的大小有关。预计允许变形值小的观测精度要求高，用于科研目的的观测要求应尽可能高，因为精度的高低会影响观测成果的可靠性。原则上，如果观测的目的是为了监测建筑物的安全，精度要求稍低，只要满足预警需要即可，建议观测的中误差应小于允许变形值的1/20～1/10。在确定精度时，如果设备具备条件，且工作量增加不大，精度应尽可能高些。JGJ 8—2007《建筑变形测量规程》规定的变形测量等级与精度要求见表10-2。

表 10-2　建筑变形测量的等级与精度要求

变形观测等级	沉降观测	位移观测	适用范围
	观测点测站高差中误差/mm	观测点测站坐标中误差/mm	
特级	±0.05	±0.3	特高精度要求的特种精密工程的变形测量
一级	±0.15	±1.0	地基基础设计为甲级的建筑的变形测量；重要的古建筑和特大型市政桥梁等变形测量等
二级	±0.5	±3.0	地基基础设计为甲、乙级的建筑的变形测量；场地滑坡测量；重要管线的变形测量；地下工程施工及运营中变形测量；大型市政桥梁变形测量等
三级	±1.5	±10.0	地基基础设计为乙、丙级的建筑的变形测量；地表、道路及一般管线的变形测量；中小型市政桥梁变形测量等

注：1. 观测点测站高差中误差，是指水准测量的测站高差中误差或静力水准测量、电磁波测距三角高程测量中相邻观测点相应测段间等价的相对高差中误差。

2. 观测点坐标中误差，是指观测点相对测站点（如工作基点）的坐标中误差、坐标差中误差以及等价的观测点相对基准线的偏差值中误差、建筑或构件相对底部固定点的水平位移分量中误差。

3. 观测点点位中误差为观测点坐标中误差$\sqrt{2}$倍。

4. 本表以中误差作为衡量精度的标准，并以2倍中误差作为极限误差。

变形观测的任务是周期性地对变形点进行多次重复观测，以得到相邻时间间隔的变化量。观测周期的确定应根据建筑物的构造特性、重要性、变形性质、大小与速率、工程地质条件、施工进度与运营年限等综合考虑。要求观测次数能反映变形的全过程，当发现各层中有变形异常时应及时增加观测次数。例如，高层建筑在施工过程中的变形观测，通常楼层加高 1~2 层即应观测一次；大坝的变形观测，则根据水位的高低确定观测周期。对于已经建成的建筑物，在建成初期，因为变形值大，观测的频率要高。如果变形逐步趋于稳定，则观测间隔时间逐渐加长，直至完全稳定后，即可停止观测。对于濒临破坏的建筑物，或者是即将产生滑坡、崩塌的地面，其变形速率会逐渐加快，观测周期间隔时间也要相应地逐渐缩短。观测的精度和周期是相关的，只有在一个周期内的变形值远大于观测误差，其所得结果才是可靠的。

1. 沉降观测

在建筑施工过程中，地基荷载的增加会使得建筑物产生下沉现象。如果建筑物整体结构各部分在平面内的沉降量大致相同，称为均匀沉降，否则称为不均匀沉降。建筑物在一定时期内和一定数值范围内的均匀沉降属于正常现象，超过一定时期或数值范围以及不均匀沉降则属于沉降异常，应引起注意，并应采取相应措施。在工业与民用建筑中，为了掌握建筑物的沉降情况，及时发现对建筑物不利的下沉现象，以便采取措施，保证建筑物安全使用，同时也为今后合理的设计提供资料，在建筑物施工过程中和投入使用后，必须进行沉降观测，也称为竖直位移观测。

下列建（构）筑物应进行系统的沉降观测：高层建筑物、重要厂房的柱基及主要设备基础、连续性生产和受振动较大的设备基础、工业炉（如炼钢的高炉等）、高大的构筑物（如水塔、烟囱等）、人工加固的地基、回填土、地下水位较高或大孔性土土基的建筑物等。

（1）布设水准点　建筑物的沉降观测是利用水准测量观测建筑物上的变形观测点与水准点之间的高差，计算与分析建筑物的沉降规律。要求水准点的高程在整个变形观测过程中没有变化，为了相互校核并防止由于某个水准点的高程变动造成差错，一般至少埋设三个基本水准点并应满足下列条件：

1）基本水准点应埋设在离开各种机械振动和建筑物基础压力影响的范围以外的基岩层或原状土层上，埋设深度在冻土层以下 0.5m。在建筑区，点位与邻近建筑物的距离应大于建筑物基础最大宽度的 2 倍。

2）应能保证整个变形观测阶段稳固不变以及不会被破坏，应避开交通要道、地下管线、仓库堆栈、水源地、河岸、松软填土、滑坡地段等。

3）可以建立在永久且稳固的建筑物上，也可以用基岩凿设标志。

4）为了观测方便，提高观测精度，最好安置一次仪器就能测得与观测点间的高差，视线长度最好小于 35m，不应大于 100m。

当基本水准点离变形观测点太远时，为了工作方便，常在建筑物附近建立工作水准点，以工作水准点来测量变形点，而工作水准点是否发生高程变化，由基本水准点来检测。如图 10-21 所示，A 点和 B 点为基本水准点，M 点和 N 点是工作水准点，其中 B 点也可作为工作水准点使用。需要指出的是，一般认为稳定的基准点，也不可能完全没有变形，所谓稳定，只是相对而言，即当变形对变形点的观测没有实际影响时，就视为是稳定的。

（2）布设变形点　观测点的数目和位置应能全面正确反映建筑物沉降的情况，这与建筑物的大小、荷重、基础形式、结构特点和地质条件等有关，并要考虑到观测的方便，与基准点或工作基点通视。一般来说，民用建筑中的房屋四角、转角、沿外墙每隔 10～15m 或每隔 2～3 个柱基处设立观测点；在房屋纵横轴连接处、新旧建筑物、高低建筑物及沉降缝两侧也应布设观测点；当房屋宽度大于 15m 时，还应在房屋内部纵轴线上和楼梯间布置观测点。在工业厂房中，除承重墙及厂房转角处设立观测点外，在最容易沉降变形的地方，如设备基础、柱子基础、伸缩缝两旁、基础形式改变

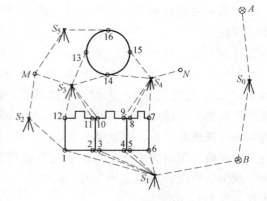

图 10-21　布设变形点

处、地质条件改变处等也应设立观测点。高大圆形烟囱、水塔或配煤罐等，可在其四周或轴线上布置观测点，框架式的建筑物应在柱子的基础上布设变形点，如图 10-21 所示，1 点～12 点为房屋的变形点，13 点～16 点为圆形建筑的变形点。S_0～S_5 分别为每次进行沉降观测时安置水准仪的测站点，在 S_0 测量 A 点和 B 点的高差，与已知数据检核；在 S_1 测量 1 点～6 点的高程，在 S_2 测量 1 点和 M 点的高程，在 S_3 测量 10 点～14 点的高程，在 S_4 测量 7 点～9 点和 14 点～15 点的高程，在 S_5 测量 16 点的高程；B 点、1 点、M 点、14 点、N 点组成了附合水准路线，可以进行高程检验。

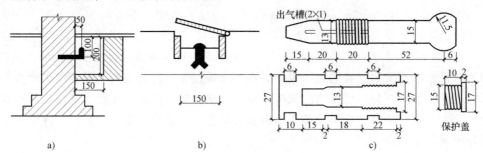

图 10-22　变形点的标志

a）窨井式标志（适用于建筑物内部埋设）　b）盒式标志（适用于设备基础上埋设）
c）螺栓式标志（适用于墙体上埋设）

变形点要与建筑物固连在一起，以保证它与建筑物一起变化，所有变形点应选择在稳定可靠、便于保存及观测、不影响施工和建筑使用的地方。为使点位明显，以保证每次观测的点位相同，也要设置观测标志。标志形式根据不同的建筑结构类型和建筑材料，大多采用墙（柱）观测点、钢筋混凝土柱上的观测点和基础上的观测点，如图 10-22 所示。各类标志的立尺部位应加工成半球形或有明显的突出点，并涂上防腐剂，埋设时应视立尺的需要离开墙（柱）和地面一定距离。

（3）观测时间　变形点观测应该是周期性的长期观测，以求得同一变形点的高程变化量。对于建筑工程施工阶段观测，一般在增加较大荷重之后（如浇筑基础、回填土、安装柱子和厂房屋架、砌筑砖墙、设备安装、设备运转、烟囱高度每增加 15m 左右等）要进行沉降观测。施工中，如果中途停工时间较长，应在停工时和复工前进行观测。当基础附近地面荷载突然增加，周围大量积水、暴雨及地震后，或周围大量挖方等，均应观测。竣工后要

按沉降量的大小，定期进行观测。开始可隔一两个月观测一次，以每次沉降量在 5~10mm 以内为限度，否则要增加观测次数。以后随着沉降量的减小，可逐渐延长观测周期，直至沉降稳定为止。变形测量的首次观测应适当增加观测量，以提高初始值的可靠性。

（4）沉降观测　沉降观测实质上是根据工作水准点用精密水准仪和精密水准尺定期进行二、三等水准测量，测量出建筑物上变形点的高程，从而计算其下沉量。

工作水准点是测量观测点沉降量的高程控制点，应经常利用基本水准点检测工作水准点高程有无变动。二等水准测量时一般应用 DS_1 级或 DS_{05} 级水准仪和精密水准尺在成像清晰、稳定的时间内进行往返观测，应尽量在不转站的情况下测出各观测点的高程，以便保证精度。前后视观测最好用同一根水准尺，视线长度不应超过 50m，可用皮尺丈量或视距测量，使之大致相等。测完观测点后，必须再次后视水准尺，先后两次后视读数之差不应超过 $\pm 1mm$。对一般厂房的基础或构筑物，同一后视点先后两次后视读数之差不应超过 $\pm 2mm$。

（5）成果整理　沉降观测应有专用的外业手簿，并需将建筑物、构筑物施工情况详细注明，随时整理，其主要内容包括：建筑物平面图及观测点布置图，基础的长度、宽度与高度；挖槽或钻孔后发现的地质土壤及地下水情况；施工过程中荷载增加情况；建筑物观测点周围工程施工及环境变化的情况；建筑物观测点周围笨重材料及重型设备堆放的情况；施测时引用的水准点号码、位置、高程及其有无变动的情况；地震、暴雨日期及积水的情况；裂缝出现日期，裂缝开裂长度、深度、宽度的尺寸和位置示意图等等。如中间停止施工，还应将停工日期及停工期间现场情况加以说明。

将所有的观测数据进行处理，得到每个变形点每次观测高程，进一步计算出每个点相邻两次观测的沉降量和累计沉降量。表 10-3 所示为某建筑物 4 个变形点的沉降观测结果，给出了在荷载增加时以及随时间推移各个观测点的本次下沉以及累计下沉的数据。为了预估下一次观测点沉降的大约数值和沉降过程是否渐趋稳定或已经稳定，可分别绘制时间与沉降量关系曲线和时间与荷载关系曲线。

表 10-3　某建筑物 4 个变形点的沉降观测结果

| 观测时间 | 荷载/10kPa | 1 | | | 2 | | | 3 | | | 4 | | |
		高程/m	本次下沉/mm	累计下沉/mm	高程/m	本次下沉/mm	累计下沉/mm	高程/m	本次下沉/mm	累计下沉/mm	高程/m	本次下沉/mm	累计下沉/mm
2005 11.14	4	20.9849	0	0	21.0085	0	0	20.9978	0	0	20.9746	0	0
2005 11.23	6	20.9844	0.52	0.52	21.0079	0.63	0.63	20.9974	0.44	0.44	20.9737	0.85	0.85
2006 1.11	7	20.9805	3.9	4.42	21.003	4.9	5.53	20.993	4.4	4.84	20.9708	2.9	3.75
2006 3.22	10	20.98	0.5	4.92	21.0028	0.2	5.73	20.993	0	4.84	20.97	0.8	4.55
2006 6.22	11	20.9782	1.8	6.72	21.0000	2.8	8.53	20.99	3	7.84	20.9666	3.4	7.95
2007 1.9	11	20.9780	0.2	6.92	20.9988	1.2	9.73	20.9898	0.2	8.04	20.9664	0.2	8.15

时间与沉降量的关系曲线是以沉降量为纵轴，时间为横轴，根据每次观测日期和每次下沉量按比例画出各点位置，然后将各点连接起来，并在曲线一端注明观测点号码，形成沉降与时间关系曲线图。

时间与荷载的关系曲线是以荷载为纵轴，时间为横轴。根据每次观测日期和每次荷载画出各点，将各点连接起来便成为荷载与时间关系曲线图。如图 10-23 所示，图中横坐标表示时间，纵坐标上半部分为荷载的增加，下半部分为沉降量的增加，对应为荷载时间关系曲线图和沉降量时间关系曲线图。从图形上可以清楚地看出沉降量与荷载的关系及变化趋势是渐趋稳定的。施工结束后荷载不再增加，荷载实际曲线呈水平直线。

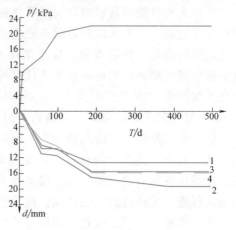

图 10-23　**沉降、荷载与时间关系曲线**

（6）沉降观测的注意事项

1）在施工期间，经常遇到的是沉降观测点被毁，为此一方面可以适当加密沉降观测点，在重要的位置如建筑物的四角可布置双点。另一方面观测人员应经常注意观测点变动情况，如有损坏及时设置新的观测点。

2）建筑物的沉降量应随着荷载的增加及时间的延长而增加，但有时却出现回升现象，这时需要具体分析回升现象的原因。

3）建筑物的沉降观测是一项较长期和系统的观测工作，为了保证获得资料的正确性和精度，周期性观测应在相同的条件下进行，即每次观测应尽量采用相同的观测路线、观测顺序和观测方法，主要观测人员和使用的仪器不变化。

2. 位移观测

变形观测中的位移观测一般指建筑物的整体水平位移，根据实际情况可以选用视准线法、激光准直法、角度交会法、极坐标法等来观测。

（1）视准线法　在与建筑物水平位移方向垂直的方向上设立两个基准点，形成一条基准线，一般靠近或通过被监测的建筑物。如图 10-24 所示，MN 为一条与建筑物轴线平行、与位移方向垂直且通过建筑物的基线，1 点、2 点、3 点为建筑物上的变形点且基本在基线方向上，偏差不超过 2cm。观测时在视准线的一端安置经纬仪，照准另一端的观测标志，这时的视线称为视准线（基准线）。然后瞄准横放于变形点上的直尺，读取变形

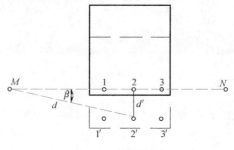

图 10-24　**视准线法**

点偏离视准线的距离。根据多次观测的偏距值，计算水平位移的数值。变形点相对于视准线偏移量的变化，即建（构）筑物在垂直于视准线方向上的位移。也可以采用多测回观测变形点偏离视准线的小角度 β，用测距仪测得基准点至变形点的距离 d，得到水平位移 $d' = \dfrac{\beta}{\rho} d$，这种观测水平位移的方法也称为小角度法。

（2）激光准直法　与视准线法相比，激光准直法仪器为激光经纬仪或激光准直仪，仪器瞄准基准线另一端的标志后，发射激光束，形成可见的基准线，然后在各个变形点安置激光靶就可以测定偏距。

当在变形点上不便于架设仪器时，多采用前方交会法，交会角宜为 60°～120°，以保证交会精度；如果变形点上可以架设仪器，且与三个平面基准点通视时，可采用后方交会法；当在变形点上可以安置反光镜，且与基准点通视时，可采用极坐标法。

3. 倾斜观测

一些高耸建（构）筑物，如电视塔、水塔、烟囱、高桥墩、高层楼房等，往往会发生倾斜。一般用建筑物的顶部观测点或中间各层观测点相对于底部观测点的偏移值（倾斜值）ΔD 与建筑物的垂直高度 H 之比表示，即

$$i = \frac{\Delta D}{H} \tag{10-5}$$

式中，i 为建筑物的倾斜度。

对具有刚性建筑物的整体倾斜，也可以通过利用水准仪精确测定顶部或基础不同部位的高程变化 Δh 和两点的水平距离 D 来求出建筑物的倾斜度 $i = \dfrac{\Delta h}{D}$。

（1）经纬仪投点测距法　如图 10-25 所示，在建筑物的外墙延长线上建立 M 点和 N 点，使 M 点和 N 点至建筑物的距离大约为建筑高度 H 的 1.5 倍。分别在 M 点和 N 点上安置经纬仪，瞄准建筑物顶部 A 点，制动水平螺旋，降低望远镜，利用方向交会法投影 A 点到地面为 A' 点，用直尺测量 A' 点至 B 点的距离 ΔD。测量经纬仪至建筑物的水平距离以及至 A 点和 A' 点的竖直角，利用三角高程公式计算出建筑物的高度 H，进而计算出建筑物的倾斜度。

也可以在 M 点安置经纬仪，瞄准 A 点，然后制动水平螺旋并降低望远镜，读取墙脚处横放的直尺，得到该方向上的偏移量 δ_M，同理在 N 点安置经纬仪得到偏移量 δ_N，计算出水平偏移值 $\Delta D = \sqrt{\delta_M^2 + \delta_N^2}$。

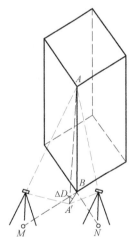

图 10-25　**经纬仪投点测距**

（2）垂准线法　垂准线的建立，可以利用悬挂垂球或垂准仪。利用悬挂垂球时，是在高处的某点，如墙角或建筑物的几何中心处悬挂垂球，垂球线的长度应使垂球尖端刚刚不与底部接触，用尺子量出垂球尖至高处该点在底部的理论投影位置的距离，即高处该点的水平位移值 ΔD；当垂准仪整平后，即形成一条铅垂视线。观测时，在底部安置仪器，而在顶部量取相应点的偏移距离 ΔD 比较方便。

（3）坐标测定法　如图 10-25 所示，在墙面的延长线上安置无棱镜测距全站仪，瞄准墙面某处，设置该视线方向为 0°。先后瞄准建筑顶面墙角 A 点和底面墙角 B 点，测量其三维坐标，可以计算出 A 点和 B 点在水平方向的位置差 ΔD 和高差，进而计算出建筑物的倾斜度。

（4）小角度法　用经纬仪测定上、下两个墙角点的水平角 β，建筑物的倾斜值一般很小，所以水平角 β 很小，然后测量出经纬仪至下墙角点的水平距离 D，就可以计算出该建筑物的倾斜值 $\Delta D = \dfrac{\beta}{\rho} D$。

（5）水准尺法　对于一些特殊的构筑物，比如烟囱、水塔、电视塔等的倾斜观测，可以在构筑物的两侧摆放两根相互垂直的水准尺，通过读取水准尺上的读数来计算构筑物的顶部中心和底部中心的偏心距 ΔD。如图 10-26 所示，在烟囱底部横放一根水准尺，在水准尺中垂线方向上安置经纬仪，经纬仪到烟囱的距离约为烟囱高度的 1.5 倍。用望远镜将烟囱顶部边缘两点及底部边缘两点分别投到水准尺上，得读数为 y_2、y_3 及 y_1、y_4。烟囱顶部中心 O' 对底部中心 O 在 y 方向上的偏移值 $\Delta y = \dfrac{y_2+y_3}{2} - \dfrac{y_1+y_4}{2}$。同理可测得烟囱顶部中心 O' 对底部中心 O 在 x 方向上的偏移值 $\Delta x = \dfrac{x_2+x_3}{2} - \dfrac{x_1+x_4}{2}$，计算得到烟囱顶部中心 O' 对底部中心 O 的总偏移值 $\Delta D = \sqrt{\Delta x^2 + \Delta y^2}$。

（6）前方交会法　采用前方交会法测量烟囱上下中心的坐标值，进行比较可以得到烟囱的倾斜度。如图 10-27 所示，MN 为基线，其距离可以测量得到。假设 M 点的坐标为（0，0），$\alpha_{MN} = 90°$。在 M 点安置经纬仪，以 MN 为起始方向，分别观测 A 点和 B 点的方向值，根据其算术平均值可以得到 $\angle OMN$，同理得到 $\angle O'MN$、$\angle ONM$、$\angle O'NM$，根据前方交会法公式可以分别计算出 O 点和 O' 点的平面坐标，进一步求出烟囱的偏移值 ΔD。

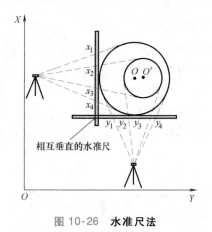

图 10-26　**水准尺法**

图 10-27　**前方交会法**

4. 裂缝观测

当建筑物出现裂缝之后，应及时进行裂缝观测，测定建筑物裂缝的发展情况，以便分析裂缝产生的原因及其对建筑物安全的影响，及时采取有效措施加以处理。

一般用一块 100mm×300mm 的白铁皮，固定在裂缝的一侧。另外一块 50mm×200mm 的白铁皮，固定在裂缝的另一侧，使两块白铁皮的边缘相互平行，并使其中的一部分重叠。在两块白铁皮的表面，涂上红色油漆，如图 10-28 所示。如果裂缝继续发展，两块白铁皮将逐渐拉开，露出原先被覆盖没有油漆的部分，其宽度即为裂缝加大的宽度，可用钢尺量出。对于钢筋混凝土建筑物上裂缝的位置、走向以及长度的观测，也可在裂缝的两端用油漆画线做标志，直接用钢尺量出。

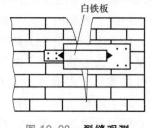

图 10-28　**裂缝观测**

也可用厚 10mm、宽 50~80mm 的石膏板（长度视裂缝大小而定），固定在裂缝的两侧。

当裂缝继续发展时，石膏板也随之开裂，从而观察裂缝继续发展的情况。

如建筑物裂缝多，而表面平整，可在建筑物表面用油漆绘制一方格网，用直尺量取裂缝与方格网的相对位置关系即可确定裂缝的位置、走向及长度。

10.3.7　竣工测量

由于施工过程中的设计变更、施工误差和建筑物的变形等原因，建筑物的竣工位置往往与原设计位置不完全相符。为了确切地反映工程竣工后的现状，为工程验收和以后的管理、维修、扩建、改建、事故处理提供原有建筑物、构筑物、地上和地下各种管线及交通线路的坐标、高程等资料，需要进行竣工测量和编绘竣工总平面图。

竣工总平面图的内容和设计总平面图的内容一样，包括坐标系统，建筑物、道路、水体、堆山叠石的平面位置和周围地形，主要地物点的解析数据，此外还应附有必要的验收数据、说明、变更设计及有关附图等资料。竣工总平面图的编绘包括竣工测量和资料编绘两方面内容。

在每一个单项工程完工后，必须由施工单位进行竣工测量，提供工程的竣工测量成果，作为编绘竣工总平面图的依据。竣工测量的内容包括建筑物的坐标、几何尺寸，地坪及房角标高，附注房屋编号、结构层数、面积和竣工时间等资料。地下管线的进出口的位置和高程要测定准确，作为备案资料。如发现地下管线的位置有问题，应及时到现场核对，确保竣工图能真实反映实际情况。还要测绘道路、围墙拐角点坐标，绿化地边界等。竣工测量与地形图测量的方法相似，不同之处主要是竣工测量要测定许多关键细部点的坐标和高程。竣工测量完成后，应提交完整的资料，包括工程的名称、施工依据、施工成果，作为编绘竣工总平面图的依据。

编绘竣工总平面图时需掌握的资料有设计总平面图、系统工程平面图、设计变更的资料、施工放样资料、变形观测资料、施工测量检查及竣工测量资料。

编绘时，先在图纸上绘制坐标格网，再将设计总平面图上的图面内容，按其设计坐标用铅笔展绘在图纸上，以此作为底图，并用红色数字在图上表示出设计数据。每项工程竣工后，根据竣工测量成果用黑色绘出该工程的实际形状，并将其坐标和高程标注在上面。黑色和红色之差，即为施工与设计之差。随着施工的进展，逐步在底图上将铅笔线都绘成黑色线。经过整饰和清绘，即成为完整的竣工总平面图。如果在施工中有较大的变动也要作修测和改正，使之符合现状。当工程全部竣工时，竣工总平面图也大部分编制完成。既可作为交工验收的资料，又可大大减少实测工作量，从而节约了人力和物力。竣工总平面图上应包括建筑方格网点，水准点、厂房、辅助设施、生活附属设施、架空及地下管线、铁路等建（构）筑物的坐标和高程，以及空地和未建区的地形。如果施工的单位较多，多次转手，造成竣工测量资料不全、图面不完整或与现场情况不符，只能进行实地施测，这样绘出的平面图，称为实测竣工总平面图。

地上和地下所有建（构）筑物绘在一张竣工总平面图上时，如果线条过于密集而不醒目，可采用分类编图，如综合竣工总平面图、交通运输竣工总平面图和管线竣工总平面图等。比例尺一般采用 1∶1000，如不能清楚地表示某些特别密集的地区，也可局部采用 1∶500 的比例尺。

竣工总平面图的符号应与原设计图的符号一致。原设计图没有的图例符号，可使用新的图例符号，但应符合现行总平面设计的有关规定，在竣工总平面图上一般要用不同的颜色表示不同的工程对象。

竣工总平面图编绘完成，应经原设计及施工单位技术负责人审核、会签。

10.4 工业建筑施工测量

装配式单层工业厂房主要由柱、吊车梁、屋架、天窗架和屋面板等主要构件组成，在吊装每个构件时，有绑扎、起吊、就位、临时固定、校正和最后固定等几道操作工序，下面分别介绍柱、吊车梁及吊车轨道等构件的测设和安装时的校正工作。

10.4.1 厂房柱子的安装测量

1. 柱列轴线的测设

对于结构简单的厂房可以采用民用建筑施工放样的方法测设厂房四个角点，然后将轴线测设到轴线控制桩或龙门板上。对于较大、结构复杂、跨距和间距大的厂房，多数是排柱式建筑，为保证各种柱基和设备基础之间的位置和高程能符合设计要求并成为统一的整体，一般在设计图上选定与柱列轴线平行的纵横中心线形成厂房矩形控制网来测设。如图 10-29 所示为两跨、三行、八列柱的厂房柱列设计平面图。首先在设计图上设计外围纵横柱列轴线 MN、EF、$11'$、$88'$，距离分别为 d_1 和 d_2 的 A、B、C、D 点为厂房矩形控制网，然后根据场地平面控制点测设

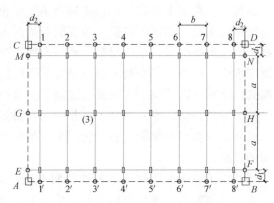

图 10-29 厂房施工控制网

A、B、C、D 点，检核各点相互间的精度符合要求。根据柱距 b 和跨距 a 测设各种柱列控制桩（图中用圆圈表示的点），打入木桩并在木桩上钉一小钉表示点位，作为细部测设和施工的直接依据。

2. 柱基的测设

如图 10-29 所示，在 G 点和 3 点安置经纬仪，分别瞄准 H 点和 $3'$ 点，视线的交点就是图 10-29 中的 3 点柱基的中心。根据基础平面图和基础大样图上该柱基的有关尺寸，把基坑开挖的边线用白灰标示出来以便开挖。在距离柱基 0.1～0.5m 处，按轴线位置放样四个定位桩，并钉一小钉，供柱基轴线投测至垫层以及立模板用，如图 10-30 所示。

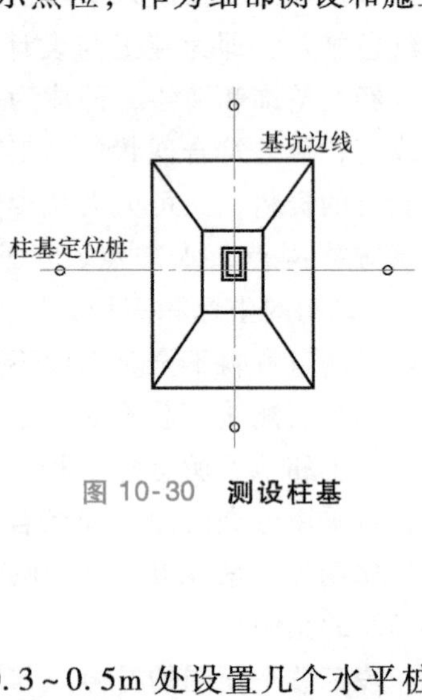

在进行柱基测设时，应注意定位轴线不一定都是基础中心线，有时一个厂房的柱基类型不一，尺寸各异，具体放样时应特别注意察看设计图。

图 10-30 测设柱基

3. 基坑的高程测设

当基坑挖到一定深度时，应在坑壁四周离坑底设计高程 0.3～0.5m 处设置几个水平桩，

作为基坑修坡和清底的高程依据（见图 10-13）。此外还应在基坑内测设出垫层的高程，即在坑底设置小木桩，使桩顶面恰好等于垫层的设计高程。

4. 基础模板的定位

打好垫层之后，根据基坑边定位木桩，用拉线吊垂球的方法把柱基轴线投测到垫层。用墨斗弹出墨线，用红漆画出标记，作为柱基立模板和布置基础钢筋的依据。立模板时，将模板底线对准垫层上的定位线，模板上口可由基坑边的定位桩拉线定位，用垂球检查模板是否竖直。最后用水准仪将柱基顶面和杯底的设计高程测设在模板内壁上。为了拆除模板后填高修

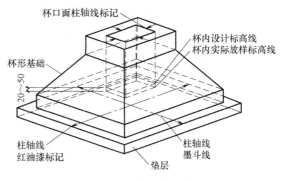

图 10-31　**柱子杯形基础**

平杯底，应使浇灌出来的杯底顶面高程低于杯内设计高程 2~5cm，作为抄平的余量，如图 10-31 所示。

拆除模板后，在杯口顶面测设出柱轴线，并用红油漆画出"▲"来标记，供吊装柱子校正用。同时在杯口内壁上用水准仪测设一条距杯底设计标高为一下反数的标高线，也用红油漆画出"▼"来标记，供修底面标高用。

5. 柱的吊装测量

厂房的柱基浇筑后，经检查合格，才进行吊装。

吊装柱子时应使柱子位置正确、柱身竖直、牛腿面位于设计标高处。因而吊装前，在柱子的三个侧面用墨斗弹出中心线，以便安装校正，如图 10-32 所示。在预制柱子时，由于模板制作和模板变形等原因，柱子的实际尺寸与设计尺寸可能不一样，因此往往在浇筑基础时把杯形基础底面标高降低 2~5cm，然后用钢尺从牛腿顶面沿柱边量至柱底得实际尺寸 d。柱子的实际长度 d 加上杯底标高，应等于牛腿面的设计标高。如不相等，用 1 : 2 水泥砂浆在杯底找平，使牛腿面符合设计标高。

柱子插入杯口后，首先应使柱身基本竖直，再使其侧面所弹的中心线与杯形基础上的轴线重合。用木楔或钢楔初步固定，然后进行竖直校正。校正时用两架经纬仪分别安置在柱基纵横轴线附近，离柱子的距离约为柱高的 1.5 倍，如图 10-33 所示。先瞄准柱子中心线的底部，然后固定照准部，再逐渐抬高望远镜，慢慢仰视柱子中心线顶部，观测柱身三点是否在同一铅垂线上。如果无偏差，则柱子在这个方向上就是竖直的。如果有偏差，应调节缆绳或用千斤顶进行调整，在柱子四周捶打木楔，直到柱子两个侧面的中心线都竖直为止。

由于纵轴方向上柱距很小，通常把仪器安置在纵轴的一侧，仪器偏离轴线的角度 β 最好不超过 15°，这样安置一次仪器就可校正数根柱子。如果遇到截面不一致的柱子，由于柱轴线的下部和上部不在同一铅垂线上，因此必须将经纬仪逐个安置在各自轴线上校正。经反复观测，柱子的位置、竖直和标高都满足要求后，将柱子固定，在柱脚浇筑混凝土加固，至混凝土达到强度，拆除支撑后再检核一次。一般柱子的安装测量精度要求柱脚中心线应对准柱列轴线，允许偏差为 ±5mm，柱高在 5m 以下牛腿面的标高与设计标高允许误差为 ±5mm，柱高在 5m 以上 10m 以下为 ±10mm，柱高 10m 以上全高竖向允许偏差值为 1/1000 柱高，但不应超过 20mm。

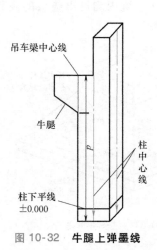

图 10-32 牛腿上弹墨线

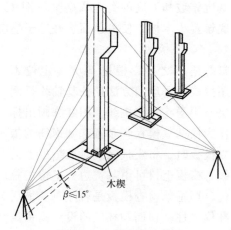

图 10-33 柱的竖直校正

柱子校正前应注意严格检校所用的经纬仪，因为校正柱子竖直时，往往只用盘左或盘右观测，仪器误差影响很大，操作时还应注意使照准部水准管气泡严格居中；柱子在两个方向的垂直度都校正好后，应再复查平面位置，看柱子下部的中线是否仍对准杯形基础的轴线；当校正变截面柱时，经纬仪应放在轴线上校正，否则容易产生差错；在阳光照射下校正柱子的垂直度时，要考虑温度影响，因为太阳照射后，柱向阴面弯曲，使柱顶有一个水平位移，故应在早晨或阴天时校正；当安置一次仪器校正几根柱子时，仪器偏离轴线的角度值最好不超过 15°。

10.4.2 吊车梁安装测量

吊车梁安装测量的主要任务是将预制钢筋混凝土吊车梁按设计的平面位置和高程安装在柱子的牛腿面上，要求梁的上、下中心线应在设计中心线的同一竖直面内，梁顶面的标高符合设计数据。

如图 10-34 所示，安装前先弹出吊车梁顶面中心线和吊车梁两端中心线，要将吊车轨道中心线投到牛腿面上。如图 10-35a 所示，利用厂房中心线 A_1A_1，根据设计轨道距离在地面上测设出吊车轨道中心线 $A'A'$ 和 $B'B'$。安置经纬仪于吊车轨道中心线的一个端点 A' 上，瞄准另一端点 A'，仰起望远镜，即可将吊车轨道中心线投测到每根柱的牛腿面上并弹出墨线。然后根据牛腿面的中心线和梁端中心线，将吊车梁安装在牛腿上。吊车梁安装完后，应检查吊车梁的高程，可将水准仪安置在地面上，在柱子侧面测设 +50cm 的标高线，再用钢尺从该线沿柱子侧面向上量出梁面的高度，检查梁面标高是否正确，然后在梁下用铁板调整梁面高程，使梁面垫板标高允许偏差 ±2mm。

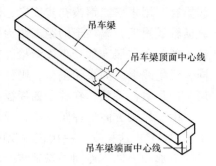

图 10-34 吊车梁上弹墨

10.4.3 吊车轨道安装测量

安装吊车轨道前，须先对梁上的中心线进行检测，此项检测多用平行线法。如图10-35b所示，首先在地面上分别从两条吊车轨中心线向厂房中心线方向量出长度 $a=1\mathrm{m}$，得到两条

平行线 *A″A″* 和 *B″B″*，然后安置经纬仪于平行线一端点 *A″* 上，瞄准另一端点 *A″*，固定照准部，仰起望远镜投测。此时另一人在梁上左右移动横放的水准尺，当视线正对水准尺上 1m 刻划时，水准尺的零点应与梁面上的中心线重合。如不重合可用撬杠移动吊车梁予以改正，使吊车梁中心线至 *A″A″* 或 *B″B″* 的间距等于 1m。

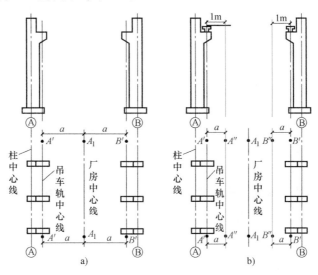

图 10-35　**安装吊车梁和吊车轨道**

将吊车轨道按中心线安装到吊车梁上后，可将水准仪安置在吊车梁上，水准尺直接放在轨顶上进行检测，每隔 3m 测一点标高，与设计标高比较，误差应在 ±2mm 以内。还要用钢尺检查两吊车轨道间跨距，与设计跨距比较，误差不得超过 ±2mm。

1. 试绘图说明利用既有建筑物测设待建建筑主轴线的过程。
2. 试绘图说明利用建筑方格网测设待建建筑主轴线的过程。
3. 怎样测设轴线控制桩和龙门板？试分别绘图说明。
4. 如何进行高层建筑的轴线投测和标高传递？
5. 简述激光垂准仪投测建筑物点位的方法和步骤。
6. 为什么进行建筑的变形观测？变形观测主要有哪些内容？
7. 沉降观测的目的是什么？水准点如何布设？
8. 如何进行沉降观测？
9. 如何布设建筑物变形点和确定观测周期？
10. 如何进行柱子的吊装测量？应注意哪些事项？
11. 简述吊车梁安装和吊车轨道安装的过程。

线路工程测量 第11章

■本章提要

主要讲述线路测量的方法，道路中线测量过程与方法，线路纵、横断面图的测绘和道路施工测量的方法，管道工程测量的方法与过程等。

■教学要求

熟悉道路中线测量过程与方法，掌握线路纵、横断面图的测绘，了解道路施工测量的方法、管道工程测量的方法与过程等。

11.1 线路工程测量概述

11.1.1 概述

线路工程是指长宽比很大的工程，包括公路、铁路、运河、供水明渠、输电线路、各种用途的管道工程等。这些工程的主体一般是在地表，但也有在地下或在空中的，如地铁、地下管道、架空索道和架空输电线路等，工程可能延伸十几千米以至几百千米，它们在勘测设计及施工测量方面有不少共性。相比之下，公路、铁路的工程测量工作较为细致。因此，在本章叙述中大多以公路工程为例。各种线路工程在勘测设计阶段、施工阶段及运营管理阶段需要进行的测量工作，称为线路工程测量，简称线路测量。

11.1.2 线路测量的任务和内容

线路测量是为各等级的铁路、公路和各种管道设计及施工服务的。它的任务有两方面：一是为线路工程的设计提供地形图和断面图，主要是勘测设计阶段的测量工作；二是按设计位置要求将线路敷设于实地，主要是施工放样的测量工作。**整个线路测量工作包括下列内容：**

1）收集规划设计区域内各种比例尺地形图、平面图和断面图资料，收集沿线水文、地质以及控制点等有关资料。

2）根据工程要求，利用已有地形图，结合现场勘察，在中小比例尺图上确定规划线路走向，编制比较方案等初步设计。

3）根据设计方案在实地标出线路的基本走向，沿着基本走向进行控制测量，包括平面控制测量和高程控制测量。

4）结合线路工程的需要，沿着基本走向测绘带状地形图或平面图，在指定地点测绘工程地形图（如桥位平面图）。测图比例尺根据不同工程的实际要求参考相应的设计及施工规范选定，见表 11-1。

5）根据设计图纸把线路中心线上的各类点位测设到地面上，称为中线测量。中线测量包括线路起止点、转折点、曲线主点和线路中心里程桩等。

6）根据工程需要测绘线路纵断面图和横断面图。比例尺则依据不同工程的实际要求选定，见表 11-1。

表 11-1　**线路工程测图种类及其比例尺**

线路工程类型	带状地形图	工点地形图	纵断面图		横纵断面图	
			水平	垂直	水平	垂直
铁路	1：1000	1：200	1：1000	1：100	1：100	1：100
	1：2000	1：200	1：2000	1：200	1：100	1：100
	1：5000	1：500	1：10000	1：1000	1：200	1：200
公路	1：2000	1：200	1：2000	1：200	1：100	1：100
		1：500				
	1：5000	1：1000	1：5000	1：500	1：200	1：200
架空索道	1：2000	1：200	1：2000	1：200	—	—
	1：5000	1：500	1：5000	1：500		
自流管线	1：1000		1：1000	1：100	—	—
	1：2000	1：500		1：200		
压力管线	1：2000		1：5000	1：200	—	—
	1：5000	1：500	1：5000	1：200		
架空送电线路	—	1：200	1：2000	1：200	—	—
		1：500	1：5000	1：500		

7）根据线路工程的详细设计进行施工测量。

8）工程竣工后，按照工程实际现状测绘竣工平面图和断面图。

11.1.3　线路测量的基本特点

（1）全线性　测量工作贯穿于整个线路工程建设的各个阶段。以公路工程为例，测量工作开始于工程之初，深入于施工的各个点位，公路工程建设过程中时时处处离不开测量技术工作，当工程结束后，还要进行工程的竣工测量及运营阶段的稳定监测。

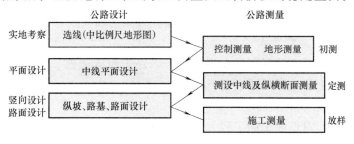

图 11-1　**线路设计与测量的关系**

（2）阶段性　阶段性既是测量技术本身的特点，也是线路设计过程的需要。如图 11-1 体现了线路设计和测量之间的阶段性关系。反映了实地勘察、平面设计、竖向设计与初测、定测、放样各阶段的对应关系。阶段性有测量工作反复进行的含义。

（3）渐近性　线路工程从规划设计到施工、竣工经历了一个从粗到精的过程，从图 11-2 中可以看到，线路工程的完美设计是逐步实现的。完美设计需要勘测与设计的完美结合，设计技术人员懂测量，测量技术人员懂设计，完美结合在线路工程建设的过程中实现。

11.1.4　线路测量的基本过程

1. 规划选线阶段

规划选线阶段是线路工程的开始阶段，一般内容包括图上选线、实地勘察和方案论证。

（1）图上选线　根据建设单位提出的工程建设基本思路，选用合适比例尺的地形图（1：5000～1：50000），在图上比较、选取线路方案。现势性好的地形图是规划选线的重要图件，为线路工程初步设计提供地形信息，可以依此测算线路长度、桥梁和涵洞数量、隧道长度等项目，估算选线方案的建设投资费用等。

（2）实地勘察　根据图上选线的多种方案，进行野外实地视察、踏勘、调查，进一步掌握线路沿途的实际情况，收集沿线的实际资料。特别注意以下信息：有关的控制点；沿途的工程地质情况；规划线路经过的新建筑物及交叉位置；有关土、石建筑材料的来源。地形图的现势性往往跟不上经济建设的速度，地形图与实际地形可能存在差异。因此，实地勘察获得的实际资料是图上选线的重要补充资料。

（3）方案论证　根据图上选线和实地勘察的全部资料，结合建设单位的意见进行方案论证，经比较后确定规划线路方案。

2. 线路工程的勘测阶段

线路工程的勘测阶段通常分为初测和定测阶段。

（1）初测阶段　在确定的规划线路上进行勘测、设计工作。主要技术工作有控制测量和带状地形图的测绘，为线路工程设计、施工和运营提供完整的控制基准及详细的地形信息。进行图上定线设计，在带状地形图上确定线路中线直线段及其交点位置，标明直线段连接曲线的有关参数。图 11-2 所示的带状地形图上的粗线是定线设计的公路中线的局部，图中 K_1、K_2 是导线点，BM_1 是水准点，JD 是公路直线的交点，在交点两侧的 ZH、HY、QZ、YH、HZ 表示与直线相连的曲线主点。

（2）定测阶段　定测阶段主要的技术工作内容是：将定线设计的公路中线（直线段及曲线）测设于实地；进行线路的纵、横断面测量，线路竖曲线设计等。

3. 线路工程的施工放样阶段

根据施工设计图纸及有关资料，在实地放样线路工程的边桩、边坡及其他的有关点位，指导施工，保证线路工程建设的顺利进行。

4. 工程竣工运营阶段的监测

线路工程竣工后，对已竣工的工程，要进行竣工验收，测绘竣工平面图和断面图，为工程运营作准备。在运营阶段，还要监测工程的运营状况，评价工程的安全性。

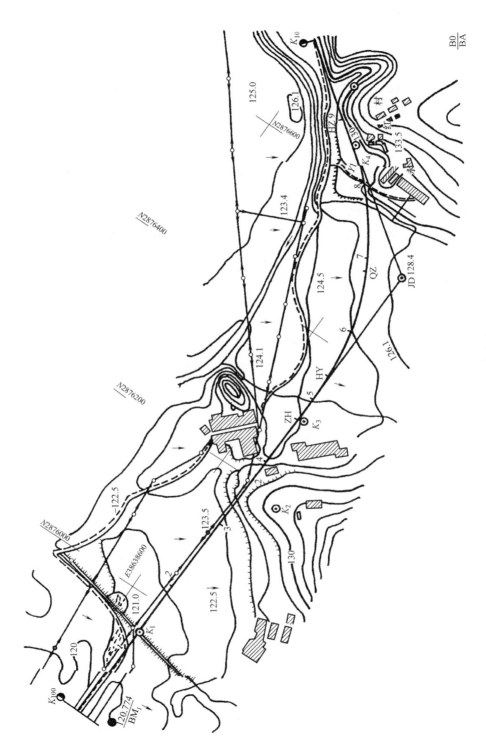

图 11-2　线路中线

11.2 道路中线测量

11.2.1 中线测量的工作内容

道路中线测量的任务是将线路的中心线测设到地面上，作为公路工程施工的依据。中线线路通常不会是一条平面直线。线路由一方向转到另一方向时，两直线之间应由曲线连接。所以线路中线的平面几何线型是由直线和曲线组成的，如图 11-3 所示。

中线测量是由设计单位在定测阶段完成的。在交接桩以后施工单位要进行施工复测，校核设计单位的测量成果，补钉丢失的桩点，加钉施工所需的桩点。在施工过程中，要经常进行中线测量以控制各工程建筑物的正确位置。竣工后，还要进行全面系统的中线测量，为编制竣工文件提供依据。在不同阶段，尽管中线测量的具体条件、测量方法、施测要求等可能有所不同，但其基本内容都是相同的。中线测量主要包括测设中线起点、终点及各交点（JD）、转点（ZD），量距和钉桩，测量路线各偏角（α），测设圆曲线及缓和曲线等。

中线测量的特点是整体性强、贯穿始终、工作量大、精度要求较高。因此，中线测量是公路测量的重点内容。

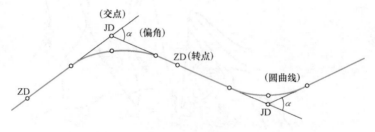

图 11-3　公路中线

11.2.2 交点及转点的测设

1. 交点的测设

线路上两相邻直线方向的相交点称为交点，也叫转向点，如图 11-3 所示 JD。道路初步设计时，在地形图上定出了线路中线及交点的位置。由于定位条件和现场情况不同，交点测设方法也需灵活多样，工作中应根据实际情况合理选择测设方法。目前常用的方法有距离交会法、直角坐标法和极坐标法等。

（1）距离交会法　距离交会法主要是根据测设点与原有地物之间的关系测设交点。如图 11-4 所示，JD_{12} 的位置已在地形图上确定，可事先在图上量出 JD_{12} 到两房角和电线杆的距离，在现场根据相应的房角和电线杆，用钢尺分别量取相应的距离，用距离交会测设出 JD_{12} 点。

（2）根据导线点与交点的设计坐标测设交点　根据附近导线点（测站点）和交点（放样点）的设计坐标，反算出有关的测设数据，按直角坐标法或极坐标法测设出交点，如图 11-5 所示。根据导线点 5、6 和 7 三点的坐标，反算夹角 β 和测站点到放样点之间的距离 D，用极坐标法测设交点，或者是用全站仪直接用坐标法测设 JD_1。

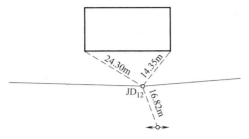

图 11-4　距离交会测设交点

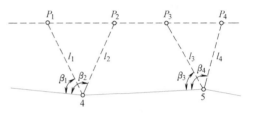

图 11-5　根据导线点测设交点

（3）穿线交点法测设交点　穿线交点法是利用图上就近的导线点或地物点与纸上定线的直线段之间的角度和距离，用图解法求出测设数据，通过实地的导线点或地物点，把中线的直线段独立地测设到地面上，然后将相邻直线延长相交，定出地面交点桩的位置。其程序是放点、穿线、交点。

1）放点。放点常用的方法有极坐标法和支距法。在图 11-6 中，P_1、P_2、P_3、P_4 为纸上定线的某直线段欲放的临时点。在图上以附近的导线点 4、5 为依据，用量角器和比例尺分别量出 β_1、l_1、β_2、l_2 等放样数据。实地放点时，可用经纬仪和皮尺分别在 4、5 点按极坐标法定出各临时点的位置。

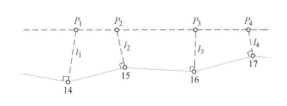

图 11-6　极坐标法放点

图 11-7 所示为按支距法放出中线上的各临时点 P_1、P_2、P_3、P_4，即在图上从导线点 14、15、16、17 作导线边的垂线，分别与中线相交得各临时点，用比例尺量取各相应的支距 l_1、l_2、l_3 和 l_4。在现场以相应导线点为垂足，用方向架标定垂线方向，按支距法测设出相应的各临时点。

2）穿线。放出的临时各点理论上应在一条直线上，由于图解数据和测设工作均存在误差，实际上并不严格在一条直线上，在这种情况下可根据现场的实际情况，采用目估法穿线或经纬仪视准法穿线，通过比较和选择，定出一条尽可能多地穿过或靠近临时点的直线 AB，最后在 A、B 或其方向上打下两个以上的转点桩，取消临时点桩。

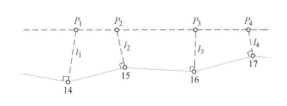

图 11-7　支距法放点

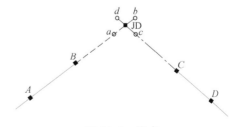

图 11-8　交点

3）交点。如图 11-8 所示，当两条相交的直线 AB、CD 在地面上确定后，可进行交点。将经纬仪置于 B 点瞄准 A 点，倒镜，在视线上接近交点 JD 的概略位置前后打下两桩（骑马桩）。采用正倒镜分中法在桩上定出 a、b 两点，并钉以小钉，挂上细线。仪器搬至 C 点，同法定出 c、d 两点，挂上细线，两细线的相交处打下木桩，并钉以小钉，得到 JD 点。

2. 转点的测设

当两交点间距离较远但尚能通视或已有转点需要加密时，可采用经纬仪直接定线或经纬仪正倒镜分中法测设转点。当相邻两交点互不通视时，可用下述方法测设转点。

（1）两交点间设转点 如图11-9所示，JD_5、JD_6为相邻而互不通视的两个交点，ZD'为初定转点。今欲检查 ZD' 是否在两交点的连线上，可置经纬仪于 ZD'，用正倒镜分中法延长直线 JD_5-ZD' 至 JD_6'。设 JD_6' 与 JD_6 的偏差为 f，用视距法测定 a、b，则 ZD' 应横向移动的距离 e 可按下式计算

$$e = \frac{a}{a+b}f \tag{11-1}$$

将 ZD' 按 e 值移至 ZD。再将仪器移至 ZD，按上述方法逐渐趋近，直至符合要求为止。

（2）延长线上设转点 如图11-10所示，JD_8、JD_9 互不通视，可在其延长线上初定转点 ZD'。将经纬仪置于 ZD'，用正倒镜照准 JD_8，并以相同竖盘位置俯视 JD_9，得两点后取其中点得 JD_9'。若 JD_9' 与 JD_9 重合或偏差 f 在允许范围之内，即可将 JD_9' 作为交点。否则应重设转点，量出 f 值，用视距法测出 a、b，则 ZD' 应横向移动的距离 e 可按下式计算

$$e = \frac{a}{a-b}f \tag{11-2}$$

将 ZD' 按 e 值移至 ZD。重复上述方法，直至符合要求为止。

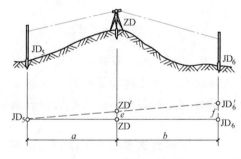

图 11-9 **两交点间设转点**

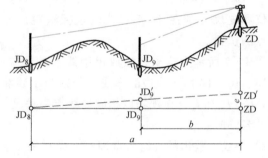

图 11-10 **延长线上设转点**

3. 归化法测设交点和转点

归化法测设交点和转点（以及线路中心线上的任何一点），是先用极坐标法放样一个点作为临时过渡点，放样后埋设标志桩，待埋设的标志桩稳定后，再用附合导线的方法，测量过渡点与已知点之间的关系（边长、夹角或坐标），并与导线点联测。然后按导线坐标计算的方法进行平差计算求得测算值，将其与设计值比较得其差数，最后从该过渡点出发修正这一差数，把点归化到更精确的位置上去，从而在实地上得到更准确的交点和转点。

归化法放样，是一种精密放样点位的方法，已广泛应用于大型桥梁的轴线放样中。此方法特别适用于线形工程的轴线放样，尤其是公路中心线的放样工作。当测设大量的临时交点和转点后，再用附合导线的方法测量所有的交点和转点，并与控制点（导线点）联测，然后平差计算所有放样点的坐标，与设计的坐标比较得到差数，再在已稳定的临时桩上进行修正，从而得到所有放样点的精确位置。

11.2.3 道路中线转角的测定

道路中线的转角又称为偏角，是线路由一个方向偏转至另一个方向时两直线的夹角，常

用 α 表示，如图 11-11 所示。根据线路偏转的方向，偏角有左右之分，沿着路线前进的方向，偏转后方向位于原方向左侧时，称左偏角 $\alpha_{左}$，位于原方向右侧时称为右偏角 $\alpha_{右}$。在线路测量中，通常是观测线路的右角 β，按下式计算

$$\alpha_{右} = 180° - \beta$$
$$\alpha_{左} = \beta - 180°$$

(11-3)

偏角的观测通常用 DJ_6 经纬仪（或全站仪）测回法观测一个测回，两半测回角度之差误差值一般不超过 $\pm30''$。

根据曲线测设的需要，在右（左）角测定后，要求在不变动水平度盘位置的情况下，定出 β 角的分角线方向，如图 11-12 所示，并钉桩标志，以便将来测设曲线中点时使用。测设角度时，后视方向的水平度盘读数为 b，前视方向的读数为 a，分角线方向的水平度盘读数为 c。因 $\beta=a-b$，则

$$c = b + \frac{\beta}{2} \text{ 或 } c = \frac{a+b}{2}$$

(11-4)

此外，在角度观测后，还须用测距仪或全站仪测定相邻交点间的距离，以供中桩测距人员检核之用。

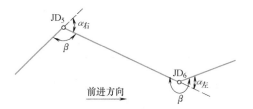

图 11-11　线路的转折角与偏角

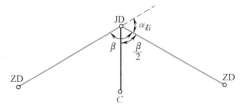

图 11-12　定分角线方向

11.2.4　道路中桩的测设

道路中桩也称为里程桩，从线路的起点开始，需沿线路方向在地面上设置整桩和加桩，这项工作称为中桩测设。在中线交点、转点及转角测定之后，即可进行实地量距、设置里程桩、标定中心线位置。设置里程桩有两重作用，既标定了路线中心线的位置和长度，又是实测线路纵、横断面的依据。中桩测设是在中线丈量的基础上进行的，它是从起点开始，按规定每隔一整数距离设一桩，此为整桩。根据不同的线路，整桩之间的距离也不一样。《工程测量规范》中规定，直线上中桩间距一般不应大于 50m，平曲线上宜为 20m；当地势平坦且曲线半径 R 大于 800m 时，其中桩间距可为 40m。当公路曲线半径 R 为 30~60m，缓和曲线长度为 30~50m 时，其中桩间距不应大于 10m；当曲线半径 R 和缓和曲线长度小于 30m 或用回头曲线时，中桩间距不应大于 5m。在相邻整桩之间线路穿过的重要地物处（如铁路、公路、管道、沟、河等）及地面坡度变化处要增设加桩。因此，加桩又分为地形加桩、地物加桩、关系加桩和曲线加桩等。

1）地形加桩，是指沿中线在地面起伏突变处、横向坡度变化处以及天然河沟处等设置的里程桩。

2）地物加桩，是指沿中线有人工构筑物的地方，如桥梁、涵洞处；路线与其他公路、铁路、渠道、高压线等交叉处；拆迁建筑物处；以及土壤地质变化处加设的里程桩。

3）关系加桩，是指线路上的转点（ZD）桩和交点（JD）桩。

4）曲线加桩，是指曲线上设置的主点桩，如圆曲线起点（简称直圆点 ZY）、圆曲线中点（简称曲中点 QZ）、圆曲线终点（简称圆直点 YZ）等，分别以汉语拼音缩写为代号。我国公路采用汉语拼音的缩写名称见表 11-2。

表 11-2　公路桩位汉语拼音缩写与英文缩写对照

标志名称	简　　写	汉语拼音缩写	英文缩写
交点		JD	IP
转点		ZD	TP
圆曲线起点	直圆点	ZY	BC
圆曲线中点	曲中点	QZ	MC
圆曲线终点	圆直点	YZ	EC
公切点		GQ	CP
第一缓和曲线起点	直缓点	ZH	TS
第一缓和曲线终点	缓圆点	HY	SC
第二缓和曲线起点	圆缓点	YH	CS
第二缓和曲线终点	缓直点	HZ	ST

为了便于计算，线路中桩均按起点到该桩的里程进行编号，并用红油漆写在木桩侧面，如桩号为 0+100，即此桩距起点 100m（"+"号前的数为千米数）。整桩和加桩统称为里程桩，如图 11-13a、b、c 所示。

为提高中桩测设的精度，一般用测距仪或全站仪测量距离，当用钢尺量距时一般要丈量两次，其精度应满足 1/1000。

在钉桩时，对于交点桩、转点桩、距路线起点每隔 500m 处的整桩、重要地物加桩（如桥、隧道位置桩），以及曲线主点桩，都要打下方桩（见图 11-13d），桩顶露出地面约 20cm，在其旁边钉一指示桩（见图 11-13e），指示桩为板桩。交点桩的指示桩应钉在曲线圆心和交点连线外距 20cm 的位置，字面朝向交点。曲线主点的指示桩字面朝向圆心。其余的里程桩一般使用板桩，一半露出地面，以便于书写桩号，桩号字面一律要面向线路起点。

如遇局部地段改线或分段测量，或事后发现丈量或计算错误等，均会造成线路里程桩号不连续，叫断链。桩号重叠的叫长链，桩号间断的叫短链。发生断链时，应在测量成果和有关设计文件中注明，并在实地钉设断链桩，断链桩不要设在曲线内或构筑物上，桩上应注明线路来向、去向的里程和应增减的长度。一般在等号前后分别注明来向、去向里程，如 1+827.43 = 1+900.00，短链 72.57m。

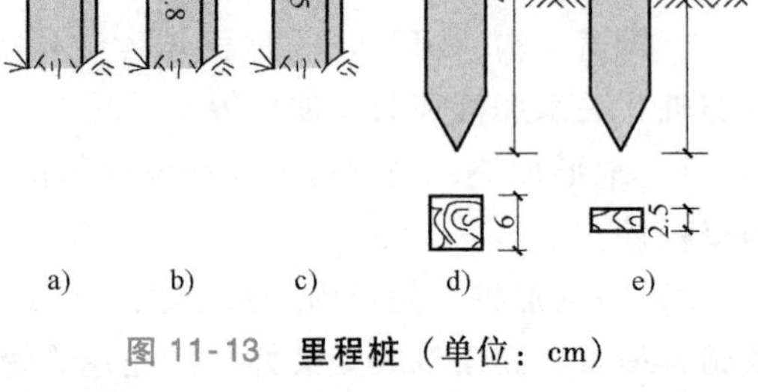

图 11-13　里程桩（单位：cm）

　　道路中桩的测设，除了前面讲的交点及转点的测设以外，还有圆曲线及缓和曲线的主点测设和曲线的详细测设。其详细的坐标计算和测设过程在第 9 章已有介绍，在此不再赘述。

11.3　线路纵、横断面测量

　　线路纵断面测量又称为线路水准测量，它是把线路上各里程桩（即中线桩）的地面高程测出来，绘制成中线纵断面图，供线路纵坡设计、计算中桩填挖高度之用，以解决线路在竖直面上的位置。横断面测量是测定各中心桩两侧垂直于路线中心线的地面高程，绘制横断面图，供路基设计、土石方量计算及施工放样边桩用。

11.3.1　线路纵断面测量

　　为了提高测量精度和便于成果检查，线路水准测量一般分两步进行：首先在线路中线附近设置水准点，建立高程控制网，称为基平测量；其次是根据各水准点高程，分段进行中桩水准测量，称为中平测量。基平测量的精度要求比中平高，一般按四等水准测量的方法及精度实测；中平测量只作单程观测，按普通水准测量的精度并以附合水准路线的方法实测。

　　1. 基平测量

　　水准点是线路高程测量的控制点，在勘测阶段、施工阶段甚至在竣工后的很长一段时期内都要使用，因此，应在地基稳固、易于引测以及施工时不易被破坏的地方设置。

　　水准点分永久性和临时性两种。永久性水准点布设密度应视工程需要确定，在线路起点和终点、大桥两岸、隧道两端，以及需要长期观测高程的重点工程附近均应布设。永久性水准点要埋设标石，也可以在永久性建筑物上或用金属标志嵌在岩石上。临时性水准点的布设密度，根据地形复杂程度和工程需要确定。在重丘陵和山区，每隔 0.5~1.0km 设置一个，在平原和微丘地区，每隔 1~2km 埋设一个。此外，在中、小桥、涵洞以及停车场等工程集中的地段均应设点。

　　基平测量时，应将起始水准点与附近国家水准点进行联测，以获得绝对高程。沿线水准测量时，也应尽可能与附近国家水准点联测，以获得更多的检核条件。若线路附近没有国家水准点或引测有困难时，可在地形图上量得一个高程，作为起始水准点的假定高程。

　　水准点的高程测量，一般采用一台水准仪在水准点间作往返观测，也可使用两台水准仪作单程观测，精度按四等水准的要求。其往返观测或双仪单程观测所得高差的不符值，其限差可按下式计算

$$f_{h允} = \pm 30\sqrt{L} \tag{11-5}$$

或

$$f_{h允} = \pm 9\sqrt{n} \tag{11-6}$$

对于桥头水准点

$$f_{h允} = \pm 20\sqrt{L} \tag{11-7}$$

或

$$f_{h允} = \pm 6\sqrt{n} \tag{11-8}$$

式中，n 为测站数；L 为两水准点之间的距离；$f_{h允}$ 单位均为 mm。

　　2. 中平测量

　　中平测量也就是线路纵断面测量或叫中桩测量，是以相邻的两个水准点为一测段，从一

水准点开始，逐点测定各中桩的地面高程，闭合于下一个水准点上。中平水准测量的精度要求，一般将测段高差 $\Delta h_{中}$ 与两端水准点高差 $\Delta h_{基}$ 之差的限差定为 $\pm 50\sqrt{L}$。

测量时，将水准仪置于测站上，首先读取后、前两转点（TP）的尺上读数，再读取两转点间所有中桩地面点的尺上读数，这些中桩点称为中间点，中间点的立尺由后视点立尺人员完成。

由于转点起到传递高程的作用，因此转点尺应立在尺垫、稳固的桩顶或坚石上，读数读到毫米，视线长一般不应超过120m。中间点尺上读数读到厘米（高速公路测量规定读到毫米），要求尺子立在紧靠桩边的地面上。

当线路跨越河流时，还需要测出河床断面、洪水水位和常水位高程，并注明年、月、日，以便为桥梁设计提供资料。

如图11-14所示，将水准仪置于①站，后视水准点BM.1，前视转点TP.1，将读数记录于表11-3中"后视"、"前视"栏内，然后观测BM.1与TP.1间的各个中桩，将后视点BM.1上的水准尺依次立于0+000，0+050，…，0+140等各中桩地面上，将读数分别记入"中（间）视"栏。仪器搬至②站，后视转点TP.1，前视转点TP.2，然后观测各中桩地面点。用同法继续向前观测，直至附合到水准点BM.2，完成一测段的观测工作。

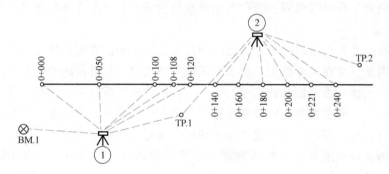

图 11-14　中平测量

表 11-3　路线纵断面水准（中平）测量记录

| 测站 | 点号 | 水准尺读数/m | | | 视线高程/m | 高程/m | 备注 |
		后视	中视	前视			
1	BM.1	2.191			14.505	12.314	（12.314m）
	0+000		1.62			12.89	
	+050		1.90			12.61	
	+100		0.62			13.89	
	+108		1.03			13.48	ZY.1
	+120		0.91			13.60	
	TP.1			1.006		13.499	
2	TP.1	2.162			15.661	13.499	
	+140		0.50			15.16	
	+160		0.52			15.14	
	+180		0.82			14.84	
	+200		1.20			14.46	QZ.1
	+221		1.01			14.65	
	+240		1.06			14.60	
	TP.2			1.521		14.140	

（续）

测站	点号	水准尺读数/m			视线高程/m	高程/m	备注
		后视	中视	前视			
3	TP. 2	1.421			15.561	14.140	
	+260		1.48			14.08	
	+280		1.55			14.01	
	+300		1.56			14.00	
	+320		1.57			13.99	
	+335		1.77			13.79	YZ.1
	+350		1.97			13.59	
	TP. 3			1.388		14.173	
4	TP. 3	1.724	1.58		15.897	14.173	
	+384		1.53			14.32	
	+391		1.57			14.37	JD.2
	+400					14.33	
	BM. 2			1.281		14.616	(14.618m)

每一站的各项计算依次按下列公式进行

视线高程＝后视点高程＋后视读数

中桩高程＝视线高程－中视读数

转点高程＝视线高程－前视读数

各站记录后应立即计算各点高程，直至下一个水准点为止。当计算的高差闭合差符合要求时，不进行闭合差的调整，即以原计算的各中桩点地面高程作为绘制纵断面图的数据。否则，应予重测。

3. 绘制纵断面图与施工量计算

纵断面图既可表示中线方向的地面起伏，又可在其上进行纵坡设计，是线路设计和施工的重要资料。纵断面图是在以中线桩的里程为横坐标、以其高程为纵坐标建立的直角坐标系中绘制的。为了明显地表示地面起伏，一般高程比例尺比里程比例尺大10倍或20倍。高程按比例尺注记，但要参考其他中线桩的地面高程确定原点高程（如图中0+000桩号的地面高程）在图上的位置，使绘出的地面线处在图上适当位置。纵断面图一般自左至右绘制在透明毫米方格纸的背面，这样可以防止用橡皮修改时把方格擦掉。

图11-15所示是道路工程的纵断面图。图的上半部，从左至右绘有两条贯穿全图的线，一条是细的折线，表示中线方向的实际地面线，是根据桩间的距离和中桩高程按比例绘制的；另一条是粗线，表示带有竖曲线在内的纵坡设计线，是纵坡设计时绘制的。此外，上部还注有以下资料：水准点位置、编号和高程；竖曲线示意图及其曲线元素；桥涵的类型、孔径、跨度、长度、里程桩号和设计水位；涵洞的类型、孔径和里程桩号；与其他线路工程交叉点的位置、里程桩号和有关说明等。图的下部表格，注记以下有关测量和纵坡设计的资料：在图纸左面自下而上各栏填写线型（直线和曲线）、桩号、填挖土深度、地面高程、设计高程、坡度和距离等。在桩号一栏中，自左至右按规定的里程比例尺注上各中线桩的桩号；在地面高程一栏中，注上对应于各中线桩桩号的地面高程，并在纵断面图上按各中线桩的地面高程依次点出其相应位置，用细折线连接各相邻点，即得中线方向的地面线。在线型（直线和曲线）一栏中，按里程桩号标明线路的直线部分和曲线部分。曲线部分用直角折线表示，上凸表示线路右偏，下凹表示线路左偏，并注明交点编号及其桩号，注明 α、R、T、

L、E 等曲线参数。在上部地面线部分根据实际工程的专业要求进行纵坡设计。设计时，一般要考虑施工时土石方工程量最小，填、挖方尽量平衡，小于限制坡度，以及线路工程有关的专业技术规定等。在坡度和距离一栏内，分别用斜线或水平线表示设计坡度的方向，线的上方注记坡度数值（按百分点注记）、下方注记坡长，水平线表示平坡。不同的坡度以竖线分开。某段的设计坡度值按下式计算

$$i_{设计} = 100(H_{终设} - H_{起设})/D_{终起} \tag{11-9}$$

在设计高程一栏内，填写相应中线桩处的路基设计高程。某点 A 的设计高程按下式计算

$$H_{设计} = H_{起点} + i_{设计} \times D_{起-A} \tag{11-10}$$

在填挖土深度一栏内，按下式进行施工量的填挖土深度计算

$$h = H_{地面} - H_{设计} \tag{11-11}$$

由式（11-11）求得施工量的填挖土深度，正值为挖土深度，负值为填土深度。地面线与设计线相交的点为不填不挖处，称为"零点"。零点也给以桩号，可由图上直接量得，以供施工放样时使用。

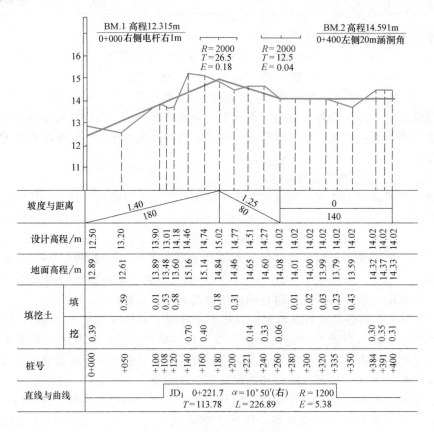

图 11-15　路线设计纵断面图

11.3.2　线路横断面测量

横断面测量，就是测定中桩两侧垂直于中线方向地面变坡点间的距离和高差，并绘制成横断面图，供路基、边坡、特殊构造物的设计、土石方计算和施工放样之用。横断面测量的

宽度，应根据中桩填挖高度、边坡大小及有关工程的特殊要求确定，一般自中线两侧各测 10~50m。除每个中桩均应施测外，在大、中桥头，隧道口，挡土墙等重点工程地段，可根据需要加密。《工程测量规范》规定横断面测量的限差见表 11-4。

表 11-4　横断面测量的限差

线 路 名 称	距 离	高 程
铁路、汽车专用路	$\left(\dfrac{l}{100}+0.1\text{m}\right)$	$\left(\dfrac{h}{100}+\dfrac{l}{200}+0.1\text{m}\right)$
一般公路	$\left(\dfrac{l}{50}+0.1\text{m}\right)$	$\left(\dfrac{h}{50}+\dfrac{l}{100}+0.1\text{m}\right)$

注：1. l 为测点至线路中桩的水平距离（m）。

　　2. h 为测点至线路中桩的高差（m）。

1. 横断面方向的确定

横断面的方向，可用方向架、经纬仪、全站仪等辅助工具或仪器测定。

（1）直线段的横断面方向　直线路段的横断面方向指垂直于中心线的方向。故要确定横断面的方向，首先要标定出道路中心线，一般用两个中桩标定，然后在此方向上再找出垂直方向，这种方法称直接法。另外一种方法是由横断面中桩的坐标，计算边桩的坐标，外业放样中桩和边桩点，这两点连线方向即为横断面方向，这种方法称间接法。

1）直接法。直接法是利用方向架或经纬仪或全站仪测得。图 11-16 所示为方向架。将方向架立于要测定的横断面中桩上，瞄准中线上另一个中桩，则在此方向上增加或减少 90°的方向即为横断面的方向，如图 11-17 所示。

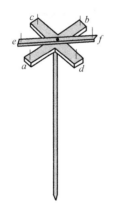

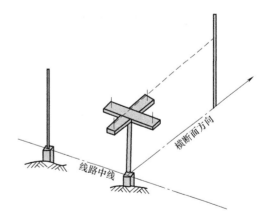

图 11-16　带活动定向杆的方向架　　　　图 11-17　用方向架确定直线横断面方向

将经纬仪或全站仪安置在要测定的横断面的中桩上，瞄准中线上另一个中桩，则在此方向上拨加或减 90°的方向即为横断面的方向。

2）间接法。间接法是利用全站仪来完成的。

内业：根据直线方位角 α，计算某断面方位角 $\alpha_1 = \alpha \pm 90°$，在中线左或右侧取一定距离 L（或为半幅路宽度），计算坐标值 $\Delta x = L\cos\alpha_1$，$\Delta y = L\sin\alpha_1$，由中线一点坐标（x_0，y_0），推算边桩坐标 $x_1 = x_0 + \Delta x$，$y_1 = y_0 + \Delta y$。

外业：由两已知导线点，一点安置全站仪，一点作为后视点，放样 (x_0, y_0) 及 (x_1, y_1) 两点，这两点连线，即为横断面的方向。

（2）圆曲线段的横断面方向　当线路的中线为圆曲线段时，其横断面方向是中桩点切线的垂直方向或中桩点与圆心的连线方向。

1）直接法。直接法是利用方向架或经纬仪测得。用方向架测定圆曲线段各点横断面方向的方法如图 11-18 所示。将方向架立于圆曲线的起点 ZY 点，用固定定向杆 ab 瞄准切线方向，则另一固定定向杆 cd 所指方向为 ZY 点的圆心方向。然后，用活动定向杆 ef 瞄准圆曲线上另一桩点 P_1，固紧定向杆 ef。将方向架移至 P_1 点，用 cd 瞄准 ZY 点，可得 ef 方向即为 P_1 点的横断面方向。

用经纬仪测定圆曲线段各点横断面方向的方法如图 11-19 所示。将经纬仪置于要测定的中桩 A 点，确定切线方向，再定横断面方向。

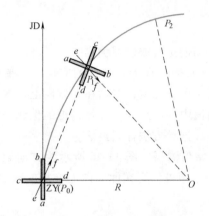

图 11-18　方向架法确定圆曲线段横断面方向

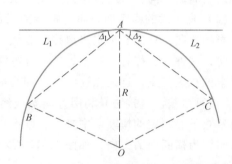

图 11-19　经纬仪法确定圆曲线段横断面方向

内业：取前（或后）面相邻点 B（C）点弧长 $L_1(L_2)$，计算弦切角 $\Delta_1(\Delta_2)$，公式如下

$$\Delta = \frac{L}{2R}\rho \tag{11-12}$$

外业：置仪器于 A 点，后视 B（C）点，转动仪器 Δ 角度得 A 点切线方向，与其垂直的方向即为横断面方向（或直接测定 90°−Δ 方向，即为 A 点横断面方向）。

2）间接法。间接法是通过计算中桩坐标和边桩坐标（一般为路基边缘）或圆心坐标，用全站仪按直接放样法，确定横断面的方向。

（3）缓和曲线路段的横断面方向　缓和曲线采用回旋线，中桩横断面方向即为缓和曲线上某点与通过该点的曲率圆的圆心的连线方向，也就是该点的曲率圆在该点切线的垂直方向。

1）直接法。如图 11-20 所示，由缓和曲线关系可知

$$\Delta_1 = \frac{1}{3}\beta \qquad \Delta_2 = \frac{2}{3}\beta \tag{11-13}$$

式中，$\beta = \frac{L}{2R}\frac{180}{\pi}$；L 为 ZH～A 弧长。

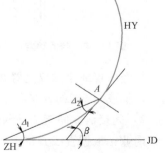

图 11-20　缓和曲线路段的横断面方向的确定

放样：首先将经纬仪置于 ZH 点上，测出 A 点偏角 Δ_1，再将仪器搬至 A 点，以 $\Delta_2 = 2\Delta_1$ 的度盘值方向瞄准 ZH 点，得切线 L 方向，与其成 90° 方向即为 A 点横断面方向。当曲线左偏时，逆时针转动 Δ_2 角值得 A 点切线方向，转动 90°（或 270°）得横断面方向，或顺时针转动 90°-Δ_2 角值直接得横断面方向；当曲线右偏时，与上述方向相反转动仪器得到待测点横断面方向。

2）间接法。间接法利用前面讲述的计算方法，计算中桩和边桩的坐标，用全站仪直接放样中桩及对应的边桩，其两点的连线，即为过此中桩的横断面方向。

2. 横断面的测量方法

（1）标杆皮尺法　将标杆依次立于横断面方向上选定的变坡点处，皮尺自中桩拉平量出至各变坡点的距离，皮尺截于标杆的高度即为两点间的高差。记录表格见表 11-5，表中按路线前进的方向分左侧和右侧，分数中分母表示测段水平距离，分子表示测段两端点的高差。高差为正号表示升坡，负号表示降坡。

表 11-5　**标杆皮尺法测横断面记录**

左侧/m				桩号	右侧/m			
$\dfrac{+1.80}{6.1}$	$\dfrac{+0.65}{5.2}$	$\dfrac{-0.50}{3.3}$	$\dfrac{-1.95}{2.9}$	3+600	$\dfrac{+1.05}{4.2}$	$\dfrac{+2.15}{6.7}$	$\dfrac{+0.95}{7.3}$	$\dfrac{+0.50}{2.1}$
	$\dfrac{+1.65}{9.2}$	$\dfrac{-0.20}{6.2}$	$\dfrac{-0.90}{4.9}$	3+400	$\dfrac{+0.60}{8.1}$	$\dfrac{+1.05}{5.5}$	$\dfrac{-0.30}{7.4}$	

（2）水准仪法　当横断面精度要求较高，横断面方向高差变化不大时，多采用此法。施测时用钢尺（或皮尺）量距，用水准仪后视中桩标尺，求得视线高程后，再前视横断面方向上坡度变化点上的标尺。视线高程减去各前视点读数即得各测点高程。记录表格见表 11-6。

（3）经纬仪或全站仪法　在地形复杂、横坡较陡的地段，可利用经纬仪或全站仪，直接定出横断面的方向和横断面上各变坡点与中桩点之间的水平距离和高差。

表 11-6　**水准仪法测横断面记录**

前视读数 距离/m		（左侧）	后视读数 桩号	（右侧）		前视读数 距离/m
$\dfrac{+2.48}{20.00}$	$\dfrac{1.17}{11.8}$	$\dfrac{1.52}{6.6}$	$\dfrac{1.68}{0+200}$	$\dfrac{0.78}{11.1}$	$\dfrac{+0.45}{20.5}$	$\dfrac{0.83}{24.8}$

3. 横断面图的绘制

根据横断面测量成果，对距离和高程取统一比例尺（通常取 1:100 或 1:200），在毫米方格纸上绘制横断面图，如图 11-21 所示。目前公路测量中，一般都是在野外边测边绘，便于及时对横断面图进行检核，也可按表 11-5、表 11-6 形式在野外记录、室内绘制。绘图时，先在图纸上定好中桩位置，由中桩开始，分左、右两侧逐一按各测点间的距离和高程点绘于图纸上，并用直线连接相邻各点即得横断面地面线。图 11-21 所示为经横断面设计后，在地面线上、下绘有标准路基横断面的图形。

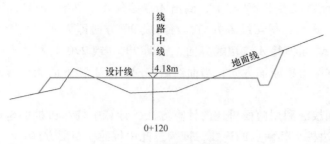

图 11-21　路基横断面图

11.4　道路施工测量

道路施工测量的主要工作有：中线恢复测量、施工控制桩的测设、道路纵坡的测设、路基边桩测设、路基边坡测设、竖曲线的测设及路面测设等。

11.4.1　施工控制桩的测设

从线路勘测到开始施工这段时间里，往往有一部分桩点被碰动或丢失。为了保证线路中线位置的准确可靠，在线路施工测量中，首要的任务就是恢复线路中线，即把丢失损坏的中桩恢复起来，以满足施工的需要。在有些地方，当交点桩、转点桩损坏时，为了恢复中桩的需要，应先恢复交点桩及转点桩。恢复线路中线的测量方法与中线测量相同。

在施工开挖过程中，线路中桩将要被挖掉，为了在施工中能控制中线位置，需在不受施工破坏干扰、便于保存引用的地方，测设施工控制桩。测设施工控制桩的方法通常有平行线法和延长线法两种。

1. 平行线法

平行线法是在路基以外距线路中线等距离处分别测设两排平行于中线的施工控制桩，如图 11-22 所示。平行线法通常用于地势平坦、直线段较长的线路。为了便于施工，控制桩的间距一般为 10~30m。

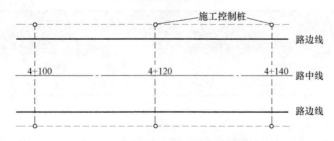

图 11-22　平行线法测设道路施工控制桩

2. 延长线法

延长线法主要用于控制 JD 桩的位置。如图 11-23 所示，此法是在道路转弯处的中线延长线上，以及曲线中点 QZ 至交点 JD 的延长线上，分别设置施工控制桩。延长线法通常用于地势起伏较大、直线段较短的山区道路。为便于交点损坏后的恢复，应量出各控制桩至交点的距离。

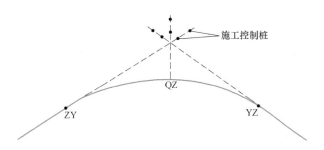

图 11-23　**延长线法测设道路施工控制桩**

11.4.2　线路纵坡的测设

通常，道路要根据地面的实际情况设计成一定的坡度。对于直线段的线路纵坡，可以按第 9 章所讲测设设计坡度的方法进行测设。对于曲线段的线路纵坡，可以先根据道路里程及设计坡度，计算出各点的高程，然后测设高程，即得线路纵坡。

11.4.3　竖曲线测设

竖曲线是在道路纵坡的变化处竖向设置的曲线，它是道路建设中在竖直面上连接相邻不同坡度的曲线。线路的纵断面是由不同数值的坡度线相连形成的，为了行车安全，当相邻坡度值的代数差超过一定数值时，必须以竖曲线连接，使坡度逐渐改变。

竖曲线可分为凸形竖曲线和凹形竖曲线，其线型通常为圆曲线，如图 11-24 所示。竖曲线测设时，应根据线路纵断面设计中所设计的竖曲线半径 R 和相邻的坡度 i_1、i_2 来计算测设数据。如图 11-25 所示，竖曲线的测设元素有切线长 T、曲线长 L 和外矢距 E，计算公式如下

$$\left. \begin{aligned} T &= R\tan\frac{\alpha}{2} \\ L &= R\frac{\alpha}{\rho} = R\alpha° \frac{\pi}{180°} \\ E &= R\sec\frac{\alpha}{2} - R = R\left(\sec\frac{\alpha}{2} - 1\right) \end{aligned} \right\} \tag{11-14}$$

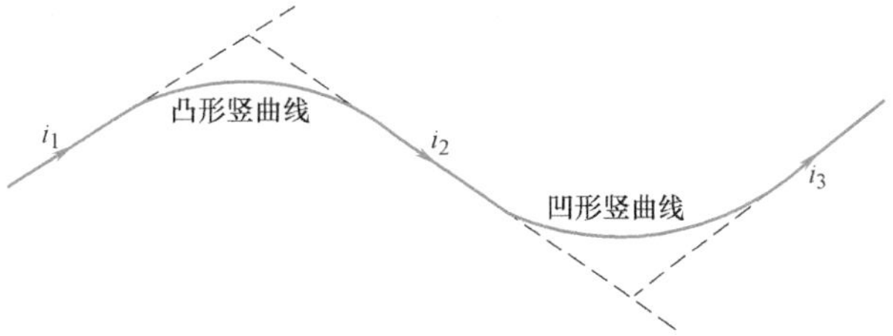

图 11-24　**竖曲线**

竖曲线的坡度转向角 α 很小，$\alpha \approx (i_1 - i_2)\rho$，因此竖曲线的各元素可用下列近似公式求解

$$
\left.
\begin{array}{l}
T=\dfrac{R}{2}(i_1-i_2) \\[2mm]
L=R(i_1-i_2) \\[2mm]
E=\dfrac{T^2}{2R}
\end{array}
\right\}
\qquad (11\text{-}15)
$$

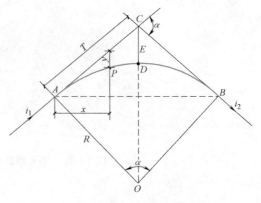

图 11-25　**竖曲线的测设元素**

在测设竖曲线细部点时，通常按直角坐标法计算出竖曲线上某细部点 P 至竖曲线起点或终点的水平距离 x，以及该细部点至切线的纵距 y（也称高程改正值）。由于 α 较小，所以 x 值至竖曲线起点或终点的曲线长度很接近，故可用其代替，而 y 值可按下式计算

$$
y=\frac{x^2}{2R} \qquad (11\text{-}16)
$$

求出 y 值后，即可根据设计坡道的坡度，计算得切线坡道在 P 点处的坡道高程，则竖曲线上各点的设计高程可用下式计算
在凸形竖曲线内

$$
设计高程 = 坡道高程 - y \qquad (11\text{-}17)
$$

在凹形竖曲线内

$$
设计高程 = 坡道高程 + y \qquad (11\text{-}18)
$$

【例 11-1】　某凸形竖曲线，$i_1=1.60\%$，$i_2=-1.35\%$，变坡点桩号为 3+150，其设计高程为 18.20m，竖曲线半径 $R=2000$m，试求竖曲线测设元素以及起、终点的桩号和高程、曲线上每 10m 间距整桩的设计高程。

竖曲线测设元素为

$$
T=\frac{2000}{2}\times(1.60\%+1.35\%)\mathrm{m}=29.5\mathrm{m}
$$

$$
L=2000\times(1.60\%+1.35\%)\mathrm{m}=59.0\mathrm{m}
$$

$$
E=\frac{29.5^2}{2\times2000}\mathrm{m}=0.22\mathrm{m}
$$

竖曲线起点桩号为　　　　　　3+(150-29.5)=3+120.5
竖曲线终点桩号为　　　　　　3+(150+29.5)=3+179.5
起点高程为　　　　　　18.20m-29.5×1.60%m=17.73m
终点高程为　　　　　　18.20m-29.5×1.35%m=17.80m
竖曲线上细部点的设计高程计算结果见表 11-7。

11.4.4　路基边桩的测设

测设路基边桩就是在地面上将每一个横断面的道路边坡线与地面的交点用木桩标定出

表 11-7　**竖曲线桩点高程计算**

桩　号	各桩点至起点或终点距离 x/m	纵距 y/m	坡道高程/m	竖曲线高程/m	备　注
3+120.5	0.0	0.00	17.73	17.73	起点
3+130	9.5	0.02	17.88	17.86	$i_1 = 1.60\%$
3+140	19.5	0.10	18.04	17.94	变坡点
3+150	29.5	0.22	18.20	17.98	
3+179.5	0.0	0.00	17.80	17.80	终点
3+170	9.5	0.02	17.93	17.91	$i_2 = -1.35\%$
3+160	19.5	0.10	18.06	17.96	变坡点
3+150	29.5	0.22	18.20	17.98	

来。边桩的位置由两侧边桩至中桩的水平距离确定。常用的边桩放样方法如下：

1. 图解法

就是直接在横断面图上量取中桩至边桩的平距，然后在实地用钢尺沿横断面方向将边桩丈量并标定出来。在填挖土石方不大时，使用此法较多。

2. 解析法

就是根据路基填挖高度、边坡率、路基宽度和横断面地形情况，先计算出路基中心桩至边桩的距离，然后在实地沿横断面方向按距离将边桩放出来。具体方法按下述两种情况进行：

（1）平坦地段的边桩放样　图 11-26 所示为填土路基，坡脚桩至中桩的距离 D 应为

$$D = \frac{B}{2} + mH \qquad (11\text{-}19)$$

图 11-27 所示为挖方路堑，坡顶桩至中桩的距离 D 为

$$D = \frac{B}{2} + s + mH \qquad (11\text{-}20)$$

式中，B 为路基宽度；m 为边坡率；H 为填挖高度；s 为路堑边沟顶宽。

以上是断面位于直线段时求算 D 值的方法。若断面位于弯道上有加宽时，按上述方法求出 D 值后，还应在加宽一侧的 D 值中加上加宽值。

沿横断面方向放出求得的坡脚（或坡顶）至中桩的距离，定出路基边坡。

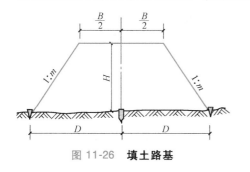

图 11-26　**填土路基**

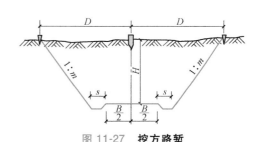

图 11-27　**挖方路堑**

（2）倾斜地段的边坡放样　在倾斜地段，边桩至中桩的平距随着地面坡度的变化而变化。如图 11-28 所示，路基坡脚桩至中桩的距离 $D_上$、$D_下$ 分别为

$$\begin{cases} D_{\pm} = \dfrac{B}{2} + m(H - h_{\pm}) \\[3mm] D_{\mp} = \dfrac{B}{2} + m(H - h_{\mp}) \end{cases} \tag{11-21}$$

如图 11-29 所示，路堑坡顶至中桩的距离 $D_{\pm}$、$D_{\mp}$ 分别为

$$\begin{cases} D_{\pm} = \dfrac{B}{2} + s + m(H - h_{\pm}) \\[3mm] D_{\mp} = \dfrac{B}{2} + s + m(H - h_{\mp}) \end{cases} \tag{11-22}$$

式中，$h_{\pm}$、$h_{\mp}$ 分别为上、下侧坡脚（或坡顶）至中桩的高差。

在式（11-21）、式（11-22）中，B、s 和 m 为已知，故 $D_{\pm}$、$D_{\mp}$ 随 $h_{\pm}$、$h_{\mp}$ 变化而变化。由于边桩未定，所以 $h_{\pm}$、$h_{\mp}$ 均为未知数。实际工作中，采用"逐点趋近法"，在现场边测边标定。如果结合图解法，则更为简便。

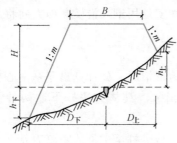

图 11-28　斜坡上路堤

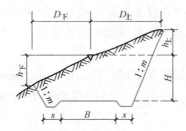

图 11-29　斜坡上路堑

11.4.5　路基边坡的测设

在测设出边桩后，为了保证填、挖的边坡达到设计要求，还应把设计的边坡在实地标定出来，以方便施工。

1. 用竹竿、绳索放样边坡

如图 11-30 所示，O 为中桩，A、B 为边桩，CD 为路基宽度。放样时在 C、D 处竖立竹竿，于高度等于中桩填土高度 H 的 C'、D' 两点处用绳索连接，同时从 C'、D' 点处用绳索连接到边桩 A、B 上。

当路堤填土不高时，可一次挂线。当填土较高时，可分层挂线，如图 11-31 所示。

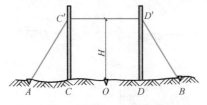

图 11-30　用竹竿、绳索放样边坡

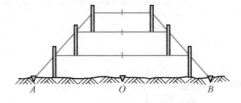

图 11-31　分层挂线放样边坡

2. 用边坡样板放样边坡

施工前按照设计边坡制作好边坡样板，施工时，按照边坡样板进行放样。

（1）用活动边坡尺放样边坡　如图 11-32 所示，当水准器气泡居中时，边坡尺的斜边指

示的坡度正好为设计边坡坡度，可依此来指示与检核路堤的填筑和路堑的开挖。

（2）用固定边坡样板放样边坡　如图 11-33 所示，在开挖路堑时，于坡顶桩外侧按设计坡度设立固定样板，施工时可随时指示并检核开挖和修筑情况。

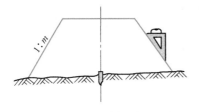

图 11-32　**活动坡板放样边坡**

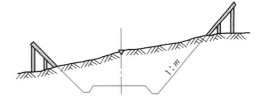

图 11-33　**固定样板放样边坡**

11.5　管道工程测量

管道工程包括给水、排水、煤气、暖气、灌溉、输油、输天然气管道及电缆、光缆等。管道工程测量的主要内容包括中线测量、纵横断面测量、施工测量等。

11.5.1　管道中线测量

中线测量的任务是将设计的管道中心线的位置在地面上测设出来。中线测量包括：管线交点桩、转点桩测设，线路转折角测量，里程桩的标定等。

1. 测设交点桩、转点桩和转折角

如图 11-34 所示，根据地面已有导线点 1、2、3、4、5 及管道起点 A、终点 E、和转折点 B、C、D 的设计坐标，用极坐标法、方向交会法或距离交会法定出其平面位置。

当管道规划设计图的比例尺较大，而且管道主点附近有明显可靠地物时，可采用图解法求得放样数据。如图 11-35 所示，AB 是原有管道，Ⅰ、Ⅱ、Ⅲ点是设计管道主点，一般用距离交会法或直角坐标法测设。例如，用距离交会法，可在图上量出交会的距离 a、b 等，然后在实地根据图上量得的数据进行放样。

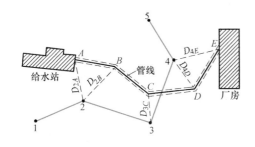

图 11-34　**按导线点测设管道转折点**

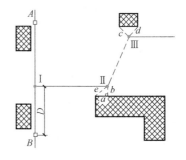

图 11-35　**按建筑物测设管道转折点**

钉好交点桩以后，接下来用钢尺丈量交点之间的距离和测量交点的转折角，并尽可能与附近的测量控制点进行连接，以便构成附合导线的形式，以检查中线测量成果和计算各交点的坐标。

交点测设完成后，在交点上安置经纬仪或全站仪，后视附近的两个交点（或附近的两

个转点），观测交点的转折角。转折角通常用 DJ$_6$ 经纬仪（或全站仪）测回法观测一个测回，两个半测回角度之差一般不超过 ±40″。

2. 钉设里程桩

当管道中心线在实地确定以后，还要测量管线长度和测绘纵、横断面图。沿管道中心线，自起点每 50m 钉一里程桩，在 50m 之间地势变化处要钉设加桩。在新建管线与旧管线、道路、桥涵、房屋等交叉处也要钉设加桩，图 11-36 所示是里程桩草图。

里程桩一般规定起点桩号为 0+000（"+" 号前的数表示千米数，"+" 号后为米数），以后每 50m 钉一桩，自起点开始每隔 500m 处应钉大木桩。里程桩号要用红油漆写在木桩侧面或附近建筑物上，字面朝向管线起始方向。

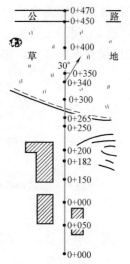

图 11-36　管线里程桩草图

11.5.2 管道纵横断面测量

1. 纵断面测量

纵断面测量的目的是根据管线中心线测得的桩点高程和桩号绘制成纵断面图。纵断面图表示沿管道中心线地面的高低起伏和坡度陡缓情况，是作为设计管道埋深、坡度和计算土方量的主要依据。

为了保证管道全线的高程测量精度，应先沿线布设足够的水准点。一般每隔 1~2km 有一永久水准点，作为全线高程的主要控制点，中间每隔 300~500m 还要设立临时水准点，作为纵断面测量分段闭合和施工时引测高程的依据。

水准点的高程，应按四等水准测量的精度要求进行测量。

水准点布设以后，即可根据附近水准点的高程，用附合水准路线的形式测出中心线上各里程桩和加桩处的地面高程。纵断面测量中，由于中线上里程桩和加桩较多且间距较小，因此，为了在保证精度的条件下提高观测速度，一般在每一测站上，除测出转点的前、后视读数外，还同时测出两转点之间所有里程桩和加桩处的前视读数，以求其地面高程。这些只为求其自身高程而仅有前视读数的点，称为中间点。由于不用中间点的高程去推算其他各点的高程，因此，中间点上的前视读数只读到厘米已满足工程要求，但是转点上的前、后视读数仍需读至毫米。

纵断面测量按水准点的分布情况分段施测，一段观测完毕后，进行检核计算。按普通水准测量要求，允许的高差闭合差（mm）为 $±40\sqrt{L}$（L 为该段水准路线长度，以千米计）或 $±12\sqrt{n}$（n 为测站数）。纵断面水准测量的方法及记录形式，同线路纵断面测量。

2. 纵断面图的绘制

绘制纵断面图时，以水平距离为横坐标，高程为纵坐标，按规定的比例尺将外业测得的各桩点绘在透明毫米方格纸上。为了更明显地表示地面的起伏，一般纵断面图的高程比例尺比水平距离比例尺大 10 倍或 20 倍。如水平比例尺用 1∶1000 时，则高程比例尺用 1∶100 或 1∶50。纵断面图用于设计管道的纵向坡度及埋设深度。管道纵断面图的绘制与线路纵断面图的绘制相似，可参考其绘制方法。

3. 横断面测量及横断面图绘制

横断面测量是测定各里程桩整桩和加桩处的中线两侧地面上地形变化点至管道中心线的

距离和高差，然后绘制成横断面图。横断面图表示了垂直于管道方向的地面起伏情况。绘制时以中线上的里程桩为坐标原点，以水平距离为横坐标，以与中线桩的高差为纵坐标，以纵、横相同的比例尺将各地面特征点绘在透明的毫米方格纸上。绘图比例尺一般用 1∶100。

　　根据纵断面图上的管线埋深和纵坡设计以及横断面上的中线两侧地形起伏，可以计算出管线施工时的土方量。

11.5.3　管道施工测量

　　管道工程属于地下工程。在较大的城镇及工矿企业中，各种管道常相互上下穿插，纵横交错，管道与管道之间联结成纵横交错的管道网。因此在施工过程中，要严格按设计要求进行测量，并做到"步步有检核"，确保施工质量。各种管道有着各种不同的测设精度要求。一般来讲，管道的测设精度取决于工程性质、所在位置和施工方法等因素。例如，厂区内部管道比外部管道测量精度要求高；无压力管道（如排水管道）比有压力管道（如给水管道）测量精度要求高；不开槽施工比开槽施工测量精度要求高。因此，要保证管内流体畅通无阻，其精度和坡度的测量精度必须满足设计要求。

　　管道施工测量的主要任务是根据工程进度的要求，为施工测设各种基准标志，以便在施工中能随时掌握中线方向和高程位置。

1. 施工前的测量工作

　　（1）熟悉图纸和现场情况　施工前，要认真研究图纸，了解设计意图及工程进度安排。到现场找到各交点桩、转点桩、里程桩及水准点位置。

　　（2）校核中线并测设施工控制桩　中线测量时所钉各桩，在施工过程中会丢失或被破坏一部分。为保证中线位置准确可靠，应根据设计及测量数据进行复核，并补齐已丢失的桩。

　　在施工时由于中线上各桩要被挖掉，为了便于恢复中线和其他附属构筑物的位置，应在不受施工干扰、引测方便和易于保存桩位处设置施工控制桩。施工控制桩有中线控制桩和井位控制桩等，如图 11-37 所示。

　　（3）加密控制点　为便于施工过程中引测高程，应根据原有水准点，在沿线附近每隔 150m 增设一个临时水准点。

　　（4）槽口放线　槽口放线就是按设计要求的管线埋深和土质情况、管径大小等计算出开槽宽度，并在地面上定出槽边线位置，撒出白灰线，以便开挖施工，如图 11-38 所示。

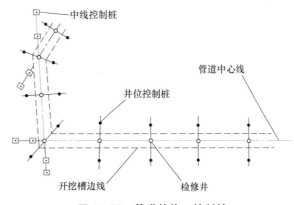

图 11-37　**管道的施工控制桩**

2. 开槽管道施工测量

　　（1）设置坡度板及测设中线钉　管道施工中的测量工作主要是控制管道中线设计位置和管底设计高程。为此，需要设置坡度板。如图 11-39 所示，坡度板跨槽设置，间隔一般为10~20m，编以板号。根据中线控制桩，用经纬仪或全站仪把管道中心线投测到坡度板上，

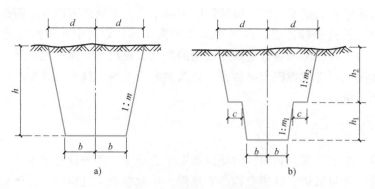

图 11-38　地面平坦时的槽口宽度

用小钉作标记，称为中线钉，以控制管道中心线的平面位置。

（2）测设坡度钉　为了控制沟槽的开挖深度和管道的设计高程，还需要在坡度板上测设设计坡度。为此，在坡度横板上设置一坡度立板，一侧对齐中心线；在立板上测设一条高程线，其高程与管底设计高程相差一整分米数，称为下反数，在该高程线上横向钉一小钉，称为坡度钉，以控制沟底挖土深度和管道的埋设深度。如图 11-39 所示，用水准仪测得桩号为 0+100 处的坡度板中线处的板顶高程为 45.292m，管底的设计高程为 42.800m，从坡度板顶向下量 2.492m，即为管底高

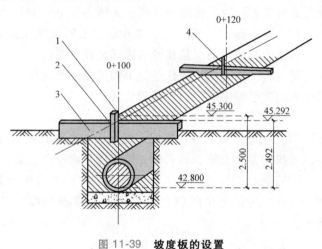

图 11-39　坡度板的设置

1—坡度钉　2—坡度立板　3—坡度横板　4—中线钉

程。为了使下反数为一整分米数，坡度立板上的坡度顶应高于坡度板顶 0.008m，使其高程为 45.300m。这样，由坡度钉向下量 2.5m，即为设计的管底高程。

3. 顶管施工测量

前面讲的是开槽的管道施工测量，当地下管道穿越铁路、道路或重要建筑物等，由于不能或不允许开槽施工，这时就常采用顶管施工法。施工中管道的左右方向、高程和坡度都由测量工作来控制。在顶管施工中要做的测量工作有以下两项：

（1）中线测量　先挖好顶管工作坑，然后根据地面管道的中线控制桩，用经纬仪或全站仪将中线分别引测到坑壁，并在坑壁上打入木桩和铁钉，挂线标定出中线方向，如图 11-40 所示。用垂球将中心线投测到坑底，并安放好导轨。将管道放在导轨上，然后一边从管内挖土，一边将管道向前顶进，直到贯通。在顶进中可以使用仪器进行方向校正，如使用激光准直仪或徕卡生产的 TCR702 全站仪，沿中线方向发射一束激光，激光是可见的，所以管道顶进中的校正更为方便。

（2）高程测设　在工作坑内测设临时水准点，用水准仪测量管底前、后各点的高程，可以得到管底高程和坡度的校正数值。测量时，管内使用短水准标尺。如果将激光准直经纬

仪安置的视准轴倾斜坡度与管道设计中心线重合，则可以同时控制顶管作业中的方向和高程。

4. 管道竣工测量

管道竣工测量包括管道竣工平面图和管道竣工纵断面图的测绘。竣工平面图主要测绘管道的起点、转折点、终点，检查井及附属构筑物的平面位置和

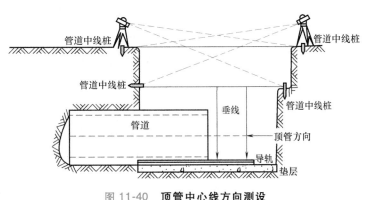

图 11-40　顶管中心线方向测设

高程，管道与附近重要地物（永久性房屋、道路、高压电线杆等）的位置关系。管道竣工纵断面图的测绘，要在回填土之前进行，用水准测量方法测定管顶的高程和检查井内管底的高程，距离用钢尺丈量。使用全站仪进行管道竣工测量将会提高效率。

11.6　全站仪在线路测量中的应用

11.6.1　道路中线测设的直接坐标法

道路中线放样是通过直线和曲线的测设，将道路的中线具体地测设到地面上去，并测出其里程。传统的方法是先定出交点。定交点通常有两种方法：一是采用现场标定法，即根据既定的技术标准，结合地形、地质条件，在现场反复比较，直接定出路线交点的位置。这种方法不需要测绘地形图，比较直观，但只适用于等级较低的公路。另一种方法称为纸上定线法，先在实地布设导线，测绘大比例尺地形图（通常为 1∶1000 或 1∶2000 地形图），在图上定出路线，再到实地放线，把交点在实地标定下来。交点定出后，在交点测定转角，按照选定的圆曲线半径和缓和曲线长度，从路线起点起，依次将路线中线测设在实地上。

用全站仪测设道路中线，宜采用纸上定线法，但具体做法有所不同。在大比例尺地形图上定出路线，在图上量取各交点（包括路线起点和终点）的坐标，定出圆曲线的半径和缓和曲线长度，据此计算路线各中桩的坐标；然后将仪器置于实地布设的导线点上，利用各中桩的坐标，将其直接测设在实地上。

如果采用现场标定法，则在实地定出交点后，将仪器置于导线点上，测出各交点的坐标，其余做法与纸上定线法相同。

11.6.2　道路中线桩点的坐标计算

如图 11-41 所示，交点 JD 的坐标 X_{JD}、Y_{JD} 已在图上量出或在实地已经测定，路线导线的坐标方位角 A 和边长 S 可按坐标反算公式求得

$$A_{i-1,i} = \arctan \frac{Y_i - Y_{i-1}}{X_i - X_{i-1}} \tag{11-23}$$

$$S = \frac{X_i - X_{i-1}}{\cos A_{i-1,i}} = \frac{Y_i - Y_{i-1}}{\sin A_{i-1,i}} \tag{11-24}$$

或者

$$S = \sqrt{(X_i - X_{i-1})^2 + (Y_i - Y_{i-1})^2} \tag{11-25}$$

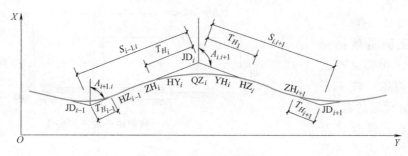

图 11-41 **曲线要素示意**

在选定各圆曲线半径 R 和缓和曲线长度 l_s 后，根据各桩点的里程桩号，即可算出中线上任一点相应的坐标值 (x, y)。

1. **HZ 点**（包括路线起点）**至 ZH 点之间的中桩坐标**

如图 11-41 所示，此段为直线，桩点的坐标按下式计算

$$\begin{cases} X_i = X_{HZ_{i-1}} + D_i \cos A_{i-1,i} \\ Y_i = Y_{HZ_{i-1}} + D_i \sin A_{i-1,i} \end{cases} \tag{11-26}$$

式中，$A_{i-1,i}$ 为路线导线 JD_{i-1}-JD_i 的坐标方位角；D_i 为桩点至 HZ_{i-1} 点的距离，即桩点里程与 HZ_{i-1} 点里程之差；$X_{HZ_{i-1}}$、$Y_{HZ_{i-1}}$ 为 HZ_{i-1} 点的坐标，由下式计算

$$\begin{cases} X_{HZ_{i-1}} = X_{JD_{i-1}} + T_{H_{i-1}} \cos A_{i-1,i} \\ Y_{HZ_{i-1}} = Y_{JD_{i-1}} + T_{H_{i-1}} \sin A_{i-1,i} \end{cases} \tag{11-27}$$

式中，$X_{JD_{i-1}}$、$Y_{JD_{i-1}}$ 为交点 JD_{i-1} 的坐标；$T_{H_{i-1}}$ 为切线长。

ZH 点为直线的终点，除可按式（11-27）计算外，亦可按下式计算

$$\begin{cases} X_{ZH_i} = X_{JD_{i-1}} + (S_{i-1,i} - T_{H_i}) \cos A_{i-1,i} \\ Y_{ZH_i} = Y_{JD_{i-1}} + (S_{i-1,i} - T_{H_i}) \sin A_{i-1,i} \end{cases} \tag{11-28}$$

式中，$S_{i-1,i}$ 为路线导线 JD_{i-1}-JD_i 的边长。

2. **ZH 点至 YH 点之间的中桩坐标**

此段包括第一缓和曲线及圆曲线，可先计算桩点的切线支距法坐标 x、y。

缓和曲线上桩点

$$\begin{cases} x = l - \dfrac{l^5}{40R^2 l_s^2} \\ y = \dfrac{l^3}{6R l_s} \end{cases} \tag{11-29}$$

式中，l 为桩点至缓和曲线起点 ZH 曲线长；R 为圆曲线半径；l_s 为缓和曲线长度。

圆曲线上桩点

$$\begin{cases} x = R \sin\theta + q \\ y = R(1 - \cos\theta) + P \end{cases} \tag{11-30}$$

式中，$\theta = \dfrac{l}{R} \dfrac{180°}{\pi} + \beta_0$，$l$ 为桩点至 HY 的曲线长，仅为圆曲线部分的长度。

缓和曲线角 $$\beta_0 = \frac{l_s}{2R} \frac{180°}{\pi} \tag{11-31}$$

切线增值 $$q = \frac{l_s}{2} - \frac{l_s^3}{240R^2} \tag{11-32}$$

内移值 $$p = \frac{l_s^2}{24R} \tag{11-33}$$

然后通过坐标变换将其转换为测量坐标 X、Y。坐标变换公式为

$$\begin{bmatrix} X_i \\ Y_i \end{bmatrix} = \begin{bmatrix} X_{ZH_i} \\ Y_{ZH_i} \end{bmatrix} + \begin{bmatrix} \cos A_{i-1,i} & -\sin A_{i-1,i} \\ \sin A_{i-1,i} & \cos A_{i-1,i} \end{bmatrix} \begin{bmatrix} x_i \\ y_i \end{bmatrix} \tag{11-34}$$

在运用式（11-34）计算时，当曲线为左转角，应以 $y_i = -y_i$ 代入。

3. YH 点至 HZ 点之间的中桩坐标

此段为第二缓和曲线，仍可按式（11-27）计算切线支距法坐标，再按下式转换为测量坐标

$$\begin{bmatrix} X_i \\ Y_i \end{bmatrix} = \begin{bmatrix} X_{ZH_i} \\ Y_{ZH_i} \end{bmatrix} - \begin{bmatrix} \cos A_{i,i+1} & -\sin A_{i,i+1} \\ \sin A_{i,i+1} & \cos A_{i,i+1} \end{bmatrix} \begin{bmatrix} x_i \\ y_i \end{bmatrix} \tag{11-35}$$

当曲线为右转角时，以 $y_i = -y_i$ 代入即可。

11.6.3　道路中线测设与纵断面测量

用全站仪测设道路中线，一般先沿路线方向布设导线控制点，然后依据导线控制点进行中线测设。

1. 导线控制

对于高等级道路工程，布设的导线一般应与附近的高级控制点进行联测，构成附合导线。联测一方面可以获得必要的起始数据——起始坐标和起始坐标方位角；另一方面可对观测的数据进行校核。过去如果高级控制点离测区较远，联测工作就十分困难。现在使用全站仪，测距精度高，而且测程一般均可达到 2km，联测时可将导线延长直接与高级控制点连接。如沿途遇有控制点，可与之连接，增加校核。

用全站仪施测，为降低对中误差和目标偏心差对观测坐标的影响，一般均采用"三联脚架法"。由于全站仪一般具有直接测算导线点三维坐标的功能，所以可按第 6 章中三维坐标导线测量的方法进行。观测结束后，即以所测各导线点坐标为观测值进行平差。

2. 中线测量

在用全站仪进行道路中线测量时，通常是按中桩的坐标测设。前面已述及中桩坐标的计算方法，但用手算既烦琐又易出错。故在生产上通常采用袖珍计算机，现场用程序计算，并将其打印出来，供测设之用。

如图 11-42 所示，测设时将仪器置于导线点 D_i 上，按中桩坐标进行测设，具体操作可参照全站仪操作的有关内容。在中桩位置定出后，随即测出该桩的地面高程坐标。这样纵断面测量中的中平测量就无须单独进行，大大简化了测量工作。

在测设过程中，往往需要在导线的基础上加密一些测站点，以便把中桩逐个定出。如图 11-42 所示，K5+520 至 K6+180 之间的中桩，在导线点 D_7 和 D_8 上均难以测设，可在 D_7 测设结束后，于适当位置选一 M 点，钉桩后，测出 M 点的三维坐标。仪器迁至 M 点即可继续测设。

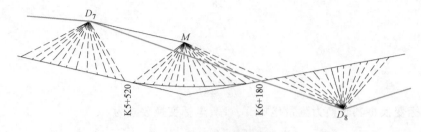

图 11-42 中线测量示意

值得指出的是，采用坐标测设中桩，可视具体情况，将路线分为数段，用数台仪器同时测设，也不会造成"断链"。

在用全站仪测设路线中线的同时，可用全站仪三角高程测量的方法，同时测出路线纵断面的高程。如果全站仪竖直角观测精度不低于 2″，测距精度不低于 $(2+2×10^{-6}D)$ mm，边长不超过 2km，观测时采用对向观测，测定高程的精度可达到四等水准的限差要求。因此，只要满足上述条件，三维导线测量的结果完全可以代替基平测量。由于中平测量测定中桩地面高程的精度要求为 0.1m，采用全站仪测量，达到这样的精度自然毫无问题。这样就使路线测量的外业工作大为减少，尤其在山区、水准测量相当困难的地区，用全站仪进行三角高程测量就显得更为方便。

习 题

一、问答题

1. 解释下列名词：

（1）主点。（2）线路的转折角。（3）里程桩。（4）方向架。（5）边桩

2. 道路中线转弯处的平曲线有哪些基本要素？

3. 测设线路中心桩时，是以什么作控制的？

4. 路线中线测量包括哪些工作内容？

5. 纵断面图是怎样绘制的？为什么纵坐标的比例尺比横坐标的比例尺大？

6. 怎样进行纵、横断面测量？目的何在？

二、计算题

1. 在道路中线测量中，设交点 JD_{12} 的桩号为 2+182.32，测得右偏角 $\alpha = 39°15'$，设计圆曲线半径 $R = 220$m。

1）计算圆曲线主点测设元素 T、L、E、D。

2）计算圆曲线主点桩号，并检核 JD 桩号。

3）设曲线上整桩距 $l_0 = 20$m，列表计算圆曲线偏角法测设数据和切线支距法测设数据。

2. 试计算如图 11-43 所示排水沟的横断面积。采用分格透明纸法，分别求出填方与挖方的断面积（先按 1：50 比例尺绘制横断面图，分格透明纸亦自绘）。

三、作图题

根据路线纵断面测量的数据（见表 11-8），计算各里程桩的高程（转点取三位小数，中间点取两位小

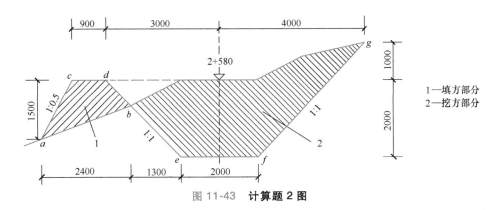

图 11-43　**计算题 2 图**

数），然后按距离比例尺为 1：1000、高程比例尺为 1：100 绘路线纵断面图。设计的起点（0+000）高程为 31.60m，纵向坡度为 +1.8%，在断面图上画出纵坡设计线，计算各里程桩的设计高程，并根据地面高程计算各里程桩的填土高度和挖土深度。

表 11-8　**路面纵断面测量数据表**

| 测站 | 点　号 | 水准尺读数/m | | | 仪器视线高程/m | 高程/m |
		后视	中间视	前视		
1	BM. 11	0.488				32. 431
	0+000. 0		2. 14			
	0+020		1. 86			
	TP. 1			0. 743		
2	TP. 1	2.042				
	0+030. 9		1. 73			
	0+040		1. 81			
	0+060		1. 60			
	0+080		0. 82			
	0+086. 5		0. 40			
	0+100			0. 640		
3	0+100	1.442				
	0+111. 6		2. 56			
	0+120		2. 30			
	0+140		1. 87			
	TP. 2			0. 616		
4	TP. 2	2.871				
	0+151. 1		2. 56			
	0+160		2. 70			
	0+180		2. 80			
	0+190. 5		1. 56			
	0+200		0. 98			
	0+220		0. 60			
	0+240		1. 20			
	TP. 3			0. 445		

3S技术简介　第12章

■本章提要

　　主要介绍 3S 技术的基础知识和综合应用。

■教学要求

　　了解 3S 技术的基础知识和综合应用，掌握卫星定位的基本原理和应用领域。

　　3S 技术是全球卫星导航系统（Global Navigation Satellite Systems，GNSS）、地理信息系统（Geographic Information System，GIS）和遥感技术（Remote Sensing，RS）的统称，是 20 世纪 90 年代兴起的集空间技术、传感器技术、卫星定位与导航技术和计算机技术、通信技术相结合，多学科高度集成的对空间信息进行采集、处理、管理、分析、表达、传播和应用的现代信息技术。其中心任务是利用 GPS 快速定位和获取数据准确的能力，RS 的大面积获取地物信息特征，包括其他测绘技术获得地球表面的空间位置信息，GIS 的空间查询、分析和综合处理能力，三者有机结合形成一个系统。3S 各有侧重，互为补充。RS 是 GIS 重要的数据源和数据更新手段，GIS 则是 RS 数据分析评价的有力工具；GPS 为 RS 提供地面或空中控制，它的结果又可直接作为 GIS 的数据源。在 3S 系统中，RS 相当于传感器，用于获取信息；GPS 相当于定位器，进行定位、定向导航；GIS 相当于中枢神经，对信息进行综合分析处理。随着 3S 技术的迅速发展，测绘产业正向地理信息产业过渡和发展，测绘工作领域在不断拓宽，直接在城市及经济开发区的规划、开发与管理，资源与环境动态监测与趋势预报，重大自然灾害监测、预警、灾情评估与减灾对策的制定等方面有着广阔的应用前景。

12.1　GNSS 基础知识

　　GNSS 最早是由美国国防部研制并发射的"卫星授时与测距导航系统（Navigation by satellite timing and ranging global positioning system，NAVSTAR GPS）"，简称全球定位系统。它是一套基于卫星的无线导航系统，属于第二代卫星导航系统。20 世纪 50 年代末期美国海军开始研制用于海军舰队导航与定位的卫星导航系统。1963 年 12 月发射第一颗导航卫星，开创了海空导航的新时代。1967 年美国政府宣布解密部分导航电文供民间使用，卫星定位技术迅速兴起。该卫星系统在地球表面任何地方、任何气候条件下，1h 内都可以测定测站的三维地心坐标，简便可靠。但也存在局限性，一是卫星数量少，空中只有 6 颗工作卫星，运行周期大约为 107min，不能实现连续实时导航定位；卫星轨道平均高度为 1070km，难以实现精密定轨；卫星发射信号的频率为 400MHz 和 150MHz，难以补偿电离层效应的影响。

1973 年 12 月美国国防部批准海陆空联合研制新的军用卫星导航系统。1978 年 2 月第一颗实验卫星发射成功，至 1994 年 3 月完成 24 颗空中卫星组网，1995 年进入完全运行状态。系统运行中通过发射替代卫星和增强卫星，截至 2004 年 12 月，GPS 在轨工作卫星已达 32 颗。GPS 设计之初，美国的主要目的是使 GPS 系统能够在海陆空方面提供实时、全天候、全球性的导航服务，并用于情报收集、核爆监测、应急通信等军事目的，而且具有良好的抗干扰性和保密性，应用开发表明还可以达到毫米级的静态定位，亚米级的动态定位，厘米级速度测量和纳秒级的时间测量。该系统的研制成功已成为美国导航技术现代化的重要标志，被视为 20 世纪继阿波罗登月计划和航天飞机计划之后的又一重大科技成就。1991 年海湾战争时，以美国为首的多国部队配置了 17000 台"斯巴藤"GPS 接收机，还将 GPS 接收机安装在装甲车和直升机上，不用向导部队也不会迷失方向。战后西方的军事专家宣称 GPS 是作战武器的效率倍增器，是赢得海湾战争胜利的重要条件之一。随着 GPS 系统步入试验和实用阶段，其定位技术的高度自动化及所达到的高精度和巨大的潜力，引起了各国政府的普遍关注，同时引起了广大测量工作者的极大兴趣。特别是近些年来，GPS 定位技术以全天候、高精度、自动化、高效益等显著特点，在应用基础的研究、新应用领域的开拓、软硬件的开发等方面都取得了迅速发展。GPS 精密定位技术已经广泛地渗透到经济建设和科学技术的许多领域，如地球动力学、海洋大地测量学、天文学、资源勘探、地壳运动监测、航空、航天、军事、通信、气象、运载工具导航、地壳运动监测、工程变形监测、精密工程测量、城市控制测量等方面的广泛应用，充分显示了卫星定位技术的高精度和高效益，给测绘领域带来了一场深刻的技术革命。

12.1.1 GPS 的组成

GPS 由空间卫星星座、地面监控系统和用户设备三部分组成，其中空间卫星星座和地面监控系统由美国国防部维护和控制。

1. 空间卫星星座

如图 12-1 所示，GPS 空间卫星星座初期由 24 颗卫星组成，其中 21 颗工作卫星，3 颗备用卫星，分布在卫星轨道平面相对地球赤道面的倾角为 55° 的 6 个轨道上，每个轨道面至少布设 4 颗卫星，其中 1 颗为备用卫星。卫星运行周期 11h58min，运行轨道高度为 20200km，每颗卫星可覆盖全球 38% 的面积，以保证地面上任何地点、任何时刻、在高度角 10° 以上的天空同时观测到 4~12 颗卫星，一般可见 6~8 颗卫星，从而保障全球全天候、连续、实时、动态导航和定位的需要。

如图 12-2 所示，GPS 卫星的外形呈圆柱形，两侧各安装两块双叶太阳能电池板，能自动对日定向，使电池板始终对准太阳，以保证卫星的电源供应。卫星上配有 4 台频率稳定度为 10^{-12} ~ 10^{-13} 的高精度原子钟，其中两台为铷原子钟，两台为铯原子钟，以提供高精度的时间基准。

GPS 卫星可以接收、储存和处理地面监控系统发来的导航信息和控制指令，调整卫星的运行姿态，使卫星发射的电磁波始终对准地面，启动备用卫星；向用户连续不断地发送导航与定位信息，提供精密的时间标准、卫星本身的空间实时位置；发送和接收其他 GPS 卫星的导航数据，形成 GPS 卫星间的相互定位。

2. 地面监控系统

如图 12-3 所示，地面监控系统由 1 个主控站、3 个注入站和 5 个监控站组成。

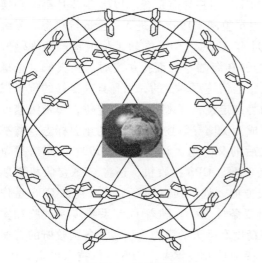

图 12-1 卫星星座

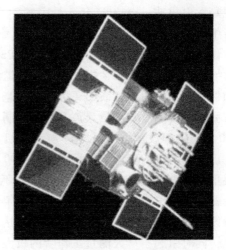

图 12-2 工作卫星示意

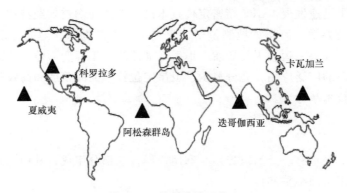

图 12-3 地面监控系统

主控站是整个地面控制系统的技术中心和行政管理中心，位于美国科罗拉多斯平士（Colorado Spines）的联合空间执行中心，其任务是协调和管理地面监控系统，收集各监控站传送来的观测数据，推算编制各颗卫星的星历、卫星钟差和大气层的修改参数并编制成导航电文传送至各注入站，提供全球定位系统的时间基准，调整偏离轨道的卫星，启用备用卫星。

三个注入站分别设在大西洋的阿松森岛（Ascensions）、印度洋的迭哥伽西亚岛（Diego Garcia）和太平洋的卡瓦加兰岛（Kwajalein）。其主要功能是在主控站的控制下，将主控站推算和编制的卫星星历、钟差、导航电文和其他控制指令等注入到卫星的存储系统中并监测注入信息的正确性。

5个监控站包括前面介绍的1个主控站、3个注入站和在夏威夷（Hawaii）的监控站。监控站是在主控站的直接控制下的数据自动采集中心，每站有双频 GPS 接收机、精密铯钟、气象参数测试仪和计算机等设备，对每颗卫星进行连续测量，将采集到的数据连同当地气象观测资料和时间信息处理后传送到主控站，用以确定卫星的轨道。

整个 GPS 地面监控系统除主控站外均无人值守，各站间采用现代化的通信网络联系，在原子钟和计算机的精确控制下，各项工作实现高度的自动化和标准化。

3. 用户设备部分

GPS 用户设备部分包括 GPS 接收机和相应的数据处理软件。GPS 接收机是用户设备部分的核心，一般由主机、天线和电源三部分组成，其主要功能是连续接收 GPS 卫星发射的信号，以获得必要的定位信息和观测量，并经数据处理而完成定位工作。数据处理软件是指各种机内软件、后处理软件、具有差分定位功能或 RTK 定位功能的实时处理软件，一般由厂家提供，主要作用是对观测数据处理，以获得更加精密的定位结果。现在的 GPS 接收机很多已经高度集成化和智能化，实现了将主机、天线和电源全部制作在接收机天线内，并能自动采集数据。由于 GPS 用户定位要求不同，GPS 接收机也有很多类型。按用途不同，GPS 接收机分为导航型、测地型和授时型，导航型又分为手持型和车载型；按 GPS 接收机的载波频率不同分为单频（载波频率 L_1）接收机和双频（载波频率 L_1 和 L_2）接收机。在精密定位测量工作中，一般均采用大地型双频接收机或单频接收机。单频接收机适用于 10km 左右或更短距离的精密定位工作，其相对定位的精度能达 $5mm+1\times10^{-6}D$（D 为基线长度，以 km 计）。而双频接收机由于能同时接收到卫星发射的两种频率（$L_1 = 1575.42MHz$ 和 $L_2 = 1227.60MHz$）的载波信号，故可进行长距离的精密定位工作，其相对定位的精度可优于 $5mm+1\times10^{-6}D$，但其结构复杂，价格昂贵。用于精密定位测量工作的 GPS 接收机，其观测数据必须进行后期处理，因此必须配有功能完善的后处理软件，才能求得所需测站点的三维坐标。

12.1.2　GPS 定位的基本原理

如图 12-4 所示，为了测定地面某点 O 在 WGS—84 坐标系（请参考第 1 章有关内容）中的三维坐标（x_0，y_0，z_0），将 GPS 接收机安置在 O 点，同时接收空中三颗卫星发射的信号。地面接收机可以在时钟控制下，测定出卫星信号到达接收机天线中心的时间 Δt，进而分别计算出卫星与接收机天线中心之间的空间距离 ρ_i，可以表示为

$$\rho_i = c\Delta t_i = \left[(X_i-x_0)^2+(Y_i-y_0)^2+(Z_i-z_0)^2 \right]^{\frac{1}{2}} \tag{12-1}$$

式中，c 为信号在真空中的传播速度；X_i、Y_i、Z_i 为某颗卫星在该时刻在 WGS—84 坐标系中的三维坐标，可以通过 GPS 接收机接收的卫星广播星历计算出来。

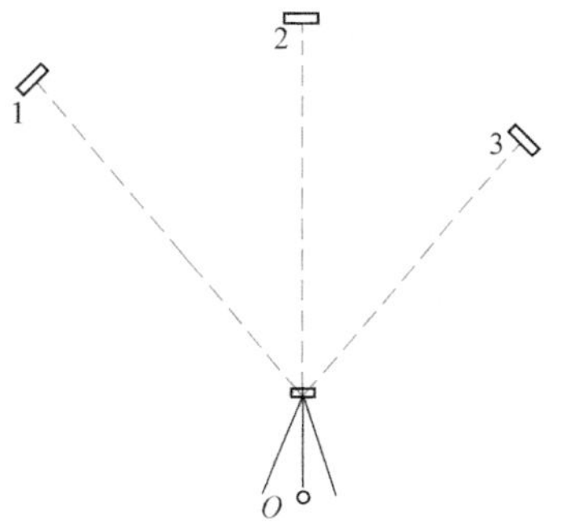

在式（12-1）中有 x_0、y_0、z_0 三个未知数，所以在观测时接收机应同时能接收到三颗卫星发射的信号，才可以建立三个观测方程，得到测站点的唯一三维坐标。通过求解方程组（12-2），可以得到点 O 的空间直角坐标（x_0，y_0，z_0）。

$$\begin{cases} \rho_1^2 = (X_1-x_0)^2+(Y_1-y_0)^2+(Z_1-z_0)^2 \\ \rho_2^2 = (X_2-x_0)^2+(Y_2-y_0)^2+(Z_2-z_0)^2 \\ \rho_3^2 = (X_3-x_0)^2+(Y_3-y_0)^2+(Z_3-z_0)^2 \end{cases} \tag{12-2}$$

图 12-4　GPS 定位原理示意

利用 GPS 定位的基本原理就是把空中的卫星视为控制点，在已知其瞬间坐标的条件下，以 GPS 卫星和用户接收机天线中心之间的距离为观测量，进行空间距离后方交会，从而确定地面测站点的位置。由此可见，GPS 定位的关键是测定用户接收机天线至 GPS 卫星之间

的距离。

1. 伪距法定位原理

由于卫星钟、接收机钟的误差以及无线电信号经过电离层和对流层中的折射延迟，实际测出的距离与卫星到接收机天线的几何距离有一定的差值，所以称由卫星发射的信号到测站点的传播时间（时间延迟）乘以光速得到的距离为伪距，用 ρ 表示。当卫星和接收机的时钟严格同步时，在接收机中可直接解算出信号传播时间 Δt。如果卫星钟和接收机钟不严格同步就会产生钟误差 $\nu_{wT}-\nu_{jT}$。其中卫星的钟差 ν_{wT} 可由卫星广播星历的有关时间信息求得。接收机一般配备石英钟，精度不高，所以钟差 ν_{jT} 是未知的，需要解算出来。

考虑到卫星钟和接收机钟不完全同步的影响、电离层和对流层对传播速度的影响，所以对式（12-1）改正后为

$$\rho=\rho'+c(\nu_{jT}-\nu_{wT})+\delta\rho_1+\delta\rho_2=c\Delta t_i+c(\nu_{jT}-\nu_{wT})+\delta\rho_1+\delta\rho_2$$

卫星至接收机天线中心的几何距离为

$$\rho_i=\left[(X_i-x_0)^2+(Y_i-y_0)^2+(Z_i-z_0)^2\right]^{\frac{1}{2}}$$

可得伪距观测方程为

$$c\Delta t_i+c(\nu_{jT}-\nu_{wT}^i)+\delta\rho_1+\delta\rho_2=\left[(X_i-x_0)^2+(Y_i-y_0)^2+(Z_i-z_0)^2\right]^{\frac{1}{2}} \tag{12-3}$$

式中，$\delta\rho_1$、$\delta\rho_2$ 分别表示电离层折射改正和对流层折射改正，可按照一定的模型进行计算。

在进行 GPS 观测时接收机必须同时能接收到四颗卫星发射的信号，才可以建立四个观测方程，才能解算出测站点的唯一三维坐标值。如果能接收到四颗以上的卫星发射的信号，伪距观测就有了多余观测，要使用最小二乘原理通过平差求解测站点的坐标。

这种在一个测站点上安置 GPS 接收机测定点位的方法，定位速度快，观测和数据处理简单，在运动载体的导航定位上得到了广泛的应用。如果将多台 GPS 接收机安置在不同的测站点上同时观测，在计算各测站点的坐标差（Δx，Δy，Δz）时，由于电离层折射和对流层折射改正基本相同，所以可以消除上述误差对定位的影响，使各测站点的定位精度大大提高。

2. 载波相位定位测量

由于伪距测量的精度最高仅能达到 3m[（293×1/100）m≈3m]，难以满足高精度测量定位工作的要求。如果把 GPS 卫星发射的载波作为测距信号，由于载波频率高（L_1 = 1575.42MHz，L_2 = 1227.6MHz），波长短（λ_{L1} = 19.05cm，λ_{L2} = 24.45cm），比测距码波长（293m）要短得多，因此对载波进行相位测量，就能得到较高的测量定位精度，一般优于 2mm。

如图 12-5 所示，假设卫星 S 在 t_0 时刻发出一载波信号，其相位为 $\phi(S)$；此时若接收机产生一个频率和初相位与卫星载波信号完全一致的基准信号，在 t_0 瞬间的相位为 $\phi(R)$。假设这两个相位之间相差 n 个整周信号和不足一周的相位 $F(\varphi)$，由此可求得 t_0

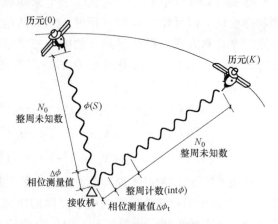

图 12-5 载波相位定位

时刻接收机天线到卫星的距离为

$$\begin{aligned} \rho &= \lambda \left[\phi(R) - \phi(S) \right] \\ &= \lambda \left[N_0 + F(\varphi) \right] \end{aligned} \qquad (12\text{-}4)$$

在载波相位测量中，接收机无法判定所量测载波信号的整周数，但可精确测定其零数 $F(\varphi)$，并且当接收机对空中飞行的卫星作连续观测时，接收机借助于机内的多普勒频移计数器，可累计得到载波信号的整周变化数 $Int(\varphi)$，所以 $\widetilde{\varphi} = Int(\varphi) + F(\varphi)$ 才是载波相位测量的真正观测值，而 N_0 称为整周模糊度，它是一个未知数，但只要观测是连续的，各次观测的完整测量值中就应含有相同的 N_0，即完整的载波相位观测值应为

$$\varphi = N_0 + \widetilde{\varphi} = N_0 + Int(\varphi) + F(\varphi) \qquad (12\text{-}5)$$

在 t_0 时刻首次观测值为 $Int(\varphi)$，不足整周的零数为 $F(\varphi)$，N_0 是未知数；在 t_1 时刻 N_0 值不变，接收机实际观测值 $\widetilde{\varphi}$ 由信号整周变化数 $Int(\varphi)$ 和其零数 $F(\varphi)$ 组成。

与伪距测量一样，考虑到卫星和接收机的钟差改正数 ν_{wT}、ν_{jT} 以及电离层折射改正和对流层折射改正 $\delta\rho_1$、$\delta\rho_2$ 的影响，可得到载波相位测量的基本观测方程为

$$\widetilde{\varphi} = \frac{f}{c}(\rho - \delta\rho_1 - \delta\rho_2) - f\nu_{jT} + f\nu_{wT} - N_0 \qquad (12\text{-}6)$$

若在等号两边同乘上载波波长，整理后得到

$$\begin{aligned} \rho &= \widetilde{\rho} + \delta\rho_1 + \delta\rho_2 - c\nu_{wT} + f\nu_{jT} + \lambda N_0 \\ &= \lambda \left[Int(\varphi) + F(\varphi) \right] + \delta\rho_1 + \delta\rho_2 + c\nu_{jT} - c\nu_{wT}^i + \lambda N_0 \\ &= \left[(X_i - x_0)^2 + (Y_i - y_0)^2 + (Z_i - z_0)^2 \right] \end{aligned} \qquad (12\text{-}7)$$

将式（12-3）和式（12-7）比较可看出，载波相位测量观测方程中除增加了整周未知数 N_0 外，与伪距测量的观测方程在形式上完全相同。

整周未知数 N_0 的确定是载波相位测量中特有的问题，也是进一步提高 GPS 定位精度、作业速度的关键所在。实际上，载波信号是一种周期性的正弦信号，相位测定只能测定不足一个波长的小数部分 $F(\varphi)$，无法测定其整波长个数 N_0，因此存在着整周数的不确定问题，使解算过程变得复杂。另外，在载波相位测量中，要连续跟踪载波，但接收机故障和外界干扰等因素的影响，经常会引起跟踪卫星的暂时中断，而产生周跳问题。整周模糊度和周跳是载波相位测量的两个主要问题，给数据处理工作增加不少麻烦和困难，这是为获得高精度定位结果必须解决的问题。本文不再详述，请参阅有关资料。

12.1.3　GPS 定位测量的模式

GPS 定位测量的模式，根据确定距离方法不同，一般分为伪距法定位和载波相位定位；根据定位接收机的数量不同分为绝对定位和相对定位；根据定位时接收机的运动状态，分为静态定位和动态定位；根据实时差分定位方式分为位置差分、伪距差分和载波相位实时差分。

1. 绝对定位和相对定位

绝对定位又称单点定位，是采用一台接收机进行定位的模式，确定的是接收机天线中心在 WGS—84 坐标系中的绝对坐标。这种定位模式的特点是作业方式简单。它只能采用伪距

観測量，一般用于车船等的导航定位和精度要求不高的定位。

相对定位是采用两台以上的接收机，分别设站同时对一组相同的卫星进行观测，以确定接收机天线间的相互位置（坐标差或测站点之间的距离）关系。它既可采用伪距观测值也可采用载波相位观测值，大地测量或工程测量均应采用载波相位观测值进行相对定位。

在 GPS 观测量中包含了卫星和接收机的钟差、大气传播延迟、多路径效应等误差，在定位计算时还要受到卫星广播星历误差的影响。相对定位时大部分公共误差被抵消或削弱，因此定位精度将大大提高，是目前 GPS 测量中定位精度最高、最常用的定位方式。

2. 静态定位和动态定位

在定位观测时，若接收机相对于地球表面静止，则称为静态定位。在数据处理时，将接收机天线的位置作为一个不随时间改变的量，一般用于高精度的测量定位。其具体观测模式为多台接收机在不同的测站上进行静止同步观测，时间由几分钟、几小时甚至数十小时不等，以取得足够的多余观测来提高测量精度。在进行控制网观测时，一般由几台接收机同时观测，它能最大限度地发挥 GPS 的定位精度，专用于这种目的的接收机被称为大地型接收机，是接收机中性能最好的一类。

动态定位是在进行 GPS 定位时，接收机相对于地球表面运动，在整个观测过程中接收机天线的位置是变化的，其目的是确定移动的接收机天线的位置。

3. 位置差分、伪距差分和载波相位实时差分

由于 GPS 单点定位精度受 GPS 卫星钟差、接收机钟差、大气中电离层和对流层对 GPS 信号的延迟等误差的影响，单点定位精度较低。为了提高实时定位精度，可采用 GPS 差分定位技术。

实时差分定位是在已知坐标的点上安置一台 GPS 接收机作为基准站，利用该点坐标和接收到的卫星星历计算出观测值的改正值，通过无线电通信设备（称为数据链）将校正值发送给运动中的 GPS 接收机（称为流动站或移动站），对移动站接收机接收到的 GPS 观测值进行改正，可以消除卫星钟差、接收机钟差、大气电离层和对流层折射误差的影响，提高实时动态精度，如图

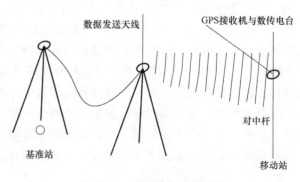

图 12-6　**实时差分定位示意**

12-6 所示。利用实时差分定位的 GPS 接收机必须具有实时差分功能，移动站数量根据需要确定，个数不限。

（1）位置差分　将基准站的已知坐标与 GPS 伪距单点定位获得的坐标值进行差分，通过数据链发送坐标改正值给移动站，移动站用接收到的坐标改正值修正其测得的坐标，要求基准站和移动站在 100km 以内同步观测相同的卫星，精度可达 $5 \sim 10m$。设基准站的已知坐标为 (x_0, y_0, z_0)，使用 GPS 伪距单点定位测定的基准站坐标为 (x_0', y_0', z_0')，计算出基准站的坐标改正值为

$$\begin{cases} \Delta x = x_0 - x_0' \\ \Delta y = y_0 - y_0' \\ \Delta z = z_0 - z_0' \end{cases} \tag{12-8}$$

设移动站使用 GPS 伪距单点定位测定的坐标为 $(x_i',\ y_i',\ z_i')$，则使用基准站坐标改正值修正后的移动站坐标为

$$\begin{cases} x_i = x_i' + \Delta x \\ y_i = y_i' + \Delta y \\ z_i = z_i' + \Delta z \end{cases} \tag{12-9}$$

（2）伪距差分　利用基准站的已知坐标和卫星星历计算卫星到基准站间的几何距离 ρ，与使用伪距单点定位测定的基准站伪距值 ρ' 进行差分得到距离改正数：$\Delta \rho = \rho - \rho'$。通过数据链发送距离改正值给移动站，移动站用接收到的距离改正值修正其测得的伪距值就可以定位，不要求基准站和移动站观测的卫星完全一致，只要求 4 颗以上相同卫星即可。基准站距移动站距离可达 200~300km，差分精度随基准站到移动站距离增加而降低，精度为 3~10m。

（3）载波相位实时差分　载波相位实时差分技术又简称为 RTK（Real Time Kinematic）技术，是基于载波相位观测值的实时动态定位技术。基准站通过数据链将其观测值和测站坐标信息一起传送给移动站。移动站不仅通过数据链接收来自基准站的数据，还要采集 GPS 观测数据，并在系统内组成差分观测值进行实时处理，同时给出厘米级定位结果。移动站可处于静止状态，也可处于运动状态；可在固定点上先进行初始化后再进入动态作业，也可在动态条件下直接开机。

在碎部测量时，把 GPS 接收机安置在基准点上并开机工作，旁边安装数据链天线。进行数据采集的移动站首先在某一起始点上进行初始化工作，然后移动站仅需 1 人手持对中杆背着仪器在待测的碎部点观测几秒就可获得碎部点的三维坐标，所有碎部点测量完毕后由专业绘图软件编辑形成地形图。

该技术要求基准站和移动站同时接收相同的卫星信号，双频接收机相互间的距离一般小于 30km，单频接收机间小于 10km，定位精度可以达到 1~2cm，目前广泛应用于控制测量、碎部测量和工程施工放样，极大地提高了外业作业效率。

（4）网络 RTK　RTK 技术是建立在基准站和移动站误差强烈相似这一假设的基础上的，随着基准站和移动站间距离的增加，误差类似性越来越差，定位精度就越来越低，数据通信也受距离增加带来的干扰因素增多的影响。为了克服传统 RTK 技术的缺陷，提出了网络 RTK 技术，也称为基准站 RTK，它是在常规 RTK 和差分 GPS 的基础上建立起来的一种新技术。网络 RTK 技术就是在一定区域内建立多个坐标已知的以网状覆盖该地区的 GPS 基准站，以这些基准站计算和发送相位观测值误差改正信息，如图 12-7 所示。用多个基准站组成的 GPS 网络来估计一个地区的误差

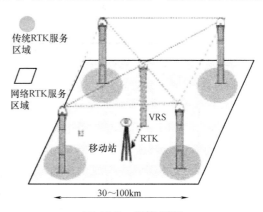

图 12-7　网络 RTK

模型，并为网络覆盖地区的用户提供校正数据，用户收到的也不是某个实际基准站的观测数据，而是一个虚拟基准站的数据，和距离自己位置较近的某个参考网格的校正数据，因此网络 RTK 技术又称为虚拟基准站技术。

12.1.4 GPS 测量工作

GPS 测量的工作程序可分为 GPS 控制网的技术设计、选点与建立标志、外业观测、GPS 控制网的平差计算以及技术总结等若干个阶段。

1. GPS 网的技术设计

GPS 网的技术设计取决于网的用途，应根据测区大小、用户的实际需要和可以实现的设备条件来设计网的等级和精度指标，恰当地确定 GPS 网的精度等级。

国家测绘局 2001 年制订的 GB/T 18314—2001《全球定位系统（GPS）测量规范》规定各级 GPS 网相邻点间基线长度精度用下式表示

$$\sigma = \sqrt{a^2 + (bd \times 10^{-6})^2} \tag{12-10}$$

式中，σ 为标准差（mm）；a 为固定误差（mm）；b 为比例误差系数；d 为相邻点间的距离（mm）。

规范将 GPS 的测量精度等级分为 AA、A、B、C、D、E 共六级，其中 AA、A、B 级可作为建立国家空间大地测量控制网的基础，C、D、E 级主要用于局部地区及工程测量的基本控制网，其主要技术参数见表 12-1。

表 12-1　国家 GPS 控制网的主要技术要求

级别	固定误差 α/mm	比例误差系数 b	相邻点平均距离 /km	闭合环或附合路线的边数	单频/双频	观测量	同步观测接收机数
AA 级	≤3	≤0.01	1000		双频/全波长	L_1、L_2 载波相位	≥5
A 级	≤5	0.1	300	≤5	双频/全波长	L_1、L_2 载波相位	≥4
B 级	≤8	1	70	≤6	双频	L_1、L_2 载波相位	≥4
C 级	≤10	5	10~15	≤6	双频或单频	L_1 载波相位	≥3
D 级	≤10	10	5~10	≤8	双频或单频	L_1 载波相位	≥3
E 级	≤10	20	0.2~5	≤10	双频或单频	L_1 载波相位	≥2

为提高 GPS 网的可靠性，有效地发现观测成果中的粗差，各级 GPS 网必须布设成由独立的 GPS 基线向量边构成的闭合图形。闭合图形可以是三边形、四边形或多边形，如图 12-8 所示，其中图 12-8a 一般为高精度的控制测量采用的网形，图 12-8b 一般用于控制网加密或碎部测量。当 GPS 网中有若干个起算点时，也可以是由两个起算点之间的数条 GPS 独立边构成的附合路线。因此，在 GPS 网的图形设计时，要根据 GPS 网的精度和其他方面的要求，设计出由独立 GPS 边构成的多边形网（或称为环形网）。

在布网设计中应顾及原有城市测绘成果资料及各种大比例尺地形图的应用，对凡符合 GPS 网布点要求的旧的控制点，应充分利用其标识。这样，有利于 GPS 网与国家控制网相互联结和坐标转换。大、中城市联测点数不应少于 3 点，小城市或工程控制网可联测 2~3

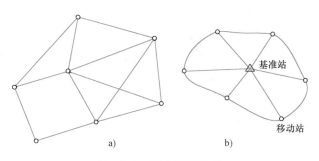

图 12-8 GPS 网形示意

个点。

为了得到 GPS 点的正常高,应使一定数量的 GPS 点与水准点重合,或对部分 GPS 点联测水准。高程联测应采用不低于四等水准测量或与其精度相当的方法进行。GPS 点高程(正常高)经过计算分析后,符合精度要求的可供测图或一般工程测量使用。

2. 选点与建立标志

GPS 点位的选择应符合技术设计要求,不需要站点之间通视,但部分应有利于其他测量手段进行扩展和联测;点位的地面应坚实稳定便于保存;应便于安置和操作 GPS 接收机,交通便利,视野开阔,在高度角 10°以上不能有成片的障碍物;在测站周围约 200m 的范围内不能有强电磁波干扰源,如大功率无线电发射设施、高压输电线等,以避免周围磁场对 GPS 信号的干扰;测站应远离对电磁波信号反射强烈的地形、地物,如高层建筑、成片水域等,以减弱多路径效应的影响;充分利用符合要求的旧有控制点。

点位选定后,均应按规定绘制点之记,应按要求埋石,以便保存。选点工作结束后,要编写选点工作总结,绘制 GPS 网的选点网图,作为提交的选点技术资料。

3. 外业观测

外业观测包括天线安置(对中、整平、定向、量取天线高)、观测作业、外业成果记录和野外观测数据的检查等内容。

外业观测作业的主要任务是捕获 GPS 卫星信号对其进行跟踪、接收和处理,以获取所需的定位和观测数据。

4. 数据处理

利用 GPS 专业的精密软件或随机配备的商用软件可将外业观测数据从接收机中下载,并将数据经基线解算、基线环闭合差检核、自由网平差、约束平差等步骤计算出各 GPS 控制点坐标,得到最终成果。GPS 定位成果为 WGS—84 坐标系,而实用成果一般要求为国家大地坐标系或城市平面直角坐标系,因而 GPS 成果的坐标系转换是必不可少的。要求至少有两个或以上的 GPS 控制点与测区坐标系的已知控制点重合,坐标转换计算一般可由 GPS 附带的数据软件完成。

12.1.5 GPS 的定位特点

(1)定位精度高 实践证明,GPS 相对定位精度在基线长度 50km 以内可达 10^{-9},$100 \sim 500km$ 可达到 10^{-7},$1000km$ 以上可达到 $10^{-8} \sim 10^{-9}$。

(2)适应性强 在全球任何地点、任何时候可同时观测 4 颗以上卫星,并具有全天候、全球性、实时连续的精密三维导航和定位能力。

（3）自动化程度高　GPS 接收机已制造成傻瓜型，数据下载和处理都很简单，接收机可实行无人值守的数据采集，适宜长期跟踪观测。通过数据通信方式，将所采集的数据传送到数据处理中心，实现全自动化的测量与计算。

（4）经济效益高　GPS 控制点无须点间通视，不强调图形条件，不必建造觇标，选点灵活，节省费用。观测时间短，20km 以内的静态相对定位一般需要 15～20min，RTK 观测 1～2min，甚至几秒钟。

（5）应用广泛　GPS 能为任意多个用户同时提供全天候、高精度、连续、实时的三维定位、三维测速和时间基准，在定位、导航、测速、授时等各个领域应用极其广泛。

12.1.6　GPS 技术的应用

GPS 性能优异，应用范围极广，凡是需要定位和导航的部门，都可以采用 GPS。

在大地测量方面，我国已经建立了 GPS A 级和 B 级网，为各部门建立各级测量控制网提供了高精度的平面和高程基准，完成了西沙、南沙群岛与大陆的 GPS 联测；建立了北京、上海、武汉、西安、拉萨、昆明、乌鲁木齐等永久性的 GPS 跟踪站，进行了对 GPS 卫星的精密定轨，为高精度的 GPS 定位测量提供观测数据和精密星历服务。

在工程测量方面，应用 GPS 静态相对定位技术，布设精密工程控制网，用于城市和矿山地面沉降和滑坡监测、大坝变形监测、高层建筑物变形监测、隧道贯通测量等精密工程，有利于实现监测自动化。加密测图控制点，应用 RTK 技术测绘各种比例尺地形图和施工放样。

在地球动力学方面，GPS 用于全球和区域板块运动监测，已用 GPS 监测南极洲板块运动、青藏高原板块运动，建立中国地壳运动监测网络工程、三峡库区形变观测网、首都圈 GPS 形变观测网、大江截流监测、隔河岩大坝 GPS 外部变形自动化监测系统、防洪减灾监测等。

在航空摄影测量方面，利用 GPS 技术测定航片和卫片上的地面控制点，进行航摄飞行导航，由 GPS 辅助进行空中三角测量，直接测定摄影机和传感器的空间位置和姿态。

在交通、监控和智能交通方面，将 GPS 接收机安装在车辆上，能实时获得被监控车辆的动态地理位置和状态信息，并通过无线通信网传送到监控中心，监控中心的显示屏上可实时显示出目标的准确位置、速度、运动方向、车辆状态等用户感兴趣的信息，同时能进行监控和查询，方便调度管理，提高运营效率，确保车辆的安全，从而达到监控的目的，特别适合公安、银行、公交、保安、部队、机场、物流配送等单位对所属车辆的监控和调度管理，合理分配车辆。移动目标如果发生意外，可以向信息中心发出求救信息，信息中心由于知道移动目标的准确位置，可以迅速给予救助。安装了 GPS 接收机的车辆，驾驶员可以根据当时的交通状况选择最佳行车路线，节约到达目的地所需的时间。利用 GPS 对大海上的船只连续高精度实时定位导航，有助于船舶沿航线精确航行，节约时间和燃料。船只进港时，可以避免触礁或搁浅。

在军事上，GPS 用于各种精确打击武器的制导，大大提高武器命中精度；用于特种部队空降、集结、侦察和撤离过程，空中飞机指挥、实施空中管制、夜航盲驶、救援引导，也用于地面部队引导、战场补给、穿越障碍等；如果将作战单位的 GPS 位置信息不断地传输到作战指挥中心，结合敌方目标的位置信息，就可以在大屏幕上显示战场上敌我双方的动态态势，为指挥提供实时准确的作战信息。科索沃战争中，空袭所用导弹和炸弹大多是 GPS 制导，大大提高了命中精度，飞机投放武器的距离也更远，使载机更加安全。

在精细农业方面，利用 GPS 技术，配合遥感技术（RS）和地理信息系统（GIS），能够监测农作物产量分布、土壤成分和性质分布，做到合理施肥、播种，喷撒农药及除草剂，精准灌溉和收割，节约费用，降低成本，达到增加产量、提高效益的目的。据国外资料介绍，合理地布设航线，利用差分 GPS 对飞机精密导航，会使成本降低 50%。为满足精准农业作业的特定要求，美国 Trimble 公司开发了 AgGPS 农用卫星定位系统，主要包括卫星接收机、农田信息系统、导航系统和电台。

在林业管理方面，GPS 技术在确定林区面积，估算木材量，计算可采伐木材面积，确定原始森林、道路位置，对森林火灾周边测量，寻找水源和测定地区界线等方面可以发挥其独特的重要作用。

手持 GPS 沿袭了车载型产品在智能选路导航方面的优势，又兼备手持类产品的轻巧灵动，主要用于船舶、汽车、飞机等运动物体定位导航，以及林业森林资源调查、精细农业、旅游、野外探险导航及科学考察等领域。

随着 GPS 接收机的小型化以及价格的降低，GPS 逐渐走进了人们的日常生活，成为旅游、探险的好助手。一部可以指引方向的手机对那些热爱野外旅行和在人迹罕至的区域工作、生活的人非常重要，无论攀山越岭、打猎、野营、滑雪，只要有一部 GPS 手机、GPS 照相机、GPS 收音机或 GPS 手表，就可即时给出使用者所在的位置，显示出附近的地形、道路。将微型 GPS 安装到动物身上，可实现对动物的动态跟踪，研究动物的生活规律，比如鸟类的迁徙，为研究各种陆地生物提供了有效手段。

12.1.7　其他卫星导航定位系统

在美国开发建设 GPS 的过程中，苏联、欧洲以及中国等也相继开始研制各自的卫星导航系统。

1. GLONASS 定位系统

全球轨道导航卫星系统（Global Orbiting Navigation Satellite System，GLONASS）是苏联 1978 年开始研制的，1982 年 10 月开始发射导航卫星，于 1996 年投入运行使用。同 GPS 一样，GLONASS 定位系统也由空中星座、地面监控部分和用户接收机三部分组成。空中星座计划包括 24 颗卫星（21 颗工作卫星和 3 颗在轨备用卫星），分布在三个轨道上，运行高度为 19100km，运行周期为 11h15min，这种配置能够保证在地球上任何地点、任何时刻至少可以观测到 4 颗卫星。由于 GLONASS 部分卫星在轨工作时间不足两年，维持该系统的基本功能需要的费用巨大，截至 2002 年年底，GLONASS 在轨卫星仅 11 颗。

2. 北斗卫星导航系统

我国从 20 世纪 90 年代开始独立自主地建设区域的北斗卫星导航系统（Compass Navigation Satellite System），称为北斗一号（BD-1），是二维有源定位导航系统。BD-1 由北斗导航定位卫星、地面控制中心站和用户终端三部分组成。北斗导航定位卫星由 4 颗高度为 36000km 的地球同步卫星组成，分别于 2000 年 10 月和 12 月发射了两颗"北斗"工作卫星、2003 年 5 月和 2006 年 2 月发射了两颗"北斗"在轨备用卫星，可以向我国及周边地区的用户提供定位、实时导航、简短通信和精密授时服务，已在基础测绘、工程勘探、电信、水利、交通运输、资源调查、地震监测、渔业、森林防火、国家安全、公共安全与应急管理等诸多领域发挥重要作用。该系统利用两颗地球同步卫星作信号中转站，用户站点的收发机接收一颗卫星转发到地面的信号，并向两颗卫星同时发射应答信号，地面中心站根据两颗卫星转发的同一个应答信号以及其他数据计算用户站位置。用户站收发机接收到卫星的转发信号后便可在显示器上显示出定位结果，整个定位约需 1s 左右。用户机不必有计算装置，但有发射部分，故可同时作为简单的通信和数据传输。在 2008 年四川汶川大地震抢险救灾中，北斗导航定位系统在常规通信中断的情况下，为救灾部队提供导航定位服务，向指挥部实时传递最新灾情。北斗导航定位系统还在北京奥运气象监测中发挥了重要作用。

3. Galileo 定位系统

欧盟欧洲空间局于 2002 年 3 月正式启动 Galileo 卫星导航定位系统计划，目标是建设欧洲自主的民用全球卫星导航定位系统。系统主要分为空间部分、地面部分和用户部分，提供导航定位、测速和定时服务与支持搜寻及救援服务。

Galileo 系统的空间星座由分布在 3 个轨道上的 30 颗高度为 23616km 的卫星组成，每个轨道有 10 颗卫星，其中 9 颗工作卫星，1 颗为备用卫星，运行周期为 14h4min，每颗卫星上装载 4 台高精度原子钟（2 台氢钟和 2 台铷钟）。

Galileo 系统的地面部分由地面控制中心、遥测遥控和跟踪站、监测站、注入站和若干个处理设施组成，负责导航卫星的控制和星座管理，为用户安全可靠地使用 Galileo 系统提供保障。Galileo 控制中心主要负责卫星星座控制、星座原子钟同步、所有内部和外部数据完好性信号处理和发射。遥测遥控和跟踪站负责控制 Galileo 卫星，监测站的任务是进行被动式测距，接收卫星信号以进行定轨、时间同步、完备性监测，对系统提供的服务进行监管。注入站负责注入导航、完备性和其他与导航有关的信号。处理设施包括完备性处理设施、轨道和同步处理设施等。

12.2 GIS 基础知识

地理信息系统（Geographic Information System，GIS）是一种采集、存储、管理、分析、显示与应用地理信息的计算机系统，是分析和处理海量数据的通用技术，是一门介于信息学、计算机科学、数学、现代地理学、测量学、制图学、CAD 技术、多媒体技术与虚拟技术、运筹学、拓扑学、空间科学、遥感技术、环境科学和管理科学之间的新兴边缘学科，并随着信息时代的来临和发展而迅速形成一门融合上述各学科及其各类应用对象为一体的综合性学科。在计算机软件、硬件的支持下，把各种资源信息和环境参数按空间分布或地理坐标，以一定格式和分类编码输入、处理、存储、输出，以满足应用需要的人机交互信息系统。它通过对多要素数据的操作和综合分析，方便快速地把需要的信息以图形、图像、数字等多种形式输出，满足各领域或各种研究的需要，广泛应用于土地利用、资源管理、环境监测、人口控制、交通运输、城市规划、经济建设以及政府各职能部门，成为社会可持续发展的有效辅助决策支持工具。

12.2.1 GIS 的组成

地理信息系统主要由计算机系统、地理空间数据和管理应用人员组成。其中计算机系统是 GIS 的核心部分，空间数据库可以用来表达地球表层的地理数据，而 GIS 的管理人员和用户则决定系统的工作方式和信息表达方式。

1. 计算机系统

计算机系统分为硬件系统和软件系统。计算机硬件系统包括计算机与一些外部设备和网络设备，其中计算机是核心，包括主机服务器和工作站，用作数据的处理、管理和计算；外部设备包括各种输入和输出设备，输入设备有图形跟踪数字化仪、图形扫描仪、解析测图仪、数码相机、遥感图像处理系统、机助制图系统、GPS 等，可以通过数字接口与计算机相连；输出设备有各种绘图仪、图形显示终端和打印机，以图形、图像、文件、报表等不同形式显示数据分析处理的结果；网络设备包括布线系统、网桥、路由器和交换机等。

计算机软件系统支持数据采集、存储、加工，是系统的核心，用于执行 GIS 功能的各种操作，包括数据输入、数据库管理、空间分析和图形用户界面，包括 GIS 专业软件、数据库软件和系统管理软件。GIS 专业软件一般是具有丰富功能的通用软件，包含了处理地理信息的各种高级功能，可作为建设其他应用系统的平台，代表产品有 ARC/Info、MapInfo、MapGis、GeoStar 等，一般包含数据输入和编辑模块、空间数据管理模块、数据输出模块和系统的二次开发能力；数据库软件除了支持复杂空间数据的专业管理软件，还包括以非空间属性数据为主的数据库软件，比如 ORACLE、SQL Server 等，一般具有快速检索、满足多用户开发和数据安全保障等功能；系统管理软件主要指计算机操作系统，如 Windows 系列系统、Linux、UNIX、MS-DOS 等。

2. 地理空间数据

地理空间数据是以地球表面空间位置为参照，描述自然、社会和人文经济景观的数据。尽管地球上地物位置、形状各异，地貌高低起伏、复杂多样，但总可以在某一特定的参考坐标系统下，通过对特定点位的测量，确定某点的空间位置或点与点之间的相对位置，并通过相关点位的结合形成线或面，以点、线、面这三种基本的元素，再加上必要的说明和注记，即可完成对研究实体空间位置的描述。例如，用点的坐标和相应的符号，可表示不同的平面和高程控制点或某些固定地物（如电杆、水井、独立树等）；用不同的线型和符号，可区分河流、铁路和公路等；用规则或不规则的实体和面状符号，既可表示不同类型、形状的建筑物，又可区分植被的类型等。地理空间数据如同其他数据一样，有多种表示、存储和使用的形式。它可以由位置组合变量的表格形式表示，也可由地理空间数据库的形式由计算机存储，供人们使用。而地图是地理空间数据最直观、历史最悠久、最易被人们认识和使用的表示形式。人们认识的地图通常是绘制在纸上的，它具有直观性强、使用方便等优点，但也存在着易损、不便保存、难以更新等缺点。随着数字化测绘技术和计算机的广泛使用，出现了"数字地图"和"电子地图"。数字地图是指用全数字的形式描述地图要素的属性、空间位置和相互关系信息的数据集合。其信息的采集采用数字化测量手段，通过计算机对数据进行传输、存储和管理，实现了对地理空间数据信息的自动化采集、实时更新、动态管理和现代化应用。电子地图是数字地图符号化处理后的数据集合，它具有地图的符号化数据特征，并能快速实现图形的平面、立体和动态跟踪显示，供人们在屏幕上阅读和使用。

地理空间数据是地理信息和建立 GIS 的基础，是地理信息系统操作的对象，具体描述地理实体的空间特征、属性特征和时间特征。

3. 管理应用人员

GIS应用人员包括系统开发人员和最终用户，他们的业务素质和专业知识是GIS应用成败的关键。GIS的开发是一项以人为本的系统工程，包括用户机构的状况分析和调查、GIS系统开发目标的确定、系统开发的可行性分析、系统开发方案的选择和总体设计书的撰写等。开发人员要重视与用户的交流，不能只注重技术细节。

系统开发过程中，对具体开发策略的确定、系统软硬件的选择和空间数据库的建立等问题的解决，系统开发人员必须根据GIS工程建设的特点和要求，在深入调查研究的基础上，使确定的开发策略能适应GIS用户随时间变化的需求，使系统的软硬件能获得较高的效益回报，使建立的数据库能具有完善的质量保证。

在使用GIS时，应用人员不仅需要对GIS技术和功能有足够的了解，还需要具备有效、全面和可行的组织管理能力。为使系统始终处于优化的运作状态，组织管理和维护GIS技术和管理人员的技术培训、硬件设备的维护和更新、软件功能扩充和升级、操作系统升级、数据更新、文档管理、系统版本管理和数据共享性建设等。

12.2.2　GIS的数据模型与数据结构

现实世界在计算机中是以各种符号形式来表达和记录的，就像用各种图式符号在地形图中表示实地的地物地貌一样。计算机对符号和数字等的操作又借助于二进制形式，基于计算机的地理信息系统不能直接表示现实世界，必须借助数据对现实世界的描述。数据是对现实世界状况的数字符号记录，信息是经过重新组织的，能揭示现实世界内在机理并有利于研究工作的数据。

数据模型是客观事物及其联系的描述，包括数据内容和各类实体数据之间联系的描述，反映了数据的整体逻辑结构，或用户看到的数据之间的逻辑结构，它决定了GIS中数据如何组织、存储、处理和分析。根据地理实体的空间图形表示形式，可将空间数据抽象为点、线和面三类元素，它们的数据表达可以采用矢量或者栅格两种组织形式，分别称为矢量数据模型和栅格数据模型。矢量数据模型用x、y坐标来构建点、线、面等空间要素，适合于表示空间上离散的实体。栅格数据模型用格网（像元或空间单元）来表示要素的空间变化，格网中的每个单元格都有一个对应于该位置上空间要素特征的值，适合用于显示空间上连续的要素，如降水量、高程变化和土壤侵蚀。如图12-9a所示，矢量数据模型中的点对象2以坐标（x，y）表示其空间位置，在栅格数据模型（见图12-9b）中则以一个格网表示，同样图12-9a中的

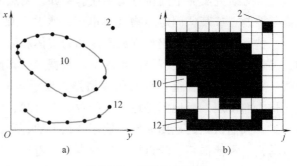

图12-9　矢量栅格示意

线对象12以坐标（x_1，y_1），（x_2，y_2），…，（x_n，y_n）表示，在图12-9b中则以一系列格网表示，而图12-9a中的面对象10以坐标（x_1，y_1），（x_2，y_2），…，（x_n，y_n）表示其空间位置，其中最后一个坐标与第一个坐标相同，在图12-9b中以一系列格网表示。

数据结构是数据的逻辑关系及数据表示，或信息在计算机中的组织和表示方法，是数据模型和文件格式之间的中间媒介。数据模型是数据表达的概念模型，数据结构是数据表达的

物理实现。数据模型是数据结构的基础，数据结构是数据模型的具体体现。

1. 矢量模型（Vector Mode）

（1）矢量数据的表达　矢量模型是利用边界或表面来表达空间目标对象的面或体要素，通过记录目标的边界，同时采用标识符表达它的属性来描述空间对象实体，如图 12-9a 所示。矢量模型处理的空间图形实体是点（Point）、线（Line）、面（Polygon），点用空间坐标对来表示水井、通信和消防设施、控制点、独立树等，线由一串坐标对来表示道路、管线、河流、行政边界等，面是由线形成的闭合多边形，可以表示池塘、球场等，如图 12-9 所示。点是矢量数据模型的基本单元，线要素由点构成。线是由两个端点之间一系列标记线形态的点构成，可以是平滑曲线，也可以是折线。面要素由线组成，其边界把区域分成了内部区域和外部区域。如果空间目标对象的空间特征信息与属性特征信息一起存储，根据属性特征的不同，点可用不同的符号表示，线可用不同的颜色和粗细程度不等的线来描绘，面对象则可以填充不同的图案和色彩来区分。

（2）拓扑数据结构　拓扑是研究几何对象在弯曲或拉伸等变换下仍保持不变的性质，拓扑结构表示多边形实体的数据结构。在拓扑学中，把 3 条以上线段的交点称为结点，两个结点之间的曲线或折线称为链或弧段。通过对结点、弧段、多边形拓扑关系的描述，明确地表达要素之间的空间关系。在 GIS 的拓扑数据模型中，与点、线、面对应的空间图形实体主要有结点（Node）、弧段（Arc）、多边形（Polygon），多边形的边界被分割成一系列的弧和结点，结点、弧、多边形间的空间关系在数据结构或属性（如地理实体的名称、类型和数量等）表中加以定义。

如图 12-10 中的结点、弧段和多边形包含拓扑邻接、拓扑关联和拓扑包含。拓扑邻接表示同类元素（结点、弧段和多边形）之间的拓扑关系，拓扑关联表示不同类元素之间的拓扑关系，拓扑包含表示同类不同级元素之间的拓扑关系。图中存在拓扑邻接关系的为点 N_1 与 N_2、点 N_1 与 N_3、点 N_1 与 N_4 以及多边形 P_1 与 P_3、P_2 与 P_3；存在拓扑关联的为点 N_1 与 e_1、N_1 与 e_3、N_1 与 e_6 以及多边形 P_1 与 e_1、P_1 与 e_5、P_1 与 e_6；存在拓扑包含的为多边形 P_3 与 P_4。图 12-11 所示为拓扑的包含关系，表 12-2 为多边形、弧段和结点的关联性，表 12-3 为多边形、弧段和结点的邻接性和连通性。

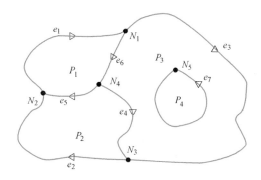

图 12-10　结点、弧段和多边形的拓扑关系

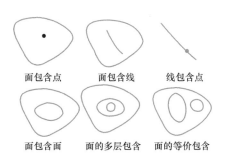

图 12-11　拓扑的包含关系

图 12-12 为空间中的 5 个结点，图 12-13 的弧段结点清单列出了弧段与结点的关系，例如，弧段 a_2 以结点 5 为始结点，以结点 6 为终结点。弧段坐标清单列出了组成每条弧段的 x、y 坐标。例如，弧段 a_3 是由经点（6，7）和点（4，6）的三条线段连接组成的。

表 12-2　**拓扑的关联性**

多边形	弧段号	弧段号	起结点	终结点	结点	弧段
P_1	e_1、e_5、e_6	e_1	N_2	N_1	N_1	e_1、e_3、e_6
P_2	e_2、e_4、e_5	e_2	N_3	N_2	N_2	e_1、e_2、e_5
P_3	e_3、e_4、e_6	e_3	N_1	N_3	N_3	e_2、e_3、e_4
P_4	e_7	e_4	N_4	N_3	N_4	e_4、e_5、e_6
		e_5	N_4	N_2	N_5	e_7
		e_6	N_1	N_4		
		e_7	N_5	N_5		

表 12-3　**拓扑的邻接性和连通性**

多边形之间的邻接性	P_1	P_2	P_3	P_4	弧段之间的邻接性	e_1	e_2	e_3	e_4	e_5	e_6	e_7	结点之间的连通性	N_1	N_2	N_3	N_4	N_5
P_1	\	1	1	0	e_1	\	1	1	0	1	1	0	N_1	\	1	1	1	0
P_2	1	\	1	0	e_2	1	\	1	1	1	0	0	N_2	1	\	1	1	0
P_3	1	1	\	1	e_3	1	1	\	1	0	1	0	N_3	1	1	\	1	0
P_4	0	0	1	\	e_4	0	1	1	\	1	1	0	N_4	1	1	1	\	0
					e_5	1	1	0	1	\	1	0	N_5	0	0	0	0	\
					e_6	1	0	1	1	1	\	0						
					e_7	0	0	0	0	0	0	\						

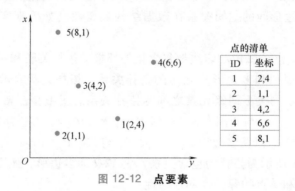

图 12-12　**点要素**

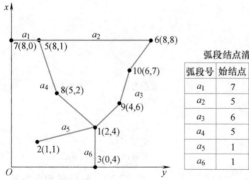

图 12-13　**线要素的数据结构**

如图 12-14 所示为显示面要素的数据结构。多边形弧段清单显示多边形和弧段之间的关系，例如，弧段 a_1、a_4 和 a_6 连接构成了多边形11。多边形14与其他多边形不同之处在于其被多边形

12 所环绕。弧段清单中多边形 12 含有一个 0 以区分其外边界和内边界，并显示多边形 14 是多边形 12 内的一个岛。多边形 14 是一个独立的多边形，由唯一的弧段 a_7 和一个既表示始结点又表示终结点的结点 5 构成。在地图区域外面的多地形 10，通常称为外多边形或全域多边形。

图 12-14 中的左右多边形清单显示弧段、左多边形、右多边形之间的关系。例如弧段 a_1 是一条从结点 1 到结点 2 的有向线，多边形 10 是其左多边形，多边形 101 是其右多边形，每个多边形都赋予标识点把多边形与其属性数据相链接。

基于拓扑关系的数据结构有利于数据文件的组织，并减少数据冗余，两个多边形之间的共享边界在弧段坐标清单中只列一次，而不是两次。共享边界定义两个多边形，所以更新多边形就变得相对容易。例如，若图 12-14 中的弧段 a_4 在两个结点之间变成真直线，只需改变弧段 a_4 的坐标清单即可。

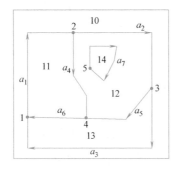

左右多边形清单

弧段号	左多边形	右多边形
a_1	10	11
a_2	10	12
a_3	10	13
a_4	12	11
a_5	13	12
a_6	13	11
a_7	14	14

多边形弧段清单

多边形号	弧段号
11	a_1、a_4、a_6
12	a_2、a_5、a_4、0、a_7
13	a_3、a_6、a_5
14	a_7

图 12-14　面要素的数据结构

（3）非拓扑矢量数据结构　使用非拓扑矢量数据的主要优点是能比拓扑数据更快速地在计算机屏幕上显示出来。一些商业 GIS 软件包，如 ArcView、MapInfo 和 GeoMedia，实际上已采用了能直接用于不同 GIS 软件包中的非拓扑数据格式。

在 ArcView 中采用的标准非拓扑数据格式叫 Shapefile。尽管在 Shapefile 中，点是用（x, y）坐标，线是用一系列的点，多边形是用一系列的线来存储，但是没有描述几何对象空间关系的文件。Shapefile 多边形对于共享边界实际上有重复弧段且可彼此重叠。不同于 ARC/Info 的图层所用的多个文件，Shapefile 的几何学性质存储于两个基本文件：以 .shp 为扩展名的文件存储要素几何学特征，而以 .shx 为扩展名的文件保留要素几何学特征的索引。Shapefile 与图层可相互转换，从 Shapefile 转换到图层需要建立拓扑关系并去除重复的弧段，从图层转换到 Shapefile 比较简单。但是如果图层存在拓扑错误，比如线之间没有完全连接，会导致在 Shapefile 中出现要素丢失问题。

（4）矢量数据模型的特点

1）相邻弧段的公用结点，相邻多边形的公用弧段在计算机中只需记录一次，空间数据文件较小。

2）空间图形实体的拓扑关系，如拓扑邻接、拓扑关联、拓扑包含不会随着诸如移动、缩放、旋转等变换而变化，而空间坐标及一些几何属性（如面积、周长、方向等）会受到影响。

3）能够精确地表达图形目标，精确地计算空间目标的周长、面积等，适合图形处理（比例尺变换、投影变换以及图形的输入和输出），精度高。

4）数据结构和图形叠加复杂，与遥感等图像数据难以结合。

2. 栅格模型（Raster Model）

（1）**栅格数据的表达**　栅格模型直接采用面域或空域枚举来直接描述空间目标对象，如图 12-9b 所示。在栅格模型中，点或点状符号由一个格网来表示，线由一串在一定方向上相邻且彼此相连的格网构成，面由聚集在一起的相邻格网组成，空间现象的变化由格网单元值的变化来反映，每一单元值代表了此行此列决定的该位置上空间现象的特征。在栅格模型中，每一格网的大小是一致的（一般是正方形），而且每一个格网层记录着不同的属性（如植被类型等）。栅格数据模型不把空间数据与属性数据明确分开，因此对于数据库管理用处不大，这与矢量数据不同。栅格的空间分辨率是指一个格网在地面所代表的实际面积大小，如果每一格网占用一个字节，而且分辨率为 100m×100m，那么一面积为 100km×100km＝10000km² 的区域就有 1000×1000＝1000000 个格网，所占存储空间为 1000000 个字节；如果分辨率为 10m×10m，那么同样面积的区域就有 10000×10000＝1 亿个格网，所占存储空间近100MB。随着分辨率的增多，存储空间还会呈几何级数增加。大尺寸的网格单元无法表示空间要素的精确位置，这就减少了在一个格网单元中存在混合要素（如森林、牧场与水体）的机会。采用较小的格网单元，这些问题就会得到缓解，但小尺寸的格网增大了数据量和数据处理时间。

（2）**栅格数据结构**　GIS 中的许多数据都用栅格格式来表示，这些数据包括数字高程数据、卫星影像、数字正射影像、扫描地图和图形文件（.tiff、.gif 和 .jpeg）。

1）完全栅格结构。栅格数据是二维表面上地理数据的离散量化值，每一层的格网值组成格网矩阵（二维矩阵），其中行列号表示它的位置。在完全栅格结构里，格网顺序通常以左上角为起点，按从左到右、从上到下的顺序逐行逐列存储，因而图 12-15a 的 4 阶矩阵的存储顺序为：AAAAABBBAABBAAAB。一般一个文件存储一层的信息，如果多于一层就采用多个文件，也可以在一个文件中存储多层信息，记录每个格网的行列号以及该格网有关的所有信息。

2）游程编码。地理数据一般有较强的相关性，相邻格网的值往往是相同的，把有相同属性值的邻近格网合并在一起称为一个游程，用一对数字表示。每个游程对中的第一个值表示游程的长度，第二个值表示游程的属性值。图 12-15a 的 4 阶矩阵的存储结果为：4A 1A 3B 2A 2B 3A 1B。如果在行与行之间不间断地连续编码，存储结果为：5A 3B 2A 2B 3A 1B。

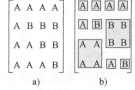

图 12-15　**4 阶矩阵**

3）块式编码。块式编码是将游程长度编码扩大到二维的情况，把多边形范围划分成由格网单元组成的正方形，然后对各个正方形进行编码。单位方块代表一个格网单元，4 方块代表 2×2 个格网单元，9 方块代表 3×3 个格网单元，依此类推。图 12-15b 说明如何对图 12-15a 所示矩阵进行分块和编码。块式编码的数据结构由初始位置（行号，列号）和半径，再加上记录单元的代码组成。根据这一编码原则，上述矩阵只需 8 个单位方块、2 个 4 方块的正方形就能完整表示，结果为：（1，1，1，A），（1，2，1，A），（1，3，1，A），（1，4，1，A），（2，1，1，A），（2，3，1，B），（2，3，2，B），（3，1，2，A），（4，3，1，A），（4，4，1，B）。

4）四叉树编码。四叉树和八叉树编码是根据栅格数据二维空间分布的特点，将空间区域按照 4 个象限进行递归分割（$2^n \times 2^n$，且 $n>1$），直到得到属性值均一的图块为止，最后得到一棵四分叉的倒向树。四叉树分解，最上面的一个结点叫根结点，它对应于整个图形。内部结点用圆圈表示并以字母标记，不能再分的结点称为子结点，可能落在不同的层上，代表子象限单一的属性值。所有子结点代表的方形区域代表一个具有相同属性值的图斑块，其大小取决于它在树中的层次，最底层为第零层，该层的图斑块与栅格格网相同。从上到下，从左到右为子结点编号，最下面的一排数字表示各子区的代码。为了保证四叉树分解能不断的进行下去，要求图形必须为 $2^n \times 2^n$ 的栅格阵列，n 为极限分割次数，$n+1$ 是四叉树最大层数或最大高度，图 12-16 所示是对应图 12-15a 的 4 阶矩阵的四叉树编码。

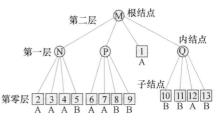

图 12-16　**四叉树编码**

5）栅格模型具有如下几个特点：①适合于模拟空间的连续变化，特别是属性特征的空间变化程度很高的区域，如遥感、医学图像、计算机视觉等；②表达空间目标、计算空间实体相关参数的精度与分辨率密切相关，分辨率越高，精度越高，但存储空间会增加；③非常适合图像处理，进行空间分析评价，但图形质量差；④数据结构简单，易与遥感数据结合，但数据量大，不适合进行比例尺变化、投影变换。

随着 GIS 理论和技术方法的推广使用，特别是 RS、GPS 数据与 GIS 的结合，矢量和栅格模型走向了一体化，即在栅格模型的基础上加入矢量模型，实现了栅格数据和矢量数据的统一，并且矢量数据和栅格数据可以相互转换，目前大多数的地理信息系统都支持矢量和栅格两种方式。

12.2.3　GIS 数据输入与处理

1. GIS 数据输入

GIS 的数据输入包括空间数据输入与属性数据输入，以及空间数据与属性数据的连接。空间数据是指数据所处的空间位置，其输入是图形的数字化处理过程，一般可以采用键盘输入、数字化实测、手工数字化、扫描数字化、透明格网采集输入、航测遥感和已有的数据文件输入。至于选择何种输入方法可根据如何应用图形数据、图形数据类型、现有设备状况、现有人力财力状况等确定。其中数字化实测一般包括全站仪和 GPS 外业采集空间坐标数据，手工数字化是对纸质地图的数字化，产生矢量数据，扫描数字化和透明格网采集输入会产生栅格数据。

属性数据（或非空间数据）是指这类数据定义空间数据或制图特征所表示的内容，包括遥感判读、各类调查报告、文件、统计数据、实验数据与野外调查的原始记录等，如人口数据、经济数据、土壤成分、环境数据，一般通过键盘输入，也可以从已有的数据库中以数字形式获取输入到 GIS，然后利用特殊程序把属性数据和空间数据连接在一起。要求空间实体具有唯一的识别符，识别符可以手工输入，也可以由程序自动生成并与图形实体的坐标存储在一起。

2. GIS 数据处理

（1）格式转换　格式转换分为两大类：不同数据介质之间的转换，即它是将各种不同的源材料信息如地图、照片、各种文字及表格转换为计算机兼容的格式；第二类是数据结构间的转换。而数据结构间的转换又包括同一数据结构不同组织形式间的转换和不同数据结构间的转换。

（2）图形单元的修改与增删　无论是采用何种方式输入数据，都会出现误差，因此在任何信息系统中，均要具有检查数据库误差的设备。例如，对多边形进行数字化，可能出现的误差有多边形不闭合、相邻多边形出现重叠和裂口等。造成多边形不闭合的原因可能是输入错误的代码，如将多边形物体定义为弧段，也可能是数字化时引起的误差。

（3）图幅拼接　当对底图进行数字化或扫描时，由于图幅比较大或采用小型数字化仪，难以将研究区域的底图以整幅的形式来完成。在分幅输入完成并经过误差检查和编辑后，虽然对每一分幅图来说错误订正是完成了，但在两幅图进行拼接时一般仍然会出现边缘不匹配的情况。因此，要进行图幅数据边缘匹配处理，一般可采用两种方法来调整边界，第一种方法是小心地修改空间数据库中点和矢量的坐标，以维护数据库的连续性；第二种方法是先对准两幅图的一条边缘线，然后再小心地调整其他线段使其取得连续。

（4）坐标转换　当对一幅地图实施数字化后，地图上每一点的坐标值都以数字化仪器的测量单位记录下来。在对这些测量值进行有关地理空间分析前，应当使这些测量值转化为具有地理参照意义下的数值，并具有比例尺的性质，需要对这些测量值进行与原图一样的大地坐标系和投影方式的转换。

12.2.4　GIS 空间信息分析

空间信息分析是一种分析结果依赖于分析对象的位置信息的技术，要求获得目标的空间位置和属性描述两方面的信息。在空间分析技术中，如果目标的可能位置发生了变化，分析结果也会发生相应的变化。通过空间分析中的大量基本空间运算和表达解决用户特定的问题，以取得巨大效益，弥补数据采集、处理中的大量投入，所以空间分析是面向用户的，同时这些运算和表达构成了空间分析的基本核心。GIS 分析、处理数据的最终结果可以通过显示器显示或生成报表、地图打印出来。

（1）空间查询　已知属性查图形、已知图形查属性和多种条件的综合查询。

（2）拓扑叠加　通过将同一地区两个不同图层的特征相叠加，不仅能建立新的空间特征，而且能将输入的特征属性合并，易于进行多种条件的查询检索、地图裁减、地图更新和应用模型分析。例如，林区公路选线，将地形图、地质图、土壤图、水文图、林相图叠置，选择出路线最短、施工容易、坡度合理、影响森林最少的林区公路，将有关地图数字化后输入 GIS，经叠置和分析后输出选线结果图。

（3）建立缓冲区　根据数据库的点线面实体，建立各种类型要素的缓冲多边形，用以确定不同地理要素的空间接近度和邻近性，是 GIS 重要和基本的空间分析之一。如果规划建设一条公路，需要确定一定范围内的耕地占用情况；如果某工程建设的地址已选定，应根据工程建设的影响范围通知周围居民搬迁或采取其他措施；如果进行野生动物保护评价，应该清楚动物的活动范围总是局限于栖息地（河流、洞穴、巢）一定范围内；如果林业规划，需要按照距离河流一定纵深范围来确定砍伐森林区，以防止水土流失等。

（4）网络分析　对地理网络（交通网络）、城市基础设施网络（电力线、电话线）进行地理分析和模型化，选取最佳路径、最佳布局中心的位置。

（5）数字地形分析　GIS 提供了构造数字高程模型及有关地形分析的功能模块，包括坡度、坡向、地表粗糙度、等高线、山脊线、山谷线、日照强度、库容量、表面积、立体图和剖面图等，为地学研究、工程设计和辅助决策提供重要的基础属性数据。

12.2.5 GIS 应用

GIS 的研究对象是整个地理空间，而信息一般与地理位置有关，因而 GIS 的发展受到了世界范围的普遍重视，并主要在以下几个方面得到应用。

（1）城市地下管网管理系统 以城市地理信息为基础，可以很精确地反映城市地下管线的分布情况，通过多种方式对管线数据进行查询、更改、统计和管理，极大地提高了管理部门的工作效率。

（2）城市综合管理系统 将城市地理信息与相关信息紧密结合，在城市建设、土地规划、交通疏导、治安管理、人口流动等方面的综合管理上发挥作用。

（3）港口管理系统 以港口的地理信息为基础，对港区内的船舶、集装箱等信息进行统一管理，明确船舶泊位、进出港时间等船只信息和集装箱堆放位置、到港时间、存放时间等货物信息；根据不同的条件对船舶、货物、设施等项进行查询，并在地图中显示。

（4）金融管理分析系统 在一定区域内，通过普查数据，分析该地区的金融结构、居民收入状况、经济发展潜力等项，为金融机构决策提供重要的参考，在创建办事机构的可行性、选址、机构规模上发挥作用。

（5）生态环境管理分析系统 系统考察在一定区域内的动植物的种类、分布、迁徙、数量等信息；并对区域内的环境状况进行分析，为该地区环境改善、动植物保护、科学研究提供可靠的依据和决策资料。

（6）人口管理系统 实现对某一区域内人口组成结构、流动、分布、文化层次和收入水平等多方面信息的分析，为人口普查、兴建住宅、医疗、文化层次和收入水平等多方面提供分析资料和技术保障。

12.3 RS 基础知识

遥感（Remote Sensing）是遥远感知事物的意思，即不直接接触目标物和现象，在距离地面几千米到几百千米、甚至上千千米的飞机、飞船、卫星上，使用传感器接收地面物体反射或发射的电磁波信号，并以图像胶片或数据磁带记录下来，传送到地面，经过信息处理、判读、分析和野外实地验证，最终服务于资源勘探、动态监测或规划决策。将这一接收、传输、处理、分析、判读和应用遥感信息的全过程称为遥感技术，它具有感测面积大、获取资料速度快、受地面条件限制少，以及可连续进行、反复观察等优点。

遥感技术之所以能够探测不同的地面目标物体，是因为物体本身具有不同的电磁波辐射或反射特性。不同的物体在一定的温度条件下发射不同波长的电磁波，它们对太阳辐射和人工发射的电磁波具有不同的反射、吸收、透射和散射作用的特性。根据这种电磁波辐射理论，就可以利用各种传感器获得它们的影像信息，以达到识别目标物体大小、类型和属性的目的。

随着航天技术、传感器技术、计算机技术和其他相关科学的快速发展，在航空摄影的基础上发展起来的遥感技术得到了极大发展，尤其是高分辨率 CCD 传感器的出现，使遥感图像的空间分辨率由 Landsat-MSS（Multi Spectral Scanner，多光谱扫描仪）的 80m 提高到目前的 2~3m，甚至 Quick Bird 的 0.61m；高光谱分辨率成像光谱仪的出现，使多光谱遥感图像的光谱分辨率可达到 5~10nm。遥感技术的这些成果为遥感从定性化到定量化的研究提供了保障，使遥感图像应用于地图的测绘和 GIS 基础信息的获取成为可能，并在国民经济建设和国防建设的许多领域发挥着重要作用，可应用于测绘、城市规划、水利、电力、通信、交通、军事、农业、林业、环境监测等领域。

12.3.1 遥感技术系统

现代遥感技术系统主要由空间信息采集系统、地面接收和预处理系统、地面实况调查系统和信息分析应用系统四部分组成。

1. 空间信息采集系统

空间信息采集系统主要包括遥感平台和遥感器两部分。遥感平台是装载传感器的运载工具，其种类很多，按平台距地面的高度不同可分为地面平台、航空平台和航天平台。遥感器是收集、记录被测目标的特征信息（反射或发射电磁波）并发送至地面接收站的设备。

在空间信息采集中，通常有多个平台信息获取、多时相信息获取、多波段或多光谱信息获取几种形式。多平台信息是指同一地区采用不同的运载工具获取的信息；多时相信息是指同一地区不同时间（年、月、周、日）获取的信息；多波段信息是指遥感器使用不同的电磁波段获取的信息，如可见光波段、红外波段、微波波段等；多光谱信息是指遥感器使用某一电磁波段中不同光谱范围的信息，如可见光波段中的 $0.4 \sim 0.5 \mu m$、$0.5 \sim 0.6 \mu m$、$0.6 \sim 0.7 \mu m$ 等，多波段和多光谱有时互为通用。

2. 地面接收和预处理系统

遥感信息是指航空遥感和航天遥感所获取的感光胶卷或磁带等。在胶卷和磁带上记录的信息数据，包括被测目标物体的信息数据和运载工具上设备环境的数据。

（1）遥感信息的接收　遥感信息向地面传输有直接回收和视频传输两种方式。直接回收是指传感器将目标物体反射或发射的电磁波信息记录在胶卷或磁带上，待运载工具返回地面后回收；视频传输是指传感器将接收到的目标物体反射或发射的电磁波信息，经过光、电转换，通过无线电将数据送到地面接收站。

（2）遥感信息的预处理　由于受传感器的性能、遥感平台的姿态不稳定、地球曲率、大气的不均匀及地形的差别等多种因素的影响，地面接收站接收到的遥感信息总有不同程度的失真，必须将接收到的信息经过一系列校正后，才能使用。遥感数据处理系统主要包括以下内容：首先，收集传感器接收到的遥感数据和运载工具上设备环境的数据、目标物体的光谱特性以及地面实况调查的资料与数据等，并将传感器接收和记录的原始数据变换为容易使用的数据；然后，将遥感数据进行辐射校正和几何校正以消除图像方面的失真和干扰及图像的几何变形；最后，将全部数据进行压缩、存储，以使用户能快速检索所需要的数据及对图像的判读和应用。

3. 地面实况调查系统

地面实况调查系统主要包括在空间遥感信息获取前进行的地物波谱特征（地面反射电磁波及发射电磁波的特性）测量，在空间遥感信息获取的同时进行的与遥感目的有关的各种遥测数据的采集（如区域的环境和气象等数据）。前者是为设计遥感器和分析应用遥感信息提供依据，后者则主要用于遥感信息的校正处理。

4. 信息分析应用系统

信息分析应用系统是用户为一定目的应用遥感信息时所采取的各种技术，主要包括遥感信息的选择技术、应用处理技术、专题信息提取技术、制图技术、参数量算和数据统计技术等内容。其中遥感信息的选择技术是指根据用户需求的目的、任务、内容、时间和条件（经济、技术、设备等），在已有各种遥感信息的情况下，选购其中一种或多种信息时必须考虑的技术。当没有但需要最新遥感信息时（如航空遥感），应按照遥感图像的特点（如多波段或多光谱），因地制宜，讲求实效地提出航空遥感的技术指标。

在上述遥感技术系统中，遥感器是整个遥感技术系统的核心，体现着遥感技术的水平。近几年来，商用高分辨率卫星得到快速发展，如 1999 年美国发射了 IKONOS 卫星，空间分辨率为 1m；2001 年发射了 Quick Bird 卫星，空间分辨率为 0.61m。高分辨率卫星数据的出现不仅为遥感应用提供了新的数据源，而且也使遥感数据可以进入工程应用，以往只有航空遥感才可能获得的高分辨率影像，现在通过卫星也可以取得，并可应用于大比例尺测图；传统遥感应用 Land sat 的专题制图仪（Thematic Mapper，TM）数据（分辨率仅为 30m）只能监测大面积作物的生长趋势，很难细分小块作物的种类和长势，而 Quick Bird 等高分辨率卫星数据则很容易做到这点，并使遥感影像的解译工作变得简单、直接；同时，高分辨率卫星数据的获取不受地形条件的限制，对航空飞机难以到达的偏远山区、条件恶劣地区以及诸如南极等遥远地区均能获得数据。

12.3.2　遥感图像处理

各种遥感图像都是由先进的技术系统获取的，信息十分丰富。为了挖掘遥感图像的信息潜力，提高判读效果，必须用先进技术方法对原始图像进行一系列处理。遥感图像处理包括以下几个阶段：图像的校正（预处理）、图像的变换、图像的增强、图像的分类。

1. 遥感图像的校正

遥感图像数据的校正处理是消除遥感图像因辐射度失真、大气消光和几何畸变等造成的图像质量的衰减。根据图像质量衰减产生的原因和作用结果不同，一般采用不同的校正处理方法。

1）辐射校正，是通过纠正辐射亮度的办法来实现遥感图像辐射失真或辐射畸变进行的图像校正。辐射校正的方法有两种：一是分析辐射失真的过程，建立辐射失真的数学模型，然后对此数学模型求逆过程，以求得遥感图像失真前的图像；二是利用实地测量的地物的真实辐射值，寻找实测值与失真之后的图像之间的经验函数关系，从而得到辐射校正的方法。

2）大气校正，是为消除由大气的吸收、散射等引起失真的辐射校正。常用的大气校正方法有两类，一类为基于理论模型的方法，该方法必须建立大气辐射传递方程，在此基础上近似地求解；另一类方法为基于经验或统计的方法，如回归分析方法。

3）几何校正，是校正遥感图像成像过程中所造成的各种几何畸变。常用的方法有两类，一是分析几何畸变的过程，建立几何畸变的数学模型，然后对此数学模型求逆函数，以求得遥感图像畸变前的图像；二是利用实地测量的地物的真实坐标值，寻找实测值与畸变之后的图像之间的函数关系，从而得到几何校正的方法。

2. 图像变换

遥感图像数据量很大，直接在空间域中进行处理，涉及的计算量很大，因此往往采用各种图像变换的方法对图像进行处理。在图像处理中，常常将图像从空间域转换到另一种域，利用这种域的特性来快速、方便地处理或分析图像（如傅里叶变换可在频域中进行数字滤波处理），将空间域的处理转换为变换域的处理，不仅可减少计算量，而且可获得更有效的处理。有时处理结果需要再转换到空间域，这种转换过程称为图像变换。遥感影像处理中的图像变换不仅是数值层面上的空间转换，每一种转换都有其物理层面上特定的意义。遥感图像处理中的图像变换主要有：傅里叶变换、沃尔什变换、离散余弦变换、小波变换、K-L变换、KT变换等。

3. 遥感图像增强

图像增强是为了突出图像中的某些信息（如强化图像高频分量，可使图像中物体轮廓清晰、细节明显），同时抑制或去除某些不需要的信息来提高遥感图像质量的处理方法。图像增强可以改善图像质量，使之更适于人的视觉或机器识别系统。遥感图像增强主要包括空域增强、频域增强、色彩增强等方法。

（1）空域增强　在图像处理中，空域是指由像素构成的空间。空域增强包括空域变换增强与空域滤波增强两种。空域变换增强是基于点处理的增强方法，包括对比度增强、直方图增强和图像算术运算等。空域滤波增强是基于邻域处理的增强方法，是在图像空间几何变量域上直接修改图像数据，抑制噪声，改善图像质量，包括图像卷积运算、边缘增强、平滑滤波、定向滤波等。

（2）频域滤波增强　通过修改遥感图像频率成分来实现遥感图像数据的改变，达到抑制噪声或改善遥感图像质量的目的。基础是傅里叶变换和卷积定理，常用的有低通滤波、高通滤波、带阻滤波与带通滤波。

（3）彩色增强　人的视觉对彩色的分辨能力远远高于对灰度的分辨能力，通常人眼能分辨的灰度有十几个等级，但可以分辨100多种彩色层次。彩色增强就是根据人的视觉特点，将彩色用于图像增强之中，这是提高遥感图像目标识别精度的一种有效方法。彩色合成增强是将多波段黑白图像变换为彩色图像的增强处理技术。根据合成影像的彩色与实际景物自然彩色的关系，彩色合成分为真彩色合成和假彩色合成两种。真彩色合成是指合成后的彩色图像上地物色彩与实际地物色彩接近或一致，假彩色合成是指合成后的彩色图像上地物色彩与实际地物色彩不一致，通过彩色合成增强，可以从图像背景中突出目标地物，便于遥感图像判读。

4. 数据融合

多种遥感数据源信息融合是指利用多种对地观测技术获取的关于同一地物的不同遥感数据，通过一定的数据处理技术提取各遥感数据源的有用信息，最后汇集到统一的空间坐标系（图像或特征空间）中进行综合判读或进一步的解析处理，通过多种信息的互补性表现，提高多源空间数据综合利用质量及稳定性，提高地物识别、解译与决策的可靠性及系统的自动化程度的技术。随着多种遥感卫星的发射成功，从不同遥感平台获得的不同空间分辨率和时间分辨率的遥感影像形成了多级分辨率的影像金字塔序列，给遥感用户提供了从粗到精、从多光谱到高光谱的多种遥感数据源。

12.3.3　遥感图像目视判读

遥感图像目视判读是判读者运用遥感基础知识、地学背景知识等综合知识对遥感图像进行分析、识别，获取目标地物信息的过程。目视判读是许多遥感应用项目的先遣工作，是遥感应用的基础。

1. 目标地物识别特征

色调是全色遥感图像中从白到黑的密度比例，也叫灰度。如海滩的砂砾，因含水量不同，在遥感黑白像片中其色调是不同的，干燥的砂砾色调发白，而潮湿的砂砾发黑。色调标志是识别目标地物的基本依据，依据色调标志，可以区分出目标地物。在一些情况下，还可以识别出目标地物的属性。例如，黑白航空像片上柏树为主的针叶林，其色调为浅黑灰色，山毛榉为主的阔叶林，其色调为灰白色。目标地物与背景之间必须存在能被人的视觉分辨出的色调差异，目标地物才能够被区分。

颜色是彩色遥感图像中目标地物识别的基本标志。日常生活中目标地物的颜色是地物在可见光波段对入射光选择性吸收与反射在人眼中的主观感受。遥感图像中目标地物的颜色是地物在不同波段中反射或发射电磁辐射能量差异的综合反映。彩色遥感图像上的颜色可以根据需要在图像合成中任意选定，如多光谱扫描图像可以使用几个波段合成彩色图像，每个波段赋予的颜色可以根据需要来设置。按照遥感图像与地物真实色彩的吻合程度，可以把遥感图像分为假彩色图像和真彩色图像。假彩色图像上地物颜色与实际地物颜色不同，它有选择地采用不同的颜色组合，目的是突出特定的目标物。真彩色图像上地物颜色能够真实反映实际地物颜色特征，这符合人的认知习惯。同一景多光谱扫描图像的相同地物，不同波段组合可以有不同的颜色，目视判读前需要了解图像采用哪些波段合成，每个波段分别被赋予何种颜色。人眼具有很高的区分色彩能力，将遥感图像赋予颜色，能够充分显示地物的差异，如森林及农作物看上去同为绿色，由于存在微小色差，有经验的目视判读人员仍然能判别出树种及作物的种类。

阴影是遥感图像上光束被地物遮挡而产生的地物的影子。根据阴影形状、大小可判读物体的性质或高度，如航空像片判读时利用阴影可以了解铁塔及高层建筑物等的高度及结构。阴影的长度、方向和形状受到光照射角度、光照射方向和地形起伏等影响，山脉等阴影笼罩下的树木及建筑物往往会使目标模糊不清，甚至丢失。不同遥感影像中阴影的解译是不同的。例如，侧视雷达影像中目标地物阴影由目标阻挡雷达波束穿透而产生，热红外图像中目标地物阴影是由温度差异形成，如夏季中午飞机飞离机场不久进行热红外成像，地表仍会留下飞机的阴影。

形状是目标地物在遥感图像上呈现的外部轮廓，如飞机场、港湾设施在遥感图像中均具有特殊形状。用于判读的图像通常多是垂直拍摄的，遥感图像上表现的目标地物形状是顶视平面图，它不同于我们日常生活中经常看到的物体形状。由于成像方式不同，飞行姿态的改变或者地形起伏的变化，都会造成同一目标地物在图像上呈现出不同的形状。解译时必须考虑遥感图像的成像方式。

纹理也叫内部结构，指遥感图像中目标地物内部色调有规则变化造成的影像结构，如航空像片上农田呈现的条带状纹理。纹理在高分辨率像片上可以形成目标地物表面的质感，视觉看上去显得平滑或粗糙，幼年林看上去像天鹅绒样平滑，成年的针叶树林看上去很粗糙。纹理可以作为区别地物属性的重要依据。

大小指遥感图像上目标物的形状、面积与体积的度量。它是遥感图像上测量目标地物最重要的数量特征之一。根据物体的大小可以推断物体的属性，有些地物如湖泊和池塘，主要依据它们的大小来区别。判读地物大小时必须考虑图像的比例尺。根据比例尺的大小可以计算或估算出图像上物体对应的实际大小。影响图像上物体大小的因素有地面分辨率、物体本身亮度与周围亮度的对比关系等。

位置指目标地物分布的地点。目标地物与其周围地理环境总是存在着一定的中间联系，并受周围地理环境的一定制约。位置是识别目标地物的基本特征之一，如水田临近沟渠。位置分为地理位置、相对位置。依据遥感图像图框注记的地理经纬度位置，可以推断出区域所处的温度带；依据相对位置，可以为具体目标地物解译提供重要判据，如位于沼泽地的土壤多数为沼泽土。

图型是目标地物有规律的排列而成的图形结构。例如，住宅区建筑群在图像上呈现的图型，农田与周边的防护林构成的图型，以这种图型为线索可以容易判别出目标物。

相关布局是多个目标地物之间的空间配置关系。地面物体之间存在着密切的物质与能量上的联系，依据空间布局可以推断目标地物的属性。例如，学校教室与运动操场、货运码头与货物存储堆放区等都是地物相关布局的实例。地面各种目标地物在遥感图像中存在着不同的色、形、位的差异，构成了可供识别的目标地物特征。目视解译人员将目标地物的特征作为分析、解译、理解和识别遥感图像的基础。

2. 图像判读的方法

（1）直接判读法　是根据遥感影像目标识别特征，直接确定目标地物属性与范围的一种方法。例如，在可见光黑白像片上，水体对光线的吸收率强，反射率低，水体呈现灰黑到黑色，根据色调可以从影像上直接判读出水体，根据水体的形状则可以直接分辨出水体是河流或者是湖泊。

（2）对比分析法　包括同类地物对比分析法、空间对比分析法和时相动态对比法。同类地物对比分析法是在同一遥感影像上，由已知地物推出未知目标地物的方法。例如，在大、中比例尺航空摄影像片上识别居民点，判读者一般都比较熟悉城市的特点，可以根据城市具有街道纵横交错、大面积浅灰色调的特点与其他居民点进行对比分析，从众多的居民点中将城市从背景中识别出来，也可以通过比较浅灰色调居民点的大小，将城镇与村庄区别开来。空间对比分析法是根据待判读区域的特点，判读者选取另一个熟悉的与遥感图像上区域特征类似的影像，将两个影像相互对比分析，以已知影像为依据判读未知影像的一种方法。例如，两张地域相邻的彩红外航空像片，其中一张经过判读，并通过实地验证，判读者对它很熟悉，因此就可以利用这张彩红外航空像片与另一张彩红外航空像片相互比较，从"已知"到未知，加快对地物的判读速度。使用空间对比分析法应注意，对比的区域应该是自然地理特征基本相似的，即应在同一个温度带，并且干湿状况相差不大。时相动态对比法是利用同一地区不同时间成像的遥感影像进行对比分析，了解同一目标地物动态变化的一种判读方法。例如，遥感影像中河流在洪水季节与枯水季节中的变化，利用时相动态对比法可进行洪水淹没损失评估或其他一些自然灾害损失评估。

（3）信息复合法　是利用透明专题图或者透明地形图与遥感图像重合，根据专题图或者地形图提供的多种辅助信息，识别遥感图像上目标地物的方法。例如，TM影像图覆盖的区域大，影像上土壤特征表现不明显，为了提高土壤类型判读精度，可以使用信息复合法，利用植被类型图增加辅助信息。从地带性分异规律可知，太阳辐射能在地表沿纬度变化也会导致土壤与植被呈现地带性变化，当植被类型为热带雨林和亚热带雨林时，其地带性土壤是砖红壤性红壤，当植被类型是亚热带常绿阔叶林时，其地带性土壤是红壤或黄壤。在温带、暖温带地区，因海陆差异引起的从海岸向大陆中心发生变化的经度地带性，也会造成土壤与植被有规律的变化，如森林草原植被覆盖下的黑钙土，草原下的栗钙土，荒漠草原下的灰钙土、棕钙土。植被类型提供的信息有助于对土壤类型的识别。等高线对识别地貌类型、土壤类型和植被类型也有一定的辅助作用。例如，在卫星影像上，高山和中高山多呈条块状、棱状、肋骨状或树枝状团型。等高线与卫星影像复合，可以提供高程信息，这有助于中高山地貌类型的划分。使用信息复合法的关键是遥感影像图必须与等高线图严格配准，这才能保证地物边界的精度。

（4）综合推理法　是综合考虑遥感图像多种判读特征，结合生活常识，分析、推断某种目标地物的方法。例如，铁道延伸到山脚下，突然中断，可以推断出有铁路隧道通过山体。在航空摄影中，公路的构像为狭长带状，在晴朗大气下成像时，公路因为平坦，反射率高，影像上呈现灰白或浅灰色调，铁路在形状上构像与公路相似，但色调为灰色或深灰色，从色调上比较易于识别；但大雨过后，公路因路面积水，影像色调也呈现灰色至深灰色，很难依据色调将公路与铁路区分，此时就需要采用综合推理法。例如，公路转弯处半径很小（因汽车转弯相对灵活），铁路在转弯处半径很大（火车转弯不灵活）；铁路在道口与公路或大路直角相交，而大路与公路既有直角相交，也有锐角相交；铁路每隔一定距离就有一个车站，根据这些特征综合分析，就可以将公路与铁路区别开来。

（5）地理相关分析法　是根据地理环境中各种地理要素之间的相互依存、相互制约关系，借助专业知识，分析推断某种地理要素性质、类型、状况与分布的方法。例如，利用地理相关分析法分析洪冲积扇各种地理要素的关系：山地河流出山后，因比降变小，动能减小，水流速度变慢，常在山地到平原过渡带形成巨大的洪冲积扇，其物质分布带有明显的分选性；冲积扇上中部，主要由沙砾物质组成，呈灰白色和浅灰色，由于土层保肥与保水性差，一般无植物生长；冲积扇的中下段，因水流分选作用，扇面为粉沙或者黏土覆盖，土壤有一定保肥与保水能力，植物在夏季的标准假彩色图像上呈现红色或者粉红色；冲积扇前沿的洼地，地势低洼，遥感影像色调较深，表明有地下水溢出地面，影像上灰白色小斑块表明土壤存在盐渍化。

3. 遥感图像目视判读步骤

（1）目视判读准备工作阶段　为了提高目视判读质量，需要明确判读任务与要求，收集与分析有关资料，选择合适波段与恰当时相的遥感影像。

（2）初步判读与判读区的野外考察　初步判读的主要任务是掌握判读区域特点，确立典型判读样区，建立目视判读目标地物特征，探索判读方法，为全面判读奠定基础。在室内初步判读的工作重点是建立影像判读标准，为了保证判读标志的正确性和可靠性，必须进行判读区的野外调查。野外调查之前，需要制定野外调查方案与调查路线。在野外调查中，为了建立地区性的判读标志，必须做大量认真细致的工作，填写各种地物的判读标志登记表，以作为建立地区性的判读标志的依据。在此基础上，制定出影像判读的专题分类系统。根据目标地物与影像特征之间的关系，通过影像反复判读和野外对比检验，建立遥感影像判读标志。

（3）室内详细判读　初步判读与判读区的野外考察，奠定了室内判读的基础。建立遥感影像判读标志后，就可以在室内进行详细判读了。

室内详细判读过程中，对于复杂的地物现象，可以综合利用各种判读方法，如利用遥感影像编制地质构造图，可以利用直接判读法，根据色调特征识别断裂构造，采用对比分析法判明岩层构造类型，利用地学相关分析法，配合地面地质资料及物化探资料，分析、确定隐伏构造的存在及其分布范围；利用立尺、量角器、求积仪等简单工具，测量岩层产状、构造线方位、岩体的出露面积、线性构造的长度与密度等，各种判读方法的综合运用，可以避免一种判读方法固有的局限性，提高影像判读质量。

（4）野外验证与补判　室内目视判读的初步结果，需要进行野外验证，以检验目视判读的质量和精度。对于详细判读中出现的疑难点、难以判读的地方则需要在野外验证过程中补充判读。

（5）目视解译成果的转绘与制图　遥感图像目视判读成果，一般以专题图或遥感影像图的形式表现出来。将遥感图像目视判读成果转绘成专题图，可以采用手工转绘成图，也可以在精确几何基础的地理地图上采用转绘仪进行转绘成图。完成专题图的转绘后，再绘制专题图图框、图例和比例尺等，对专题图进行整饰加工，形成可供出版的专题图。

12.4　3S 技术的综合应用

GPS 可以高效精确地提供地物的空间位置信息，RS 可以迅速、及时地提供地表的属性并在一定程度上提供地物的大面积的空间位置信息，GIS 为地物的几何数据和属性数据的存储、管理和应用提供了软件平台。许多工程和应用项目需要综合利用 3S 技术的特长，才能获得对地观测、信息处理、分析、模拟的能力。

1. GPS 与 GIS 的结合应用

利用 GIS 中的电子地图和 GPS 接收机的实时差分定位技术，可以组成各种电子导航系统，用于交通、车船自动驾驶，也可以直接用 GPS 对 GIS 的数据进行实时更新。

2. GPS 与 RS 的结合应用

（1）遥感影像的几何校正需要一些地面控制点　地面控制点应选用图像上易分辨且较精细的特征，很容易用目视方法辨别，如道路交叉点、河流弯曲或分叉处、海岸线弯曲、湖泊边缘、飞机场、城郭边缘等，GPS 可以准确、快速地测出地面控制点的坐标。

（2）航空遥感中航线的控制　在航空遥感中，飞机的姿态、飞行路线的控制对遥感任务而言是非常重要的，尤其是在多航线的面状遥感任务中，航线与航线之间的影像拼合主要取决于飞行路线的控制。GPS 可提供精确导航，使航线之间平行，为遥感影像的高精度拼接和几何校正提供保证。

（3）遥感实地验证时的导航定位　在遥感影像的第一次判读后的实地验证过程中，需要知道所处的地点对应于遥感影像上的位置。传统方法主要是依靠明显地物来做参照物，效率低，准确度低，应用 GPS 可有效解决这个问题。

3. GIS 与 RS 的结合应用

由于遥感图像中"同物异谱""同谱异物"的情况时常发生，影响了土地覆盖或分类的精度。在 GIS 的支持下，补充一些非遥感信息参与遥感分类，可明显提高土地分类的精度。还可利用 GIS 提供的非遥感信息参与遥感信息的各种定性、定量分析，加大信息挖掘的深度，提高遥感信息的使用效率。RS 是 GIS 的重要信息源，可以为 GIS 提供高效、廉价、及时、客观、准确、丰富的地面信息。

4. 3S 技术综合应用实例

在人类社会进入信息社会的时代，3S 技术将对解决国民经济建设、科技发展的重大问题做出重要贡献，可以在多个领域中发挥重要作用。

（1）3S 技术在车辆导航与车辆监控系统中的综合应用　车辆导航与监控系统通过对车辆（移动目标）的导航、动态跟踪、监控、检查与服务等机制，来完成对车辆的综合管理与控制，是一项融 3S 与通信技术于一体的复杂系统，倍受公安、银行、保安、出租车管理等部门的青睐。车辆导航与车辆监控系统主要由硬件、通信环境、GPS 导航仪和 GIS 等组成。在 3S 技术支持下，监控中心计算机阵列连网后形成车辆信息监测与控制系统，管理人员可以对监控车辆进行动态编组管理、导航与调度。在控制中心，具有大画面、高清晰度的大屏幕显示系统能够动态实时地显示来各各车辆的运行状况，管理人员可以实时看到移动车辆的运行情况，对不同区域或特定目标进行锁定式监控，系统确保紧急报警信号优先监测。在紧急状态时可以应急调出具有辅助决策功能的警情专用地图，详细显示以事故地点为中心的区域情况，以供决策参考。车辆安装 GIS 后，驾驶员在汽车上可以查询道路上任一点相关信息（沿街单位名称、周围旅馆、饭店信息、治安岗亭等特殊信息）、城市任一条公路信息（长度、路况、路边单位分布及电话号码等）、最优路径计算，给出动态目标起点到终点之间的最优路径（选择两点之间最近路线、最快路线等）、可计算出电子地图上任意两点间的距离。在控制中心，GIS 支持扫描仪和数字化仪输入，可以对数字地图中公路信息进行增加、删除、移动等修改；支持数据文件的输入，GIS 读入图形数据文件，然后用它直接生成图形；支持电子地图的无级缩放、分层显示和管理、地图与数据报表打印与输出；可挂接多种数据库，支持对动态目标信息、道路信息、地理信息及服务设施信息等各种信息的查询。在车辆导航与监控系统中，遥感技术以数字图像方式提供了城市范围内道路与相关因子动态变化信息，它可以在 GIS 中作为电子数字地图使用，也可以利用遥感图像来及时更新道路数据库。GPS 提供了车辆目前所处的精确位置等信息，位置信息可以在 GIS 支持下，在显示器上以"点"状符号表现出来，直观地向驾驶员指明当前车辆在道路上的位置，同时该车的位置信息可以通过无线集群通信网接入控制中心局域网，车辆导航与监控系统服务器接收各个移动车辆的位置信息，并分发给与其相连的各个操作台。管理操作台与监视操作台上安装有 GIS，可以把 GPS 定位信息在电子地图中相应位置上表现出来。GIS 可以实现各种车辆信息的管理、显示和分析，为管理人员和司机提供辅助决策，在突发事件时它可以快速在地图上准确标出各个移动车辆的当前位置，为公安快速反应、交通调度管理、车辆报警求援提供帮助。以上各项技术各有侧重，相互补充，共同完成车辆导航与监控系统承担的各项任务。

（2）3S 技术在海洋资源开发中的应用　海洋鱼群对海洋生态环境有极大的依赖性，海洋的鱼群运动以及鱼饵料的时空分布是有规律可循的。水温、水色、海流、风场、盐度等海洋环境参数及其变化控制着鱼类的生存、繁殖、洄游、分布以及中心渔场位置、渔期早晚和捕获量，这为 3S 在开发海洋渔业资源方面的应用提供了可能性。海洋学家发现不同的鱼种有不同的温度习性，鱼饵料场往往分布在冷热水交界面上，因此利用海面温度图可以推断渔场的分布。利用遥感数据进行处理分析，绘制海洋表面温度分布图，遥感技术成了发现渔场的有力工具。GIS 支持海洋数字地图的显示与管理。渔民在海洋上捕鱼，可以方便地使用GIS 来显示电子地图，在电子地图上渔民可以看到 GIS 模拟出海洋渔场的分布、中心渔场的位置、渔场边界、渔场密度分布状况。在计算机显示屏幕上，海洋状况可以采用二维、三维图像方式来表达，各种统计信息也可以采用直方图、折线图或者二维表的形式来表现，这为渔民观察、使用与分析鱼情提供了方便。渔民可以利用渔业数据库查询不同海区的水温、叶绿素浓度及分布、海洋表面风场以及流场分布，海水深度、盐度等信息。海洋渔业资源与环境数据库具有"多文档、巨容量"特点，它包括渔业资源与环境统计数据、栅格数据和遥感数据，可以采用面向对象的层次数据模型，实现渔业资源与环境数据库管理。GPS 接收机进入定位状态后，液晶显示屏显示当前捕鱼船在海洋中的经纬度及当前时间，因此利用 GPS 接收机，渔民可以随时在浩瀚的海洋中随时了解船只的位置，这比利用太阳和星星辨认方向要精确得多。

（3）3S 技术在精细农业发展中的应用　农业是一个国家的基本产业，按照农业地域分异规律，因地制宜发展农业，这对于合理利用农业资源，发挥地区优势，增加粮食生产，保护生态环境具有重要意义。在信息社会，精细农业代表着农业发展的一个方向，也是农业研究领域的热点。在 3S 技术支持下的精细农业具有技术性强、定量化、定位化等特点。RS 可以客观、准确、及时地提供作物生态环境和作物生长的各种信息，是精细农业获得田间数据的重要来源。GIS 用于农田土地数据管理，查询土壤、自然条件、作物苗情、作物产量等数据，并能够方便地绘制各种农业专题地图，也能采集、编辑、统计分析不同类型的空间数据。GPS 的优势是精确定位，GIS 的优势是管理与分析，RS 的优势是快速提供各种作物生长与农业生态环境在地表的分布信息，它们可以做到优势互补，促进精细农业的发展。GPS 可以确定拖拉机和联合收割机在田间作业中的精确位置，GIS 可对各种田间数据进行处理和定量分析，两者结合可以提供科学种田需要的定位和定量技术手段，进行田间操作和田间管理。例如，GIS 能够根据地块中土壤特性（土壤结构和有机质含量）和土地条件（土地平整度和灌溉），结合 GPS 接收机提供的位置数据，指挥播种机进行定量播种，播种的疏密程度与土地肥力和土壤质地等作物生长环境相适应。在 GIS 和 GPS 指挥下，农药喷洒机可以在病虫害发生地去自动喷洒农药。RS 和 GIS 结合提供了多种数据源，这为建立农田基础数据库奠定了基础，是农田科学管理的基础。搭载在拖拉机和联合收割机上的 GIS 可以记录下各种农田操作过程中获得的数据，如作物品种、播种深度、喷洒农药类型、施肥和灌溉，以及收获产量，同时记录下田间作业时的位置与范围，灌溉量、化肥使用量、农药喷洒量、喷施部位、使用时间、当时天气状况，这些都可以记录在数据库内，日积月累，形成农田基础数据库。此外，也可以通过观察，将作物生长情况、田间管理措施和生态环境等数据输入到数据库中。农田基础数据是农业生产辅助决策支持系统的重要科学依据。

（4）3S 技术在土地研究中的应用　3S 技术为土地科学提供了全新的研究手段，导致了土地科学研究范围、内容和方法的巨大变化。常规的土地资源调查方法，获取数据的周期长而且精度差，数据和图件的管理、传输、分析手段落后，无法提供及时、准确、全方位的信息。加上每年土地利用和土地覆盖状况都在变化，往往使耗资巨大的调查结果难以反映当前土地资源现状，而应用 RS 可以快速获得土地利用和土地覆盖的动态变化信息。在土地资源分布调查中，GPS 可以作为独立数据获取手段之一。对于权属划拨引起的用地类型改变的情况，可以使用 GPS 接收机在野外获取变化区域的定位数据，在此基础上对土地资源数据库进行更新。

（5）3S 技术在全球变化研究中的应用　全球变化是指气候和地表及地表以上各种因子间的相互作用造成的环境变化，它涉及岩石圈、大气圈、水圈和生物圈。全球变化受到自然过程和人类活动的共同影响，目前已出现全球变暖、大气温室气体浓度增加、臭氧洞、地表植被覆盖和土地利用变化等几个比较重大的环境问题。全球变化与对地观测研究的技术支持是 3S 技术与高速数字通信网络。RS 提供了地球上环境与资源动态变化信息，地面卫星接收站与数字通信网络分别实现天地之间通信传输与地球不同区域分布式数据库的联网。GIS 完成地球资源与环境信息的分析任务，GPS 提供了地球表层观测地点的精确位置等信息，以上技术在全球变化研究和对地观测研究中发挥着重要作用。

（6）3S 技术在城市规划与城市管理中的应用　航空图像和高分辨率的卫星图像可以快速、真实地提供城市规划方面的大量信息。通过航空图像和高分辨率的卫星图像的判读和解译，城市规划人员和城市建设管理人员能够了解城市基本布局，或者了解城市建成区内的居民住房、工厂、商店、学校等各种建筑物，广场、街道、公园绿地和河湖水面的分布现状，这对于提高城市规划水平，监测城市规划的实施，总结城市规划方面的经验教训，搞好城市建设，有着重要的意义。GIS 的真正价值在于它能够快速进行分析，帮助规划人员来解决城市规划中碰到的问题。GPS 技术在城市交通管理和社会治安管理中具有重要作用，为飞机、车、船导航和调度管理提供了全新的手段，也为银行、保险、公安、医疗、出租车等各类业务车辆提供了监控、调度和安全管理手段，因而可大大加强城市交通管理和社会治安工作。

（7）3S 技术在环境动态监测与环境保护中的应用　遥感技术是环境动态监测的重要手段。通过地球观测卫星或飞机从高空观测地球，监测的区域范围大，获取环境信息快速准确，能够及时发现陆地淡水和海水的污染、大面积空气污染、南北极冰雪覆盖范围的变化、森林大火、火山喷发、洪水淹没区域等。利用遥感技术获取环境信息，时间周期很短。天空中运行的气象卫星，可以一天两次监测同一地区，SPOT 地球观测卫星可以在 3~5d 的间隔观测同一地区，地球观测卫星可以在 16~18d 的时间间隔观测同一地区。它们获得的环境动态观测数据，通过 GIS 快速处理和分析，能够及时发现环境的变化，便于采取措施控制环境污染，最大限度避免环境危害，达到保护环境的目的。

（8）3S 技术在防灾、减灾、救灾中的应用　利用气象卫星实时传输的遥感信息，可以及时监测森林火灾发生的地理位置和所在的行政区域，包括经纬度、行政界线；森林火灾的动态演变，包括蔓延方向、燃烧面积和强度等；森林资源的损失情况，包括地类、林型及森林环境。在 GIS 的支持下，可以快速制作遥感影像图，编制林火管制事态图，并通过屏幕显示、笔绘输出和打印机打印成图，为林火指挥人员提供实时决策依据，并利用地理数据库提供的扑灭火灾人员配置资料，根据预先制定的灭火方案，迅速进行灭火部署。在防灾、减灾、救灾中，GPS 技术还可以应用在精密的大地测量基准研究，而大地测量基准研究是地球动力学研究、地壳形变和地震预报的基础。用遥感方法监测地温变化已成为很有发展前途的地震预报手段之一。GIS 可以对自然灾害信息进行查询分析，尤其在自然灾害损失评估中具有重要作用。3S 技术为灾害预测预报、制定防灾救灾预案、灾期应急行动指挥、灾后损失评估和治灾工程规划提供现代化的科学手段。

习　题

1. GPS 定位系统由哪几部分组成？各部分的作用是什么？
2. GPS 系统的定位原理是什么？如何确定地面点的位置？
3. GPS 定位方式有哪几种？各适用于什么情况？
4. GIS 由哪几个主要部分组成？它的基本功能有哪些？
5. 试述数字图像增强的主要方法。
6. 简述遥感技术系统的组成。
7. 试述遥感目视判读的方法与基本步骤。
8. 遥感影像判读的主要标志是什么？
9. 何谓 3S 技术？简要说明 3S 技术之间的相互关系与作用。

附　　录

附录 1　水准仪系列技术参数

技术参数项目		光学水准仪系列型号			
		DS$_{05}$	DS$_1$	DS$_3$	DS$_{10}$
每公里往返测高差中误差/mm		≤±0.5	≤±1	≤±3	≤±10
望远镜	望远镜放大倍率	≥44	≥40	≥30	≥25
	望远镜有效孔径/mm	≥60	≥50	≥42	≥35
	最短视距,不大于/m	3.0	3.0	2.0	2.0
自动安平补偿性能	补偿范围/′	±8	±8	±8	±10
	安平精度/″	±0.1	±0.2	±0.5	±2
	安平时间不长于/s	2	2	2	2
水准器分划值	符合水准器/("/2mm)	10	10	20	45
	十字水准器/("/2mm)	3	3		
	圆盒水准器/("/2mm)			8	8
光学测微器量测范围/mm		5	5		
光学测微器最小分划/mm		0.05	0.05		
主要用途		国家一等水准测量及地震水准测量	国家二等水准测量及其他精密水准测量	国家三、四等水准测量及一般工程测量	一般工程测量
附:国外相应等级的仪器		蔡司 004、徕卡 N$_3$	蔡司 007、徕卡 N$_2$	蔡司 030、徕卡 N$_1$	—

电子水准仪系列型号				
技术参数项目	徕卡 DNA03	徕卡 DNA10	蔡司 DiNi12/12T	蔡司 DiNi22
每公里往返测高差中误差/mm	0.3mm	0.9mm	0.3mm	0.9mm
望远镜放大倍率	24	24	32	26
补偿范围/′	±10	±10	±15	±15
安平精度/″	±0.3	±0.8	±0.2	±0.5
测量范围	1.8～110m	1.8～110m	1.5～100m	1.5～100m
最短视距,不大于/m	0.6	0.6	0.8	0.8
最小读数	0.01mm	0.1mm	0.01mm	0.01mm

附录 2　经纬仪系列技术参数

技术参数项目		光学经纬仪系列型号			
		DJ_{07}	DJ_1	DJ_2	DJ_6
一测回水平方向精度		±0.6″	±0.9″	±1.6″	±6″
望远镜	望远镜放大倍率/倍	30、45、55	24、30、45	30	30
	望远镜有效孔径/mm	65	60	40	40
	最短视距，不小于/m	3	3	2	2
水准器分划值	照准部水准管/(″/2mm)	4	6	10	20
	竖盘指标水准管/(″/2mm)	5	10	10	20
	圆水准器/(′/2mm)	3	5	5	8
竖盘指标自动补偿器	补偿范围			±2′	±2′
	安平精度			±0.3″	±1″
光学测微器量测范围		10′	10′	10′	
光学测微器最小分划		0.2″	0.2″	1″	60″
主要用途		国家一等三角测量	国家二等三角测量及其他精密工程测量	国家三、四等三角测量及精密工程测量	大比例尺地形测量及一般工程测量
国外相应等级的仪器		$WILDT_4$ Theo003	$WILDT_3$ DKM_3	$WILDT_2$ Theo010	$WILDT_1$ Theo030

附录 3　地形图图式

编号	符号名称	符号式样			符号细部图
		1：500	1：1000	1：2000	
1.	测量控制点				
1.1	三角点 a. 土堆上的 张湾岭、黄土岗——点名 156.718、203.623——高程 5.0——比高		3.0 △ 张湾岭/156.718 a 5.0 △ 黄土岗/203.623		1.0 0.5 1.0
1.2	小三角点 a. 土堆上的 摩天岭、张庄——点名 294.91、156.71——高程 4.0——比高		3.0 ▽ 摩天岭/294.91 a 4.0 ▽ 张庄/156.71		1.0 0.5 1.0
1.3	导线点 a. 土堆上的 I16、I23——等级、点号 84.46、94.40——高程 2.4——比高		2.0 ⊙ I16/84.46 a 2.4 ⊙ I23/94.40		

（续）

编号	符号名称	符号式样			符号细部图
		1：500	1：1000	1：2000	
1.4	埋石图根点 　a. 土堆上的 12、16——点号 275.46、175.64——高程 2.5——比高	2.0 ⊡ $\frac{12}{275.46}$ a　2.5 ⊡ $\frac{16}{175.64}$			2.0 ⊡ 0.5 0.5 1.0
1.5	不埋石图根点 19——点号 84.47——高程	2.0 ⊡ $\frac{19}{84.47}$			
1.6	水准点 Ⅱ——等级 京石 5——点名点号 32.805——高程	2.0 ⊗ $\frac{Ⅱ京石5}{32.805}$			
1.7	卫星定位等级点 B——等级 14——点号 495.263——高程	3.0 △ $\frac{B14}{495.263}$			
1.8	独立天文点 照壁山——点名 24.54——高程	4.0 ☆ $\frac{照壁山}{24.54}$			
2.	水系				
2.1	地面河流 　a. 岸线 　b. 高水位岸线 清江——河流名称	清　江			
2.2	地下河段及出入口 　a. 不明流路的 　b. 已明流路的				$R=d$ d 1.0
2.3	消失河段	1.6 0.3			
2.4	时令河 　a. 不固定水涯线 　(7-9)——有水月份	3.0　1.0　(7-9)			
2.5	干河床（干涸河）	3.0　1.0			

编号	符号名称	符号式样			符号细部图
		1：500	1：1000	1：2000	
2.6	运河、沟渠 　a. 运河 　b. 沟渠 　　b1. 渠首	a　　　　　　　　　0.25 b b1　　　　　　　0.3			
2.7	沟堑 　a. 已加固的 　b. 未加固的 　　2.6——比高	a　　2.6 b			
2.8	坎儿井 　a. 竖井	0.3　　a 1.0　　4.0			3.2 1.6
2.9	地下渠道、暗渠 　a. 出水口	0.3　　a 1.0　　4.0　2.2			0.3 0.3　　1.4 30°
2.10	输水渡槽（高架渠）	0.25			1.0
2.11	输水隧道	1.2　0.6			1.0
2.12	涵洞 　a. 依比例尺的 　b. 半依比例尺的	a　　　　b			45°　　1.2 a　0.6　1.0 90° b　1.0
2.13	湖泊 　龙湖——湖泊名称 　（咸）——水质	龙 湖（咸）			
2.14	池塘				

（续）

编号	符号名称	符号式样			符号细部图
		1：500	1：1000	1：2000	
2.15	水库 　　a. 毛湾水库——水库名称 　　b. 溢洪道 　　　　54.7——溢洪道堰底面 高程 　　c. 泄洪洞口、出水口 　　d. 拦水坝、堤坝 　　d1. 拦水坝 　　d2. 堤坝 　　水泥——建筑材料 　　75.2——坝顶高程 　　59——坝长（m） 　　e. 建筑中水库				
2.16	陡岸 　　a. 有滩陡岸 　　　　a1. 土质的 　　　　a2. 石质的 　　2.2、3.8——比高 　　b. 无滩陡岸 　　　　b1. 土质的 　　　　b2. 石质的 　　2.7、3.1——比高				
3.	居民地及设施				
3.1	单幢房屋 　　a. 一般房屋 　　b. 有地下室的房屋 　　c. 突出房屋 　　d. 简易房屋 　　混、钢——房屋结构 　　1、3、28——房屋层数 　　-2——地下房屋层数				
3.2	建筑中房屋				
3.3	棚房 　　a. 四边有墙的 　　b. 一边有墙的 　　c. 无墙的				

编号	符号名称	符号式样			符号细部图
		1：500	1：1000	1：2000	
3.4	破坏房屋	破 2.0 1.0			
3.5	架空房 3、4——楼层 /1、/2——空层层数	混凝土4 | 混凝土3/ | 混凝土4 2.5 0.5		4 | 3/2 | 4 2.5 0.5	
3.6	廊房 a. 廊房 b. 飘楼	a 混3 1.0 2.5 0.5		b 混3 2.5 0.5	
3.7	窑洞 a. 地面上的 a1. 依比例尺的 a2：不依比例尺的 a3. 房屋式的窑洞 b. 地面下的 b1. 依比例尺的 b2：不依比例尺的	a a1 ∩ a2 ∩ a3 ∩ b b1 ∩ △ b2 ∩			2.0 ∩ 0.8 1.6
3.8	蒙古包、放牧点 a. 依比例尺的 b. 不依比例尺的 （3—6）——居住月份	a ⊖ (3-6)		b ⌒ 1.6 3.2 (3-6)	⌒ 0.4
3.9	露天采掘场、刮掘地 石、土——矿物品种	石		土	
3.10	吊车 a. 龙门吊 b. 天吊	a ⋈ b ⋈ 1.0			1.0 ⋈ 1.0 1.0 2.0
3.11	装卸漏斗 a. 漏口在中间的 b. 漏口在一侧的 c. 斗在墙上的 d. 斗在坑内的	a ○ 漏·斗 ○ b 漏·斗 3.0 1.0 c ⊡ 2.0 d 漏斗 1.0 1.0 漏斗 1.0 1.0		漏斗	

（续）

编号	符号名称	符号式样			符号细部图
		1：500	1：1000	1：2000	
3.12	起重机 　a. 固定的 　b. 有轨道的	a　3.6 60° 　　1.2 b			1.0 0.5
3.13	饲养场、打谷场、贮草场、贮煤场、水泥预制场 牲、谷、混凝土预——场地说明	牲　　谷　　混凝土预			
3.14	温室、大棚 　a. 依比例尺的 　b. 不依比例尺的 　菜、花——植物种类说明	a　菜　菜 b　1.9 2.5 花			
3.15	学校			2.5 文	0.5 0.4 R6 文 0.4
3.16	医疗点			2.8	2.2　0.8 2.2
3.17	体育馆、科技馆、博物馆、展览馆	混凝土5科 0.6			
3.18	宾馆、饭店	混凝土5 H			0.7　0.3 2.8 H 0.4 1.4
3.19	商场、超市	混凝土4 M			0.5　0.5 3.0 M 0.4 0.4 0.3
3.20	剧院、电影院	混凝土2			1.1 2.2 2.8 1.1

（续）

编号	符号名称	符号式样			符号细部图
		1：500	1：1000	1：2000	
3.21	露天体育场、网球场、运动场、球场 　a. 有看台的 　　a1. 主席台 　　a2. 门洞 　b. 无看台的	 a 工人体育场 a2 45° a1 1.0 b 体育场　　　球			
3.22	游泳场（池）	泳　　　泳			
3.23	围墙 　a. 依比例尺的 　b. 不依比例尺的	a ●————●————●————●————● 　　10.0　　0.5 b ————●——————●——————●—— 0.3 　　10.0　　0.5			
3.24	栅栏、栏杆	10.0　　1.0 ○—·—○—·—○—·—○—·—○			
3.25	篱笆	10.0　　1.0 ——+———+———+—— 0.5			
3.26	活树篱笆	6.0　　1.0 ●○○○○●○○○○●○○○○● 0.6			
3.27	铁丝网、电网	10.0　　1.0 —×———×———×———×— —×——×—电—×———×—			
3.28	地下建筑物出入口 　a. 地铁站出入口 　　a1. 依比例尺的 　　a2. 不依比例尺的 　b. 建筑物出入口 　　b1. 出入口标识 　　b2. 敞开式的 　　　b2.1 有台阶的 　　　b2.2 无台阶的 　　b3. 有雨棚的 　　b4. 屋式的 　　b5. 不依比例尺的	a a1 Ⓓ　a2 Ⓓ b2.1　　b2.2 b b1 ∀　b2 b3　b4　b5 2.51.8			a2 1.8 Ⓓ 3.0 0.2 1.4 b1 2.5 1.8 ∀ 1.2

（续）

编号	符号名称	符号式样			符号细部图
		1：500	1：1000	1：2000	
3.29	地下建筑物通风口 a. 地下室的天窗 b. 其他通风口	a ⊡ b 2.6 ◎∶∶1.6			1.4 4.2
4.	交通				
4.1	标准轨铁路 a. 一般的 b. 电气化的 b1. 电杆 c. 建筑中的	a 0.2 10.0 0.4 0.6 b 8.0 b1 ○∶∶1.0 c 2.0 8.0	a 0.15 0.8 b b1 ○∶∶1.0 c 2.0 8.0		
4.2	高速公路 a. 临时停车点 b. 隔离带 c. 建筑中的	b 0.4 ⓪ a 0.4 c 0.4 3.0 25.0			
4.3	地铁 a. 地面下的 b. 地面上的	a 8.0 b 1.0 2.0 2.0			
4.4	磁浮铁轨、轻轨线路 a. 轻轨站标识	8.0 2.0 a 3.0 ⓠ	0.6 8.0 2.0		1.2 1.8 Ⓠ 0.6 45°
4.5	电车轨道 a. 电杆杆位	1.0 a			

（续）

编号	符号名称	符号式样			符号细部图
		1：500	1：1000	1：2000	
4.6	快速路				
4.7	高架路 　a. 高架快速路 　b. 高架路 　c. 引道				
4.8	街道 　a. 主干路 　b. 次干路 　c. 支路				
4.9	阶梯路				
4.10	机耕路（大路）				
4.11	乡村路 　a. 依比例尺的 　b. 不依比例尺的				
4.12	小路、栈道				
4.13	立交桥、匝道 　a. 匝道				

（续）

编号	符号名称	符号式样			符号细部图
		1：500	1：1000	1：2000	
4.14	过街天桥、地下通道 　a. 天桥 　b. 地道				
4.15	人行桥、时令桥 　a. 依比例尺的 　b. 不依比例尺的 　（12—2）——通行月份				
4.16	亭桥、廊桥				
4.17	隧道 　a. 依比例尺的出入口 　b. 不依比例尺的出入口				
4.18	明峒				
4.19	铁路平交道口 　a. 有栏木的 　b. 无栏木的				
4.20	路堑 　a. 已加固的 　b. 未加固的				
4.21	路堤 　a. 已加固的 　b. 未加固的				
5.	管线				
5.1 5.1.1 5.1.2 5.1.3	高压输电线 架空的 　a. 电杆 　35——电压（kV） 地面下的 　a. 电缆标 输电线入地口 　a. 依比例尺的 　b. 不依比例尺的				

（续）

编号	符号名称	符号式样			符号细部图
		1 : 500	1 : 1000	1 : 2000	
5.2 5.2.1	配电线 架空的 　a. 电杆				
5.2.2	地面下的 　a. 电缆标				1.0 ⊙ 2.0 0.6
5.2.3	配电线入地口				
5.3 5.3.1	电力线附属设施 电杆				
5.3.2	电线架				
5.3.3	电线塔（铁塔） 　a. 依比例尺的 　b. 不依比例尺的				1.0 2.0 ⚡ 0.5 0.5
5.3.4	电缆标				
5.3.5	电缆交接箱				⚡ 60° 0.6
5.3.6	电力检修井孔				
5.4	变电室（所） 　a. 室内的 　b. 露天的				a 0.8 30° ⚡ 1.2 1.0 ⚡ 60° 60° 1.0
5.5	变压器 　a. 电线杆上的变压器				2.0 1.2 ⊟ 1.0
5.6 5.6.1	陆地通信线 地面上的 　a. 电杆				
5.6.2	地面下的 　a. 电缆标				
5.6.3	通信线入地口				1.0 2.0 ⏸ 1.0 0.5 0.5
5.6.4	电信交接箱				
5.6.5	电信检修井孔 　a. 电信人孔 　b. 电信手孔				1.0 ⊘ 120° ⊠ 1.0 90°

（续）

编号	符号名称	符号式样			符号细部图
		1：500	1：1000	1：2000	
5.7 5.7.1	管道 架空的 　a. 依比例尺的墩架 　b. 不依比例尺的墩架	a ⊠—热—⊠ 1.0 b ■—热—■			
5.7.2	地面上的	○—○—水—○ 1.0　　10.0			
5.7.3	地面下的及入地口	○——污—— 1.0　4.0			
5.7.4	有管堤的 　热、水、污——输送物名称	1.0 ╪╪╪水╪╪╪ 2.0			
5.8	管道检修井孔 　a. 给水检修井孔 　b. 排水（污水）检修井孔 　c. 排水暗井 　d. 煤气、天然气、液化气检修井孔 　e. 热力检修井孔 　f. 工业、石油检修井孔 　g. 不明用途的井孔	a　2.0 ⊖ b　2.0 ⊕ c　2.0 Ⓐ d　2.0 ⊝ e　2.0 ⊟ f　2.0 ⊕ g　2.0 ○			Ⓐ :1.2 1.4 0.6 ⊗ `60° ⊞ 0.6
5.9	管道其他附属设施 　a. 水龙头 　b. 消火栓 　c. 阀门 　d. 污水、雨水算子	a　3.6 1.0├ 1.6 b　2.0 ⊙ 3.0 1.0 c　1.6 ○ 3.0 d　⊖ :0.5　⊞ :1.0 　2.0　　2.0			1.0 ├ :0.6 2.0
6.	境界				

（续）

编号	符号名称	符号式样			符号细部图
		1：500	1：1000	1：2000	
6.1	国界 a. 已定界和界桩、界碑及编号 b. 未定界	2号界碑 a ┣━●━━●━━●━ ●0.75 　1.3　　4.5　　4.5 b ┣╪━╪━╪━╪┅1.6 　　4.5　　4.5			◉┄0.3 1.3
6.2	省级行政区界线和界标 a. 已定界 b. 未定界 c. 界标	c a ━·━·━·━·━●┅0.6 　4.5　4.5　1.0 b ━·━·━·━·━ 　1.5　　　4.5			◉┄0.3 1.0
6.3	特别行政区界线	━·━━·━━·━━ 0.5 3.5　1.0　4.5			
6.4	地级行政区界线 a. 已定界和界标 b. 未定界	a ━·━·━·━·━ 0.5 　3.5 1.0　4.5 　1.0　　　1.5 b ━··━·━··━·━ 0.5 　3.5　　　4.5			
6.5	县级行政区界线 a. 已定界和界标 b. 未定界	a ━·━━·━━·━ 0.4 　　3.5　4.5 b ━··━·━··━·━ 0.4 　3.5 1.5　4.5			
7.	地貌				
7.1	等高线及其注记 a. 首曲线 b. 计曲线 c. 间曲线 25——高程	a ～～～ 0.15 b ～25～ 0.3 c ━ ━ ━ 0.15 　1.0　　6.0			
7.2	示坡线	0.8			
7.3	高程点及其注记 1520.3、—15.3——高程	0.5·1520.3　　　·—15.3			
7.4	比高点及其注记 6.3、20.1、3.5——比高	0.4·6.3　20.1◣　3.5			

（续）

编号	符号名称	符号式样			符号细部图
		1:500	1:1000	1:2000	
7.5	特殊高程点及其注记 洪113.5——最大洪水位高程 1986.6——发生年月	1.6 :: ⊙　洪113.5 　　　　　　1986.6			
7.6	水下高程注记及等高线 　a. 水下高程注记 　　a1. 水下高程 　　a2. 水深 　b. 水下等高线 　　b1. 首曲线 　　b2. 计曲线 　　-3、-5——高程 　c. 等深线 　　c1. 首曲线 　　c2. 计曲线 　　3、5——深度	a　　a1 2.5　　a2 2₅ b b1 ⌣ -3 ⌣ 0.15 b2 ⌣ -5 ⌣ 0.3 c c1 ⌣ 3 ⌣ 0.15 c2 ⌣ 5 ⌣ 0.3			
7.7	冲沟 　3.4、4.5——比高				
7.8	地裂缝 　a. 依比例尺的 　　2.1——裂缝宽 　　5.3——裂缝深 　b. 不依比例尺的	a　$\frac{2.1}{5.3}$裂 b　裂 0.5 　　　0.15			
7.9	陡崖、陡坎 　a. 土质的 　b. 石质的 　18.6、22.5——比高	a 18.6 -300　　b 22.5 -700			a. 2.0 　2.0 　0.3 b. 0.6　0.8 2.4 　0.6 　0.7 0.3
7.10	人工陡坎 　a. 未加固的 　b. 已加固的	a　2.0 b　3.0			
7.11	露岩地、陡石山 　a. 露岩地 　b. 陡石山 　1986.4——高程				2.0 b. 0.8　2.4 　0.6 （背光面） （侧光面） （迎光面）
7.12	平沙地	平沙地			

（续）

编号	符号名称	符号式样			符号细部图
		1：500	1：1000	1：2000	
7.13	崩崖 　　a. 沙土崩崖 　　b. 石崩崖				
7.14	滑坡				
7.15	斜坡 　　a. 未加固的 　　b. 已加固的				
8.	植被与土质				
8.1	稻田 　　a. 田埂				
8.2	旱地				
8.3	菜地				
8.4	水生作物地 　　a. 非常年积水的 　　菱——品种名称				

（续）

编号	符号名称	符号式样			符号细部图
		1：500	1：1000	1：2000	
8.5	台田、条田	台　田			
8.6 8.6.1	园地 经济林				
	a. 果园	a			
	b. 桑园	b			
	c. 茶园	c			
	d. 橡胶园	d			
	e. 其他经济林	e			
8.6.2	经济作物地				
8.7	行树 a. 乔木行树 b. 灌木行树	a b			
8.8	独立树 a. 阔叶 b. 针叶 c. 棕榈、椰子、槟榔 d. 果树 e. 特殊树	a b c d e			

（续）

编号	符号名称	符号式样			符号细部图
		1:500	1:1000	1:2000	
8.9	草地 　a. 天然草地 　b. 改良草地 　c. 人工牧草地 　d. 人工绿地				
8.10	花圃、花坛				
8.11	沙砾地、戈壁滩				
8.12	沙泥地				
8.13	石块地				
9.	注记				
9.1	居民地名称注记				
9.1.1	地级以上政府驻地	**唐山市** 粗等线体(5.5)			
9.1.2	县级（市、区）政府驻地、（高新技术）开发区管委会	**安吉县** 粗等线体(4.5)			
9.1.3	乡镇级、国有农场、林场、牧场、盐场、养殖场	南坪镇 正等线体(3.5)			
9.1.4	村庄（外国村、镇） 　a. 行政村，主要集、场、街、圩、坝 　b. 村庄	a　　甘家寨 　　正等线体(3.0) b　李家村　张家庄 　仿宋体(2.5 3.0)			

（续）

编号	符号名称	符号式样			符号细部图
		1∶500	1∶1000	1∶2000	
9.2	各种说明注记				
9.2.1	居民地名称说明注记 　a. 政府机关 　b. 企业、事业、工矿、农场 　c. 高层建筑、居住小区、公共设施	a　**市民政局** 宋体(3.5) b　日光岩幼儿园　兴隆农场 宋体(2.5　3.0) c　二七纪念塔　兴庆广场 宋体(2.5～3.5)			
9.2.2	性质注记	砼　松　咸 细等线体(2.5)			
9.2.3	其他说明注记 　a. 控制点点名 　b. 其他地物说明	a　张湾岭 细等线体(3.0) b 八号主井　自然保护区 细等线体(2.0～3.5)			
9.3	地理名称				
9.3.1	江、河、运河、渠、湖、水库等水系	延河　渭河 左斜宋体 (2.5　3.0　3.5　4.5　5.0　6.0)			
9.3.2	地貌				
9.3.2.1	山名、山梁、山峁、高地等	九顶山　骊山 正等线体(3.5　4.0)			
9.3.2.2	其他地理名称(沙地、草地、干河床、沙滩等)	铜鼓角　太阳岛 宋体(2.5　3.0　3.5)			
9.3.3	交通				
9.3.3.1	铁路、高速公路、国道、快速路名称	宝城铁路　西宝高速公路 正等线体(4.0)			
9.3.3.2	省、县、乡公路、主干道、轻轨线路名称	西铜公路 正等线体(3.0)			
9.3.3.3	次干道、步行街	太白路 细等线体(2.5)			

编号	符号名称	符号式样			符号细部图
		1:500	1:1000	1:2000	
9.3.3.4	支道、内部路	邮电北巷 细等线体(2.0)			
9.3.3.5	桥梁名称	谢家桥　长江大桥 细等线体(2.0　2.5　3.0)			
9.4	各种数字注记				
9.4.1	测量控制点点号及高程	$\dfrac{I96}{96.93}$　$\dfrac{25}{96.93}$ 正等线体(2.5) (罗马数用中宋体)			
9.4.2	公路技术等级及编号 　a. 高速公路、国道 　b. 省道 　c. 专用、县、乡及其他公路	a　G322　⓪② 正等线体(3.5) b　S322　　③ 正等线体(3.0) c　X322　　⑨ 正等线体(2.0)			
9.4.3	高程、月份、流速、水库库容量、 水深注记、房屋层数及其他注记	283.2 正等线体(2.0)	洪113.5 1986.6 正等线体(2.2)	15' 75₅ 右斜等线体(2.0) 水深小数位(1.4)	2 正等线体(2.0)
9.4.4	比高、深度	15 长等线体(1.8×1.4)			

参 考 文 献

[1]　李秀江．测量学［M］．北京：中国林业出版社，2007．

[2]　Nikon-Trimble Co. Limited. DTM—402 系列全站仪操作手册．

[3]　宁津生，刘经南，陈俊勇，等．现代大地测量理论与技术［M］．武汉：武汉大学出版社，2006．

[4]　顾孝烈，鲍峰，程效军．测量学［M］．上海：同济大学出版社，2006．

[5]　覃辉．土木工程测量［M］．上海：同济大学出版社，2005．

[6]　邓洪亮．土木工程测量学：下册［M］．北京：北京工业大学出版社，2005．

[7]　张勤，李家权．GPS 测量原理及应用［M］．北京：科学出版社，2005．

[8]　宁津生，陈俊勇，李德仁，等．测绘学概论［M］．武汉：武汉大学出版社，2004．

[9]　华南理工大学测量教研室．建筑工程测量［M］．广州：华南理工大学出版社，2004．

[10]　周秋生，郭明建．土木工程测量［M］．北京：高等教育出版社，2004．

[11]　卞正富．测量学实践教程［M］．北京：中国农业出版社，2004．

[12]　过静珺．土木工程测量［M］．武汉：武汉工业大学出版社，2003．

[13]　刘基余．GPS 卫星导航定位原理与方法［M］．北京：科学出版社，2003．

[14]　陈述彭，鲁学军，周成虎．地理信息系统导论［M］．北京：科学出版社，2001．

[15]　李德仁，周月琴，金为铣．摄影测量与遥感概论［M］．北京：测绘出版社，2001．

[16]　熊春宝，姬玉华．测量学［M］．天津：天津大学出版社，2001．

[17]　王兆祥．铁道工程测量［M］．北京：铁道出版社，2001．

[18]　冯仲科，余新晓．"3S"技术及其应用［M］．北京：中国林业出版社，2000．

[19]　陈永奇，吴子安，吴中如．变形监测分析与预报［M］．北京：测绘出版社，1998．

[20]　边馥苓．地理信息系统原理和方法［M］．北京：测绘出版社，1996．

[21]　武汉测绘科技大学测量平差教研室．测量平差基础［M］．北京：测绘出版社，1996．

[22]　合肥工业大学等四校．测量学［M］．4 版．北京：中国建筑工业出版社，1995．

[23]　武汉测绘科技大学《测量学》编写组．测量学［M］．3 版．北京：测绘出版社，1991．

[24]　李青岳．工程测量学［M］．北京：测绘出版社，1984．

[25]　赵长福，赵长娟，孙萍萍．浅谈 3S 技术及其应用［J］．科技论坛，2007（7）：33．

[26]　郭达志，杨可明．"3S"技术的最新发展［J］．河南理工大学学报，2006（3）：371-376．

[27]　蔡艳辉，程鹏飞，李加洪．伽利略计划进展简述［J］．测绘科学，2003（2）：60-62．

[28]　毛政元，李霖．"3S"集成及其应用［J］．华中师范大学学报：自然科学版，2002（3）：583-586．

[29]　马蔼乃．发展中国遥感与地理信息系统的战略［J］．测绘科学，2001（2）：7-10．

[30]　黄照强．"3S"的集成与一体化数据结构分析［J］．地质与勘探，2001（5）：35-37．

[31]　李德仁．论 RS，GPS 与 GIS 集成的定义、理论与关键技术［J］．遥感学报，1997（1）：64-68．